[本书案例演示]

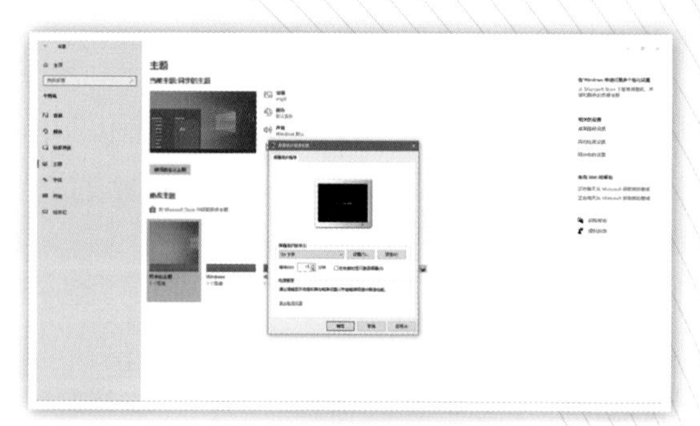

设置屏保

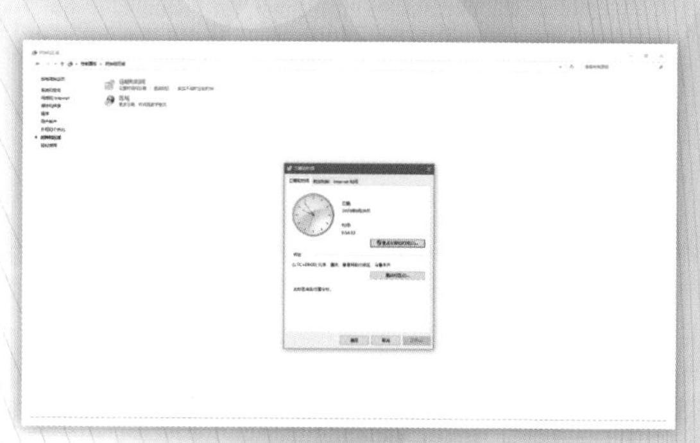

调整日期和时间

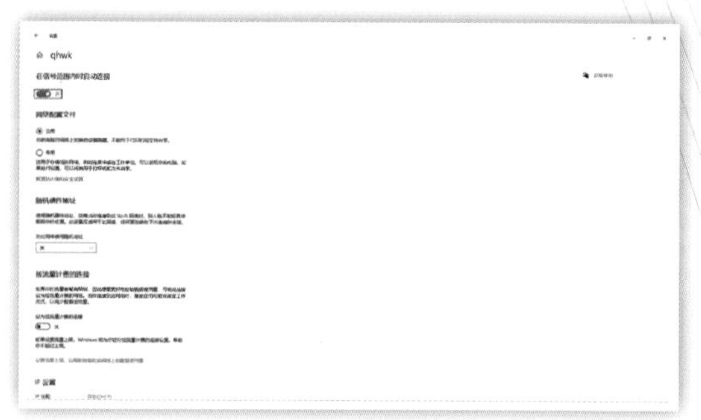

设置网络配置

设置系统颜色

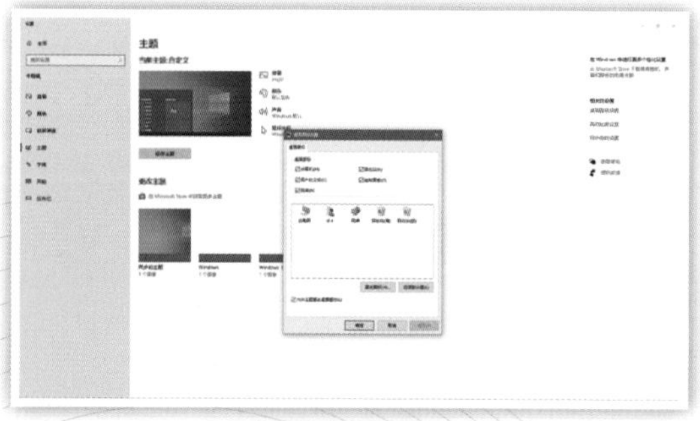

设置桌面图标

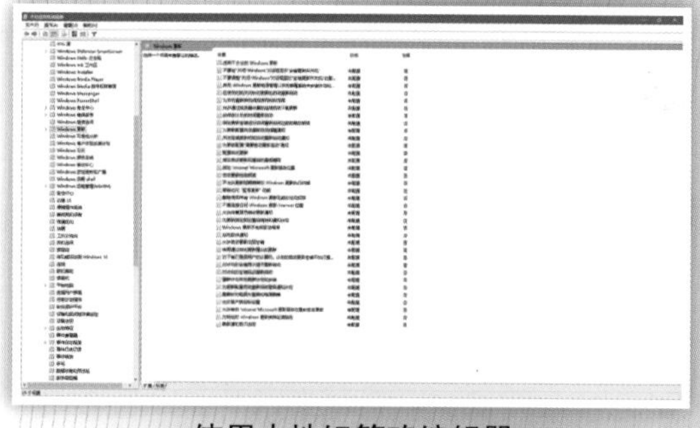

使用本地组策略编辑器

使用注册表编辑器

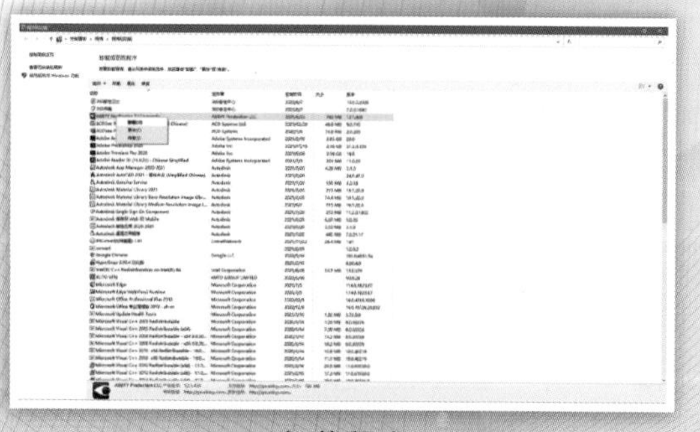

卸载程序

[本书案例演示]

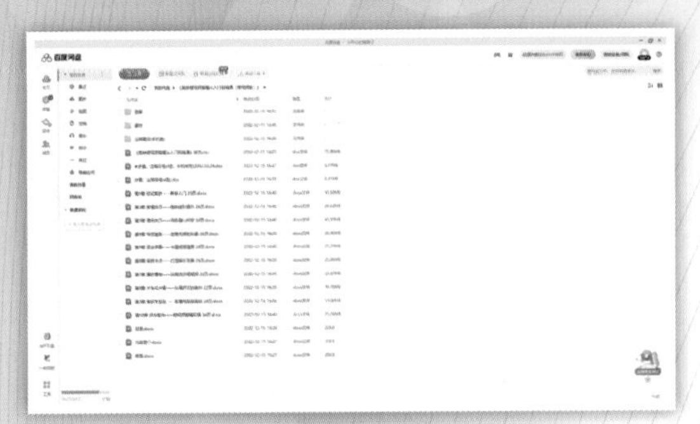

使用百度网盘

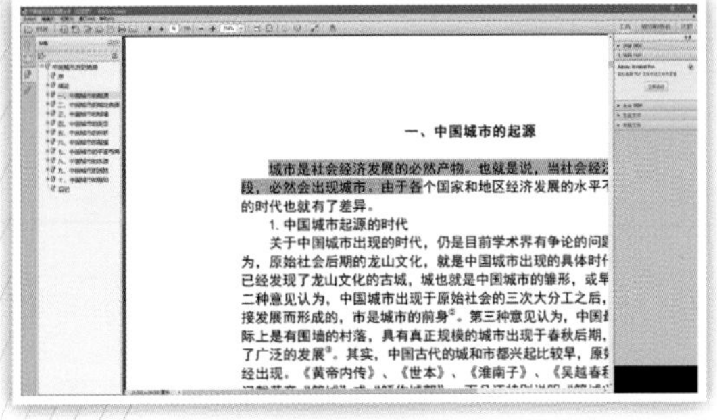

查看PDF文件

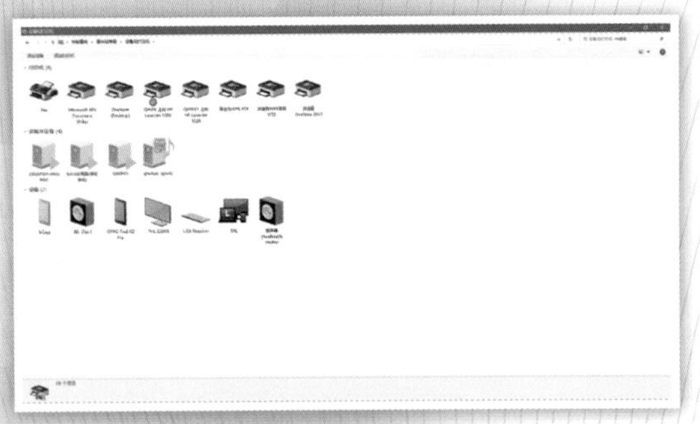

查看打印机和多媒体设备

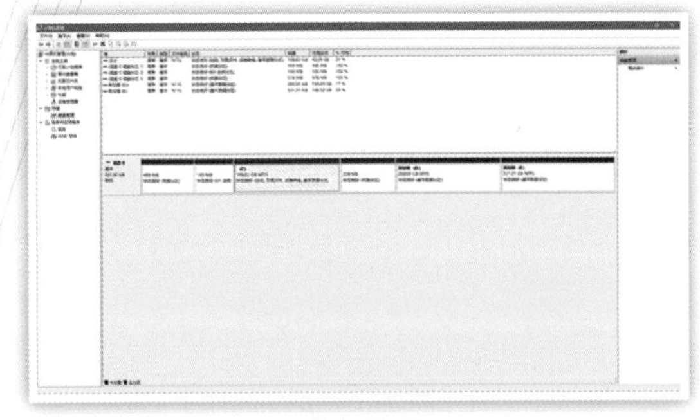

磁盘管理

设置虚拟内存

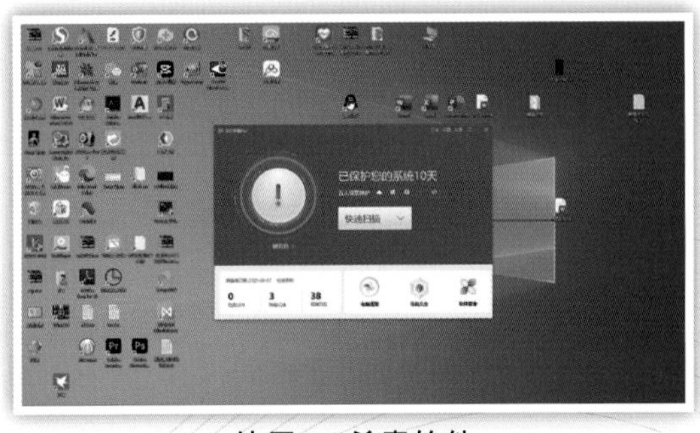

使用360杀毒软件

使用PowerPoint制作演示文稿

编辑图片

计算机基础与实训教材系列

计算机组装与维护实例教程(第五版)(微课版)

石磊　于冬梅　主编

清華大学出版社
北京

内 容 简 介

本书由浅入深、循序渐进地介绍了计算机组装与维护的操作方法和技巧。全书共分 12 章，分别介绍了计算机软硬件基础知识，计算机的硬件选购，组装计算机详解，设置主板 BIOS，安装操作系统，安装驱动程序和检测硬件，操作系统和应用软件，计算机网络应用，优化计算机、计算机常用外设、维护计算机安全、处理常见计算机故障等内容。

本书内容丰富、结构清晰、语言简练、图文并茂，具有很强的实用性和可操作性，适合作为高等院校相关专业的教材，也可作为广大初、中级计算机用户的自学参考书。

本书对应的电子课件和习题答案可以到 http://www.tupwk.com.cn/edu 网站下载，也可以通过扫描前言中的二维码下载，读者扫描前言中的教学视频二维码可以观看学习视频。

图书在版编目(CIP)数据

计算机组装与维护实例教程：微课版 / 石磊，于冬梅主编. —5 版. —北京：清华大学出版社，2024.4

计算机基础与实训教材系列

ISBN 978-7-302-65804-7

Ⅰ. ①计… Ⅱ. ①石… ②于… Ⅲ. ①电子计算机—组装—教材 ②计算机维护—教材 Ⅳ. ①TP30

中国国家版本馆 CIP 数据核字(2024)第 057525 号

责任编辑：胡辰浩
封面设计：高娟妮
版式设计：妙思品位
责任校对：马遥遥
责任印制：曹婉颖

出版发行：清华大学出版社
网　　址：https://www.tup.com.cn，https://www.wqxuetang.com
地　　址：北京清华大学学研大厦 A 座　　邮　　编：100084
社 总 机：010-83470000　　邮　　购：010-62786544
投稿与读者服务：010-62776969，c-service@tup.tsinghua.edu.cn
质 量 反 馈：010-62772015，zhiliang@tup.tsinghua.edu.cn
印 装 者：北京同文印刷有限责任公司
经　　销：全国新华书店
开　　本：190mm×260mm　　印　　张：19　　插　　页：1　　字　　数：499 千字
版　　次：2009 年 1 月第 1 版　　2024 年 6 月第 5 版　　印　　次：2024 年 6 月第 1 次印刷
定　　价：69.00 元

产品编号：094614-01

前言

《计算机组装与维护实例教程(第五版)(微课版)》是“计算机基础与实训教材系列”丛书中的一种，该书从教学实际需求出发，合理安排知识结构，由浅入深、循序渐进地讲解计算机组装与维护的相关知识、方法和技巧。全书共分12章，主要内容如下。

第1、2章介绍了计算机软硬件基础知识和计算机硬件选购的技巧。

第3、4章介绍了组装一台计算机的流程和设置主板BIOS的方法。

第5、6章介绍了安装操作系统的方法和安装驱动程序并对硬件进行检测的方法。

第7章介绍了Windows 10操作系统以及常用计算机软件的使用方法。

第8章介绍了计算机网络应用方面的相关知识。

第9章介绍了计算机的优化设置方法。

第10章介绍了计算机的常用外设及使用方法。

第11、12章介绍了计算机的安全维护以及处理常见计算机故障的方法。

本书内容丰富、图文并茂、条理清晰、通俗易懂，在讲解每个知识点时都配有相应的实例，方便读者上机实践。同时，为了方便老师教学，本书免费提供对应的电子课件和习题答案。本书还提供书中实例操作的二维码教学视频，读者使用手机扫描下方的二维码，即可观看本书对应的同步教学视频。

本书配套素材和教学课件的下载地址如下。

http://www.tupwk.com.cn/edu

本书同步教学视频的二维码如下。

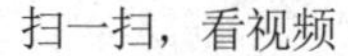

扫一扫，看视频

扫码推送配套资源到邮箱

在编写本书的过程中参考了相关文献，在此向这些文献的作者深表感谢。由于编者水平有限，书中难免有不足之处，恳请专家和广大读者批评指正。我们的电话是010-62796045，邮箱是992116@qq.com。

编　者

2023年12月

推荐课时安排

章　名	重点掌握内容	教学课时
第 1 章　计算机软硬件基础知识	计算机简介、计算机的硬件组成、计算机软件分类	2 学时
第 2 章　计算机的硬件选购	组装机和品牌机的选择、选购 CPU、选购主板、选购内存、选购硬盘、选购显卡、选购电源、选购机箱、选购显示器、选购键盘、选购鼠标、选购声卡和音箱	4 学时
第 3 章　组装计算机详解	组装计算机的前期准备、组装计算机主机配件、连接控制线、连接计算机外部设备、开机检测	4 学时
第 4 章　设置主板 BIOS	BIOS 基础知识、BIOS 设置、升级主板 BIOS	2 学时
第 5 章　安装操作系统	硬盘分区与格式化、安装 Windows 10 操作系统、安装多操作系统	3 学时
第 6 章　安装驱动程序和检测硬件	安装硬件驱动程序、管理硬件驱动程序、查看计算机硬件参数、检测计算机硬件性能	3 学时
第 7 章　操作系统和应用软件	Windows 10 的桌面、Windows 10 的窗口与对话框、设置计算机办公环境、WinRAR 压缩软件、ACDSee 图片浏览软件、Adobe Reader 软件、暴风影音播放软件	4 学时
第 8 章　计算机网络应用	网卡、双绞线、宽带路由器、无线网络设备、组建局域网、共享局域网资源、使用浏览器上网	4 学时
第 9 章　优化计算机	优化 Windows 系统、关闭不需要的系统功能、优化磁盘、设置注册表加速系统、使用系统优化软件	4 学时
第 10 章　计算机常用外设	打印机、扫描仪、投影仪、其他输入和输出设备	3 学时
第 11 章　维护计算机安全	计算机日常维护、维护计算机硬件设备、维护计算机系统、系统的备份和还原、防范计算机病毒和木马	3 学时
第 12 章　处理常见计算机故障	常见的计算机故障、处理计算机故障	2 学时

注：1. 教学课时安排仅供参考，授课教师可根据情况进行调整；

2. 建议每章安排与教学课时相同时间的上机练习。

目录

第1章　计算机软硬件基础知识 1

1.1　计算机简介 2

1.1.1　认识计算机 2

1.1.2　计算机的分类 3

1.1.3　计算机的用途 4

1.2　计算机的硬件组成 5

1.2.1　主要内部硬件设备 5

1.2.2　常用外部设备 9

1.2.3　计算机硬件的五大部件 13

1.3　计算机软件分类 13

1.3.1　操作系统软件 14

1.3.2　语言处理软件 16

1.3.3　驱动程序 17

1.3.4　系统服务程序 17

1.3.5　应用软件 17

1.4　实例演练 19

1.5　习题 20

第2章　计算机的硬件选购 21

2.1　组装机和品牌机的选择 22

2.1.1　品牌机和组装机的优缺点 22

2.1.2　选购品牌机的方法 22

2.1.3　组装机的配置原则 23

2.2　选购CPU 24

2.2.1　CPU简介 24

2.2.2　CPU的性能指标 25

2.2.3　CPU的选购常识 26

2.3　选购主板 27

2.3.1　主板简介 27

2.3.2　主板的硬件结构 29

2.3.3　主板的性能指标 34

2.3.4　主板的选购常识 35

2.4　选购内存 36

2.4.1　内存简介 36

2.4.2　内存的硬件结构 37

2.4.3　内存的选购常识 38

2.5　选购硬盘 38

2.5.1　硬盘简介 39

2.5.2　硬盘的外部结构 41

2.5.3　主流硬盘品牌 41

2.5.4　硬盘的选购常识 42

2.6　选购显卡 43

2.6.1　显卡简介 43

2.6.2　显卡的选购常识 44

2.7　选购电源 45

2.7.1　电源简介 46

2.7.2　电源的接头 46

2.7.3　电源的选购常识 47

2.8　选购机箱 48

2.8.1　机箱简介 48

2.8.2　机箱的种类 50

2.8.3　机箱的选购常识 51

2.9　选购显示器 53

2.9.1　显示器简介 53

2.9.2　显示器的选购常识 55

2.10　选购键盘 56

2.10.1　键盘简介 56

2.10.2　键盘的分类 57

2.10.3　键盘的选购常识 58

2.11　选购鼠标 59

2.11.1　鼠标简介 59

2.11.2　鼠标的选购常识 60

2.12　选购声卡和音箱 60

2.12.1　选购声卡 60

2.12.2　选购音箱 61

2.13　实例演练 61

2.14　习题 62

第3章　组装计算机详解 63

3.1　组装计算机的前期准备 64

3.1.1　准备工具 64

3.1.2　准备软件 65

3.1.3 组装过程中的注意事项 ………… 66
3.2 组装计算机主机配件 ……………… 66
3.2.1 安装CPU ………………………… 67
3.2.2 安装内存 ………………………… 70
3.2.3 安装主板 ………………………… 71
3.2.4 安装硬盘 ………………………… 72
3.2.5 安装电源 ………………………… 74
3.2.6 安装显卡 ………………………… 74
3.3 连接数据线和电源线 ……………… 75
3.3.1 连接数据线 ……………………… 75
3.3.2 连接电源线 ……………………… 75
3.4 连接控制线 ………………………… 77
3.4.1 连接机箱控制开关 ……………… 77
3.4.2 连接前置USB接口 ……………… 78
3.5 连接计算机外部设备 ……………… 80
3.5.1 连接显示器 ……………………… 80
3.5.2 连接鼠标和键盘 ………………… 81
3.6 开机检测 …………………………… 81
3.6.1 开机前的检查 …………………… 82
3.6.2 进行开机检测 …………………… 82
3.6.3 整理机箱内的线缆 ……………… 83
3.7 实例演练 …………………………… 83
3.8 习题 ………………………………… 84

第4章 设置主板BIOS ……………………… 85

4.1 BIOS基础知识 ……………………… 86
4.1.1 BIOS简介 ………………………… 86
4.1.2 BIOS与CMOS的区别 ………… 86
4.1.3 常见BIOS分类 ………………… 87
4.1.4 BIOS的功能 ……………………… 87
4.2 BIOS设置 …………………………… 88
4.2.1 何时需要设置BIOS …………… 88
4.2.2 BIOS设置中的常用按键 ……… 89
4.2.3 认识UEFI BIOS ………………… 89
4.2.4 UEFI BIOS参数设置 …………… 90
4.3 升级主板BIOS ……………………… 94
4.3.1 升级前的准备 …………………… 94
4.3.2 开始升级BIOS ………………… 94
4.4 BIOS自检报警声的含义 ………… 96
4.4.1 Award BIOS报警声的含义 …… 96
4.4.2 AMI BIOS报警声的含义 ……… 96
4.5 实例演练 …………………………… 97
4.6 习题 ………………………………… 98

第5章 安装操作系统 ……………………… 99

5.1 硬盘分区与格式化 ……………… 100
5.1.1 认识硬盘的分区和格式化 …… 100
5.1.2 安装系统时建立分区和格式化 …………………………… 102
5.2 安装Windows 10操作系统 …… 104
5.2.1 Windows 10简介 ……………… 104
5.2.2 全新安装Windows 10 ………… 105
5.2.3 升级安装Windows 10 ………… 108
5.3 安装多操作系统 ………………… 109
5.3.1 多操作系统的安装原则 ……… 109
5.3.2 安装双系统 …………………… 110
5.3.3 设置双系统启动顺序 ………… 112
5.4 实例演练 ………………………… 113
5.5 习题 ……………………………… 114

第6章 安装驱动程序和检测硬件 ………115

6.1 安装硬件驱动程序 ……………… 116
6.1.1 认识驱动程序 ………………… 116
6.1.2 安装驱动程序的顺序和途径 … 117
6.1.3 安装驱动程序 ………………… 118
6.1.4 备份和恢复驱动程序 ………… 120
6.2 管理硬件驱动程序 ……………… 122
6.2.1 查看硬件设备信息 …………… 122
6.2.2 更新硬件驱动程序 …………… 123
6.2.3 卸载硬件驱动程序 …………… 124
6.3 查看计算机硬件参数 …………… 125
6.3.1 查看CPU主频 ………………… 125
6.3.2 查看内存容量 ………………… 126
6.3.3 查看硬盘容量 ………………… 126
6.3.4 查看显卡属性 ………………… 127

6.4 检测计算机硬件性能 ············ 128
6.4.1 检测 CPU 性能 ···················128
6.4.2 检测内存性能 ···················128
6.4.3 检测显示器性能 ·················129
6.4.4 使用鲁大师检测硬件 ·············131
6.5 实例演练 ························ 133
6.6 习题 ···························· 134

第 7 章 操作系统和应用软件 ··············· 135

7.1 Windows 10 的桌面 ··············· 136
7.1.1 认识桌面 ·······················136
7.1.2 使用桌面图标 ···················137
7.1.3 使用【开始】菜单 ···············138
7.1.4 使用任务栏 ·····················139
7.2 Windows 10 的窗口与对话框 ···· 140
7.2.1 窗口的组成 ·····················141
7.2.2 窗口的切换和排列 ···············143
7.2.3 调整窗口大小 ···················145
7.2.4 对话框的组成 ···················146
7.2.5 使用菜单 ·······················147
7.3 设置计算机办公环境 ············· 148
7.3.1 更改桌面背景 ···················148
7.3.2 设置屏幕保护程序 ···············149
7.3.3 设置界面颜色 ···················150
7.4 安装、运行和卸载软件 ·········· 150
7.4.1 安装软件 ·······················150
7.4.2 运行软件 ·······················152
7.4.3 卸载软件 ·······················153
7.5 WinRAR 压缩软件 ················ 154
7.5.1 压缩文件 ·······················154
7.5.2 解压文件 ·······················155
7.5.3 管理压缩文件 ···················157
7.6 ACDSee 图片浏览软件 ··········· 157
7.6.1 浏览图片 ·······················157
7.6.2 编辑图片 ·······················158
7.6.3 转换图片格式 ···················160
7.7 Adobe Reader 软件 ··············· 161
7.7.1 阅读 PDF 文档 ··················161
7.7.2 选择和复制内容 ·················162
7.8 暴风影音播放软件 ··············· 162
7.8.1 播放本地影音 ···················163
7.8.2 播放网络电影 ···················163
7.9 QQ 网络聊天软件 ················ 164
7.9.1 登录 QQ ························164
7.9.2 添加 QQ 好友 ···················165
7.9.3 开始聊天对话 ···················166
7.9.4 加入 QQ 群 ·····················167
7.10 实例演练 ······················· 168
7.11 习题 ··························· 170

第 8 章 计算机网络应用 ·················· 171

8.1 网卡 ···························· 172
8.1.1 网卡的常见类型 ·················172
8.1.2 网卡的工作方式 ·················173
8.1.3 网卡的选购常识 ·················173
8.2 双绞线 ·························· 174
8.2.1 双绞线的分类 ···················174
8.2.2 双绞线的水晶头 ·················175
8.2.3 双绞线的选购常识 ···············177
8.3 宽带路由器 ······················ 177
8.3.1 路由器的常用功能 ···············178
8.3.2 路由器的选购常识 ···············178
8.4 无线网络设备 ···················· 179
8.4.1 无线网卡 ·······················179
8.4.2 无线上网卡 ·····················180
8.4.3 无线网络设备的选购常识 ·······181
8.5 常用上网方式 ···················· 182
8.5.1 有线上网 ·······················182
8.5.2 无线上网 ·······················184
8.6 组建局域网 ······················ 184
8.6.1 认识局域网 ·····················185
8.6.2 连接局域网 ·····················185
8.6.3 配置 IP 地址 ····················186
8.6.4 配置网络位置 ···················187
8.6.5 测试网络连通性 ·················188
8.7 共享局域网资源 ·················· 189

8.7.1 设置共享文件与文件夹……189
8.7.2 访问共享资源……190
8.7.3 取消共享资源……192
8.8 使用浏览器上网……193
8.8.1 常见的浏览器……193
8.8.2 浏览网页……194
8.8.3 收藏和保存网页……195
8.9 使用百度网盘……197
8.9.1 使用百度网盘下载资源……197
8.9.2 上传至百度网盘……199
8.9.3 分享百度网盘内容……199
8.10 实例演练……200
8.11 习题……202
第9章 优化计算机……203
9.1 优化 Windows 系统……204
9.1.1 设置虚拟内存……204
9.1.2 设置开机启动项……205
9.1.3 设置选择系统的时间……206
9.1.4 清理卸载或更改的程序……207
9.2 关闭不需要的系统功能……207
9.2.1 关闭自动更新重启提示……207
9.2.2 禁止保存搜索记录……208
9.2.3 禁用错误发送报告提示……209
9.3 优化磁盘……210
9.3.1 磁盘清理……210
9.3.2 磁盘碎片整理……211
9.3.3 磁盘查错……211
9.3.4 优化磁盘内部读写速度……212
9.4 优化系统文件……213
9.4.1 更改【文档】路径……213
9.4.2 清理文档使用记录……214
9.5 设置注册表加速系统……215
9.5.1 加快关机速度……215
9.5.2 加快系统预读速度……216
9.5.3 加快关闭程序速度……216
9.6 使用系统优化软件……216
9.6.1 使用 Windows 10 优化大师……217
9.6.2 使用 360 安全卫士……219
9.7 实例演练……221
9.8 习题……222
第10章 计算机常用外设……223
10.1 打印机……224
10.1.1 打印机的类型……224
10.1.2 打印机的性能指标……225
10.1.3 连接并安装打印机……226
10.2 扫描仪……228
10.2.1 扫描仪的类型……228
10.2.2 扫描仪的性能指标……230
10.3 投影仪……230
10.3.1 投影仪的类型……231
10.3.2 投影仪的性能指标……231
10.4 其他输入和输出设备……232
10.4.1 指纹读取器……233
10.4.2 手写板……233
10.4.3 摄像头……233
10.4.4 传真机……234
10.4.5 移动存储设备……235
10.5 笔记本电脑……237
10.5.1 笔记本电脑的配置……237
10.5.2 苹果笔记本电脑……240
10.5.3 笔记本电脑选购知识……241
10.6 实例演练……243
10.7 习题……244
第11章 维护计算机安全……245
11.1 计算机日常维护……246
11.1.1 计算机适宜的使用环境……246
11.1.2 计算机的正确使用习惯……246
11.2 维护计算机硬件设备……247
11.2.1 硬件维护注意事项……248
11.2.2 维护主要硬件设备……248
11.2.3 维护常用外设……254
11.3 维护计算机系统……257

11.3.1 启动 Windows 防火墙 ………257
11.3.2 设置系统自动更新 …………258
11.3.3 禁用注册表 ……………………260
11.4 系统的备份和还原 ……………… 260
11.4.1 创建还原点 ……………………260
11.4.2 还原系统 ………………………262
11.5 防范计算机病毒和木马 ………… 263
11.5.1 认识和预防计算机病毒 ………263
11.5.2 认识木马种类 …………………264
11.5.3 使用 360 杀毒软件 ……………266
11.5.4 使用 360 安全卫士查杀木马 ……………………267
11.5.5 使用 Windows Defender ………267
11.6 实例演练 ………………………… 269
11.7 习题 ……………………………… 270

第 12 章 处理常见计算机故障 ………… 271

12.1 常见的计算机故障 ……………… 272
12.1.1 常见计算机故障现象 …………272
12.1.2 常见计算机故障处理原则 …273
12.2 处理计算机的系统故障 ……… 274
12.2.1 诊断系统故障的方法 ………274
12.2.2 Windows 系统使用故障 ……275
12.3 处理软件故障 ………………… 277
12.3.1 常见办公软件故障 …………277
12.3.2 常见工具软件故障 …………278
12.4 处理计算机的硬件故障 ……… 279
12.4.1 硬件故障的常见分类 ………279
12.4.2 硬件故障的检测方法 ………280
12.4.3 解决常见的主板故障 ………281
12.4.4 解决常见的 CPU 故障 ………283
12.4.5 解决常见的内存故障 ………284
12.4.6 解决常见的硬盘故障 ………286
12.5 实例演练 ……………………… 287
12.6 习题 …………………………… 288

第1章 计算机软硬件基础知识

在学习计算机组装与维护之前，用户应首先了解计算机的基础知识，包括计算机的外观、计算机的用途、计算机的常用术语，以及计算机硬件结构和软件分类等。本章将重点介绍计算机软硬件的基础知识。

本章重点

- 计算机的分类
- 计算机主要内部硬件设备
- 计算机主要外部硬件设备
- 计算机软件分类

1.1 计算机简介

计算机俗称“电脑”，由早期的电子计算器发展而来，是一种能够按照程序运行，自动、高速处理海量数据的现代化智能电子设备。下面将详细介绍计算机的外观、用途和分类，帮助用户建立起对计算机的初步认识。

1.1.1 认识计算机

计算机由硬件与软件组成，没有安装任何软件的计算机被称为“裸机”。常见的计算机类型有台式计算机、笔记本电脑和平板电脑等(本书主要介绍台式计算机)，其中台式计算机从外观上看，由显示器、主机、键盘和鼠标等几部分组成。

- 显示器：显示器是计算机的I/O设备(即输入/输出设备)，可以分为CRT、LCD等类型(目前市场上常见的显示器多为LCD，即液晶显示器，如图1-1所示)。
- 主机：主机指的是计算机除去输入/输出设备以外的主要机体部分。它是用于放置主板以及其他计算机主要部件(硬盘、内存、CPU等设备)的箱体，如图1-2所示。

图1-1　显示器

图1-2　主机

- 键盘：键盘是计算机用于操作设备运行的一种指令和数据输入装置，是计算机最重要的输入设备之一，如图1-3所示。
- 鼠标：鼠标是计算机用于显示操作系统纵横坐标定位的指示器，因其外观形似老鼠而被称为“鼠标”，如图1-4所示。

图1-3　键盘

图1-4　鼠标

1.1.2　计算机的分类

计算机经过数十年的发展，出现了多种类型，如台式计算机、笔记本电脑、平板电脑等。下面将分别介绍不同种类计算机的特点。

1. 台式计算机

台式计算机最早出现，是目前最常见的计算机，其最大的优点是耐用并且价格实惠(与平板电脑和笔记本电脑相比)，缺点是笨重，并且耗电量较大。常见的台式计算机一般分为分体式计算机与一体式计算机两种，其各自的特点如下。

- 分体式计算机：分体式计算机即一般常见的台式计算机，包括显示器、主机、键盘、鼠标等分离组件，图 1-5 所示为一台典型的分体式计算机。
- 一体式计算机：一体式计算机又称为一体机，是一种将主机、显示器甚至键盘和鼠标都整合在一起的新形态计算机，其内部元件高度集成，如图 1-6 所示。

图 1-5　分体式计算机

图 1-6　一体式计算机

2. 笔记本电脑

笔记本电脑又被称为手提电脑或膝上电脑，是一种小型的、可随身携带的个人计算机。笔记本电脑通常重 1~3 千克，其发展趋势是体积越来越小，重量越来越轻，而功能则越来越强大。笔记本电脑如图 1-7 所示。

3. 平板电脑

平板电脑是一种平面式、无须翻盖且功能完整的微型计算机，一般以触摸屏作为基本的输入设备，其外观如图 1-8 所示。平板电脑的主要特点是显示器可以随意旋转，并且采用触摸液晶显示屏(有些产品支持使用电磁感应笔手写输入)。

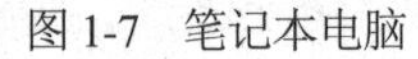

图 1-7　笔记本电脑

图 1-8　平板电脑

1.1.3　计算机的用途

如今，计算机已经成为家庭生活与企业办公中必不可少的工具，其用途广泛，几乎渗透到人们日常工作和生活的各个方面。对于普通用户而言，计算机的常用用途主要包括计算机办公、文件管理、互联网应用、视听播放及游戏娱乐等几个方面。

- 计算机办公：随着计算机的逐渐普及，目前几乎所有的办公场所都使用计算机，尤其是一些从事金融投资、动画制作、广告设计等行业的单位，更是离不开计算机的协助。计算机在办公操作中的用途很多，如制作办公文档、财务报表、3D 效果图等，如图 1-9 所示。
- 文件管理：计算机可以帮助用户更加轻松地管理各种电子化的数据信息(如各种电子表格、文档、视频资料及图片文件等)。通过操作计算机，用户不仅可以方便地保存各种数据，还可以随时在计算机中调出数据并查看自己所需的内容。
- 互联网应用：计算机接入互联网后，可以为用户带来更多的便利，例如，可以在网上看新闻、下载资源、网上购物、浏览微博等。而这一切只是人们使用计算机上网的最基本应用而已，随着 Web 3.0 时代的到来，计算机用户可以通过 Internet 相互联系，在互联网上冲浪，还可以制作自媒体，成为波浪的制造者。
- 视听播放：听音乐和看视频是计算机最常用的功能之一。计算机拥有很强的兼容能力，使用计算机的视听播放功能，不仅可以播放各种 DVD、CD、MP3、MP4 格式的音乐或视频，还可以播放一些特殊格式的音乐或视频文件。因此，很多家庭计算机已经逐步代替客厅中的影音播放机，与音响设备组成更强大的视听家庭影院。
- 游戏娱乐：计算机游戏是指在计算机上运行的游戏软件，这种软件是一种具有娱乐功能的计算机软件。计算机游戏为游戏参与者提供了一个虚拟的空间，从一定程度上让人可以摆脱现实世界，在另一个世界中扮演真实世界中扮演不了的各种角色，如图 1-10 所示。

图 1-9　计算机办公

图 1-10　游戏娱乐

1.2　计算机的硬件组成

计算机由硬件与软件组成，其中硬件包括构成计算机的主要内部硬件设备与常用外部设备两类，本节将分别介绍这两类设备的外观和功能。

1.2.1　主要内部硬件设备

计算机的主要内部硬件设备包括主板、CPU、内存、硬盘、显卡、机箱、电源等，各自的外观与功能如下。

1. 主板

计算机主板是计算机主机的核心配件，它安装在机箱内。主板的外观一般为矩形的电路板，其上安装了组成计算机的主要电路系统，一般包括芯片组、扩展槽、各种接口等，如图 1-11 所示。

图 1-11　主板

提示

计算机主板采用开放式结构。主板上一般提供 6 ~ 15 个扩展插槽，供计算机外部设备的控制卡(适配器)插接。通过更换这些控制卡，用户可以对计算机的相应子系统进行局部升级。

2. CPU

CPU 是计算机解释和执行指令的部件，它控制整个计算机系统的操作。因此，CPU 也被称作计算机的“心脏”，如图 1-12 所示。

CPU 安装在主板的 CPU 插槽中，由运算器、控制器和高速缓冲存储器以及实现它们之间联系的数据、控制及状态总线构成，其运作原理大致可分为提取(fetch)、解码(decode)、执行(execute)和写回(write back)四个阶段。

图 1-12　CPU

提示

CPU 从存储器或高速缓冲存储器中取出指令，放入指令寄存器，对指令译码并执行指令。所谓计算机的可编程性，主要是指对 CPU 的编程。

3. 内存

内存也被称为主存储器，是计算机中重要的部件之一，如图 1-13 所示，它是与 CPU 进行沟通的桥梁，其作用是暂时存放 CPU 中的运算数据，以及与硬盘等外部存储器交换数据。内存安装在主板的内存插槽中，其运行状态决定了计算机能否稳定运行。

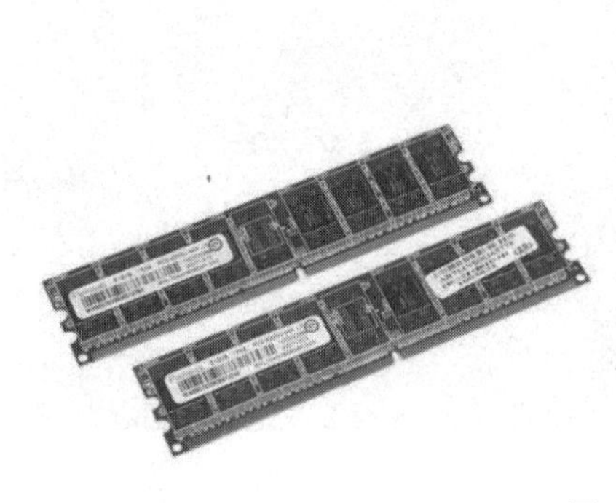

图 1-13　内存

4. 硬盘

硬盘是计算机的主要存储设备之一，传统的机械硬盘由一个或多个铝制或玻璃制的碟片组成，这些碟片外覆盖有铁磁性材料，如图 1-14 左图所示。硬盘一般被安装在机箱的驱动器支架内，通过数据线与计算机主板相连。

此外，固态硬盘最近发展也很快，固态硬盘是用固态电子存储芯片阵列制成的硬盘，由控制单元和存储单元组成，如图 1-14 右图所示。固态硬盘具有传统机械硬盘不具备的快速读写、质量轻、能耗低及体积小等特点，不过其价格也较为昂贵，并且存储容量相对较小，一旦硬件损坏，其内部保存的数据很难恢复。

图 1-14　机械硬盘和固态硬盘

5. 显卡

显卡的全称为显示接口卡，又称为显示适配器，它是计算机最基本的硬件设备之一，如图 1-15 所示。显卡安装在计算机主板的 PCI Express(或 AGP)插槽中，或者一体化集成在主板上，其用途是对计算机系统所需要的显示信息进行转换驱动，并向显示器提供行扫描信号，控制显示器的正确显示。

图 1-15　显卡

提示

显卡一般分为集成显卡和独立显卡。由于显卡性能的不同，对于显卡的要求也不一样。独立显卡分为两类：一类是专门为游戏设计的娱乐显卡，另一类则是用于绘图和 3D 渲染的专业显卡。

6. 机箱

机箱的主要功能是放置和固定各种计算机内部硬件设备，起到承托和保护的作用，如图 1-16 所示。机箱也可以被看作计算机主机的“房子”，它由金属钢板和塑料面板制成，为电源、主板、各种扩展板卡、光盘驱动器、硬盘驱动器等设备提供安装空间，并通过机箱内的支架、各种螺丝或卡子、夹子等连接件将这些零部件牢固地固定在机箱内部，形成一台主机。

图 1-16　机箱

提示

机箱的面板上提供了 LED 显示灯，便于用户及时了解计算机的工作状态，前置 USB 接口之类的小设计也极大地方便了使用者。同时，有的机箱采用前置冗余电源的设计，使得用户维护电源十分方便。

7. 电源

计算机电源的功能是把 220V 的交流电转换成直流电，并为计算机硬件设备(主板、驱动器等)供电，电源是为计算机各部件供电的枢纽，也是计算机的重要组成部分。常见的计算机电源分为非模组电源和模组电源两类，图 1-17 左图所示为非模组电源，右图所示为模组电源。

计算机电源的转换效率通常为 70%~80%，功率较大。开机后热量积聚在电源中如不及时散发，会使电源局部温度过高，从而对电源造成损害。因此，电源内部通常包含散热装置。

图 1-17　非模组电源和模组电源

1.2.2　常用外部设备

计算机外部设备主要包括键盘、鼠标、显示器、打印机、摄像头、移动存储设备、耳机、耳麦、麦克风、音箱等，下面将对它们分别进行介绍。

1. 键盘

键盘(如图 1-18 所示)是一种可以把文字信息和控制信息输入计算机的设备，由英文打字机键盘演变而来。台式计算机的键盘一般使用 USB 接口与计算机主机相连。此外，蓝牙等无线键盘也逐渐普及起来。

图 1-18　键盘

提示

键盘的作用是记录用户的按键信息，并通过控制电路将该信息送入计算机，从而实现将字符输入计算机的目的。目前市面上的键盘，无论是何种类型，信号产生原理都基本相同。

2. 鼠标

鼠标的外观如图 1-19 所示。鼠标的使用是为了使计算机的操作更加简便，从而代替烦琐的键盘指令。台式计算机所使用的鼠标与键盘一样，一般采用 USB 接口与计算机主机相连。此外，蓝牙等无线鼠标也逐渐普及起来。

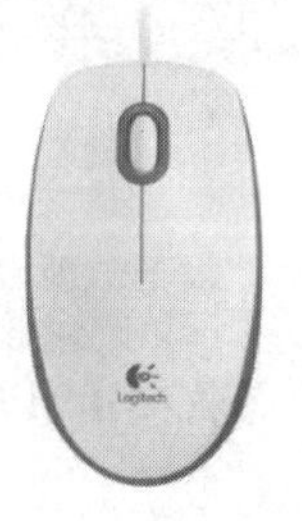

图 1-19　鼠标

3. 显示器

显示器通常也称为监视器，它是一种将一定的电子文件通过特定的传输设备显示到屏幕上再反射到人眼的显示工具，如图 1-20 所示。目前常见的显示器均为 LCD(液晶显示器)。

图 1-20 显示器

提示

显示器是人与计算机交流的窗口，选购一台好的显示器可以大大降低使用计算机时的疲劳感。目前，LCD 凭借高清晰、高亮度、低功耗、体积较小及影像显示稳定等优势，成为市场的主流。

4. 打印机

打印机是计算机的输出设备之一，其作用是将计算机中的文档、图像或其他类型的数据在纸上打印出来。打印机的外观如图 1-21 所示。按打印机采用的技术分类，可将打印机分为喷墨式、热敏式、激光式、静电式、磁式、发光二极管式等类型。

图 1-21 打印机

提示

打印机是一种能够将计算机的运算结果或中间结果以人所能识别的数字、字母、符号和图形等，依照规定的格式输出到纸上的设备，其正在向轻、薄、短、小、低功耗、高速度和智能化方向发展。

5. 摄像头

摄像头是一种视频输入设备，被广泛地运用于视频会议、远程医疗及实时监控等场景，如图 1-22 所示。

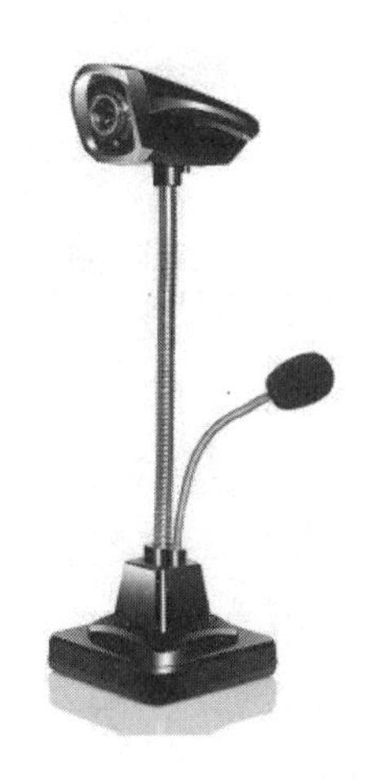

图 1-22　摄像头

6. 移动存储设备

移动存储设备是一种便携式的数据存储装置，此类设备带有存储介质且自身具有读写介质的功能，不需要(或很少需要)其他设备(如计算机)的协助。常见的移动存储设备主要有移动硬盘、U盘(闪存盘)和各种记忆卡(存储卡)等，如图 1-23 所示。

移动硬盘　　　　U 盘　　　　存储卡

图 1-23　移动存储设备

> **提示**
>
> 在所有移动存储设备中，移动硬盘可以提供相对较大的存储容量，是一种性价比较高的移动存储设备。

7. 耳机、耳麦和麦克风

耳机是使用计算机听音乐、玩游戏或看电影必不可少的设备，如图 1-24 所示。它能够从声卡中接收音频信号，并将其还原为真实的声音。

耳麦是集耳机和麦克风功能于一体的音频设备，如图 1-25 所示。耳麦在功能上不同于普通的耳机，普通耳机往往是立体声的，而耳麦多是单声道的。

图 1-24　耳机

图 1-25　耳麦

麦克风的学名为传声器，是一种能够将声音信号转换为电信号的能量转换器件，由英文Microphone 翻译而来(也称话筒、微音器)。在将麦克风配合计算机使用时，可以向计算机中输入音频(录音)，或者通过一些专门的语音软件与远程用户进行网络语音对话，麦克风外观如图 1-26 所示。

图 1-26　麦克风

> **提示**
>
> 耳机、耳麦与麦克风一般与计算机主板上的音频接口相连，大部分台式计算机的音频接口在计算机主机背后的机箱面板上，但也有部分计算机的主机前面板上有前置音频接口。

8. 音箱

音箱是最常见的计算机音频输出设备，由多个带有喇叭的箱体组成。目前，音箱的种类和外形多种多样，常见音箱的外观如图 1-27 所示。

图 1-27　音箱

1.2.3　计算机硬件的五大部件

计算机系统由硬件系统与软件系统组成，其中计算机的硬件系统由运算器、控制器、存储器、输入设备与输出设备五大部件组成。

- 运算器：运算器又称为算数逻辑部件，是计算机用于进行数据运算的部件。数据运算包括算数运算和逻辑运算，后者常被忽视，但正是逻辑运算使计算机能进行因果关系分析。一般运算器都具有逻辑运算能力。
- 控制器：控制器是计算机的指挥系统，计算机在控制器的控制下有条不紊地协调各种工作。控制器通过地址访问存储器，逐条取出选中单元的指令，然后分析指令，根据指令产生相应的控制信号并作用于其他各个部件，控制其他部件完成指令要求的操作。上述过程周而复始，保证计算机能自动、连续地工作。
- 存储器：存储器是计算机硬件系统中的存储设备，用于存放程序和数据。计算机中全部的信息，包括输入的原始数据、程序、中间运行结果和最终运行结果都保存在存储器中。存储器根据控制器指定的位置存入和取出信息。有了存储器，计算机才有记忆功能，才能保证正常工作。存储器按用途可分为主存储器(内存)和辅助存储器(外存)两种。其中，外存通常是指磁性介质或光盘等能长期保存数据信息的设备，而内存则指的是主板上的存储部件，用于存放当前正在执行的数据和程序，但内存仅用于暂时存放程序和数据。若关闭电源，内存中保存的数据将会丢失。
- 输入设备：用于向计算机输入各种原始数据和程序的设备。计算机用户可以通过输入设备将各种形式的信息，如数字、文字、图像等转换为数字形式的“编码”，即计算机能够识别的用 1 和 0 表示的二进制代码(实际上是电信号)，并把它们“输入”(input)计算机内存储起来。键盘是计算机必备的输入设备，其他常用的输入设备还有鼠标、图形输入板、视频摄像机等。
- 输出设备：输出设备正好与输入设备相反，是用于输出结果的部件。输出设备必须能以人们所能接受的形式输出信息，如以文字、图形的形式在显示器上输出。除显示器外，常用的输出设备还有音箱、打印机、绘图仪等。

微型计算机中，运算器和控制器被做在一块集成电路芯片上，称为中央处理器(Central Processing Unit，CPU)。CPU 是计算机的核心，计算机的性能是否强大主要取决于它。

1.3　计算机软件分类

计算机的软件由程序和有关文档组成，其中程序是指令序列的符号表示，文档则是软件开发过程中建立的技术资料。程序是软件的主体，一般保存在存储介质(如硬盘或光盘)中，以便在计算机中使用。

1.3.1 操作系统软件

操作系统是管理计算机硬件与软件资源的程序，同时也是计算机系统的内核与基石。操作系统包括 5 方面的管理功能：进程管理、作业管理、存储管理、设备管理、文件管理。操作系统是管理计算机全部硬件资源、软件资源、数据资源，控制程序运行并为用户提供操作界面的系统软件的集合。目前，常见的操作系统主要有 Windows、macOS 及 Linux 等。这些操作系统所适用的用户也不尽相同，计算机用户可以根据自己的实际需要选择不同的操作系统，下面将分别对这几种操作系统进行简单介绍。

1. Windows 10 操作系统

Windows 10 是由微软公司研发的跨平台及设备应用的操作系统，如图 1-28 所示。Windows 10 共有家庭版、专业版、企业版、教育版、移动版、移动企业版和物联网核心版 7 个版本，分别面向不同用户和设备。Windows 10 提供了针对触控屏设备优化的功能，同时还提供了专门的平板电脑模式，“开始”菜单和应用都支持以全屏模式运行。Windows 10 新增的 Windows Hello 功能提供一系列对生物识别技术的支持。除了常见的指纹扫描，系统还能通过面部或虹膜扫描来让用户进行登录。

图 1-28　Windows 10 操作系统

2. Windows 11 操作系统

Windows 11是由微软公司开发的一款操作系统，如图1-29所示。Windows 11比之前的 Windows 版本更加现代化和智能化，它采用全新的界面风格和交互方式，包括更多的手势和语音控制功能，旨在提高用户体验和生产力。Windows 11 具有全新的 UI 设计、更强的多任务管理和安全性、更智能的窗口布局等特点，同时需要更高的系统要求。目前 Windows 11 推出了家庭版和专业版，Windows 10 用户可以免费升级至 Windows 11 专业版。

3. Windows Server 操作系统

Windows Server 是微软公司开发的一款服务器操作系统，使用 Windows Server 可以使 IT 专业人员对服务器和网络基础结构的控制能力更强。Windows Server 通过加强操作系统和保护网络环境提高了系统的安全性，通过加快 IT 系统的部署与维护，使服务器和应用程序的合并与虚拟化更加简单，同时为用户特别是 IT 专业人员提供了直观、灵活的管理工具。

在最新的 Windows Server 2022 系统中，对比上一个版本，在几个关键主题上带来多项改进，包括混合式云端、安全性、应用程序平台和超融合式基础结构等。图 1-30 所示为 Windows Server 2022 操作系统。

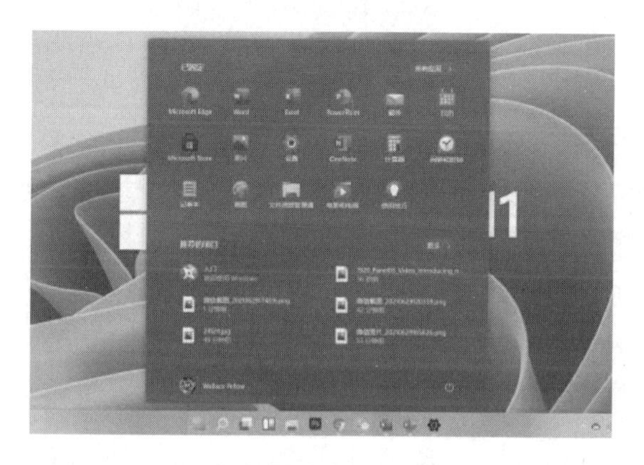

图 1-29　Windows 11 操作系统

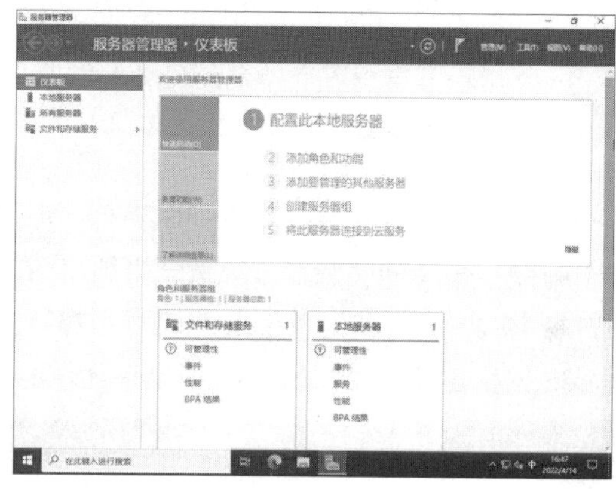

图 1-30　Windows Server 2022 操作系统

4. macOS 操作系统

macOS 是一种运行于苹果 Macintosh 系列计算机上的操作系统，如图 1-31 所示。macOS 是首款在商用领域成功的图形用户界面操作系统。现有的最新系统版本是 macOS 13.3。

图 1-31　macOS 操作系统

macOS 操作系统具有以下 4 个特点。

- 全屏模式：全屏模式是 macOS 操作系统中最重要的功能。macOS 中所有应用程序均可以在全屏模式下运行。全屏模式极大简化了计算机的用户界面，减少多个窗口带来的困扰(它可以使用户获得与 iPhone、iPod touch 和 iPad 用户相同的体验)。
- 任务控制：任务控制整合了 Dock 和控制面板，用户能够以窗口和全屏模式查看各种应用。
- 快速启动面板：macOS 操作系统的快速启动面板的工作方式与 iPad 完全相同。它以类似于 iPad 的用户界面显示计算机中安装的所有应用，并通过 Mac App Store 进行管理。用户可以通过滑动鼠标在多个应用图标界面间切换。
- Mac App Store 应用商店：Mac App Store 的工作方式与 iOS(iPhone OS)系统的 App Store 完全相同。它们具有相同的导航栏和管理方式。当用户从应用商店购买一个应用后，Mac 计算机会自动将其安装到快速启动面板中。

5. Linux 操作系统

Linux 这个词本身只表示 Linux 内核，但人们已经习惯了用 Linux 来形容整个基于 Linux 内核的操作系统。Linux 是一套免费使用和自由传播的开源操作系统，能运行多种工具软件、应用程序和网络协议。同时，Linux 也是多用户、多任务、支持多线程和多 CPU 的操作系统。Linux 支持 32 位和 64 位硬件，是一款以网络为核心且性能稳定的多用户操作系统，如图 1-32 所示。

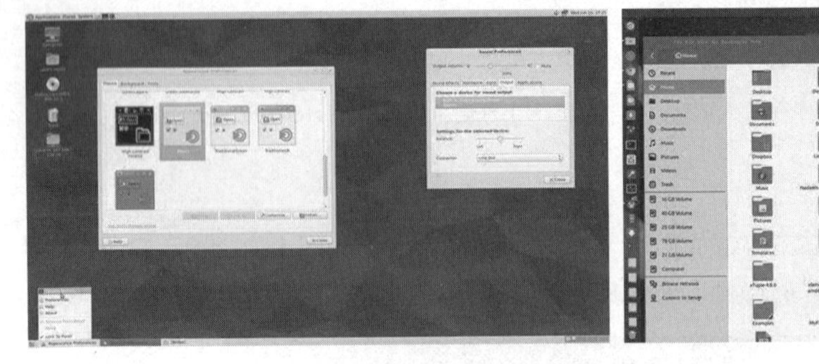
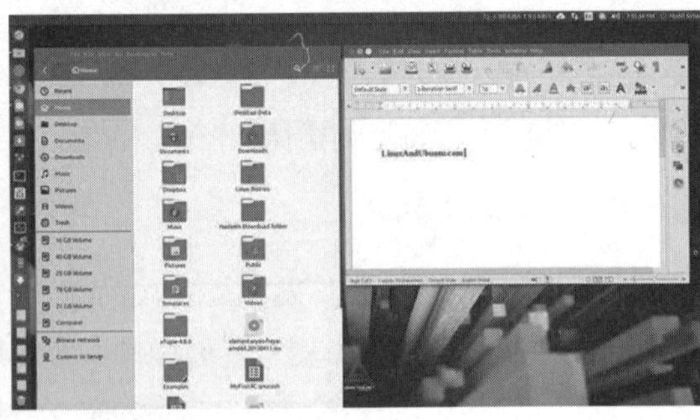

图 1-32　Linux 操作系统

1.3.2　语言处理软件

人们用计算机解决问题时，必须用某种“语言”和计算机进行交流。具体而言，就是利用某种计算机语言来编写程序，然后让计算机执行编写的程序，从而让计算机完成特定的任务。目前主要有 3 种程序设计语言，分别是机器语言、汇编语言和高级语言。

- 机器语言：机器语言是用二进制代码指令表示的计算机语言，其指令是用 0 和 1 组成的一串代码，它们有一定的位数，并分成若干段，各段的编码表示不同的含义。例如，某计算机字长为 16 位，表示由 16 个二进制数组成一条指令或其他信息。16 个 0 和 1 可组成各种排列组合，通过线路变成电信号，让计算机执行各种不同的操作。
- 汇编语言：汇编语言是一种面向机器的程序设计语言。在汇编语言中，用助记符代替操作码，用地址符号或标号代替地址码。如此，用符号代替机器语言的二进制代码，就可以把机器语言转变成汇编语言。

- 高级语言：由于汇编语言过分依赖于硬件体系，并且其助记符量大难记，于是人们又发明了更加易用的高级语言。高级语言的语法和结构类似于普通英文，并且由于远离对硬件的直接操作，使得普通用户经过学习之后都可以编写程序。

1.3.3　驱动程序

驱动程序的英文名为 Device Driver，全称为“设备驱动程序”，是一种可以使计算机和设备通信的特殊程序，相当于硬件的接口。操作系统只有通过驱动程序，才能控制硬件设备的工作，如果计算机中某设备的驱动程序未能正确安装，硬件设备便不能正常工作。

硬件如果缺少了驱动程序的“驱动”，那么本来性能非常强大的硬件就无法根据软件发出的指令进行工作，硬件就空有一身本领，毫无用武之地。从理论上讲，所有的硬件设备都需要安装相应的驱动程序才能正常工作。但 CPU、内存、主板、键盘、显示器等设备却并不需要安装相应的驱动程序就能正常工作。这是因为这些硬件对于一台个人计算机来说是必需的，设计人员将这些设备列为主板 BIOS 能直接支持的硬件。换言之，上述硬件安装后就可以被主板 BIOS 和操作系统直接支持，不再需要安装驱动程序。从这个角度来看，主板 BIOS 也是一种驱动程序。除此之外，如网卡、声卡、显卡等计算机硬件设备，则必须安装驱动程序，否则这些硬件设备将无法正常工作。

1.3.4　系统服务程序

系统服务程序是指运行在后台的操作系统应用程序，它们通常会随着操作系统的启动而自动运行，以便在需要的时候提供系统服务支持。系统服务一般在后台运行。与用户运行的程序相比，系统服务不会出现在程序窗口或对话框中，只有在任务管理器中才能观察到它们。

系统服务程序包括监控程序、检测程序、调用编译程序、连接装配程序、调试程序等。系统服务程序和普通的后台应用程序(如病毒防火墙)非常相似，它们最主要的区别是系统服务程序随操作系统一起安装并作为系统的一部分提供单机或网络服务。

1.3.5　应用软件

应用软件是指除系统软件外的所有软件。应用软件是用户利用计算机及其提供的系统软件为解决各种实际问题而编写的计算机程序。由于计算机的应用已遍及人类社会生活的各个领域，因此，应用软件也具有多种多样的形式。目前，常见的应用软件包括各种用于科学计算的程序包、办公处理软件、信息管理软件、计算机辅助设计教学软件、媒体播放软件和图像处理软件等。下面列举几种应用软件。

1. 用户程序

用户程序是用户为了解决特定的具体问题而开发的软件。例如，火车站或汽车站的票务管理系统、人事管理部门的人事管理系统、财务部门的财务管理系统(如图 1-33 所示)等。

2. 办公处理软件

办公处理软件主要指用于文字处理、电子表格制作、幻灯片制作等应用的软件，如微软公司的 Word(如图 1-34 所示)、Excel、PowerPoint 软件等。

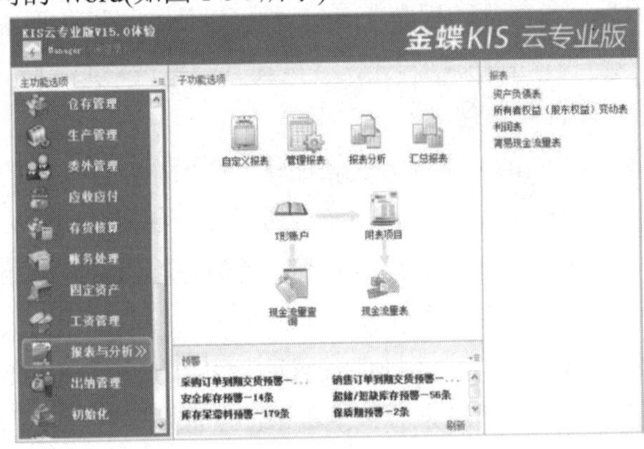

图 1-33　财务管理系统

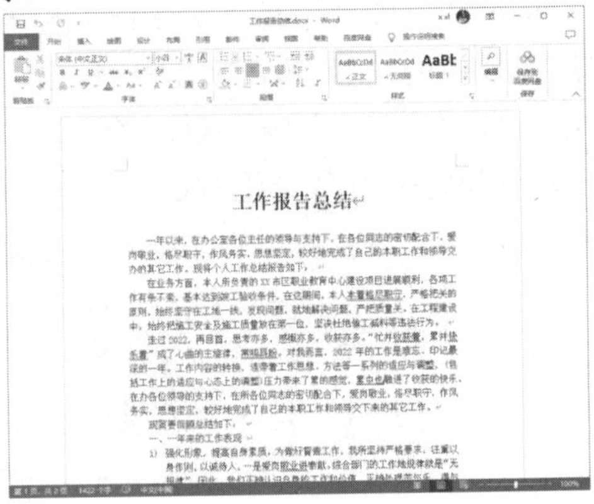

图 1-34　办公软件 Word

3. 图像处理软件

图像处理软件主要用于编辑或处理图形图像文件。此类软件常应用于平面设计、三维设计、影视制作等领域。常见的图像处理软件有 Photoshop、CorelDRAW、会声会影、美图秀秀(如图 1-35 所示)等。

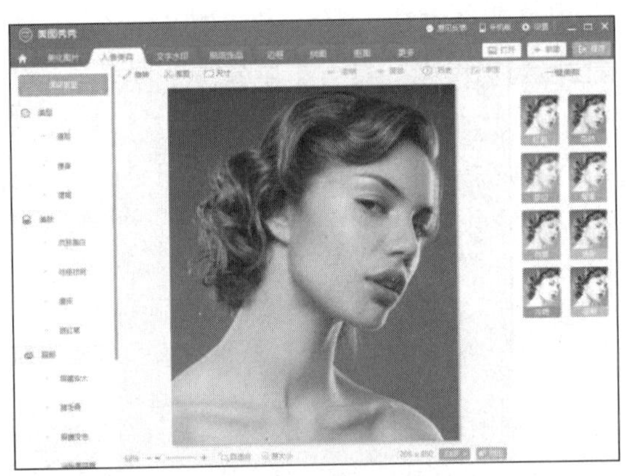

图 1-35　美图秀秀

4. 媒体播放软件

媒体播放软件是指计算机中用于播放多媒体的软件，如 Windows Media Player、迅雷看看、暴风影音(如图 1-36 所示)等。

图 1-36　暴风影音

1.4　实例演练

本章的实例演练主要练习开关机的操作，使用户更好地掌握开关机的正确方法，以免计算机遭受不必要的损害。

【例 1-1】 练习启动与关闭计算机。

(1) 确认计算机显示器和主机电源正确连接后，为电源插板通电，按下显示器上的电源按钮启动显示器，如图 1-37 所示。

(2) 按下计算机主机前面板上的电源按钮，如图 1-38 所示，此时主机前面板上的电源指示灯将会亮起，计算机随即被启动，执行系统开机自检程序。

图 1-37　打开显示器

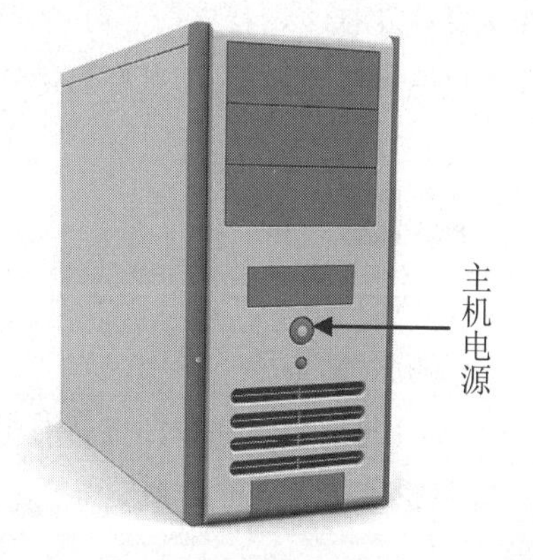

图 1-38　启动主机

(3) 在启动过程中，计算机会进行自检并进入操作系统，显示器屏幕显示如图 1-39 所示界面。

(4) 如果操作系统设置有密码，用户需要在图 1-40 所示界面中输入密码。

图 1-39　启动 Windows 10

图 1-40　输入密码

(5) 输入密码后按 Enter 键，稍后即可进入系统桌面，如图 1-41 所示。

(6) 如果要关闭计算机，单击系统桌面左下角的【开始】按钮，在弹出的菜单中选择【电源】选项，在弹出的子菜单中选择【关机】命令即可，如图 1-42 所示。

图 1-41　进入系统桌面

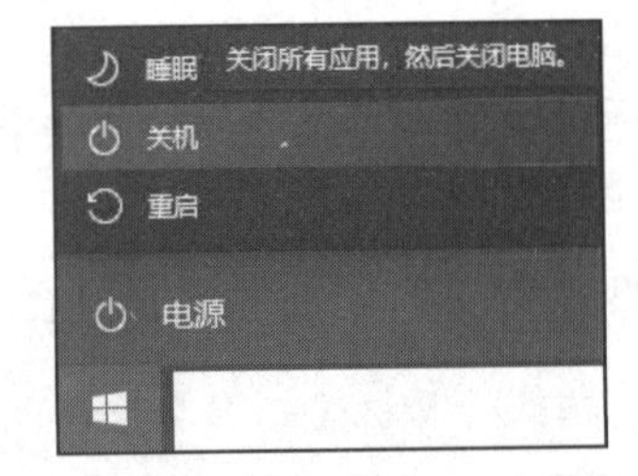

图 1-42　选择【关机】命令

提示

在使用计算机的过程中，有时会遇到问题，需要重新启动计算机。单击【开始】按钮，在弹出的菜单中选择【电源】|【重启】命令即可重启计算机。

1.5　习题

1. 计算机有哪些种类和用途？
2. 计算机的主要内部硬件设备有哪些？
3. 计算机软件主要有哪几类？

第 2 章

计算机的硬件选购

计算机的基础是硬件设备。本章将通过介绍计算机各部分硬件的选购常识与要点，详细讲解获取计算机硬件技术信息、分析硬件性能指标以及识别硬件物理结构的方法，帮助用户进一步掌握计算机硬件的相关知识。

本章重点

- 选购 CPU
- 选购主板
- 选购内存
- 选购硬盘

2.1 组装机和品牌机的选择

在购买计算机之前，需要先了解品牌机和组装机(兼容机)的优缺点，来确定是选择购买品牌机还是组装机。

2.1.1 品牌机和组装机的优缺点

品牌机的优缺点如下：

- 整机性能优越；
- 人性化设计；
- 外观时尚；
- 售后服务到位；
- 价格相对较高；
- 配置不灵活。

组装机的优缺点如下：

- 价格便宜；
- 配置灵活；
- 基本不提供售后服务。

根据以上品牌机和组装机的优缺点分析可以得出：企事业单位、家庭用户以及不了解计算机维修的用户适合买品牌机；会自己简单维修计算机、缺乏资金的用户适合购买组装机。

2.1.2 选购品牌机的方法

下面介绍一下选购品牌机的方法。

1. 看品牌

目前，市场上的品牌机主要有以下几类。

- 首先是国际品牌，如 HP、DELL 等。这些品牌的硬件质量和售后服务都非常完善，因此价格也较高。如果不太在乎价格，那么可以选择购买这些品牌的计算机。
- 其次是国内著名企业的品牌机，如清华同方、方正、联想等。此类品牌机产品质量稳定，相对前面介绍的国际品牌有着更高的性价比，配置更贴近国内用户要求，在售后服务方面也不比国外品牌机差。
- 最后是一些小型正规企业出品的品牌机。此类品牌机在特定的地域有销售门店和维修点，其整机性能有一定的保障，相对于前面介绍的两类品牌机，价格上更有优势。

2. 看配置选机型

用户在购买计算机时选择一款适合自己配置的计算机通常是一件比较困难的事，因为不仅要考虑购买计算机的用途，同时还得兼顾资金的情况。购买计算机时从性能和价格两方面考虑，挑选出最合适的机型才是最实际的做法。在选购时，一般不要选择刚上市的新产品(新上市的价格偏高)，用户应从自身的应用范围去确定需要选购的机型。

3. 看价格

在确定了适合自己的计算机后，接下来就要和销售商正面接触了。一般来说，现在品牌机都有一个全国统一的零售价，但这并不是最低价格，品牌机生产商会给销售商留有一定的讲价余地，所以在购买时绝对不要相信销售商所谓的最低价，一般都可以在销售商的报价基础上进行相应的压价。最后，购买品牌机一定要让销售商开具有效发票，以便以后为保修提供依据。

4. 看认证

选购品牌机绝对不能只看配置，还要看生产厂商是否通过了ISO 国际质量体系认证，这个指标说明了其质量和实力。通过了认证则标志着企业产品和服务达到国际水平，这是购买品牌机时的一个重要指标。

5. 看包装

在选购品牌机时要注意，一般不要直接购买销售商在商店摆放的计算机，应该要求销售商拿没有拆开包装的产品，因为在商店摆放的计算机一般为样品机，需要经常开机或整天开机进行展示，严格来说是已经被使用过的产品。

在随计算机附带的软件上也要多留意，特别是预装微软正版操作系统的还需要多留心，有些商家会把正版软件单独扣下另行销售牟利。

6. 看售后服务

品牌机最大的优势在于其良好的售后服务。同样是品牌机，不同品牌商家的售后服务水平却不一样。因此在选购时，比较售后服务就非常重要。例如，有些厂商对于保修期内的问题产品是直接免费更换的，而有些则是免费维修的；有些厂商在保修期内上门维修是免费的，超过保修期也只收部分成本费，而有些还要加收上门服务费。

对于用户来说，选择一家售后服务质量好、维修水平高和售后承诺能够完全兑现的商家，有时候比挑选品牌机的配置更重要。

2.1.3　组装机的配置原则

很多自己组装计算机的用户在配置计算机过程中容易走入一个误区，即在购买时更重视硬件设备的性能较高或者生产批次较新的产品。这样组装的计算机不一定适合用户自身，并且会浪费很多金钱。

用户可以根据以下 3 点来确定具体的计算机配置方案。

1. 购买计算机的目的

买计算机用来做什么，用途不同，计算机的配置也不同，一般的用户配置普通计算机，复杂的用途则需要配置高档计算机。

2. 预估计算机的价格

只从用途方面考虑去配置计算机是远远不够的，还要预估计算机的价格。

3. 确定资金消费重点

如果购机时用户的资金不是很充裕，应该根据配置计算机的目的和实际资金状况，确定资金消费的重点。比如商务计算机，应侧重于选择较好的显示器和主板，因为商务办公用户一般要求计算机的稳定性高、故障率低。

2.2 选购 CPU

CPU 主要负责接收与处理外界的数据信息，然后将处理结果传送到正确的硬件设备。它是计算机执行各种运算和控制的核心。本节将介绍选购 CPU 时，用户应了解的相关知识。

2.2.1 CPU 简介

CPU(Central Processing Unit，中央处理器)是一块超大规模的集成电路，是一台计算机的运算核心和控制核心，主要包括运算器(Arithmetic and Logic Unit，ALU)和控制器(Control Unit，CU)两大部件。此外，CPU 还包括若干寄存器和高速缓冲存储器以及实现它们之间联系的数据总线、控制总线及状态总线。

1. 常见类型

目前，市场上常见的 CPU 主要分为 Intel 品牌和 AMD 品牌两类，其中 Intel 品牌的 CPU 稳定性较好，AMD 品牌的 CPU 则有较高的性价比。从性能上对比，Intel 品牌 CPU 与 AMD 品牌 CPU 的区别如下。

- AMD 品牌的 CPU 重视 3D 处理能力，AMD 同档次 CPU 的 3D 处理能力相对 Intel CPU 更高。AMD CPU 拥有超强的浮点运算能力，可以让计算机在游戏方面性能更突出，如图 2-1 所示。
- Intel 品牌 CPU 更重视的是视频的处理速度，Intel CPU 的优点是优秀的视频解码能力和办公能力，并且重视数学运算。在纯数学运算中，Intel CPU 要比同档次的 AMD CPU 更快，并且相对 AMD CPU，Intel CPU 在工作时性能更加稳定，如图 2-2 所示。

图 2-1　AMD 品牌 CPU

图 2-2　Intel 品牌 CPU

提示

从价格上对比，AMD 由于设计原因，二级缓存较小，因此成本更低。在市场货源充足的情况下，AMD 品牌 CPU 的价格要比同档次的 Intel 品牌 CPU 更低。

2. CPU 核心技术

随着 CPU 技术的发展，其主流技术不断更新，用户在选购一款 CPU 之前，应首先了解当前市场上各主流型号 CPU 的相关技术信息。

- 双核处理器：双核处理器标志着计算机技术的一次重大飞跃。双核处理器是指在一个处理器上集成两个运算核心，从而提高其计算能力。
- 四核处理器：四核处理器是指在一个处理器上拥有 4 个功能一样的处理器核心。换句话说，将 4 个处理器核心整合到一个运算核心中。四核 CPU 实际上是将两个双核处理器封装在一起。
- 六核处理器：六核处理器是指在一个处理器芯片上提供 6 个处理器核心以及 16MB 共享缓存，并为虚拟化性能表现设定了全新标准。
- 八核处理器：八核处理器主要应用于四插槽服务器，其每个物理核心均可同时运行两个线程。
- 十核及十核以上处理器：Core i9 系列处理器采用十核心二十线程设计，一般用于服务器上。家用计算机要使用十核及十核以上处理器就必须搭配良好的电源和散热系统。

2.2.2　CPU 的性能指标

CPU 的制造技术不断飞速发展，其性能的好坏已经不能简单地以频率来判断，还需要综合缓存、总线频率、封装类型和制造工艺等指标。下面将分别介绍这些性能指标的含义。

- 主频：主频即 CPU 内部核心工作时的时钟频率(CPU Clock Speed)，其单位一般是 GHz。同类 CPU 的主频越高，一个时钟周期里完成的指令数也越多，CPU 的运算速度也就越快。但是由于不同种类的 CPU 内部结构的不同，CPU 之间的性能往往不能直接通过主频来比较，并且高主频 CPU 的实际表现性能还与外频、缓存大小等有关。

- 外频：外频指的是 CPU 的外部时钟频率，也就是 CPU 与主板之间同步运行的速度。目前，绝大部分计算机系统中，外频也是内存与主板之间同步运行的速度，在这种方式下，可以理解为 CPU 的外频直接与内存相连通，实现两者间的同步运行。
- 扩展总线速度：扩展总线速度指的是局部总线(如 VESA 或 PCI 总线)数据传输的速度。
- 倍频：倍频为 CPU 主频与外频之比。CPU 主频与外频的关系是：CPU 主频＝外频×倍频。
- 封装类型：CPU 封装是采用特定的材料将 CPU 芯片或 CPU 模块固化在其中以防损坏的保护措施，一般必须在封装后 CPU 才能交付用户使用。CPU 的封装方式取决于 CPU 安装形式和器件集成设计，从大的分类来看通常采用 Socket 插座进行安装的 CPU 使用 PGA(栅格阵列)方式封装，而采用 Slot x 槽安装的 CPU 则全部采用 SEC(单边接插盒)的形式封装。现在还有 PLGA(Plastic Land Grid Array)、OLGA(Organic Land Grid Array)等封装技术。
- 总线频率：前端总线用于将 CPU 连接到北桥芯片。前端总线频率(即总线频率)直接影响 CPU 与内存之间的数据交换速度。得知总线频率和数据位宽可以计算出数据带宽，即数据带宽＝(总线频率×数据位宽)/8，数据传输最大带宽取决于所有同时传输的数据的宽度和传输频率。例如，支持 64 位的至强 Nocona，前端总线频率是800MHz，它的数据传输最大带宽是 6.4GB/s。
- 缓存：缓存大小也是 CPU 的重要指标之一。缓存的结构和大小对 CPU 速度的影响非常大，CPU 缓存的运行频率极高，一般和处理器同频工作，其工作效率远远大于系统内存和硬盘。缓存分为一级缓存(L1 Cache)、二级缓存(L2 Cache)和三级缓存(L3 Cache)。
- 制造工艺：制造工艺一般用来衡量组成芯片电子线路或元件的细致程度，通常以 nm(纳米)为单位。制造工艺越精细，CPU 线路和元件就越小，在相同尺寸芯片上就可以增加更多的元器件。这也是 CPU 内部器件不断增加、功能不断增强而体积变化却不大的重要原因。
- 工作电压：工作电压是指 CPU 正常工作时需要的电压。较低的电压能够解决 CPU 耗电过多和发热量过大的问题，让 CPU 能够更加稳定地运行，同时也能延长 CPU 的使用寿命。

2.2.3 CPU 的选购常识

用户在选购 CPU 的过程中应了解以下常识。

- 了解计算机市场上大多数商家有关盒装 CPU 的报价，如果发现个别商家的报价比其他商家的报价低很多，而这些商家又不是 Intel 公司直销点的话，那么最好不要贪图便宜，以免上当受骗。
- 对于经过生产商授权和认证的正品盒装 CPU 而言，其塑料封纸上的标志水印字迹应十分工整，而不应是横着的、斜着的或倒着的，并且正反两面的字体差不多都是这种形式，如图 2-3 所示。假冒正品盒装的产品往往正面字体比较工整，而反面字体歪斜。

- Intel CPU 的产品标签上都有一串很长的编码。拨打 Intel 公司的查询热线 8008201100，并把这串编码提供给 Intel 公司的技术服务人员查询该编码。若 CPU 上的序列号、包装盒上的序列号、风扇上的序列号，都与 Intel 公司数据库中的记录一样，则为正品 CPU。此外，正品盒装 CPU 的标签字体清晰，毫不模糊，其右上角的钥匙标志可以随观察角度的不同而改变颜色，由“蓝”到“紫”进行颜色的变化，激光防伪区与产品标签为一体印刷，中间没有断开，如图 2-4 所示。
- 用户可以运行某些特定的检测程序来检测 CPU 是否已经被作假(超频)。Intel 公司推出了一款名为“处理器标识实用程序”的 CPU 测试软件。这个软件包括 CPU 频率测试、CPU 所支持技术测试及 CPU ID 数据测试共 3 部分功能。

图 2-3　盒装 CPU 正面

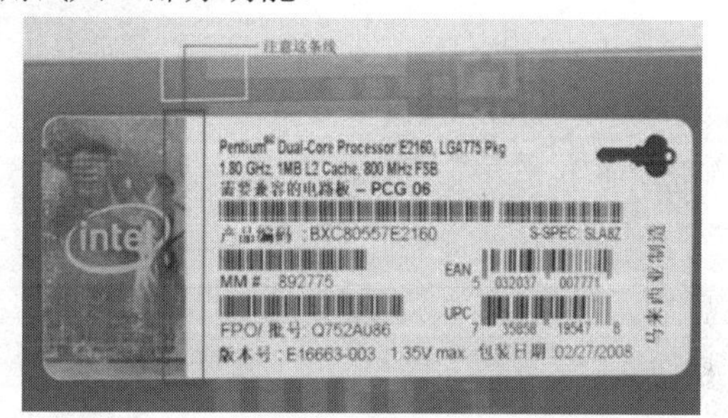

图 2-4　盒装 CPU 标签

2.3　选购主板

由于计算机中所有的硬件设备及外部设备都通过主板与 CPU 连接在一起进行通信，其他计算机硬件设备必须与主板配套使用，因此在选购硬件时，应首先选择要使用的主板。本节将介绍在选购主板时用户应了解的一些问题，包括主板的常见类型、硬件结构、性能指标等。

2.3.1　主板简介

主板又称为主机板(Mainboard)、系统板或母板，它能够提供一系列接合点，供 CPU、显卡、声卡、硬盘、存储器以及其他对外设备接合(这些设备通常直接插入相关插槽或用线路连接)。本节将通过介绍常见的主板类型及技术信息，帮助用户初步了解有关主板的基础知识。

1. 常见类型

主板按其结构分类，可以分为 AT、ATX、Baby-AT、Micro ATX、LPX、NLX、Flex ATX、EATX、WATX、Mini ITX 及 BTX 等几种，其中常见的类型如下。

- ATX 主板：ATX 结构是一种改进型的 AT 主板，如图 2-5 所示，对主板上元件的布局做了优化，有更好的散热性和集成度，需要配合专门的 ATX 机箱使用。
- Micro ATX 主板：Micro ATX 是依据 ATX 规格改进而成的一种标准。Micro ATX 主板降

低了主板硬件的成本，并减少了计算机系统的功耗，如图 2-6 所示。

- Mini ITX 主板：Mini ITX 基于 ATX 架构规范设计。Mini ITX 主板只配备了 1 条扩展插槽，这条扩展插槽相当于 2 条扩展插槽。在内存插槽方面，Mini ITX 主板只提供了 2 条内存插槽。Mini ITX 主板的出现使计算机能够实现超小型设计目标。

图 2-5　ATX 主板

图 2-6　Micro ATX 主板

- BTX 主板：BTX 结构的主板支持窄板设计，其设计结构更加紧凑。BTX 结构的主板能够支持目前流行的新总线和接口(如 PCI-Express 接口和 SATA 接口等)，并且针对散热和气流的运动及主板线路的布局进行了优化设计。

2. 技术信息

主板是连接计算机各部分硬件的桥梁，随着芯片组技术的不断发展，应用于主板上的新技术也层出不穷。目前，主板上应用的常见技术如下。

- PCI Express 2.0 技术：PCI Express 2.0 在 1.0 版本基础上进行了改进，将传输速率提升到了 5GB/s，传输性能也翻了一番。
- USB 3.0 技术：USB 3.0 规范提供了十倍于 USB 2.0 规范的传输速度和更高的节能效率。
- SATA 2 接口技术：SATA 2 接口技术将数据的外部传输速率从 SATA 的 150MB/s 进一步提高到了 300MB/s。
- SATA 3 接口技术：SATA 3 接口技术可以使数据传输速度达到 6GB/s，同时向下兼容旧版规范 SATA Revision 2.6。图 2-7 所示为主板上的 SATA 2 和 SATA 3 接口。
- eSATA 接口技术：eSATA 是外置式 SATA2 规范，它是基于 SATA 接口技术的一种用于连接外部硬盘和存储设备的接口技术。

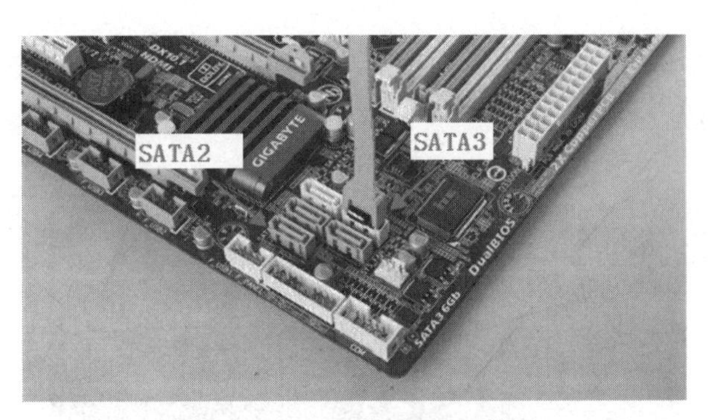

图 2-7　SATA 2 和 SATA 3 接口

3. 主要品牌

目前，市场认可度较高的主板品牌有以下 4 个。

- 华硕(ASUS)：全球第一大主板制造商，也是公认的主板第一品牌，在很多用户的心目中已经是一种权威的象征。同时其品牌产品的价格也是同类产品中最高的，如图 2-8 所示。
- 微星(MSI)：主板产品的出货量位居世界前五，于2009年改革后的微星公司在高端主板产品中非常出色，俗称“军规”主板，超频能力大大提升，如图 2-9 所示。

图 2-8　华硕品牌

图 2-9　微星品牌

- 技嘉(GIGABYTE)：从高端至低端主板用料扎实，低端价格合理，高端的刺客枪手系列有所创新，集成了比较高端的声卡和网卡，但是在主板固态电容和全封闭电感普及的时代，技嘉的主板技术还需要更进一步的改善。
- 华擎(ASRock)：过去曾是华硕的分厂，如今早已跟华硕分家，所以在产品线上也不受限制，拥有华硕的设计团队的华擎，通过推出面向极限玩家的中高端系列主板，占据了不少市场份额。

提示

除了以上介绍的 4 个一线品牌主板，市场上还有包括映泰、升技、磐正、Intel、富士康和精英等二线品牌主板，以及盈通、硕泰克、顶星、翔升等三线品牌主板，这些主板有的针对 AMD 平台设计，有的尽量压低了价格，各具特色。

2.3.2　主板的硬件结构

主板一般采用开放式的结构，其正面包含多种扩展插槽，用于连接各种计算机硬件设备，如

图 2-10 所示。了解主板的硬件结构，有助于用户根据主板的插槽配置情况来决定计算机其他硬件设备(如 CPU、显卡)的选购。

图 2-10　主板上的各种元器件

下面分别介绍主板上主要元器件的功能。

1. CPU 插槽

CPU 插槽是连接 CPU 与主板的接口。CPU 的接口方式有引脚式、卡式、触点式、针脚式等，对应到主板上就有相应的插槽类型(应用广泛的 CPU 接口一般为针脚式接口)。不同的 CPU 接口不能互相接插，常见的 CPU 插槽主要有 Intel 的 LGA CPU 插槽(如图 2-11 所示)和 AMD 的 Socket CPU 插槽(如图 2-12 所示)。

图 2-11　Intel 的 LGA 插槽

图 2-12　AMD 的 Socket 插槽

提示

用户在选购主板时，应首先关注自己选择的 CPU 与主板是否兼容。无论用户选择购买 Intel CPU 还是 AMD CPU，都需要购置与 CPU 针脚相匹配的主板。

2. 内存插槽

计算机所支持的内存种类和容量都由主板上的内存插槽决定。内存条通过其金手指(金黄色导电触片)与主板连接，内存条正反两面都带有金手指。金手指可以在两面提供不同的信号，也可以提供相同的信号。目前，常见主板都带有 4 个以上的内存插槽，如图 2-13 所示。

图 2-13　内存插槽

3. BIOS 芯片

基本输入输出系统(Basic Input Output System，BIOS)芯片是一块矩形的存储器，里面存有与主板搭配的基本输入/输出系统程序，不仅能够让主板识别各种硬件设备，还可以设置引导系统的设备或调整 CPU 外频。BIOS 芯片可以写入程序，用户可以随时更新 BIOS 的版本。图 2-14 所示为主板上的 BIOS 芯片。

4. 芯片组

芯片组是主板的核心，通常由南桥(South Bridge)芯片和北桥(North Bridge)芯片组成。现在大部分主板都将南桥芯片和北桥芯片封装到一起形成一个芯片组，称为主芯片组。北桥芯片是主芯片组中最重要的、起主导作用的组成部分，也称为主桥，过去主芯片组的命名通常以北桥芯片为主。北桥芯片主要负责处理 CPU、内存和显卡三者间的数据交流，南桥芯片则负责处理音频、网络、USB、SATA(包括硬盘等存储设备)、PCI 总线和其他外部接口的数据流通。图 2-15 所示为多个芯片组。

图 2-14　BIOS 芯片

图 2-15　芯片组

5. 其他芯片

芯片组是主板的核心，它决定了主板性能的好坏与级别的高低，是“南桥芯片”与“北桥芯片”的统称。但除此之外，在主板上还有具备其他协调作用的芯片(第三方芯片)，如集成网卡芯片、集成声卡芯片等。

- 集成网卡芯片：集成网卡芯片是指整合了网络功能的主板上集成的网卡芯片。在主板的背板上也有相应的网卡接口(RJ-45)，该接口一般位于音频接口或 USB 接口附近，如图 2-16 所示。
- 集成声卡芯片：现在的主板基本上都集成了音频处理芯片，大部分新组装计算机的用户均使用主板自带声卡，如图 2-17 所示。声卡一般位于主板 I/O 接口附近，常见的板载声卡是 Realtek 的声卡产品，名称多为 ALC xxx，其中数字 xxx 代表声卡芯片所支持声道的数量。

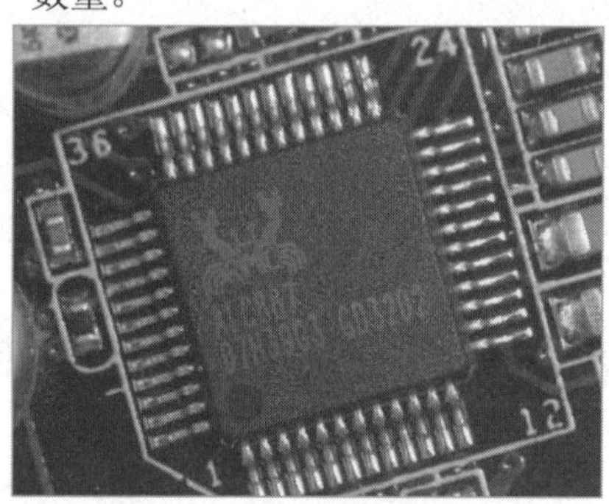

图 2-16　集成网卡芯片

图 2-17　集成声卡芯片

6. PCI-Express 插槽

PCI-Express 是常见的总线和接口标准，有多种规格，从 PCI-Express 1x 到 PCI-Express 32x(通道数为 1、2、4、8、16、32 等)，能满足现在和将来一定时间内出现的低速设备和高速设备的需求(比如显卡)。图 2-18 所示为主板上的 PCI-Express 插槽。

7. 主电源插槽

主电源插槽是主板上连接电源的接口，负责为 CPU、内存、芯片组和各种接口卡提供电源。

目前，常见主板使用的主电源插槽都具有防插错结构，如图 2-19 所示。

图 2-18 PCI-Express 插槽

图 2-19 主电源插槽

8. SATA 接口

SATA 接口又称为串行接口，SATA 以连续串行的方式传送数据，减少了接口的针脚数目，其主要用于连接机械硬盘和固态硬盘等设备。图 2-20 所示为目前主流的 SATA 3.0 接口，大多数机械硬盘和一些固态硬盘都使用这个接口，其通过主芯片组与 CPU 通信，带宽为 6Gbit/s (bit 代表位，折算成传输速率大约为 750MB/s)。

9. U.2 和 M.2 接口

图 2-21 所示的 U.2 接口是一种高速硬盘接口，可以将其看作 4 通道的 SATA-E 接口，其传输带宽理论上可以达到 32Gbit/s。M.2 插槽是最近比较热门的一种存储设备插槽，其带宽大(M.2 Socket 3 的带宽可达到 32Gbit/s，折算成传输速率大约为 4GB/s)，传输数据速度快，且占用空间小，主要用于连接比较高端的固态硬盘产品。

图 2-20 SATA 接口

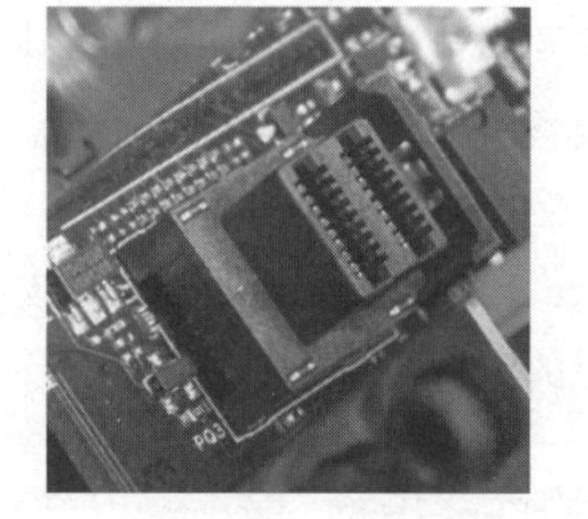

图 2-21 U.2 接口

10. I/O(输入/输出)接口

计算机的输入输出接口是 CPU 与外部设备之间交换信息的连接电路，如图 2-22 所示。它们通过总线与 CPU 相连，简称 I/O 接口。I/O 接口分为总线接口和通信接口两类。

- 当需要外部设备或用户电路与 CPU 之间进行数据、信息交换以及执行控制操作时，应把外部设备和用户电路连接起来，这时就需要使用总线接口。
- 当计算机系统与其他系统直接进行数字通信时使用通信接口。

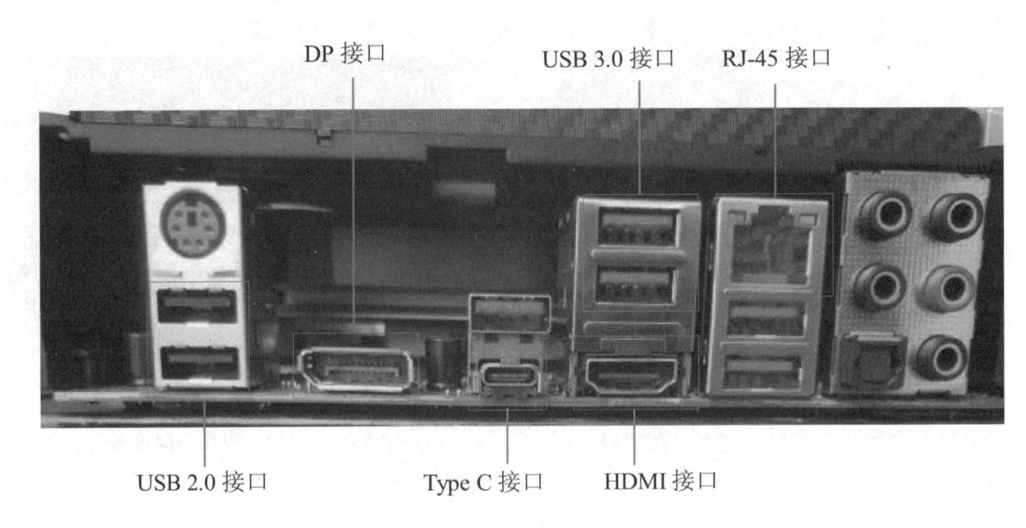

图 2-22　主板接口

从图 2-22 所示的主板外观上看，常见主板上的 I/O 接口至少有以下几种。

- USB 接口：通用串行总线(Universal Serial Bus，USB)是计算机连接外部装置的一种串口总线标准，在计算机上使用广泛，几乎所有的计算机主板上都配置了USB接口。USB 接口标准的版本包括 USB 2.0、USB 3.0 和 USB 3.1 等。
- Type C 接口：目前流行的 Type C 接口，其最大的特色是正反都可以插，传输速度也非常快，许多智能手机和平板采用了这种接口。
- RJ-45 接口：RJ-45 接口也就是网络接口，俗称水晶头接口，主要用来连接网线。有的主板为了体现使用的是 Intel 千兆网卡，通常会将 RJ-45 接口设置为蓝色或红色。
- DP 接口：DP 接口有 3 种，分别为 DP 接口、Mini-DP 接口和 Micro-DP 接口。Mini-DP 接口主要用于笔记本电脑、超极本，Micro-DP 接口主要用于智能手机、平板电脑以及超轻薄设备。
- HDMI 接口：目前的主板和显示卡上都有高清晰度多媒体接口(High Definition Multimedia Interface，HDMI)。通过一条 HDMI 连接线可以同时传送影音信号，HDMI 接口提供 5Gbit/s 及以上的数据传输速率。

2.3.3　主板的性能指标

主板是计算机硬件系统的平台，其性能直接影响计算机的整体性能。因此，用户在选购主板时，除了需要了解其技术信息和硬件结构，还必须充分了解自己所选购主板的性能指标。下面将分别介绍主板的几个主要性能指标。

- 支持的 CPU 类型与频率范围：CPU 插槽类型的不同是区分主板类型的主要标志之一。尽管主板型号众多，但总的结构是类似的，只是在诸如 CPU 插槽或其他细节上有所不同。

- 对内存的支持：目前主流内存均采用 DDR3 和 DDR4 技术，主流为 DDR4，其数据传输能力比较大。主板上内存插槽的数量可用来衡量一块主板的升级潜力。如果用户想要通过添加硬件升级计算机性能，则应选择至少有 4 个内存插槽的主板。
- 主板芯片组：主板芯片组是衡量主板性能的重要指标之一，它决定了主板所能支持的 CPU 种类、频率以及内存类型等。目前主要的主板芯片组有 Intel 芯片组、AMD-ATI 芯片组、VIA(威盛)芯片组及 nVIDIA 芯片组。
- 对显卡的支持：目前主流显卡均采用 PCI-E 接口，如果用户要使用两块显卡组成 SLI 系统，则主板上至少需要两个 PCI-E 接口。
- 对硬盘的支持：目前机械硬盘均采用 SATA 接口，因此用户要购买的主板至少应有两个 SATA 接口。考虑到以后计算机的升级，推荐选购的主板应至少具有 4 个 SATA 接口以及 2 个 U.2 或 M.2 接口。
- USB 接口的数量与传输标准：由于 USB 接口使用起来十分方便，因此越来越多的计算机硬件与外部设备都通过 USB 接口与计算机连接，如 USB 鼠标、USB 键盘、USB 打印机、U 盘、移动硬盘及数码相机等。为了让计算机能同时连接更多的设备，发挥更多的功能，主板上的 USB 接口应越多越好。
- 超频保护功能：现在市面上的一些主板具有超频保护功能，可以有效地防止用户由于超频过度而烧毁 CPU 和主板。

2.3.4　主板的选购常识

用户在了解了主板的主要性能指标后，可以根据自己的需求选择一款合适的主板。下面将介绍用户在选购主板时应注意的一些常识问题，为用户选购主板提供参考。

- 注意主板电池的情况：主板上的电池是为保持 CMOS 数据和时钟的运转而设计的。计算机术语中“掉电”就是指主板电池没电了，不能保持 CMOS 数据，关机后时钟也不走了。选购主板时，应观察主板电池是否有生锈、漏液现象。
- 观察芯片组的生产日期：计算机的速度不仅取决于 CPU 的速度，同时也取决于主板芯片组的性能。如果芯片组的生产日期与当前日期相差较大，用户就要注意。
- 观察扩展槽插的质量：先仔细观察槽孔内弹簧片的位置和形状，再把卡(显卡或声卡)插入槽中，之后拔出。观察此刻槽孔内弹簧片的位置和形状是否与原来相同，若有较大偏差，则说明该插槽的弹簧片弹性不好，质量较差。
- 查看主板上的 CPU 供电电路：在采用相同芯片组时判断一块主板的好坏，最好的方法就是看供电电路的设计。就 CPU 供电部分来说，采用两相供电设计会使供电部分时刻处于高负载状态，严重影响主板的稳定性与使用寿命。
- 观察用料和制作工艺：主板的 PCB 板一般采用 4~8 层的结构，优质主板一般都会采用 6 层以上的 PCB 板，6 层以上的 PCB 板具有良好的电气性能和抗电磁性。

2.4 选购内存

内存是计算机的记忆中心，用于存储当前计算机运行的程序和数据。内存容量的大小是衡量计算机性能高低的指标之一，内存的质量也对计算机的稳定运行起着非常重要的作用。

2.4.1 内存简介

内存又称为主存，是 CPU 能够直接寻址的存储空间，由半导体器件制成，其最大的特点是存取速度快。

用户在日常工作中利用计算机处理的程序(如 Windows 操作系统、文字处理软件、游戏软件等)，一般都安装在硬盘等计算机外存上，但外存中的程序，计算机是无法使用其功能的，必须把程序调入内存中运行，才能真正使用其功能。用户在利用计算机输入一段文字(或玩一个游戏)时，都需要在内存中运行一段相应的程序。

1. 常见类型

目前，市场上常见的内存，根据芯片类型划分，可以分为 DDR2、DDR3、DDR4、DDR5 几种类型，它们各自的特点如下。

- DDR2：DDR2 SDRAM 是由 JEDEC 开发的内存技术标准，它与上一代 DDR 内存技术标准最大的不同就是，虽然都采用在时钟的上升/下降沿同时进行数据传输的基本方式，但 DDR2 内存却拥有两倍于 DDR 内存的预读取能力。换句话说，DDR2 内存在每个时钟能够以 4 倍于外部总线的速度读/写数据，并且能够以相当于内部控制总线 4 倍的速度运行。DDR2 内存外观如图 2-23 所示。

图 2-23 DDR2 内存

- DDR3：DDR3 SDRAM 为了更省电、传输效率更快，使用了 SSTL 15 的 I/O 接口，其工作 I/O 电压是 1.5V，采用 CSP、FBGA 封装方式包装，除延续 DDR2 SDRAM 的 ODT、OCD、Posted CAS、AL 控制方式外，另外新增了 CWD、Reset、ZQ、SRT、RASR 功能。DDR3 内存外观如图 2-24 所示。
- DDR4：DDR4 内存提供 16bit 预取机制(DDR3 为 8bit)，同样内核频率下理论速度是 DDR3 的两倍；更可靠的传输规范，数据可靠性进一步提升；工作电压降为1.2V。DDR4 内存外观如图 2-25 所示。

图 2-24　DDR3 内存

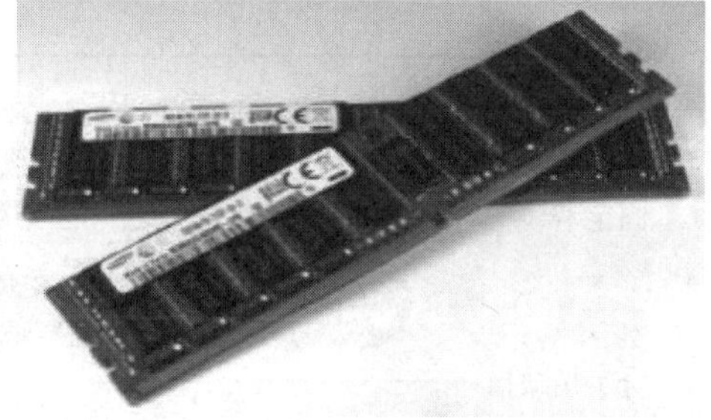

图 2-25　DDR4 内存

- DDR5：DDR5 内存与 DDR4 内存相比，DDR5 内存性能更强，功耗更低，电压从 1.2V 降低到 1.1V，同时每通道 32/40 位(ECC)、总线效率提高、增加预取的 Bank Group 数量以改善性能等。DDR5 内存外观如图 2-26 所示。

图 2-26　DDR5 内存

2. 技术信息

内存的主流技术随着计算机技术的发展而不断发展，与主板、CPU 一样，新的技术不断出现。因此，用户在选购内存时，应充分了解当前的主流内存技术信息。

- 双通道内存技术：双通道内存技术其实是一种内存控制和管理技术，它依赖于芯片组的内存控制器发生作用，在理论上能够使两条同等规格的内存提供的带宽增加一倍。双通道内存主要依靠主板上北桥芯片的控制技术，与内存本身无关。
- 内存封装技术：内存封装技术是指将内存芯片包裹起来，以避免芯片与外界接触，防止外界对芯片造成损害(空气中的杂质、不良气体、水蒸气都会腐蚀内存芯片上的精密电路，进而造成电气性能下降)。目前，常见的内存封装技术有 DIP 封装、TSOP 封装、CSP 封装、BGR 封装等。

2.4.2　内存的硬件结构

内存主要由内存芯片、PCB 板、金手指、固定卡口和金手指缺口等几部分组成。从外观上看，内存是一块长条形的电路板，如图 2-27 所示。

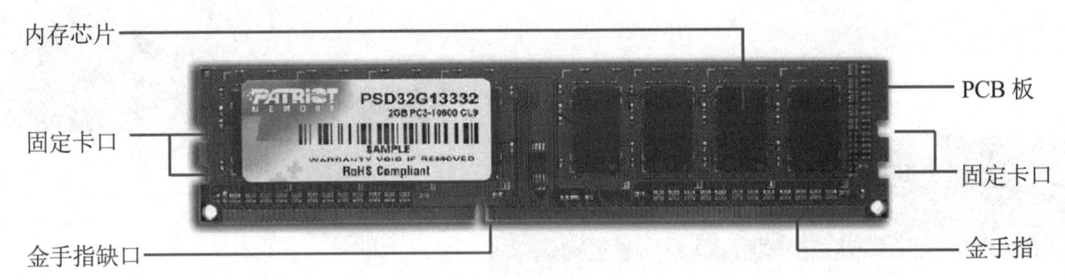

图 2-27　内存的硬件结构

- 内存芯片：内存的芯片颗粒是内存的核心。内存的性能、速度、容量都与内存芯片密切相关。目前市场上有许多种类的内存，但内存颗粒的型号并不多，常见的有三星、长江存储等。
- PCB 板：以绝缘材料为基板加工成的一定尺寸的电路板，为内存的各电子元器件的固定及装配提供机械支撑，可实现电子元器件之间的电气连接或绝缘。
- 金手指：内存与主板内存槽接触部分的一根根黄色接触点，用于传输数据。由于金手指采用铜质导线，使用时间一长就可能出现氧化现象，从而影响内存的正常工作，并导致无法开机的故障。因此，可以每隔一年左右时间用橡皮擦清理一下金手指上的氧化物。
- 固定卡口：将内存插到主板上之后，主板上的内存插槽会有两个夹子牢固地扣住内存两端，这两个夹子便是用于固定内存的固定卡口。
- 金手指缺口：金手指上的缺口用来防止将内存插反。只有安装正确，才能将内存插入主板的内存插槽中。

2.4.3　内存的选购常识

用户在选购内存时，应了解以下选购常识。

- 检查 SPD 芯片：SPD 芯片相当于内存的“身份证”，它能帮助主板快速确定内存的基本情况。兼容性差的内存大多没有 SPD 芯片信息或 SPD 信息不真实。
- 检查 PCB 板：决定 PCB 板质量的因素有好几个，如板材等。一般情况下，如果内存使用 4 层板，这种内存在工作过程中因信号干扰而产生的杂波就会很大，有时会产生不稳定的现象。使用 6 层板设计的内存，相应的干扰问题会少得多。
- 检查内存金手指：内存金手指应较光亮，没有发白或发黑的现象。如果内存金手指存在色斑或氧化现象的话，内存肯定有问题，建议不要购买。

2.5　选购硬盘

硬盘是计算机的主要存储设备，是计算机存储数据资料的仓库。硬盘的性能也会影响计算机的整机性能(关系到计算机处理硬盘数据的速度与稳定性)。本节将详细介绍选购硬盘时应注意的相关知识。

2.5.1　硬盘简介

硬盘(Hard Disk Drive，HDD)是计算机非易失性存储设备，主要分为固态硬盘和机械硬盘两种。

机械硬盘在平整的磁性表面存储和检索数据。信息通过离磁性表面很近的磁头，由电磁流通过改变极性的方式写到磁盘上。信息可以通过相反的方式回读(例如，磁场导致线圈中电气的改变或磁头经过它的上方)。早期硬盘的存储媒介是可替换的，而目前市场上常见的硬盘多采用固定的存储媒介(固态硬盘)。

1. 常见接口类型

根据数据接口类型的不同可以将硬盘分为 IDE 接口、SATA 接口、SATA II 接口、SATA III 接口、SCSI 接口、光纤通道和 SAS 接口等几种，其各自的特点如下。

- IDE(ATA)接口：IDE(Integrated Drive Electronics，电子集成驱动器)接口俗称 PATA 并口，如图 2-28 所示。
- SATA 接口：使用 SATA 接口的硬盘又称为串口硬盘，是目前计算机硬盘的发展趋势，如图 2-29 所示。

图 2-28　IDE 接口

图 2-29　SATA 接口

- SATA II 接口：SATA II 接口是芯片生产商 Intel 与硬盘生产商希捷公司在 SATA 的基础上发展而来的，主要特征是外部传输率从 SATA 的 150MB/s 进一步提高到了 300MB/s。此外，SATA II 接口具有 NCQ(Native Command Queuing，原生命令队列)、端口多路器(Port Multiplier)、交错启动(Staggered Spin-Up)等一系列技术特征。
- SATA III 接口：串行 ATA 国际组织(SATA-IO)在 2009 年 5 月份发布的规范，主要特征是传输速度翻番，达到 6GB/s，同时向下兼容旧版规范。
- SCSI 接口：SCSI 接口是同 IDE(ATA)与 SATA 接口完全不同的接口，IDE 接口与 SATA 接口是普通计算机的标准接口，而 SCSI 接口并不是专门为硬盘设计的接口，而是一种被广泛应用于小型机的高速数据传输技术。
- 光纤通道：和 SCSI 接口一样，光纤通道最初也不是为硬盘设计开发的接口技术，而是专门为网络系统设计的，但随着存储系统对速度要求越来越高，才逐渐应用到硬盘系统中。

光纤通道的出现大大提高了多硬盘系统的通信速度。

- SAS 接口：SAS 是新一代的 SCSI 技术，和 SATA 硬盘相同，SAS 接口也采取串行技术以获得更高的传输速度，可达到 6GB/s。
- M.2 和 U.2 接口：主要用于支持固态硬盘，传输带宽和速率更高、更快。

提示

固态硬盘由控制单元和存储单元(Flash 芯片)组成，简单来说就是用固态电子存储芯片阵列而制成的硬盘，固态硬盘的接口规范、定义、功能及使用方法与普通硬盘完全相同。在产品外形和尺寸上也完全与普通硬盘一致，包括 3.5 寸、2.5 寸、1.8 寸多种类型。由于固态硬盘没有普通硬盘的旋转介质，因此抗振性极佳。固态硬盘可在-45℃~+85℃环境中工作，可广泛应用于军事、车载、工控等领域。

2. 性能指标

硬盘作为计算机最主要的外部存储设备，其性能直接影响计算机的整体性能。判断硬盘性能的主要标准有以下几个。

- 容量：容量是硬盘最基本也是用户最关心的性能指标之一。硬盘容量越大，能存储的数据也就越多。在选购硬盘时，选购一块大容量的硬盘是非常有必要的。目前，市场上主流硬盘的容量大于 1TB (1TB=1024GB)。
- 主轴转速：硬盘的主轴转速是决定硬盘内部数据传输率的决定因素之一，它在很大程度上决定了硬盘的速度，同时也是区别硬盘档次的重要标志。目前，主流硬盘的主轴转速为7200rpm，建议用户不要购买更低转速的硬盘，否则硬盘将成为整个计算机系统性能的瓶颈。
- 平均延迟(潜伏时间)：平均延迟是指当硬盘磁头移到数据所在的磁道后，等待想要的数据块继续转动到磁头下所需的时间。平均延迟越小，代表硬盘读取数据的等待时间越短，相当于具有更高的硬盘数据传输率。
- 单碟容量：单碟容量是硬盘重要的参数之一，一定程度上决定着硬盘的档次高低。硬盘由多个存储碟片组合而成，而单碟容量就是一张磁盘存储碟片所能存储的最大数据量。
- 外部数据传输率：外部数据传输率也称突发数据传输率，是指从硬盘缓存读取数据的速率。在硬盘广告或特性表中常以数据接口速率代称，单位为 MB/s。
- 最大内部数据传输率：最大内部数据传输率又称持续数据传输率，单位为 MB/s。最大内部数据传输率是磁头与硬盘缓存间的最大数据传输率，取决于硬盘的盘片转速和盘片数据线密度(同一磁道上的数据间隔度)。
- 连续无故障时间：连续无故障时间是指硬盘从开始运行到出现故障的最长时间，单位是小时。一般的硬盘，连续无故障时间应至少在 30 000 小时以上。这项指标一般在硬盘产品广告或常见的硬盘特性表中并不提供，需要时可在具体生产硬盘的公司网站中查询。
- 硬盘表面温度：表示硬盘工作时产生的温度使硬盘密封壳温度上升的情况。

- 固态硬盘闪存颗粒：在固态硬盘中，闪存颗粒替代机械磁盘成为存储单元。根据 NAND 闪存中电子单元密度的差异，将闪存颗粒的构架分为 SLC、MLC、TLC 这 3 种，其在寿命和造价上依次降低。

2.5.2　硬盘的外部结构

一般的机械硬盘由一个或多个铝制或玻璃制的碟片组成。这些碟片外覆盖有铁磁性材料。绝大多数硬盘都是固定硬盘，被永久性地密封固定在硬盘驱动器中。从外观上看，机械硬盘的外部结构包括正面和后侧两部分，其特征如下。

- 硬盘正面是硬盘编号标签，上面记录着硬盘的序列号、型号等信息，如图 2-30 所示。
- 硬盘后侧则是电源、跳线和数据线的接口面板，目前主流的硬盘接口均为 SATA 接口，如图 2-31 所示。

固态硬盘是用固态的电子存储芯片阵列而制成的硬盘。固态硬盘的存储介质一般用的是 Flash 芯片(另外一种 DRAM 现在用得比较少)。有别于机械硬盘由磁盘、磁头等机械部件构成，整个固态硬盘没有机械装置，全部由电子芯片及电路板组成，如图 2-32 所示。

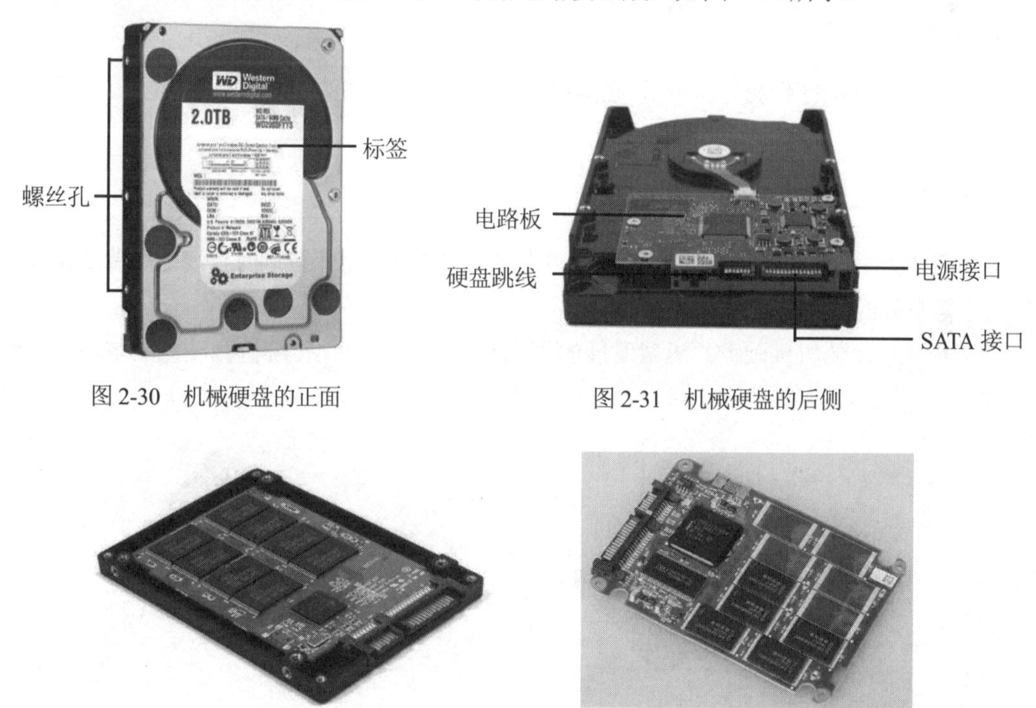

图 2-30　机械硬盘的正面　　图 2-31　机械硬盘的后侧

图 2-32　固态硬盘

2.5.3　主流硬盘品牌

目前，市场上主要的机械硬盘生产厂商有希捷、西部数据、东芝、戴尔等。

1. 希捷

希捷硬盘是市场占有率很高的硬盘，因“物美价廉”而在消费者群体中有很好的口碑，如图 2-33 所示。

2. 西部数据

西部数据硬盘凭借大缓存的优势，在硬盘市场中有着不错的性能表现，如图 2-34 所示。

图 2-33　希捷硬盘

图 2-34　西部数据硬盘

3. 东芝

东芝是日本最大的半导体制造商，也是第二大综合电机制造商，隶属三井集团，主要生产移动存储产品。

4. 戴尔

戴尔以生产、设计、销售家用计算机及办公计算机而闻名，不过同时也涉足高端计算机市场，生产与销售服务器、数据存储设备、网络设备等。

除了普及使用的机械硬盘，迅猛发展的固态硬盘也开始占领传统机械硬盘的市场，比较有名的有三星、闪迪、东芝、金士顿、致态等固态硬盘，如图 2-35 所示。

图 2-35　固态硬盘

2.5.4　硬盘的选购常识

在了解了硬盘的相关知识后，下面将介绍选购硬盘的一些技巧，帮助用户选购一块适合自己的硬盘。

- 容量尽可能大：硬盘的容量非常重要，硬盘被淘汰的原因多半是容量不足，不能适应日益增长的数据存储需求。在选购硬盘时应尽量购买大容量硬盘，因为容量越大，硬盘单位存储介质的成本越低，也就降低了硬盘的使用成本。
- 稳定性：硬盘的容量变大了，转速加快了，稳定性的问题越来越明显。所以在选购硬盘之前，要多参考一些权威机构的测试数据，对那些不太稳定的硬盘不要选购。在硬盘的数据和振动保护方面，各个厂商都有一些相关的技术给予支持，常见的保护措施有希捷的 DST(Drive Self Test)、西部数据的 Data Life Guard 等。
- 缓存：大缓存的硬盘在存取零碎数据时具有非常大的优势，将一些零碎的数据暂存在缓存中，既可以降低系统的负荷，又能提高硬盘数据的传输速度。
- 注意观察硬盘配件与防伪标识：用户在购买硬盘时应注意不要购买水货，水货硬盘与行货硬盘最大的区别就是有无包装盒。此外，还可以通过国内代理商的包修标贴和硬盘顶部的防伪标识来辨别水货硬盘和行货硬盘。

2.6　选购显卡

显卡是计算机主机与显示器之间连接的“桥梁”，其作用是控制计算机的图形输出，负责将 CPU 送来的影像数据处理成显示器可以识别的格式，再送到显示器形成图像。本节将详细介绍选购显卡的相关知识。

2.6.1　显卡简介

显卡是计算机中处理和显示数据、图像信息的专门设备，是连接显示器和计算机主机的重要部件。显卡包括集成显卡和独立显卡，集成显卡是集成在主板上的显示元件，依靠主板和 CPU 进行工作；而独立显卡拥有独立处理图形的处理芯片和存储芯片，可以不依赖 CPU 独立工作。

1. 常见类型

显卡的发展速度极快，从 1981 年单色显卡的出现到现在各种图形加速卡的广泛应用，类别多种多样，所采用的技术也各不相同。一般情况下，可以按照显卡的构成形式和接口类型对其进行分类。

- 按照显卡的构成形式划分：可以将显卡分为独立显卡和集成显卡两种类型。独立显卡指的是以独立板卡形式出现的显卡，如图 2-36 所示。集成显卡指的是主板在整合显卡芯片后，由主板承载的显卡(又被称为板载显卡)。
- 按照显卡的接口类型划分：可以将显卡划分为 AGP 接口显卡、PCI-E 接口显卡两种。其中，PCI-E 接口显卡为目前的主流显卡，如图 2-37 所示。AGP 接口的显卡已逐渐被淘汰。

图 2-36　独立显卡

图 2-37　PCI-E 接口显卡

2. 性能指标

衡量一块显卡的好坏有很多种方法，除使用测试软件测试外，还有很多性能指标可供用户参考，具体如下。

- 显示芯片的类型：显卡所支持的各种 3D 特效由其显示芯片的性能决定。显示芯片相当于 CPU 在计算机中的作用，一块显卡采用何种显示芯片大致决定了这块显卡的档次和基本性能。目前，主流显卡的显示芯片主要由 NVIDIA 和 ATI 两大厂商制造。
- 显存容量：现在主流显卡基本上具备 2GB 以上的显存容量，一些中高端显卡配备了 10GB 以上的显存容量。显存与计算机内存一样，容量越大越好，因为显存容量越大，显卡可以存储的图像数据就越多，支持的分辨率与颜色数也就越高。
- 显存带宽：显存带宽是显示芯片与显存之间的桥梁，显存带宽越大，显卡的显示芯片与显存之间的通信速度就越快。显存带宽的单位为：字节/秒。显存带宽与显存的位宽及速度(也就是工作频率)有关。显存带宽=显存位宽×显存频率/8。
- 显存频率：常见显卡的显存类型多为 DDR3，也有一些显卡品牌推出 DDR5 类型的显卡。与 DDR3 相比，DDR5 显卡拥有更高的显存频率，性能也更加卓越。

2.6.2　显卡的选购常识

在选购显卡时，首先应该根据计算机的主要用途确定显卡的价位，然后结合显示芯片、显存、做工和用料等因素进行综合选择。

- 按需选购：对用户而言，最重要的是针对自己的实际预算和具体应用来决定购买何种显卡。用户一旦确定自己的具体需求，购买显卡的时候就可以轻松做出正确的选择。一般来说，按需选购是配置计算机配件的一条基本原则，显卡也不例外。因此，在决定购买之前，一定要了解自己购买显卡的主要目的。高性能的显卡往往对应的是高价格，由于显卡是所有计算机硬件设备中更新比较快的产品，因此在价格与性能间寻找适合自己的平衡点是选购显卡的关键所在。

- 查看显卡的字迹说明：质量好的显卡，显存上的字迹即使已经磨损，也仍然可以看到刻痕。因此在购买显卡时可以用橡皮擦拭显存上的字迹，看看字迹擦过之后是否还存在刻痕。
- 观察显卡的外观：一款好的显卡用料足，焊点饱满，做工精细，其 PCB 板、线路、各种元件的分布比较规范。
- 软件测试：通过测试软件可以大大降低买到伪劣显卡的风险。安装正版的显卡驱动程序后观察显卡实际的测试数值是否和显卡标称的数值一致，不一致就表示显卡为伪劣产品。另外，通过一些专门的检测软件可以检测显卡的稳定性，劣质显卡在测试过程中显示的画面会有很大的停顿感，甚至造成计算机死机。
- 不盲目追求显存大小：大容量显存对高分辨率、高画质游戏是十分重要的，但并不是显存容量越大越好，一块低端的显示芯片配备 8GB 的显存容量，除大幅度提升显卡价格外，显卡的性能提升并不显著。
- 显卡所属系列：显卡所属系列直接关联显卡的性能，如 NVIDIA GeForce 系列、ATI 的 X 与 HD 系列等。显卡所属系列越新，其功能就越强大，支持的特效也越多，如图 2-38 所示。
- 优质风扇与散热管：显卡性能的提高，使得其发热量也越来越大，因此选购带有优质风扇与散热管的显卡十分重要。显卡散热能力的好坏直接影响显卡工作的稳定性与超频性能的高低。显卡风扇与水冷散热管如图 2-39 所示。

图 2-38　系列显卡

图 2-39　显卡风扇与水冷散热管

- 查看主芯片：有些冒牌显卡利用其他公司的产品以及同公司的低端芯片来冒充高端芯片。这种仿冒方法比较隐蔽，较难分辨，只有查看主芯片有无打磨痕迹才能发现。

2.7　选购电源

在选购计算机时，许多用户往往只注重显卡、CPU、主板、显示器等产品，常常忽视了电源的重要作用。熟悉计算机的用户都知道，电源的质量直接关系着计算机系统的稳定与硬件设备的使用寿命。尤其是在硬件更新升级换代频繁的今天，虽然工艺上的改进可以降低 CPU 的功率，但是高速硬盘、高档显卡、高档声卡层出不穷，使相当一部分计算机的电源不堪重负。因此，选择一款牢靠够用的电源是计算机能够稳定使用的基础。本节将主要介绍目前市场上常见的 ATX 电源。

2.7.1 电源简介

ATX电源是为计算机供电的设备，其作用是把220V的交流电转换成计算机内部使用的3.3V、5V、12V、24V 的直流电。从外观看，ATX 电源是一个方形的设备，它的一端有很多输出线及接口，另一端则设置有散热风扇，如图 2-40 所示。

图 2-40 电源

2.7.2 电源的接头

计算机电源的接头是为不同设备供电的接口，主要包含主板电源接头、硬盘/光驱电源接头等。

1. 主板电源接头

主板电源接头如图 2-41~图 2-43 所示。其中，图 2-41 所示为 24 针接头；图 2-42 所示为 20 针接头；图 2-43 所示为 CPU 供电接头，它们专为 CPU 供电。

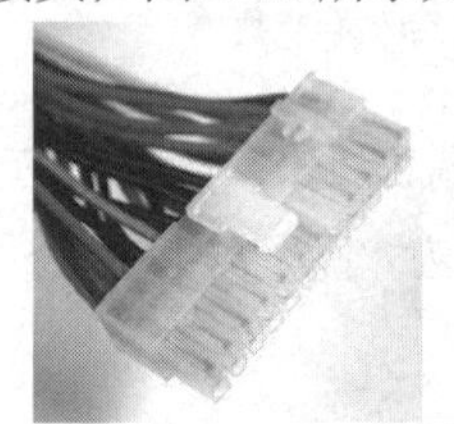

图 2-41 24 针接头

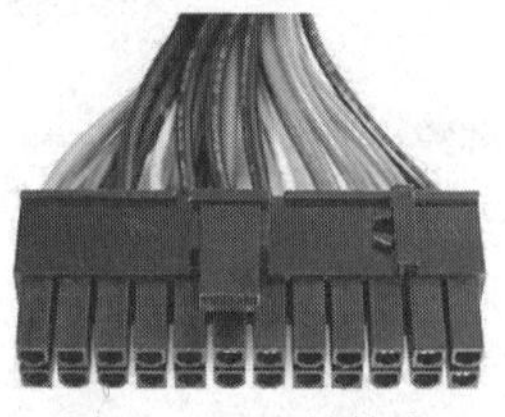

图 2-42 20 针接头

图 2-43 CPU 供电接头

提示

ATX 电源有+12V、−12V、+5V、−5V、+3.3V 等几种不同的输出电压。正常情况下，电压的输出变化范围允许误差一般在 5%以内，不能有太大范围的波动，否则容易导致计算机死机或数据丢失等故障。

2. 硬盘/光驱电源接头

图 2-44 所示为电源上串行接口硬盘和光驱的接头。图 2-45 所示为电源上 IDE 接口硬盘和光驱的接头。

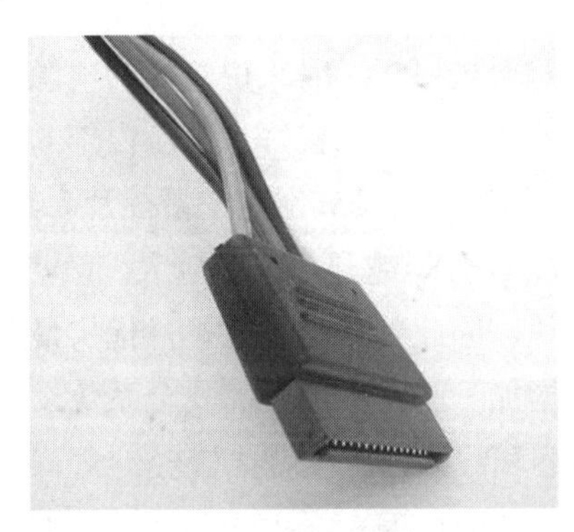

图 2-44　串行电源接头

图 2-45　IDE 电源接头

2.7.3　电源的选购常识

在选购电源时需要注意电源的品牌、输入技术指标、安全认证、功率的选择、电源重量、线材和散热孔等，具体如下。

- 品牌：目前市场上比较有名的计算机电源品牌有航嘉、安钛克(如图 2-46 所示)、金河田(如图 2-47 所示)、鑫谷、长城机电、百盛、世纪之星等，这些都通过了 3C 认证，用户可放心选购。

图 2-46　安钛克电源

图 2-47　金河田电源

- 输入技术指标：输入技术指标有输入电源相数、额定输入电压及电压的变化范围、频率、

输入电流等。一般这些参数及认证标准在电源的铭牌上都有明显的标注。

- 安全认证：安全认证也是一个非常重要的环节，因为它代表电源达到的质量标准。电源比较权威的认证标准是3C认证，它是我国强制性产品认证的简称，将CCEE(长城认证)、CCIB(中国进口电子产品安全认证)和EMC(电磁兼容认证)三证合一。一般品牌电源都符合这个标准。
- 功率的选择：虽然现在大功率的电源越来越多，但是并非电源的功率越大就越好，最常见的是350W的电源。一般要满足整台计算机的用电需求，最好有一定的功率余量，尽量不要选小功率电源。
- 电源重量：通过重量往往能检测出电源是否符合规格。一般来说，好的电源外壳一般都使用优质钢材，材质较厚重，所以较重的电源，材质都比较好。电源内部的零件，如变压器、散热片等，重的比较好。优质电源使用的应为铝制或铜制的散热片，其体积越大，散热效果越好(一般散热片都做成梳状，齿越深，分得越开，厚度越大，散热效果越好)。由于很难在不拆开电源的情况下看清楚散热片，因此判断电源散热片优劣最直观的办法就是从重量上去判断。优质的电源，一般会增加一些元件以提高安全系数，所以其重量自然会有所增加。劣质电源则会省掉一些电容和线圈，重量就比较轻。
- 线材和散热孔：电源所使用的线材粗细，与它的耐用度有很大的关系。较细的线材，长时间使用，常常会因为过热而烧毁。另外，电源外壳上面或多或少都有散热孔，电源在工作的过程中，温度会不断升高，除通过电源内附的风扇散热外，散热孔也是加大空气对流的重要设施。因此电源的散热孔面积越大越好。

2.8 选购机箱

机箱作为一个可以长期使用的计算机配件，用户可以在选购时为其一次性投入较多资金，这样既能得到较好的使用体验，同时也不会因为产品更新换代而出现机箱被快速淘汰的情况。即使将来对计算机进行升级换代，以前的机箱仍可继续使用。

2.8.1 机箱简介

机箱作为计算机主机硬件设备的一部分，其作用是防止计算机受损和固定主机中的各种硬件设备，起到承托和保护的作用。此外，机箱还具有屏蔽电磁辐射的作用。计算机的机箱对于其他硬件设备而言，更多的技术体现在改进制作工艺、增加款式品种等方面。市场上大多数机箱厂商在技术方面的改进都体现在机箱内部结构中，如电源、硬盘托架等。

目前，市场上流行机箱的主要技术参数有以下几个。

- 电源下置技术：电源下置技术就是将电源安装在机箱的下方。现在越来越多的机箱开始采用电源下置的做法，这样可以有效避免处理器附近的热量堆积，提高机箱的散热性能。

- 支持固态硬盘：随着固态硬盘技术的出现，一些机箱预留出能够安装固态硬盘的位置，方便用户为计算机安装固态硬盘，如图 2-48 所示。
- 无螺丝机箱技术：为了方便用户打开机箱盖，不少机箱厂家设计出了无螺丝机箱，无须使用工具便可完成硬件的拆卸和安装。机箱连接大部分采用锁扣镶嵌或手拧螺丝，驱动器的固定采用插卡式结构，而扩展槽位的板卡也使用塑料卡口和金属弹簧片来固定。打开机箱，装卸驱动器、板卡都可以不用螺丝刀，因而加快了拆卸机箱的操作速度。无螺丝机箱如图 2-49 所示。

图 2-48　预留固态硬盘安装位置

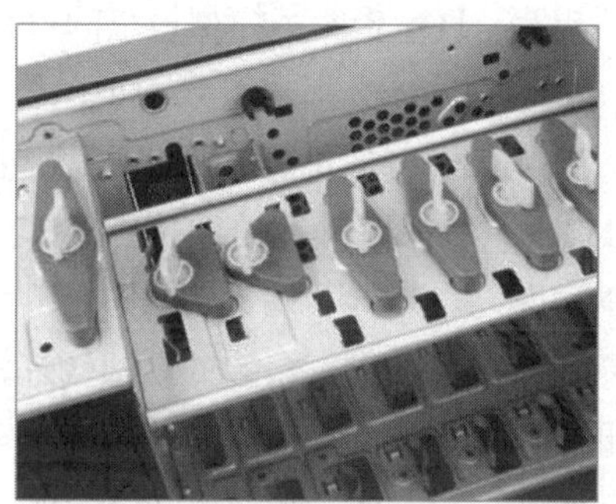

图 2-49　无螺丝机箱

- 支持水冷和风冷：水冷机箱和风冷机箱都是计算机散热解决方案，相比于风冷机箱，水冷机箱能够更加有效地降低硬件温度，提高计算机的稳定性和性能。同时，水冷机箱还具有噪声低、散热效果稳定的优点。但是，水冷机箱的价格也相对较高，安装和维护也比较复杂。风冷机箱则价格相对较低，安装和维护也比较简单，图 2-50 所示为提供多风扇的风冷机箱，图 2-51 所示为提供水冷系统的水冷机箱。

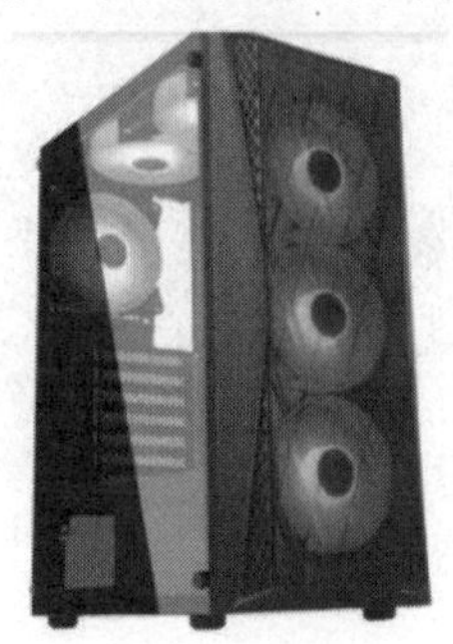

图 2-50　风冷机箱

图 2-51　水冷机箱

机箱的主要作用如下。

- 机箱提供安装空间给电源、主板、各种扩展板卡、硬盘驱动器等设备，并通过机箱内部的支撑、支架、各种螺丝或卡子、夹子等连接件将这些配件固定在机箱内部，形成集约型整体。
- 机箱坚实的外壳保护着板卡、电源及存储设备，能防压、防冲击、防尘，并且还能起到防电磁干扰、屏蔽电磁辐射的作用。

- 机箱提供许多便于使用的面板开关指示灯，让用户可以方便地操作计算机或观察计算机的运行状况。

2.8.2 机箱的种类

机箱主要按照其体型大小来分类。目前市场上的机箱主要分为ITX、MINI、中塔(ATX)、全塔，以及非常规设计的机箱。

- ITX机箱：ITX机箱是体型最小的机箱，如图2-52所示。此类机箱只支持ITX规格的主板(17cm×17cm)，追求极致的小体积并且有很高的空间利用率。因为ITX机箱的体积有限，许多硬件都放不进去，比如许多高性能显卡、高功率电源、塔式散热器等。所以使用ITX机箱的计算机性能的提升空间有一定局限，装机成本也较高。
- MINI机箱：MINI机箱比ITX机箱的体型要大一些，但比普通机箱要小一点，如图2-53所示。大多数这类机箱的外观都较好，并能够支持较多的硬件设备(相比ITX机箱而言)，但此类机箱所安装的主板大小也仅限于M-ATX类型的主板。

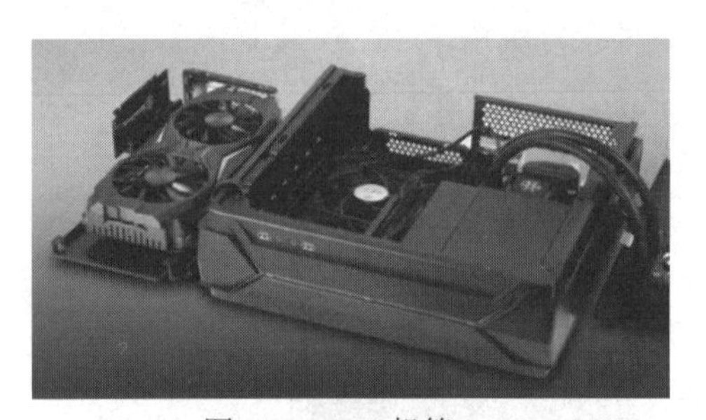

图2-52 ITX机箱

图2-53 MINI机箱

- 中塔机箱：市场上最常见的机箱是中塔机箱(ATX)，如图2-54所示。此类机箱一般可以容纳ATX及以下主板，乔斯伯UMX4等少数机箱甚至能装得下E-ATX主板。中塔机箱体型较大，扩展性较好，内部已能容纳较多硬件设备，可以满足普通用户的硬件设备安装需求。因为中塔机箱是目前主流的机箱产品，所以机箱生产厂商的设计方案也相对成熟。组装计算机时遇到的机箱问题也比较少。
- 全塔机箱：全塔机箱除能安装E-ATX结构的大主板外，还提供可用于扩展的一大堆硬盘位，其PCl-E槽位也有8个以上。许多用户甚至会改装全塔机箱，为机箱安装一套分体式水冷设备，使全塔机箱的散热效果更加出色。全塔机箱外观如图2-55所示。

图 2-54 中塔机箱　　　　图 2-55 全塔机箱

- 非常规机箱：除了上面介绍的机箱，还有很多非普通标准的机箱，此类机箱适配一些很大或者很小的主板规格，比如 Intel NUC、Mini-STX、超大的 EEB 服务器双路主板等。

2.8.3 机箱的选购常识

机箱是计算机的外衣，也是计算机其他硬件的保护伞。在选购机箱时用户应注意以下几点。

1. 机箱的外观

机箱的外观主要集中在两方面：面板和箱体颜色。目前市场上出现了很多彩色的机箱，面板更是五花八门，有采用铝合金的，也有采用有机玻璃的，使得机箱的外观看上去非常鲜艳、新颖，如图 2-56 所示。

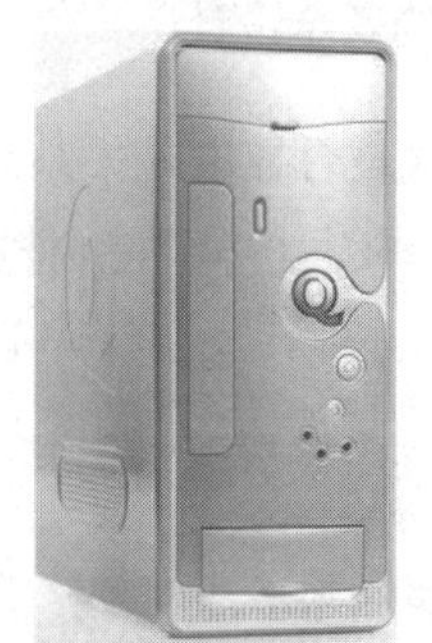

图 2-56 机箱的外观

2. 机箱的材质

机箱的材质相对于其外观更重要，因为整个机箱的好坏由材质决定。目前机箱的材质出现了多元化的发展趋势，除了传统的钢材，在高端机箱中甚至出现了铝合金材质和有机玻璃材质。这些材质各有特色，钢材最大众化，并且散热效果非常不错；铝合金作为一种新型材料，外观上更漂亮，但在性能上和钢材差别不大；而有机玻璃属于时尚产品，使用有机玻璃材质制作的全透明机箱非常美观、很吸引人的眼球，但散热效果却较差。

做工是另外一个重要的问题，机箱的做工包括以下几方面。

- 卷边处理：一般对于钢材机箱，由于钢板材质相对来说比较薄，因此不做卷边处理就可能划伤手，给安装造成很多不便。
- 烤漆处理：一般对于钢材机箱，烤漆是必需的，没有经过烤漆处理的机箱用了很短的时间就会出现锈斑，因此烤漆处理十分重要。
- 模具质量：观察机箱尺寸是否规整。如果做得不好，用户安装主板、板卡、外置存储器等设备时就会出现螺丝错位的现象，导致不能上螺丝或者不能上紧螺丝，这对于脆弱的主板或板卡是非常致命的。
- 元件质量：机箱包含很多小的元件，如开关、导线和LED灯等，这些元件虽小却也非常重要。如果元件质量较差，经过较长时间使用后可能出现短路或断路的现象，严重则影响计算机的正常使用。

3. 机箱的布局

机箱的布局设置包括很多方面，与机箱的可扩展性、散热性相关。例如，机箱中风扇的位置会影响机箱的散热状况及计算机工作时噪声的大小；硬盘槽位的布局会影响计算机扩展硬盘数量能力。

4. 机箱的散热性

散热性对于机箱非常重要，许多厂商都以此作为机箱产品卖点。机箱的散热性包括：材料的散热性、机箱整体散热情况、散热装置的可扩充性3方面。

5. 机箱的安全设计

机箱材料是否导电是关系到机箱内部的硬件设备是否安全的重要因素。如果机箱材料不导电，那么产生的静电就不能由机箱底壳导到地面，严重的话会导致机箱内部的主板烧坏。在购买机箱时用户应注意，表层镀锌的机箱导电性较好。只做防锈的普通机箱，导电性较差。

6. 机箱的电磁屏蔽

机箱内部充满了各种频率的电磁信号，良好的电磁屏蔽，不仅对计算机有好处，而且对人体的健康有益。

一款机箱要想拥有良好的电磁屏蔽，就要尽量减小外壳的开孔和缝隙。具体来说，就是机箱上不能有超过3cm的开孔，并且所有可拆卸部件必须能够和机箱导通。常见的机箱使用屏蔽弹片来实现电磁屏蔽，屏蔽弹片的作用是将机箱骨架和其他部件连为一体，从而防止机箱内部电磁波的泄漏。

虽然机箱内部不停旋转的风扇对于电磁波也有一定的屏蔽作用，但其电磁屏蔽性能大大下降绝对是不争的事实，此时金属过滤网是决不能去掉的。

7. 机箱的发展

纵观计算机发展历史，机箱在整个计算机硬件设备发展过程中，一直在硬件舞台的背后默默无闻地成长，虽然其发展速度与其他主要硬件设备相比要慢很多，但也经历了几次大的变革。从AT 架构机箱到 ATX 架构机箱，再到后来的 BTX 架构机箱和如今非常流行的 38 度机箱，机箱的内部设计布局越来越合理，散热效果越来越强，并实现了更多人性化的设计，为计算机带来了越来越好的工作环境。

机箱架构的变化从侧面反映了个人计算机硬件系统发生的变化，机箱功能的变化则体现了人们对个人计算机使用舒适性和人性化的需求。近年来，各种实用的功能在计算机机箱上纷纷亮相。如可发送和接收红外线的机箱、带触摸屏的机箱、集成负离子发生器的机箱等，此类机箱极大地扩展了机箱的功能。全折边、免螺丝设计、屏蔽弹片等设计已经成为机箱的标准功能配置。

2.9　选购显示器

显示器是用户与计算机交流的窗口，选购一台优质的显示器可以大大降低用户使用计算机时的疲劳感。液晶显示器凭借其高清晰度、高亮度、低功耗、占用空间小和影像显示稳定等优势，目前已经成为显示器市场上的主流产品。

2.9.1　显示器简介

显示器属于计算机 I/O 设备，是一种将一定的电子文件通过特定的传输设备显示到屏幕上的显示工具。

1. 常见类型

显示器可以分为 LCD、LED、3D 显示器等多种类型。目前市场上常见的显示器大多为 LCD (即液晶显示器)。

- LCD：LCD 是目前市场上最常见的显示器类型，其优点是机身薄、占用空间小并且产生的辐射较小，如图 2-57 所示。
- LED：一种通过控制半导体发光二极管的显示方式来显示文字、图形、图像、动画、视频等各种信息的显示器，如图 2-58 所示。

图 2-57　LCD

图 2-58　LED

- 3D 显示器：3D 显示器一直被公认为显示技术发展的终极梦想。经过多年的研究，现已开发出须佩戴立体眼镜和无须佩戴立体眼镜的两大立体显示技术体系。

提示

传统的 3D 影片在显示器荧幕上有两组图像(来源于在拍摄时互成角度的两台摄影机)，观众必须戴上偏光镜才能消除重影(让一只眼只看到一组图像)，形成视差，产生立体感。

2. 性能指标

显示器的性能指标包括尺寸、可视角度、亮度、对比度、分辨率、色彩数量和响应时间等。

- 尺寸：显示器的尺寸是指其屏幕对角线的长度(单位为：英寸)。显示器的尺寸是用户购买显示器时最为关心的性能指标，也是用户可以直接从外表识别的参数。目前市场上主流显示器的尺寸有 21.5 英寸、23 英寸、23.6 英寸、24 英寸(如图 2-59 所示)及 27 英寸等。
- 可视角度：通常液晶显示器的可视角度是左右对称，但上下不一定对称(常常是垂直角度小于水平角度)。显示器的可视角度越大越好。当可视角度为 170° 左右时，表示用户处于屏幕法线 170° 的位置时仍可清晰看见显示器屏幕上的图像。目前主流显示器的水平可视角度为 170°，垂直可视角度为 160°，如图 2-60 所示。

图 2-59　24 英寸显示器

图 2-60　显示器的可视角度

- 亮度：显示器的亮度以流明为单位，常见显示器的亮度普遍在 250 流明和 500 流明之间。需要注意的是，市面上的低档显示器存在严重亮度不均匀的现象，此类显示器中心的亮度和边框部分区域的亮度差别比较大。
- 对比度：对比度直接影响显示器能够显示的色阶，对比度越高，显示器还原的画面层次感就越好。高对比度的显示器即使在显示亮度很高的照片时，照片中黑暗部位的细节也可以清晰体现。
- 分辨率：显示器的分辨率一般不能任意调整，其由制造商设置和规定。常见 20 英寸显示器的分辨率为 1600×900 像素，23 英寸、23.5 英寸及 24 英寸显示器的分辨率为 1920×1080 像素。
- 色彩数量：目前大多数显示器采用 16 位色(共计 262 144 种颜色)。现在的操作系统与显卡支持 32 位色，但用户在日常应用中接触最多的依然是 16 位色。16 位色可以满足常用计算机软件显示需要。
- 响应时间：响应时间反映了显示器各像素点对输入信号的反应速度，也就是像素点在接收到驱动信号后从最亮变到最暗的转换时间。

2.9.2　显示器的选购常识

用户在选购显示器时，应首先询问显示器的质保时间，质保时间越长，用户得到的保障也就越多。此外，在选购显示器时还需要注意以下几点。

- 选择数字接口的显示器：用户在选购时还应该查看显示器是否具备 DVI(如图 2-61 所示)或 HDMI(如图 2-62 所示)数字接口。在实际使用中，数字接口相比 D-SUB(如图 2-63 所示)模拟接口的显示效果更加出色。

图 2-61　DVI 接口

图 2-62　HDMI 接口

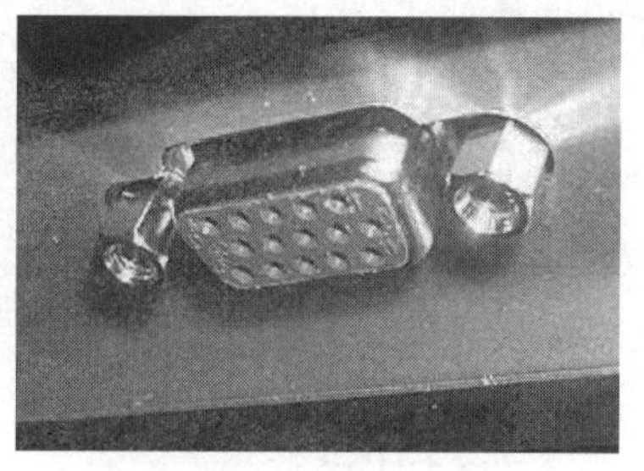

图 2-63　D-SUB 接口

- 检查显示器屏幕是否有坏点、暗点或亮点：亮点分为两种，第一种是在黑屏情况下呈现红色、绿色、蓝色的点；第二种是在显示器切换至红色、绿色、蓝色显示模式时，在其中一种显示模式下显示白色点，同时在另外两种显示模式下均显示其他色点的情况(这种情况表明同一像素中存在两个亮点)。暗点是指显示器屏幕处于白屏状态下出现红色、绿色、蓝色的点。坏点是比较常见也比较严重的显示器故障，是指显示器处于白屏情况下存在黑色的点或者在显示器处于黑屏情况下存在白色的点。

- 选择响应时间：在选购显示器的时候，一定要认真地阅读产品技术指标说明书，因为很多中小品牌的显示器厂商在编写说明书的时候，可能会欺骗消费者。其中最常见的手段是在响应时间这个重要参数上做手脚。在产品指标说明书中往往不会明确地标出响应时间是单程还是双程，而仅仅标出响应时间，使其看起来比其他显示器品牌的响应时间要短。因此，在选购显示器的时候，一定要明确显示器响应时间的指标是单程还是双程。
- 选择分辨率：显示器只支持所谓的真实分辨率，只有在真实分辨率下，才能显现最佳影像。在选购显示器时，一定要确保显示器能支持所使用软硬件的原始分辨率。不要盲目追求高分辨率。日常使用时一般 32 英寸显示器的最佳分辨率为 1920×1080 像素。
- 选择外观：选购显示器的一个重要因素就是外观，比如 LED 成为主流的原因就是 LED 的体积小，产品外观时尚、灵活。

2.10 选购键盘

键盘是最常见、最重要的计算机输入设备。在文字输入领域，键盘有着不可动摇的地位，是用户向计算机输入数据和控制计算机的基本工具。

2.10.1 键盘简介

键盘是最常见的计算机输入设备，被广泛应用于计算机和各种终端设备。用户可以通过键盘向计算机输入各种指令、数据，指挥计算机工作。将计算机的运行情况输出到显示器后，人们可以很方便地利用键盘和显示器与计算机对话，对程序进行修改、编辑，控制和观察计算机的运行。

键盘是用户直接接触使用的计算机硬件设备，为了能够让用户可以更加舒适、便捷地使用键盘，键盘厂商推出了一系列新技术。

- 人体工程学技术：采用人体工程学技术的键盘一般呈现中间突起的三角结构，或者在水平方向上按一定角度弯曲按键。使用这样的键盘相比传统键盘使用起来更省力，而且长时间操作不易产生疲劳。
- USB HUB 技术：随着 USB 设备种类的不断增多，如网卡、移动硬盘、数码设备、打印机等，计算机主板上的 USB 接口越来越不能满足用户的需求。有些键盘集成了 USB HUB 技术，在键盘上扩展了 USB 接口数量，方便用户连接更多的外部设备，如图 2-64 所示。
- 多功能按键技术：一些键盘厂商在设计键盘时，加入了一些计算机常用功能的快捷按键，如视频播放控制按键、音量开关与大小控制按键等。使用这些多功能按键，用户可以方便地完成一些常用操作，如图 2-65 所示。

图 2-64　USB HUB 技术　　　　图 2-65　多功能按键技术

- 无线技术：使用了无线技术的键盘，键盘盘体与计算机之间没有直接的物理连线，一般通过红外或蓝牙设备进行数据传递。

2.10.2　键盘的分类

键盘是用户和计算机进行沟通的主要工具，用户通过键盘输入需要处理的数据和命令，使计算机完成相应的操作。常见键盘的分类方法有以下几种。

1. 按接口分类

键盘的接口有 PS/2 接口(如图 2-66 所示)、USB 接口(如图 2-67 所示)和无线接口(如图 2-68 所示)等多种。这几种接口只是接口插槽不同，在功能上并无区别。其中，USB 接口支持热插拔。使用无线接口的键盘利用无线电传输信号。

图 2-66　PS/2 接口键盘

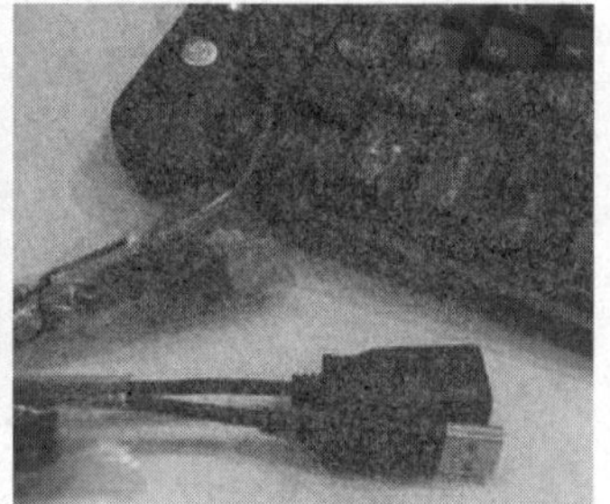

图 2-67　USB 接口键盘

图 2-68　无线接口键盘

2. 按外形分类

键盘按外形分为矩形键盘(如图 2-69 所示)和人体工程学键盘(如图 2-70 所示)两种。人体工程学键盘在造型上相比传统矩形键盘有了很大的区别，其在外形上设计为弧形，并在传统的矩形键盘上增加了托，减轻了用户操作键盘时长时间悬腕或塌腕的劳累感。人体工程学键盘又分为固定式、分体式和可调角度式等几类。

图 2-69　矩形键盘

图 2-70　人体工程学键盘

3. 按内部构造分类

键盘按照其内部构造的不同，可分为机械式键盘与电容式键盘。

机械式键盘一般由 PCB 触点和导电橡胶组成，如图 2-71 所示。当按下按键时，导电橡胶与触点接触，开关接通；按键抬起时，导电橡胶与触点分离，开关断开。这种键盘具有工艺简单、噪声大、易维护、打字时节奏感强、长期使用手感不会改变等特点。

电容式键盘无触点开关，开关内由固定电极和活动电极组成可变的电容器，如图 2-72 所示。按键按下或抬起将带动活动电极动作，引起电容的变化，设置开关的状态。这种键盘由于借助非机械力量，因此按键声音较小、手感较好、寿命较长。

图 2-71　机械式键盘

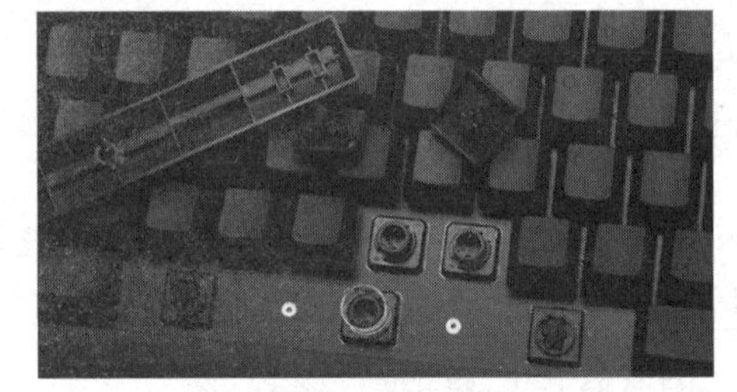

图 2-72　电容式键盘

2.10.3　键盘的选购常识

普通用户在选购键盘时，应选择一款适合自己并且操作舒适的键盘。在选购时应注意键盘的以下几个性能指标。

- 可编程的快捷按键：目前，键盘正朝着多功能的方向发展，许多键盘除了标准的 104 键，还提供几个甚至十几个附加功能键。这些按键可以实现一些特殊的功能。
- 按键灵敏度：如果用户使用计算机来完成一项精度要求很高的工作，往往需要频繁地将信息输入计算机中。如果键盘按键不灵敏，就会出现输错的情况。例如，按下按键后，对应的字符并没有出现在屏幕上；或者按下某个键，对应键周围的其他 3 个或 4 个键都被同时激活。
- 键盘的耐磨性：键盘的耐磨性也是十分重要的，这是识别键盘好坏的关键参数之一。一些不知名品牌的键盘，按键上的字符都是直接印上去的，这样用不了多久，上面的字符就会被磨掉。而好的键盘是用激光将字符刻上去的，耐磨性大大增强。

2.11　选购鼠标

鼠标是 Windows 操作系统中必不可少的外设之一，用户可以通过鼠标快速对屏幕上的对象进行操作。本节将详细介绍鼠标的相关知识，帮助用户选购适合自己的优质鼠标。

2.11.1　鼠标简介

鼠标是最常用的计算机输入设备之一，可以简单分为有线鼠标和无线鼠标两种。其中，有线鼠标根据其接口不同，又可分为 PS/2 接口鼠标和 USB 接口鼠标两种。

除此之外，根据鼠标工作原理和内部结构的不同又可将鼠标分为机械式鼠标、光机式鼠标和光电式鼠标 3 种。其中，光电式鼠标为当前主流鼠标。光电式鼠标能够在兼容性、指针定位等方面满足绝大部分计算机用户的基本需求，此类鼠标的技术信息如下。

- 多键鼠标：多键鼠标是新一代的多功能鼠标，鼠标中键带有滚轮，极大地方便了上下翻页。有的鼠标除了有滚轮，还增加了拇指键等快速按键，进一步强化了鼠标操作屏幕的能力，如图 2-73 所示。
- 人体工程学技术：和键盘一样，鼠标是用户直接接触使用的计算机设备，采用了人体工程学技术的鼠标，可以让用户使用起来更加舒适，如图 2-74 所示。

图 2-73　多键鼠标

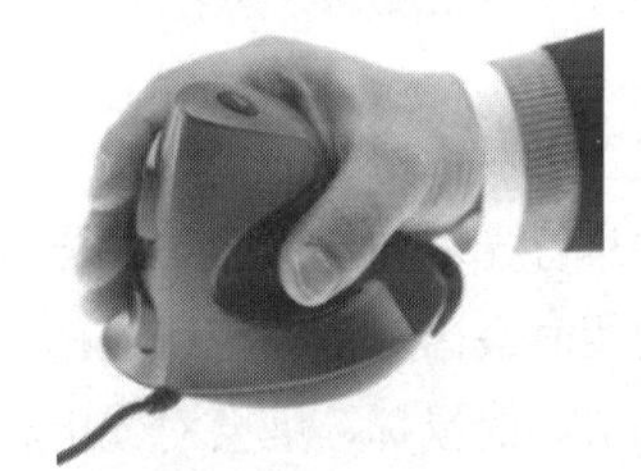

图 2-74　人体工程学鼠标

- 无线鼠标：所谓“无线”，是指没有电线连接，而采用两节七号或五号电池进行无线遥控。无线鼠标有自动休眠功能，其电池可以使用一年左右的时间。无线鼠标外观如图 2-75 所示。
- 3D 振动鼠标：3D 振动鼠标不仅可以当作普通鼠标使用，而且具有以下几个特点：①具有全方位的立体控制能力，可以向前、后、左、右、上、下 6 个方向移动，并可以组合出前右、左下等移动方向；②外形和普通鼠标不同，一般由一个扇形的底座和一个能够活动的控制器构成；③具有振动功能，即触觉回馈功能。3D 振动鼠标如图 2-76 所示。

鼠标是操作计算机必不可少的输入设备，是一种屏幕指定装置，不能直接输入字符和数字。在图形处理软件的支持下，在屏幕上使用鼠标处理图形比使用键盘更方便。

鼠标的一个重要性能指标是反应速度，由它的扫描频率决定。目前，鼠标的扫描频率一般在 6000 次/秒左右，最高追踪速度可以达到 37 英寸/秒。扫描频率越高，越能精确地反映出鼠标的细微移动。鼠标的另一个重要性能指标是分辨率，用 dpi 表示。通常使用 800dpi，表示鼠标每移动一英寸，屏幕上的指针移动 800 点。显示器的分辨率越高，鼠标需要的最小移动距离就越小。因此，只有在使用大分辨率的显示器时，高分辨率的鼠标才有用武之地(对于大多数用户来说，800dpi 已经绰绰有余)。

图 2-75　无线鼠标

图 2-76　3D 振动鼠标

2.11.2　鼠标的选购常识

目前，市场上的主流鼠标为光电式鼠标。用户在选购鼠标时应注意以下几项参数。

- 点击分辨率：点击分辨率是指鼠标内部的解码装置所能辨认的每英寸长度内的点数，是一款鼠标性能高低的决定性因素。目前，优质光电式鼠标的点击分辨率为 800dpi 以上。
- 光学扫描率：光学扫描率是指鼠标的光眼在每一秒接收光反射信号并转换为数字电信号的次数。鼠标的光眼每秒所能接收的扫描次数越高，鼠标就越能精确地反映出光标移动的位置，反应速度也就越灵敏，也就不会出现由于光标跟不上鼠标的实际移动而上下飘移的现象。
- 色盲问题：对于鼠标的“光眼”来说，有些光电转换器只能对一些特定波长的色光形成感应并进行光电转换，而不能适应所有的颜色。这就出现了光电式鼠标在某些颜色的桌面上使用时会出现不响应或光标丢失的现象，从而限制了光电式鼠标的使用环境。而一款技术成熟的鼠标，则会对光电转换器的色光感应技术进行改进，使其能够感知各种颜色的光，以保证在各种颜色的桌面和材质上都可以正常使用。

2.12　选购声卡和音箱

声卡与音箱是提升计算机声音效果的硬件设备。下面将介绍声卡与音箱的特点与选购要点，帮助用户选购适合自己使用的声卡和音箱。

2.12.1　选购声卡

声卡(Sound Card)是多媒体技术中最基本的组成部分，是实现声波/数字信号相互转换的一种硬件。声卡与显卡一样，分为独立声卡与集成声卡两种，目前大部分主板都提供了集成声卡，独立声卡已逐渐淡出普通计算机用户的视野。但独立声卡拥有更多的滤波电容及功放管，经过数次的信号放大，经降噪电路处理，使得输出音频的信号精度提升，在音质输出效果方面较集成声卡要好很多，图 2-77 所示为独立声卡。

此外，USB 总线因其支持热插拔，方便易用，制造成本低等优势，传输音频突破了技术壁垒，使得各式各样的 USB 独立声卡发展迅速。此类声卡也称为外置声卡，外置声卡具有独立的供电设计，使得它可以完全不依赖计算机主机电源。外置声卡具有独立的音频控制芯片，可以完全脱离计算机作为一个独立的音频解码/编码设备来使用，为独立音响设备提供支持，如图 2-78 所示。

图 2-77　独立声卡

图 2-78　外置声卡

2.12.2　选购音箱

音箱又称扬声器系统，它通过音频信号线与声卡相连，是整个计算机音响系统的最终发声设备，其作用类似于人类的嗓音。计算机所能发出声音的效果，取决于声卡与音箱的性能。

在如今的音箱市场上音箱品牌众多，质量参差不齐，价格也天差地别。用户在选购音箱时，应通过试听判断音箱的效果是否能满足自己的需求(包括声音的特性、声音染色以及音调的自然平衡效果等)，并根据实际需求，选择购买有线音箱或蓝牙音箱。图 2-79 所示为计算机的常见音箱。

图 2-79　音箱

2.13　实例演练

本章的实例演练是拆卸计算机主机的内部硬件设备，使用户更好地理解计算机主机中各硬件的组装结构。

【例 2-1】 拆卸计算机主机的内部硬件设备。

(1) 关闭计算机电源后断开一切与计算机相连的电源，然后拆卸计算机主机背面的各种接头，断开主机与外部设备的连接。

(2) 拆掉固定主机机箱背面的面板螺丝后，卸下机箱右侧面板即可打开计算机主机机箱，查看其内部的各种配件。

(3) 打开计算机主机机箱后，在机箱的主要区域可以看到计算机的主板、内存、CPU、各种板卡、驱动器及电源，如图 2-80 所示。

(4) 在计算机主机中，内存一般位于 CPU 的旁边，用手掰开内存插槽两侧的固定卡扣后，可以拔出内存条，如图 2-81 所示。

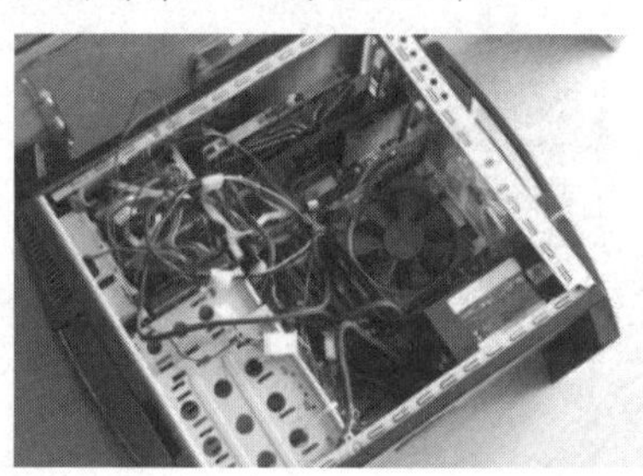

图 2-80 查看主机内部结构

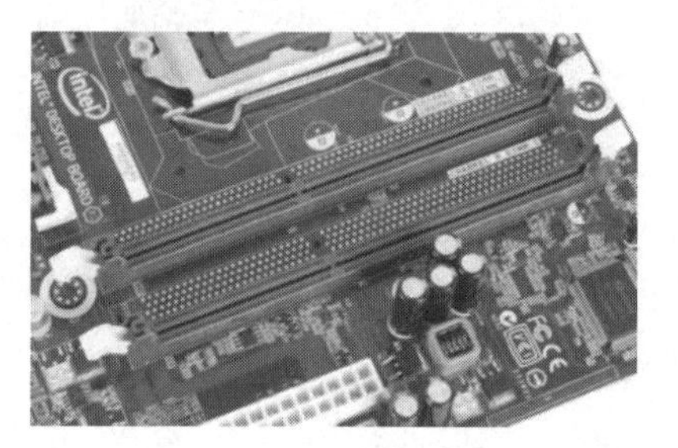

图 2-81 拔出内存条

(5) 在计算机主机中，CPU 的上方一般安装有散热风扇。抬起 CPU 散热风扇上的扣具后，可以将其卸下。拉起 CPU 插座上的压力杆即可取出 CPU，如图 2-82 所示。

(6) 拆掉固定机箱上各种板卡(如显卡)的螺丝后，可以将它们从主板上取出(注意主板上的固定卡扣)，如图 2-83 所示。

(7) 拔下连接各种驱动器的数据线和电源线后，拆掉驱动器支架上用于固定主板的螺丝，可以将主板从驱动器支架上取出。

图 2-82 CPU 插座上的压力杆

图 2-83 取出显卡

2.14 习题

1. 主流 CPU 有哪些？主板的主要性能指标有哪些？
2. 简述硬盘的分类。
3. 选购显卡时需要注意哪些问题？

第3章 组装计算机详解

计算机的组装过程实际并不复杂，即使是初学者也可以轻松完成。但是如果要确保组装的计算机性能稳定、结构合理，用户还需要遵循一定的流程。本章将详细介绍组装一台计算机的具体操作步骤。

本章重点

- 组装计算机主机配件
- 连接主板与机箱之间的控制线
- 连接数据线和电源线
- 连接计算机外部设备

3.1　组装计算机的前期准备

在开始准备组装计算机(简称“装机”)之前，用户需要提前做一些准备工作，以应对装机过程中可能出现的各种情况。一般来说，在组装计算机之前，需要进行工具与软件两方面的准备工作。

3.1.1　准备工具

组装计算机前的工具准备指的是在装机前准备包括工作台、螺丝刀、尖嘴钳、镊子、导热硅脂、绑扎带、电源插座、器皿等装机必备的工具。这些工具在用户装机时，起到的具体作用如下。

- 工作台：在组装计算机之前需要准备一张桌面平整的桌子，在桌面上铺上一张防静电桌布，作为简单的工作台。
- 螺丝刀：螺丝刀(又称螺丝起子)是安装和拆卸螺丝的专用工具。常见的螺丝刀有一字螺丝刀(又称平口螺丝刀)和十字螺丝刀(又称梅花口螺丝刀)两种。其中，十字螺丝刀在组装计算机时，常被用于固定硬盘、主板或机箱等配件；而一字螺丝刀的主要作用则是拆卸计算机配件产品的包装盒或封条(一般不常使用)，如图 3-1 所示。
- 尖嘴钳：尖嘴钳又称尖头钳，是一种常见的钳形工具，如图 3-2 所示。在装机时准备尖嘴钳的作用是拆卸机箱上的各种挡板。

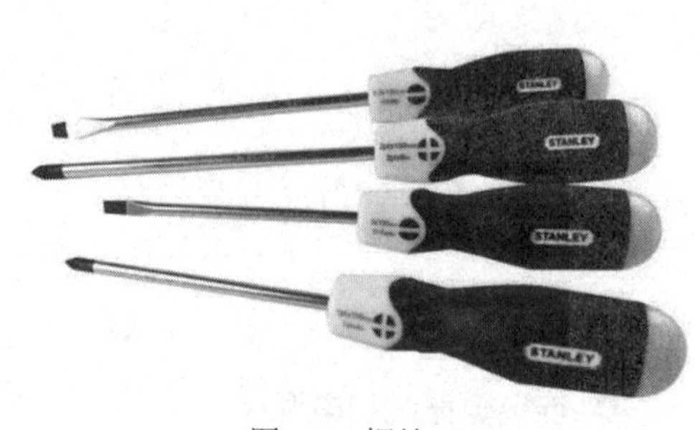

图 3-1　螺丝刀

图 3-2　尖嘴钳

- 镊子：镊子在装机时的主要作用是夹取螺丝、线帽和各种跳线(如主板跳线、硬盘跳线等)。

提示

跳线实际上就是连接电路板(PCB)需求点的金属连接线。因产品设计不同，跳线的使用材料、粗细都不一样。计算机主板、硬盘等设备都设计有跳线，跳线的体积较小，不易徒手拾取。

- 导热硅脂：导热硅脂是安装风冷式散热器必不可少的工具，其功能是填充各类芯片(如CPU 与显卡芯片等)与散热器之间的缝隙，辅助芯片更好地进行散热，如图 3-3 所示。
- 绑扎带：绑扎带主要用于整理机箱内部的各种数据线，使机箱更简洁、干净，如图 3-4 所示。

图 3-3　导热硅脂

图 3-4　绑扎带

- 电源插座：计算机硬件中有多种设备需要与市电进行连接，用户在装机前应准备一个多孔万用型插座，以便在测试计算机时使用，如图 3-5 所示。
- 器皿：在组装计算机时，会用到许多螺丝和跳线，这些物件体积较小，用器皿将它们收集在一起可以有效提高装机效率，如图 3-6 所示。

图 3-5　电源插座

图 3-6　器皿

除上面介绍的工具外，在装机之前用户还要检查计算机的各种硬件设备和零配件是否齐全。装机前需要确认的配件和硬件设备主要有：显示器、机箱、电源、主板、CPU、内存条、显卡、网卡、硬盘、键盘、鼠标及各种数据线等。

此外，机箱的零件包内，一般还包括固定螺丝、铜柱螺丝、挡板等附件。其中固定螺丝用于固定硬盘板卡等设备，铜柱螺丝用于固定主板，图 3-7 所示为各种螺丝。固定螺丝主要分大粗纹螺丝和小粗纹螺丝，硬盘、挡板适合用小粗纹螺丝固定，机箱、电源适合用大粗纹螺丝固定。

图 3-7　各种螺丝

3.1.2　准备软件

组装计算机前的软件准备指的是在开始装机前预备好计算机操作系统的安装 U 盘和装机必备的各种软件。

- 解压缩软件：此类软件用于压缩与解压缩文件，常见的解压缩软件有 WinRAR、ZIP 等。
- 视频播放软件：此类软件用于在计算机中播放视频文件，常见的视频播放软件有暴风影音、KmPlayer 和 WMP 播放器等。
- 音频播放软件：此类软件用于在计算机中播放音频文件，常见的音频播放软件有酷狗音乐、网易云音乐和 QQ 音乐等。
- 输入法软件：常见的输入法软件有搜狗拼音、万能五笔等。
- 系统优化软件：此类软件用于对 Windows 系统进行优化配置，常见的系统优化软件有 Windows 优化大师和鲁大师。
- 图像编辑软件：此类软件用于编辑图形图像，常见的图像编辑软件有美图秀秀、Photoshop 和 ACDSee 等。
- 下载软件：常见的下载软件有迅雷、BitComet 和百度网盘等。
- 杀毒软件：常见的杀毒软件有卡巴斯基、金山毒霸、360 杀毒等。
- 聊天软件：常见的聊天软件有 QQ、微信电脑版等。

提示

除了上面介绍的各类软件，装机时用户还可能需要为计算机安装文字处理软件(如 Word)、虚拟光驱软件(如 Daemon Tools)等。

3.1.3 组装过程中的注意事项

组装计算机是一个细致的过程，装机过程中用户应注意以下几个问题。

- 检查硬件、工具是否齐全。将准备的硬件、工具检查一遍，看看是否齐全，可根据安装流程将硬件按顺序摆放，并仔细阅读主板及相关部件的说明书，看看是否有特殊说明。另外，硬件一定要放在平稳、安全的地方，防止不小心移动造成的硬件划伤，或者从高处掉落。
- 防止静电损坏电子元器件。在装机过程中，要防止人体静电对计算机硬件设备上的电子元器件造成损坏。在装机前需要消除人体静电干扰，可用流动的自来水洗手，双手触摸自来水管、暖气管等接地的金属物，或者佩戴防静电腕带。
- 防止液体进入电路。将水杯、饮料等含有液体的器皿拿开，使其远离工作台，以免液体进入主板造成短路。在夏季装机时，防止汗水掉进主板。另外，在装机时要找一个空气干燥、通风的位置，避免在潮湿的地方装机。
- 轻拿轻放配件。组装计算机时要轻拿轻放各种配件，以免造成配件的变形或折断。

3.2 组装计算机主机配件

一台计算机分为主机与外设两大部分，组装计算机实际上就是指组装计算机主机中的各种硬

件设备。用户在装机时可以参考以下流程进行操作。

3.2.1　安装 CPU

组装计算机主机时，通常都会先将 CPU、内存等硬件设备安装至主板上，并安装 CPU 散热器(在选购主板和 CPU 时，用户应确认 CPU 的接口类型与主板上的 CPU 接口类型一致，否则 CPU 将无法安装)。这样做，可以避免在将主板安装到计算机机箱之后，由于机箱狭窄的空间而影响 CPU 和内存的安装。下面将详细介绍在计算机主板上安装 CPU 及 CPU 风扇的相关操作。

1. 将 CPU 安装在主板上

CPU 是计算机的核心部件，也是计算机的各个硬件设备中比较脆弱的一个。在安装 CPU 时，用户必须格外小心，以免因用力过大或操作不当而损坏 CPU。在正式将 CPU 安装在主板上之前，用户应首先了解主板上的 CPU 插座以及 CPU 与主板相连的针脚。

- CPU 插座：支持 Intel CPU 与支持 AMD CPU 的主板虽然 CPU 插座在针脚和形状上稍有区别，并且彼此互不兼容，但常见的插座结构都大同小异，主要包括插座、固定拉杆等部分，如图 3-8 所示。
- CPU 针脚：CPU 的针脚与支持 CPU 的主板插座相匹配，其边缘大都设计有相应的标记，与主板上 CPU 插座的标记相对应，如图 3-9 所示。

图 3-8　主板上的 CPU 插座

图 3-9　CPU 的针脚标记

虽然新型号的 CPU 不断推出，但安装 CPU 的方法却没有太大的变化。因此，无论用户使用何种类型的 CPU 与主板，都可以参考下面介绍的步骤完成 CPU 的安装。

【例 3-1】 在计算机主板上安装 CPU。

(1) 首先，从主板的包装袋(盒)中取出主板，将其水平放置在工作台上，并在其下方垫一块塑料布。

(2) 将主板上 CPU 插座的固定拉杆拉起，掀开用于固定 CPU 的盖子。将 CPU 插入插槽中，要注意 CPU 针脚的方向(在将 CPU 插入插槽时，可以先将 CPU 正面的三角标记对准主板上 CPU 插座的三角标记，再将 CPU 插入主板插座)，如图 3-10 所示。

(3) 用手向下按住CPU插槽上的锁杆锁紧CPU，完成CPU的安装，如图3-11所示。

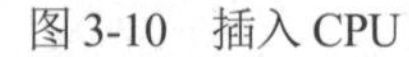
图3-10　插入CPU

图3-11　锁紧CPU

2. 安装CPU散热器

由于CPU的发热量较大，因此为其安装一款性能出色的散热器(即CPU风扇)非常重要。但如果散热器安装不当，CPU的散热效果将大打折扣。常见散热器有风冷式与水冷式两种，各自的特点如下。

- 风冷式散热器：风冷式散热器比较常见，其安装方法相对水冷式散热器较简单，体积也较小，但散热效果较水冷式散热器要差一些。
- 水冷式散热器：水冷式散热器由于较风冷式散热器出现在市场上的时间较晚，因此并不为大部分用户所熟悉。但就散热效果而言，水冷式散热器要比风冷式散热器强很多。

【例3-2】 在CPU上安装风冷式散热器。

(1) 在CPU上均匀涂抹一层预先准备好的散热硅脂，这样做有助于将热量由CPU传导至散热风扇。

(2) 将CPU风扇的扣具对准主板上相应的位置后，用力压下扣具即可。不同CPU风扇的扣具也不相同，有些CPU风扇的扣具采用螺丝设计，安装时还需要在主板的背面放置相应的螺母和固定螺丝的背板，如图3-12所示。

(3) 将背板和螺母固定在主板的背面(主板上有对应螺丝孔)，如图3-13所示。

图3-12　CPU风扇的扣具背板

图3-13　固定背板

(4) 在主板正面的 CPU 槽周围安装固定背板的螺丝，如图 3-14 所示。

(5) 安装风扇散热塔固定螺丝，如图 3-15 所示。

图 3-14　安装螺丝

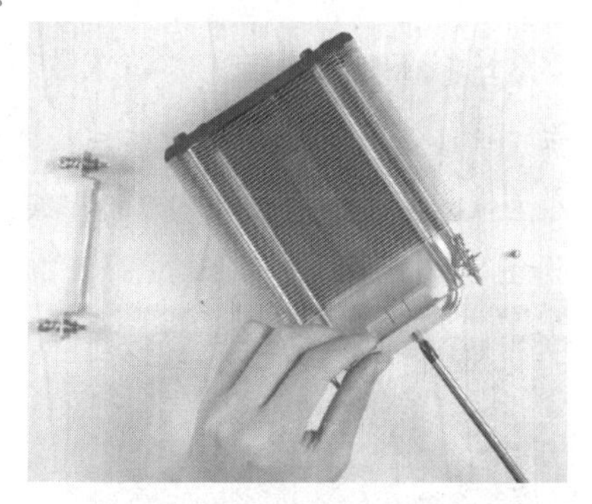

图 3-15　安装散热塔固定螺丝

(6) 将散热塔放置在 CPU 上，将散热塔上的螺丝对准背板上的螺丝孔，然后安装螺丝固定，如图 3-16 所示。

(7) 将风扇从侧面扣置到散热塔上，然后使用螺丝固定，如图 3-17 所示。

图 3-16　固定散热塔

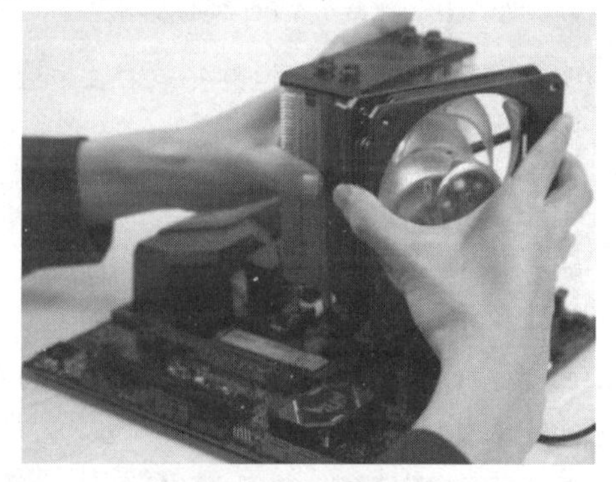

图 3-17　扣置风扇

(8) 在确认将 CPU 风扇固定在 CPU 上之后，将 CPU 风扇的电源接头连接到主板的供电接口。主板上供电接口的标识为 FAN1，用户在连接 CPU 风扇的电源时应注意的是，目前有三针和四针两种不同的风扇接口，并且主板上有防差错接口设计，如果发现无法将 CPU 风扇的电源接头插入主板供电接口，可以观察一下电源接口的正反和类型，如图 3-18 所示。

图 3-18　连接电源

下面介绍安装水冷式 CPU 散热器的方法。在安装水冷式散热器时，用户需要将主板固定到计算机机箱之后，才能开始安装散热器。

【例 3-3】 在 CPU 上安装水冷式散热器。

(1) 拆开水冷式 CPU 风扇的包装后，检查全部设备和附件，如图 3-19 所示。

(2) 在主板上安装水冷式散热器的背板。用螺丝将背板固定在 CPU 插座四周预留的白色安装线内，如图 3-20 所示。

图 3-19　水冷式 CPU 风扇及附件

图 3-20　固定风扇背板

(3) 将散热器的塑料扣具安装在主板上。此时，不要将固定螺丝拧紧，稍稍拧住即可，如图 3-21 所示。

(4) 在 CPU 水冷头的周围和扣具的内部都有互相咬合的塑料凸起件，将它们放置到合适的位置上后，稍微一转，CPU 水冷头即可安装到位。这时，再将扣具四周的四个螺丝拧紧即可，如图 3-22 所示。

(5) 最后，使用水冷式散热器附件中的螺丝先穿过风扇，再穿过螺丝孔，将散热器固定在机箱上，如图 3-23 所示。

图 3-21　安装散热器

图 3-22　拧紧螺丝

图 3-23　固定散热器

3.2.2　安装内存

完成 CPU 和散热风扇的安装后，用户可以将内存安装在主板上。若用户购买了 2 根或 4 根内存，想组成多通道系统，则在安装内存前还需要查看主板说明书，根据主板说明书中的介绍将内存插在指定的内存插槽中。

【例 3-4】 在主板上安装内存。

(1) 在安装内存时先用手将主板上内存插槽两端的扣具松开，如图 3-24 所示。

(2) 将内存平行插入内存插槽中，如图 3-25 所示。

图 3-24　打开扣具　　　　图 3-25　插入内存

(3) 用两根拇指按住内存两端后轻轻向下压，听到“啪”的一声响后，说明内存安装到位，如图 3-26 所示。

图 3-26　安装到位

(4) 在主板上安装内存时，注意双手要凌空操作，不可触碰到主板上的电容和芯片。

提示

主板上的内存插槽一般采用两种不同颜色来区分双通道和单通道。将两条规格相同的内存插入主板上相同颜色的内存插槽中，即可启用主板的双通道功能。

3.2.3　安装主板

在主板上安装 CPU 和内存后，可以将主板装入机箱。在安装剩下的主机硬件设备时，需要配合机箱进行安装。

【例 3-5】 将主板固定在机箱中。

(1) 在安装主板之前，应先将机箱提供的主板 I/O 接口挡板安装到位，如图 3-27 所示。

(2) 将机箱附件中的主板垫脚螺柱安放到机箱主板托架的对应位置，如图 3-28 所示。

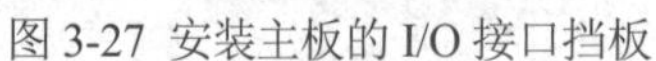

图 3-27 安装主板的 I/O 接口挡板　　图 3-28 安放垫脚螺柱

(3) 平托主板，将主板放入机箱，如图 3-29 所示。

(4) 拧紧机箱内部的主板螺丝，将主板固定在机箱上(在装螺丝时，注意螺丝不要一次性拧紧，等全部螺丝安装到位后，再将螺丝逐个拧紧。这样做的好处是可以在安装主板的过程中，随时对主板的位置进行调整)，如图 3-30 所示。

图 3-29 将主板放入机箱

图 3-30 拧紧机箱内部的螺丝

(5) 完成以上操作后，主板被牢固地固定在机箱中。至此，计算机的三大主要配件——主板、CPU 和内存安装完毕。

3.2.4 安装硬盘

在完成 CPU、内存和主板的安装后，下面需要将硬盘固定在机箱的硬盘托架上。在普通机箱中，只需要将硬盘放入机箱的硬盘托架，然后拧紧螺丝将其固定即可。

【例 3-6】 将机械硬盘固定在机箱中。

(1) 拉动硬盘托架将其从机箱中取出，如图 3-31 所示。

(2) 将硬盘装入硬盘托架，如图 3-32 所示。

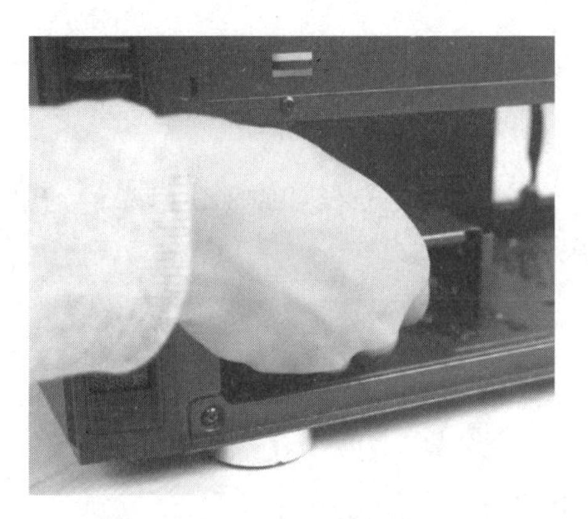

图 3-31　从机箱中取出硬盘托架

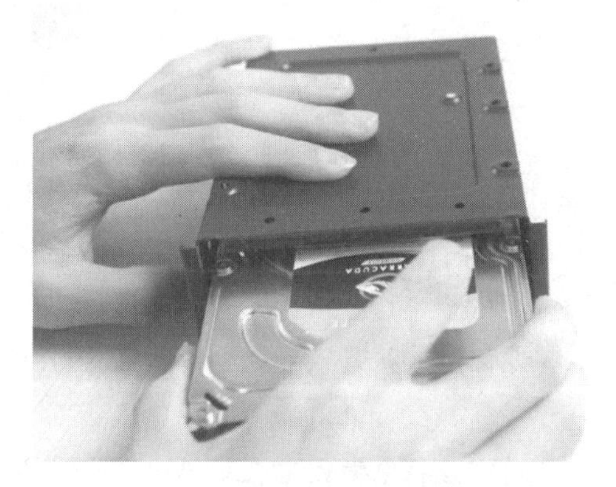

图 3-32　将硬盘装入硬盘托架

(3) 拧紧螺丝将硬盘固定在托架上，如图 3-33 所示。

(4) 将硬盘托架重新装入机箱，通过固定卡位固定硬盘托架，如图 3-34 所示。

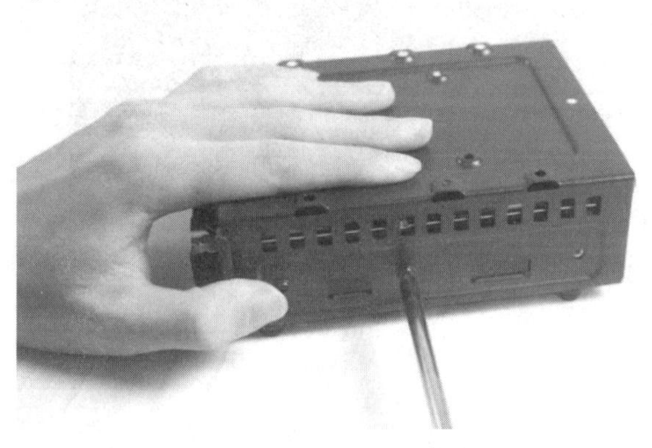

图 3-33　拧紧螺丝固定硬盘

图 3-34　固定硬盘托架

(5) 最后，检查硬盘托架与其中的硬盘是否被牢固地固定在机箱中。

目前，固态硬盘已经开始普及，用户可以选购价格和容量合适的固态硬盘安装到主板上。以在主板上安装M.2 接口的固态硬盘为例，首先要将固态硬盘金手指插入主板的M.2 接口(如图 3-35 所示)，然后将固态硬盘另一端的螺孔对准主板上的螺孔，使用螺丝固定即可，如图 3-36 所示。

图 3-35　将固态硬盘插入主板 M.2 接口

图 3-36　使用螺丝固定固态硬盘

3.2.5 安装电源

在完成前面介绍的硬件设备的安装后，用户接下来需要为机箱安装电源(由于现在一些机箱自带电源，若用户购买了此类机箱，则无须安装电源)。

【例 3-7】 在机箱内安装电源。

(1) 将电源放入机箱预置的电源托架中(注意电源线所在的面应朝向机箱的内侧)，如图 3-37 所示。

(2) 使用螺丝将电源固定在机箱上即可，如图 3-38 所示。

图 3-37 将电源放入机箱

图 3-38 固定电源

3.2.6 安装显卡

目前，采用 PCI-E 接口的显卡是市场上的主流显卡。在安装显卡之前，用户首先应在主板上找到 PCI-E 插槽的位置。如果主板上有两个 PCI-E 插槽，则选用其中任意一个 PCI-E 插槽即可。

【例 3-8】 在主板上安装显卡。

(1) 在主板上找到 PCI-E 插槽，将插槽一端的扣具打开，如图 3-39 所示。

(2) 用手轻握显卡，将其垂直插入主板上的 PCI-E 插槽中，如图 3-40 所示。最后，用螺丝将显卡固定在主板的 I/O 接口挡板上，连接电源线即可。

图 3-39 打开 PCI-E 插槽扣具

图 3-40 安装显卡

3.3　连接数据线和电源线

计算机主机上的设备(例如硬盘)通过数据线与主板进行连接。在完成计算机主要硬件设备的安装后，用户需要为硬件设备连接数据线和电源线。本节将介绍在计算机主机中连接数据线和电源线的方法。

3.3.1　连接数据线

在计算机主机中，最常见的数据线是 SATA 数据线。用户可以参考下面介绍的方法，连接计算机内部的数据线。

【例 3-9】 用数据线连接主板与硬盘。

(1) 在计算机机箱中找到图 3-41 所示的 SATA 数据线。

(2) 将 SATA 数据线的一头与硬盘背面对应的接口相连，如图 3-42 所示。

图 3-41　SATA 数据线

图 3-42　连接硬盘接口

(3) 找到主板附件中的 SATA3 接口数据线，如图 3-43 所示。

(4) 将 SATA3 数据线的一头与硬盘与之对应的接口相连，如图 3-44 所示。

(5) 将 SATA3 数据线的另一头与主板上的 SATA3 接口相连(如图 3-45 所示)，完成硬盘和主板连接。

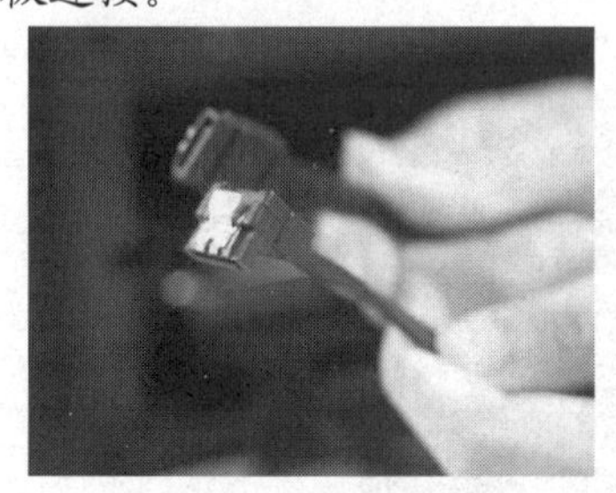

图 3-43　SATA3 接口数据线

图 3-44　连接硬盘

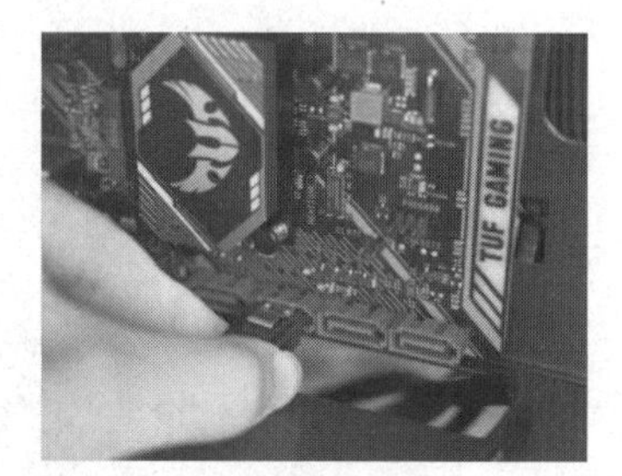

图 3-45　连接主板

3.3.2　连接电源线

在硬盘和主板之间连接数据线后，用户可以参考下面介绍的方法，为主板和机箱中的硬件设备连接电源线。

【例 3-10】 为主板和显卡连接电源线。

(1) 在机箱电源线中找到 CPU 电源线，如图 3-46 所示。

(2) 在主板上找到 CPU 电源插座，将 CPU 电源线接口插入主板上的 CPU 电源插座中，如图 3-47 所示。

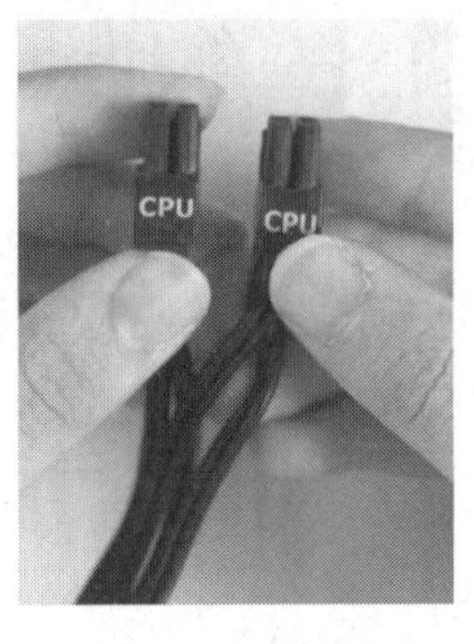

图 3-46 CPU 电源线

图 3-47 连接主板上的 CPU 电源线

(3) 在机箱电源线中找到主板电源线，如图 3-48 所示。

(4) 在主板找到主板电源插座，将主板电源线接口插入主板上的电源插座中，如图 3-49 所示。

图 3-48 主板电源线

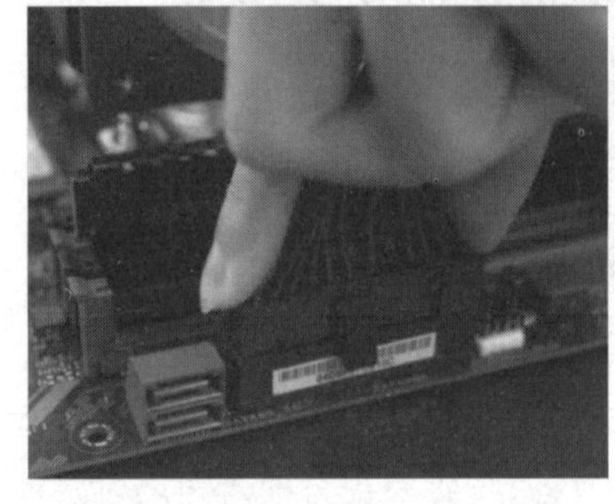

图 3-49 连接主板电源线

(5) 在机箱电源线中找到显卡电源线，如图 3-50 所示。

(6) 在显卡上找到显卡电源插座，将显卡电源线接口插入显卡上的电源插座中，如图 3-51 所示。

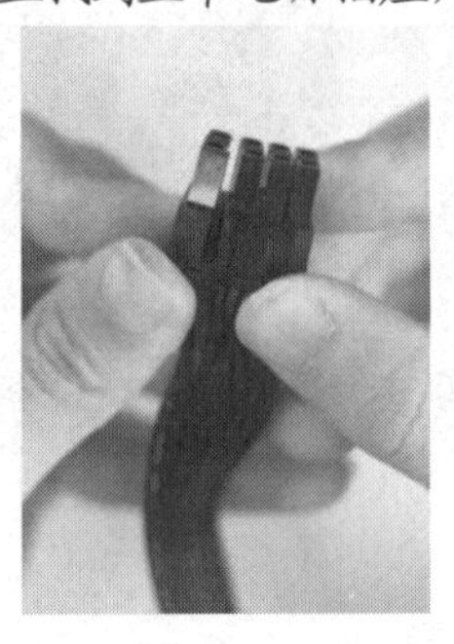

图 3-50 显卡电源线

图 3-51 连接显卡电源线

3.4　连接控制线

在连接完数据线与电源线后，机箱内还有一些控制线(跳线等)，将这些控制线插入主板对应位置的插槽后，即可使用机箱面板上的前置 USB 接口和控制开关。

3.4.1　连接机箱控制开关

在使用计算机时，用户常常会使用机箱面板上的控制开关启动计算机、重新启动计算机、查看电源与硬盘工作指示灯。这些功能都是通过使用控制线来连接机箱控制开关和主板上对应的控制线插槽来实现的。用户可以参考下面介绍的方法，连接机箱中的各种控制线。

1. 连接机箱前置音频控制线

通常的主板上提供了集成的音频芯片，其性能完全能够满足绝大部分用户的需求。用户在组装计算机时，一般无须单独购买声卡。

为了方便用户使用，除前置的 USB 接口外，音频接口也被移到了机箱的前面板上，为了使机箱前面板上的耳机和话筒能够正常使用，用户在连接机箱控制线时，应将前置音频控制线(标有 HD AUDIO 的线，如图 3-52 所示)插入主板上与之对应的音频控制线插槽(如图 3-53 所示)。

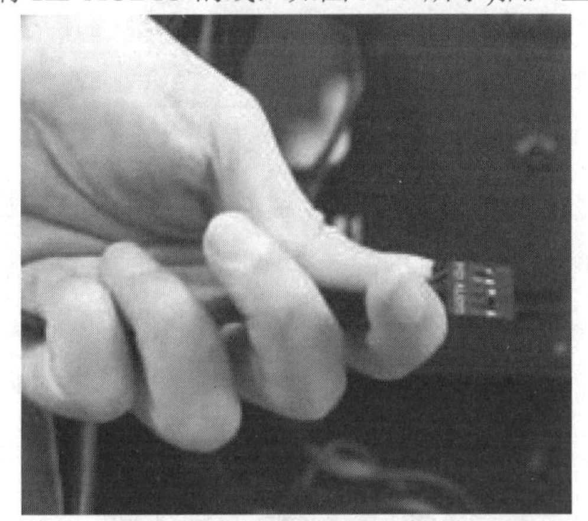

图 3-52　前置音频控制线

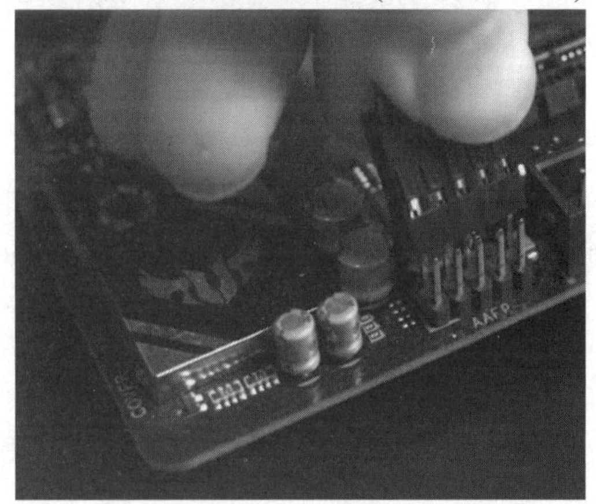

图 3-53　主板上的音频控制线插槽

2. 连接开关、重启和 LED 灯控制线

在机箱面板上的所有控制线中，开关控制线、重启控制线和 LED 灯控制线是最重要的三条控制线。

- 开关控制线用于连接机箱前面板上的电源按钮，连接开关控制线(如图 3-54 所示)后，用户可以通过机箱电源按钮控制计算机的启动与关闭。
- 重启控制线用于连接机箱前面板上的重启按钮，连接重启控制线(如图 3-55 所示)后，用户可以通过按下重启按钮重启计算机。

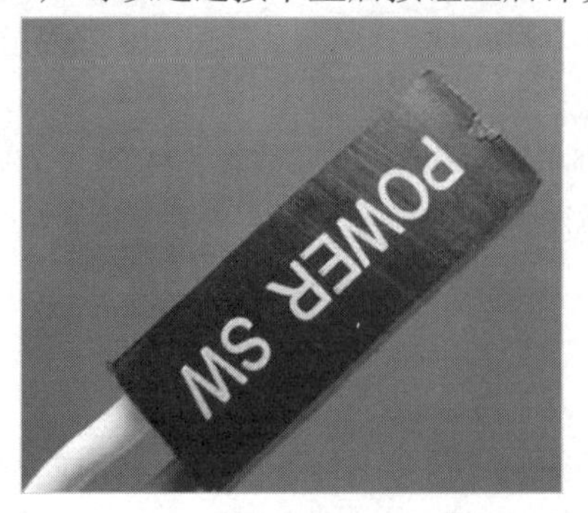

图 3-54　开关控制线

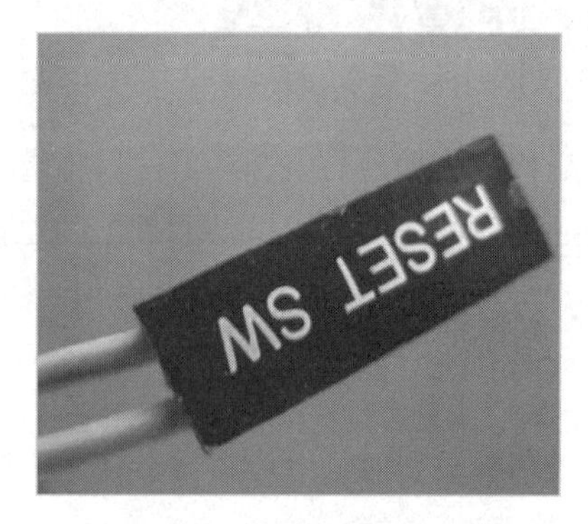

图 3-55　重启控制线

- LED 灯控制线包括计算机的电源指示灯控制线(如图 3-56 所示)和硬盘状态灯控制线(如图 3-57 所示)两种，分别用于显示计算机电源和硬盘的状态。

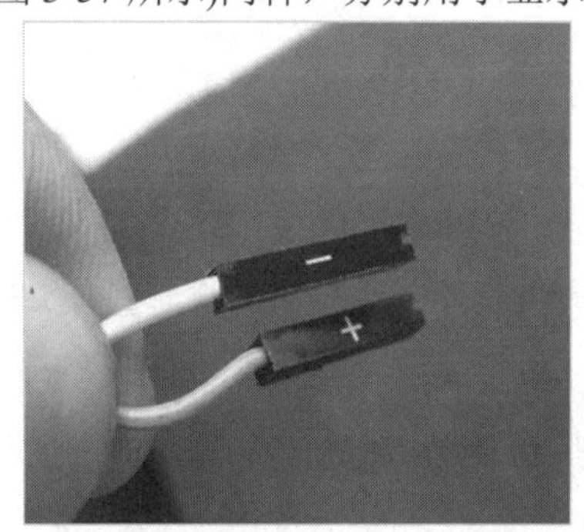

图 3-56　电源指示灯控制线

图 3-57　硬盘状态灯控制线

在连接开关控制线、重启控制线和 LED 灯控制线时，用户可以参考主板说明书中的控制线说明(如图 3-58 所示)，将控制线插入主板上相应的插槽(如图 3-59 所示)。

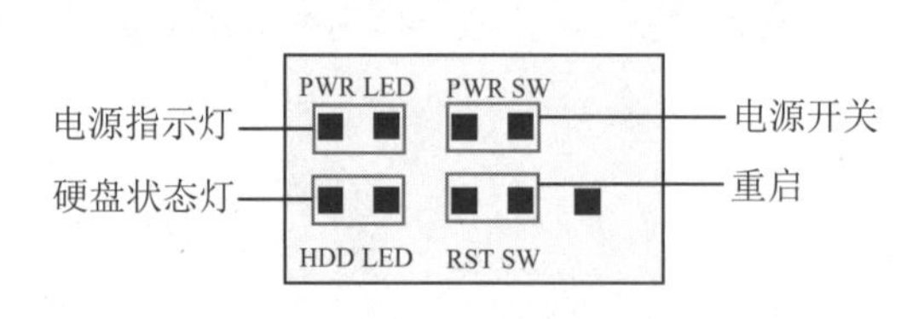

图 3-58　控制线说明

图 3-59　主板上的控制线插槽

3.4.2　连接前置 USB 接口

由于 USB 设备具有安装方便、传输速度快的特点，目前市场上采用 USB 接口的设备也越来越多，如 USB 鼠标、USB 键盘、USB 读卡器、USB 摄像头等。主板面板后的 USB 接口已经逐渐无法满足用户的使用需求。目前主流主板都支持 USB 扩展功能，使用前置 USB 接口的机箱提供的 USB 接口线，可以连接机箱上的前置 USB 接口，从而扩展计算机 USB 接口的数量。

目前，USB 接口是人们日常使用最多的接口，大部分主板提供 8 个左右的 USB 接口，一般在机箱背部的面板中提供 4 个，剩余的 4 个位于机箱的前面板上。

机箱上常见的前置 USB 控制线采用一体式 USB 2.0 接口，如图 3-60 所示，将其插入主板上的 USB 2.0 插槽即可使机箱前面板上的 USB 接口开始工作，如图 3-61 所示。

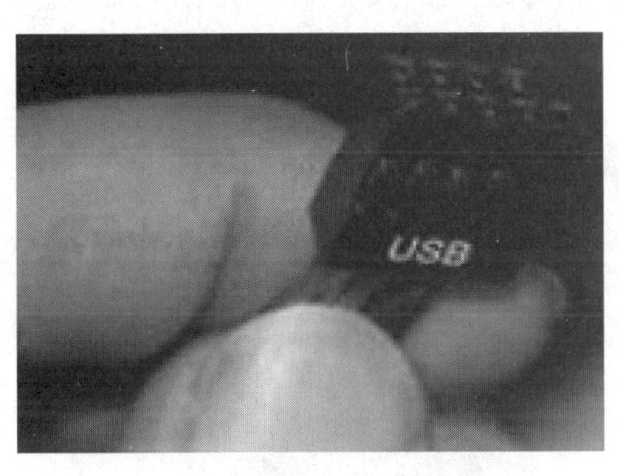

图 3-60　USB 2.0 控制线插头

图 3-61　USB 2.0 插槽

有些机箱提供图 3-62 所示的 USB 3.0 控制线插口，将其插入主板上的 USB 3.0 插槽可以激活机箱前面板上的 USB 3.0 接口，如图 3-63 所示。

图 3-62　USB 3.0 控制线插头

图 3-63　USB 3.0 插槽

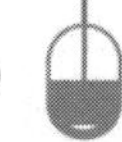

3.5 连接计算机外部设备

完成主机内部硬件设备的安装后，用户需要将计算机主机与外部设备(下面简称“外设”)连接在一起。计算机外设主要包括显示器、鼠标、键盘和电源线等。用户在为计算机连接外设时应做到“辨清接头，对准插上”，具体方法下面将详细介绍。

3.5.1 连接显示器

显示器是计算机的主要I/O设备之一，它通过一条视频信号线与计算机主机上的显卡视频信号接口连接。常见的视频信号线有VGA、DVI、DP、HDMI这4种，如图3-64~图3-67所示。

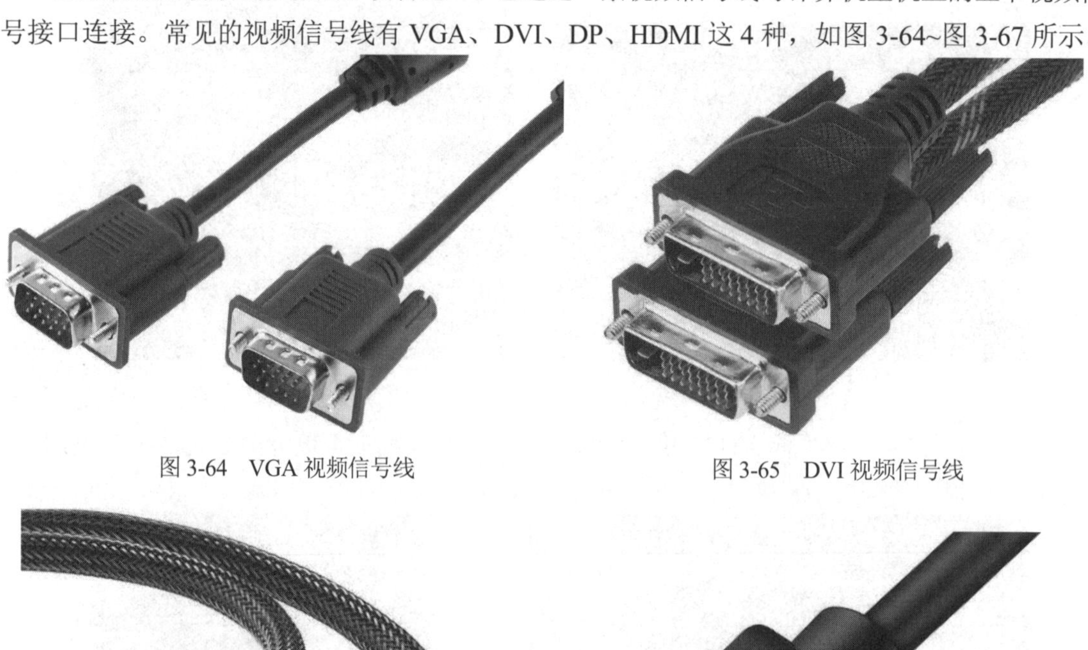

图3-64 VGA视频信号线

图3-65 DVI视频信号线

图3-66 DP视频信号线

图3-67 HDMI视频信号线

连接主机与显示器时，将视频信号线的一头与主机上的显卡视频信号接口连接，将另一头与显示器背面的视频信号接口连接即可，如图3-68和图3-69所示。

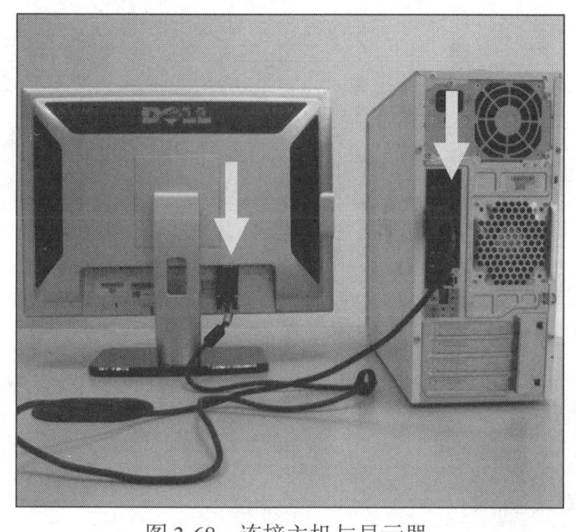

图 3-68　连接主机与显示器

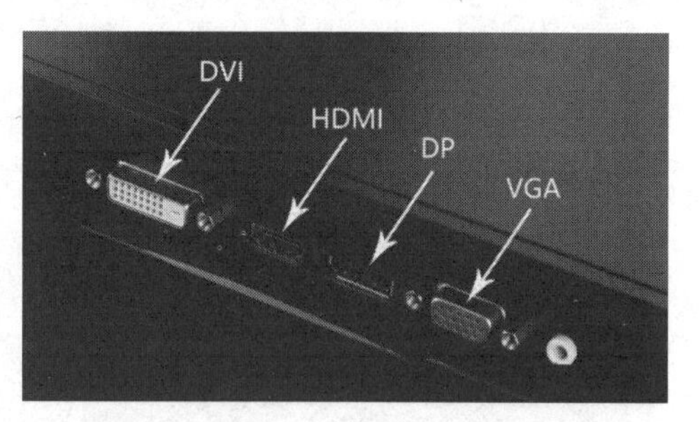

图 3-69　主机背面的视频信号接口

3.5.2　连接鼠标和键盘

目前，台式计算机常用的鼠标和键盘分 USB 接口、PS/2 接口、无线三种。

- USB 接口的键盘、鼠标与计算机主机背面的 USB 接口相连，如图 3-70 所示。
- 无线键鼠一般使用配套的接收器，将接收器插入主机的 USB 接口，并为其安装驱动程序即可连接无线键盘或鼠标，如图 3-71 所示。

图 3-70　USB 接口的鼠标

图 3-71　无线鼠标和接收器

3.6　开机检测

在完成计算机硬件设备的组装后，用户可以启动计算机检测各硬件设备之间的连接是否存在问题。若一切正常，则可以整理机箱并合上机箱盖，完成组装计算机的操作。

3.6.1 开机前的检查

组装计算机完成后不要立刻通电启动。再仔细检查一遍硬件设备之间的连接和各种数据线、电源线、控制线的接口部分，防止出现安装错误。具体检查步骤如下。

【例 3-11】 在启动计算机前检查计算机的状态。

(1) 检查主板上各控制线(跳线)的连接是否正确。

(2) 检查各硬件设备是否安装牢固，如 CPU、显卡、内存和硬盘等，如图 3-72 所示。

(3) 检查机箱中的各种线缆是否搭在风扇上。将机箱内的线缆用扎带扎在一起并整理整齐，如图 3-73 所示。

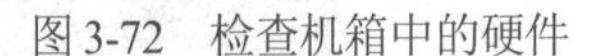

图 3-72 检查机箱中的硬件

图 3-73 用扎带整理各种线缆

(4) 检查机箱内有无其他杂物。

(5) 检查外部设备是否正确连接，如显示器和音箱等。

(6) 检查数据线、电源线是否正确连接。

3.6.2 进行开机检测

完成计算机开机前的检查后，将计算机主机和显示器连接的电源插座打开，图 3-74 所示为显示器后面的插口。若选择 HDMI 视频信号线，则要连接主机显卡上的 HDMI 接口，并接上主机电源，如图 3-75 所示。按下机箱上的电源开关，机箱电源灯亮起，并且机箱中的风扇开始工作。此时若听到“嘀”的一声，并且显示器出现自检画面，则表示计算机已经正常开机。若计算机未正常开机，则需要重新检查计算机中硬件设备的组装情况。

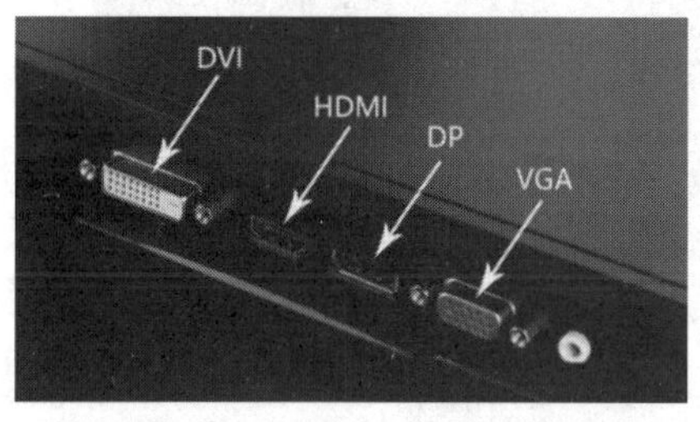

图 3-74　选择显示器接口

图 3-75　连接主机电源和 HDMI 线

提示

若计算机组装后未能正常开机，用户应先检查内存与显卡的安装是否正确，包括内存是否与主板紧密连接，以及显卡的视频信号线是否与显示器正确连接。

3.6.3　整理机箱内的线缆

计算机开机检测过关后，用户可以整理机箱内部的各种线缆。整理机箱内部线缆的主要目的有以下几个。

- 计算机机箱内部线缆很多，如果不进行整理会非常杂乱，显得很不美观。
- 计算机在正常工作时，机箱内部各设备的发热量非常大，如果线缆杂乱，就会影响机箱内的空气流通，降低计算机的整体散热效果。
- 机箱中的各种线缆如果不整理，很可能会卡住 CPU、显卡等设备的风扇，影响其正常工作，从而导致各种故障。

3.7　实例演练

本章的实例演练是在主板上安装M.2接口固态硬盘。通过实例操作用户将进一步掌握安装计算机硬件设备的方法。

【例 3-12】 安装 M.2 固态硬盘。

(1) 有些主板的 M.2 固态硬盘接口上自带散热片，如图 3-76 所示。要在主板上安装固态硬盘则需要先拆卸散热片，待安装好固态硬盘后再重新装上散热片。

(2) 拆掉用于固定散热片的螺丝，如图 3-77 所示。

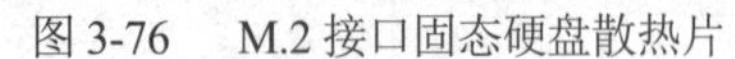

图 3-76　M.2 接口固态硬盘散热片

图 3-77　拆掉散热片上的螺丝

(3) 将固态硬盘按卡口位置插入主板上的 M.2 接口中，如图 3-78 所示。

(4) 撕掉散热片背后的保护膜，将散热片放置在固态硬盘上，重新装上散热片的固定螺丝，如图 3-79 所示。

图 3-78　安装固态硬盘

图 3-79　重新安装散热片

3.8　习题

1. 组装计算机前需要做哪些准备工作？
2. 简述在主板上安装 CPU 及 CPU 散热器的方法。
3. 如何安装硬盘？
4. 如何连接机箱内的各种电源线？
5. 如何连接前置 USB 接口？

第 4 章

设置主板BIOS

BIOS 是计算机硬件的设置和管理程序，了解 BIOS 的设置方法将有助于用户日后对计算机的使用和维护。本章将详细介绍 BIOS 的功能和作用，以及如何进入计算机的 CMOS 设置界面对 CMOS 进行设置。

本章重点

- 常见 BIOS 分类
- 升级主板 BIOS
- UEFI BIOS 参数设置
- BIOS 自检报警声的含义

4.1 BIOS 基础知识

BIOS(Basic Input Output System，基本输入输出系统)是一组固化在计算机主板上一个 ROM 芯片上的程序，保存着计算机最重要的基本输入输出程序、系统设置信息、开机后自检程序和系统自启动程序，为计算机提供最基本的硬件设置和控制。

4.1.1 BIOS 简介

在安装操作系统前，先要对计算机进行正确的 BIOS 设置，那么什么是 BIOS 呢？BIOS 是厂家事先烧录在主板上只读存储器中的程序，主要负责对各种硬件进行检测并进行初始化设置。BIOS 中保存的数据不会因计算机关机而丢失。

BIOS 是计算机中最基础和最重要的程序，该程序保存在一个不需要电源的、可重复编程的、可擦写的只读存储器(BIOS 芯片)中。该存储器也被称作 EEPROM(带电可擦除可编程只读存储器)。它为计算机提供最直接的硬件控制并存储一些基本信息，计算机的初始化操作都是按照固化在 BIOS 里的内容来完成的。

准确地说，BIOS 是硬件与软件程序之间的一个“转换器”，或者说是人机交流的接口，它负责解决硬件的即时要求，并按软件对硬件的操作具体执行。用户在使用计算机的过程中都会接触到 BIOS，它在计算机系统中起着非常重要的作用。

4.1.2 BIOS 与 CMOS 的区别

在日常操作与维护计算机的过程中，用户经常会接触到 BIOS 设置与 CMOS 设置的说法，一些计算机用户会把 BIOS 和 CMOS 的概念混淆。下面将详细介绍 BIOS 与 COMS 的区别。

CMOS(Complementary Metal Oxide Semiconductor，互补金属氧化物半导体存储器)是主板上一块可读写的 RAM 芯片，如图 4-1 所示。CMOS 的功耗极低，所以使用一块纽扣电池供电即可保存其中的信息。

图 4-1　CMOS 芯片和 CMOS 电池

BIOS 设置的参数存放在 CMOS 存储器中，CMOS 存储器的耗电量很小，系统电源关闭后，CMOS 存储器靠主板上的后备电池供电，所以保存在 CMOS 中的用户设置参数不会丢失。

由此可见，BIOS 是用来完成计算机系统参数设置与修改的工具，CMOS 是系统参数设定的存放场所。CMOS 芯片可由主板的电池供电，这样即使计算机断电，CMOS 中的信息也不会丢失。计算机的 BIOS 参数存放在 CMOS 芯片中，可以通过主板跳线开关或专用软件对其内容重写，以实现对 BIOS 的升级。

4.1.3　常见 BIOS 分类

台式计算机使用较多的 BIOS 主要有 Award BIOS 与 AMI BIOS 两种，下面分别对这两类 BIOS 进行介绍。

- Award BIOS 是由 Award Software 公司开发的 BIOS 产品，是目前主板上使用最多的 BIOS 类型。Award BIOS 功能较为齐全，其设置界面如图 4-2 所示。
- AMI BIOS 是 AMI 公司开发的 BIOS 产品，其对各种软硬件的适应性较好，能保证系统性能的稳定，其设置页面如图 4-3 所示。

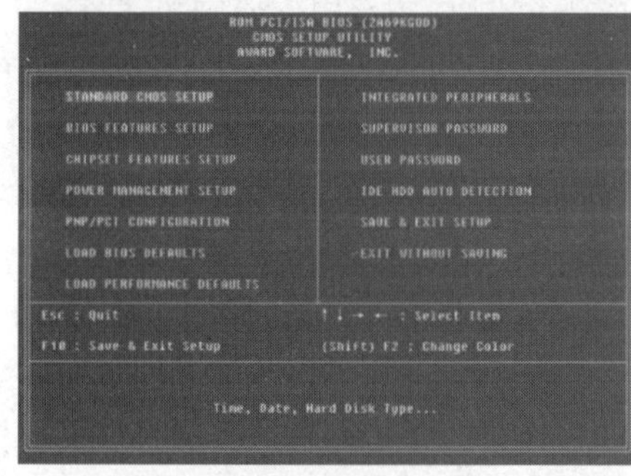

图 4-2　Award BIOS

图 4-3　AMI BIOS

最近比较新的主板还提供专门的图形化 UEFI BIOS 设置界面，如图 4-4 所示。

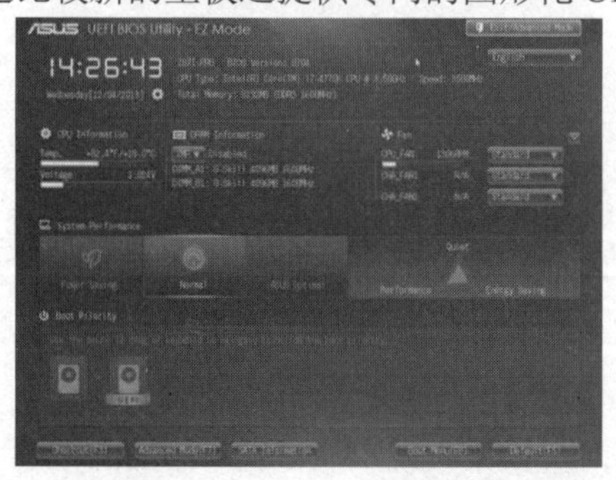

图 4-4　UEFI BIOS 设置界面

4.1.4　BIOS 的功能

BIOS 用于保存计算机最重要的基本输入输出程序、系统设置信息、开机自检程序和系统自

检及初始化程序。虽然 BIOS 设置程序目前存在各种不同版本，功能和设置方法也各不相同，但主要的设置项基本是类似的，一般包括如下几项。

- 设置 CPU：大多数主板采用软跳线的方式来设置 CPU 的工作频率。设置的主要内容包括外频、倍频系数等 CPU 参数。
- 设置基本参数：包括系统时钟、显示器类型和启动时对自检错误处理的方式。
- 设置磁盘驱动器：包括自动检测接口、启动顺序和硬盘的型号等。
- 设置键盘：包括接电时是否检测键盘类型和键盘参数等。
- 设置存储器：包括存储器容量、读写时序、奇偶校验和内存测试等。
- 设置缓存：包括设置内外缓存、缓存地址和显卡缓存设置等。
- 设置安全：包括病毒防护、开机密码和 BIOS 设置密码等。
- 设置总线周期参数：包括 AT 总线时钟、AT 周期等待状态、内存读写定时、缓存读写等待、缓存读写定时、DRAM 刷新周期和刷新方式等。
- 管理电源：关于系统的绿色环保节能设置，包括进入节能状态的等待延时时间、唤醒功能、显示器断电方式等。
- 监控系统状态：包括检测 CPU 工作温度、检测 CPU 风扇及电源风扇转速等。
- 设置集成接口：包括串行并行接口、I/O 地址、IRQ 及 DMA 设置、USB 接口和 IRDA 接口等。

4.2 BIOS 设置

在认识了 BIOS 后就可以开始设置 BIOS。AWARD BIOS 和 AMI BIOS 里面有很多设置项是相同的。而一些主板采用的图形化 BIOS 设置也只是视觉上的不同，基本选项和设置也和 AWARD BIOS 大致相同。

4.2.1 何时需要设置 BIOS

用户在以下情况下需要设置 BIOS。

- 组装计算机：虽然计算机的许多硬件都有即插即用功能，但是并非所有的硬件都能够被计算机自动识别。另外，新组装计算机的系统软件、硬件参数和系统时钟等都需要用户设置。
- 添加新硬件：当为计算机添加新硬件设备时，如果系统不能识别新添加的设备，可以通过 BIOS 设置来手动识别设备。另外，新添加的硬件设备与计算机原有设备之间的 IRQ 冲突或 DMA 冲突也可以通过 BIOS 设置来解决。
- CMOS 数据丢失：主板发生 CMOS 电池失效、CMOS 感染了病毒、意外清除了 CMOS 中的参数等情况都有可能导致 CMOS 中的数据丢失。这时可以进入 BIOS 设置程序对

CMOS 参数进行更改或重设。

- 安装或重装操作系统：当用户安装或重装操作系统时，需要进入 BIOS 并更改计算机的启动方式，也就是把硬盘启动改为 U 盘启动或以其他方式启动。
- 优化系统：当用户需要优化系统时，可以通过 BIOS 设置来更改内存读写等待时间、硬盘数据传输模式、内外 Cache 的使用、节能保护、电源管理以及开机时的启动顺序等参数。

BIOS 中的默认值对不同的系统来说并非最佳配置，因此可能需要进行多次设置，才能使系统性能得到充分发挥。

4.2.2 BIOS 设置中的常用按键

在开机时按下特定的热键就可以进入 BIOS 设置程序，需要注意的是，不同的 BIOS 设置程序的热键不同，有的 BIOS 设置程序会在屏幕上给出提示信息，有的则没有。常见的 BIOS 设置程序的热键如下。

- Award BIOS：按 Delete 键或 Ctrl＋Alt＋Esc 组合键。
- AMI BIOS：按 Delete 键或 Esc 键。
- UEFI BIOS：按 Delete 键或 F2 键。

在 BIOS 设置程序中进行的操作都必须通过键盘来实现，因此熟练掌握 BIOS 设置程序中键盘按键的功能，对于初学 BIOS 设置的用户来说十分重要。下面介绍一些常用按键的作用。

- ↑(向上键)：移动到上一个选项。
- ↓(向下键)：移动到下一个选项。
- ←(向左键)：移动到左边的选项。
- →(向左键)：移动到右边的选项。
- Page Up 键/＋：改变设置状态，增加数值或改变选项。
- Page Down 键/－：改变设置状态，减少数值或改变选项。
- Esc 键：回到 BIOS 设置主界面或从 BIOS 设置主界面退出设置程序。
- Enter 键：选择此项。
- F1 键：显示目前设定项的相关信息。
- F5 键：恢复上一次设定的参数。
- F6 键：恢复默认参数。
- F7 键：恢复最优化预设参数。
- F10 键：保存设置并退出 BIOS 设置界面。

4.2.3 认识 UEFI BIOS

UEFI (Unified Extensible Firmware Interface，统一的可扩展固件接口)是一种详细描述类型接

口的标准。这种接口用于操作系统自动从预启动的操作环境加载到另一种操作系统上，从而使开机程序化繁为简。

UEFI BIOS 拥有传统 BIOS 所不具备的诸多功能，如图形化界面、多种多样的操作方式、允许植入硬件驱动等，这些特性让 UEFI BIOS 相比于传统 BIOS 更加易用。

通俗地讲，传统 BIOS 的工作职责是负责在开机时执行硬件启动和检测工作，并且担任操作系统控制硬件时的中介角色，而 UEFI BIOS 是将过去需要 BIOS 完成的硬件控制程序放在操作系统中完成，不再需要调用 BIOS 功能。UEFI BIOS 更像是固化在主板上的操作系统，让硬件初始化以及引导系统变得简洁快速。

由于UEFI BIOS本身的开发语言已经从汇编语言转变成C语言，主板厂商可以深度开发UEFI BIOS。因此 UEFI BIOS 已经相当于一个微型操作系统，其特点如下。

- 支持文件系统，可以直接读取 FAT 分区中的文件。
- 可以直接在 UEFI BIOS 环境下运行应用程序。
- 缩短了启动时间和从休眠状态恢复的时间。
- 支持容量超过 2.2 TB 的硬盘驱动器。
- 支持 64 位现代固件设备驱动程序。
- 弥补 BIOS 对新硬件的支持不足。

4.2.4 UEFI BIOS 参数设置

近年来，各大主板厂商生产的主板均采用图形化的 UEFI BIOS。本节将以华硕主板为例，介绍 UEFI BIOS 的基本参数设置。

1. 华硕主板 UEFI BIOS 主界面

启动计算机后，按 Delete 键进入主板 UEFI BIOS 设置界面，如图 4-5 所示。在界面中显示当前计算机的基础信息，包括处理器类型、内存信息、硬盘信息及系统整体性能等。

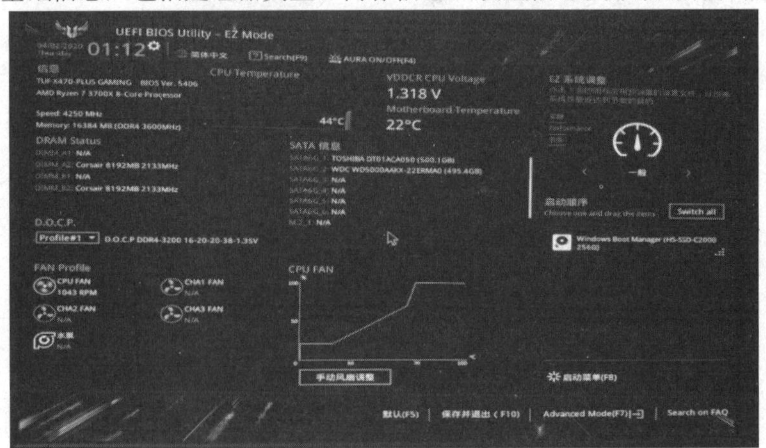

图 4-5 UEFI BIOS 主界面

- 主板信息：UEFI BIOS 设置界面的左上角显示主板的相关信息，如主板的型号、BIOS 版本、CPU 型号等，如图 4-6 所示。
- 内存信息：显示内存速率、容量以及所安装插槽信息，如图 4-7 所示。

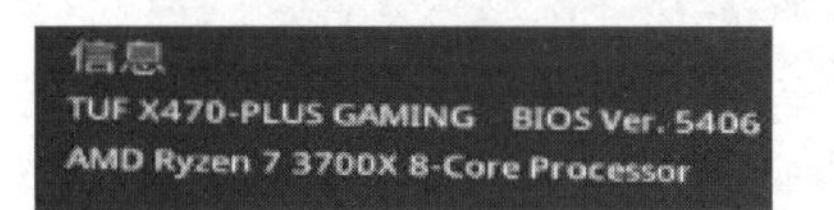

图 4-6　主板信息

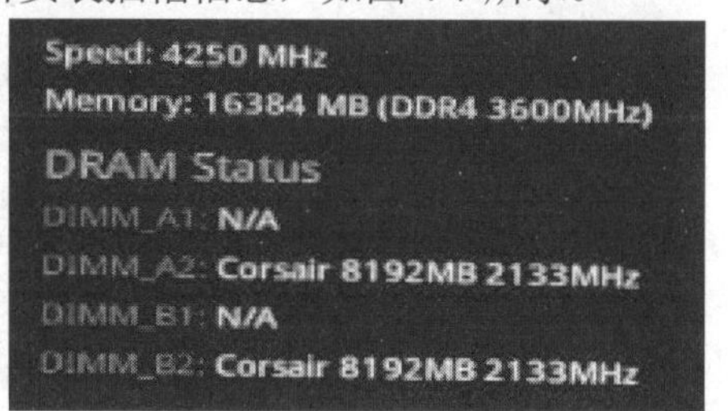

图 4-7　内存信息

- 内存超频文件：通过该选项，可以加载厂商提供的预设内存超频文件，如图 4-8 所示。
- 风冷水冷信息：显示主板连接的风冷或水冷系统信息，如图 4-9 所示。

D.O.C.P.

图 4-8　加载内存超频文件

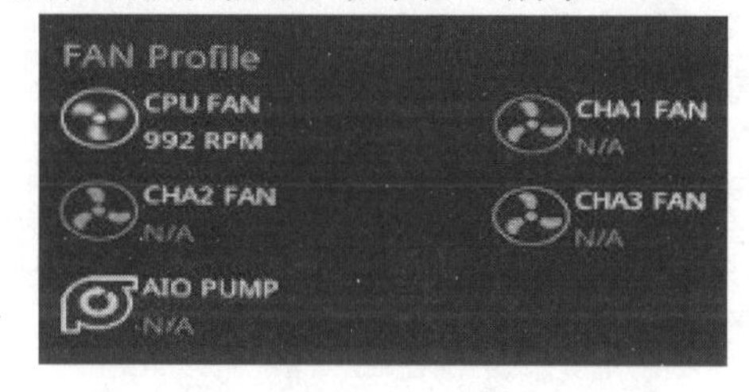

图 4-9　风冷水冷信息

- 硬盘信息：显示硬盘的型号与容量信息，如图 4-10 所示。
- CPU 风扇转速数据：显示 CPU 风扇转速数据统计图表，单击图表下方的按钮可以调整 CPU 风扇转速参数，如图 4-11 所示。

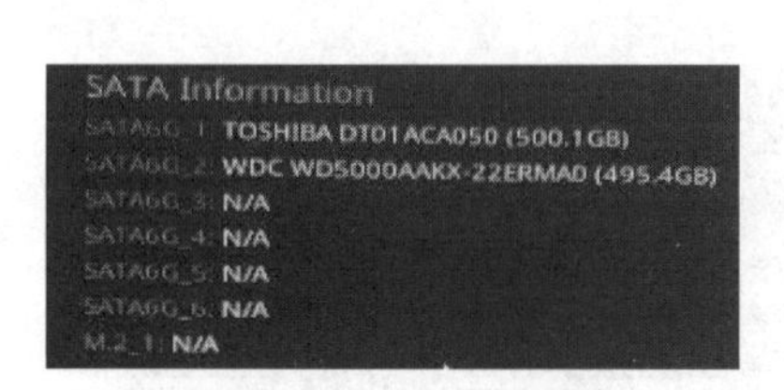

图 4-10　硬盘信息

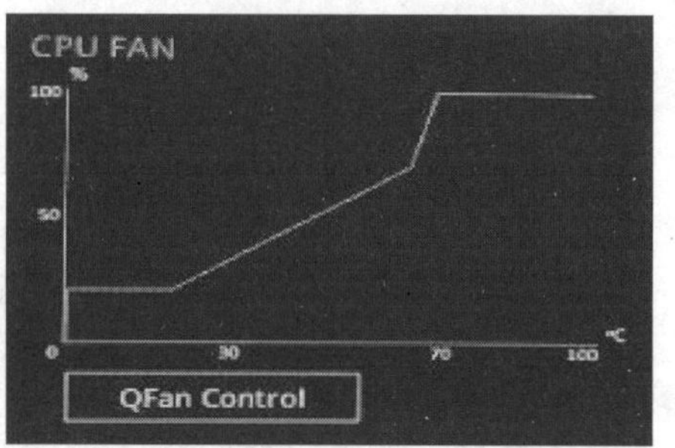

图 4-11　CPU 风扇转速数据

- 系统调整：显示切换调整系统整体模式，如图 4-12 所示。
- 启动顺序：显示接入设备的启动优先顺序，可以设置优先启动权，如图 4-13 所示。
- 快捷按钮：显示【默认】【保存并退出】【Advanced Mode】【Search on FAQ】等按钮，其中【默认】按钮用于将 BIOS 恢复默认设置；【保存并退出】按钮用于保存 BIOS 修改结果并退出 BIOS 设置；【Advanced Mode】按钮用于打开高级模式设置；【Search on FAQ】按钮用于搜索常见 BIOS 设置问题的解答，如图 4-14 所示。

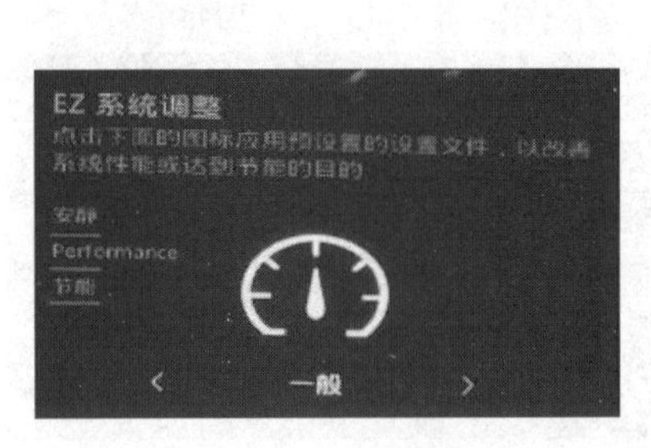

图 4-12　系统调整

图 4-13　启动顺序

图 4-14　快捷按钮

2. 设置设备启动顺序

计算机要正常启动，需要借助硬盘、U 盘等设备的引导。因此掌握在 BIOS 中设置这些设备的启动顺序十分重要。例如，要使用 U 盘安装操作系统，就需要将 U 盘设置为第一启动设备。

【例 4-1】 设置计算机从 U 盘启动。

(1) 首先插入启动 U 盘，开机启动计算机后进入 BIOS 设置界面，在界面右侧的【启动顺序】栏中显示系统启动硬盘和启动 U 盘两个选项，此时默认硬盘优先启动，如图 4-15 所示。

(2) 单击【Switch all】按钮进入设备启动顺序界面，用鼠标选中 U 盘选项后向上拖动至最上面，如图 4-16 所示。

图 4-15　默认启动顺序

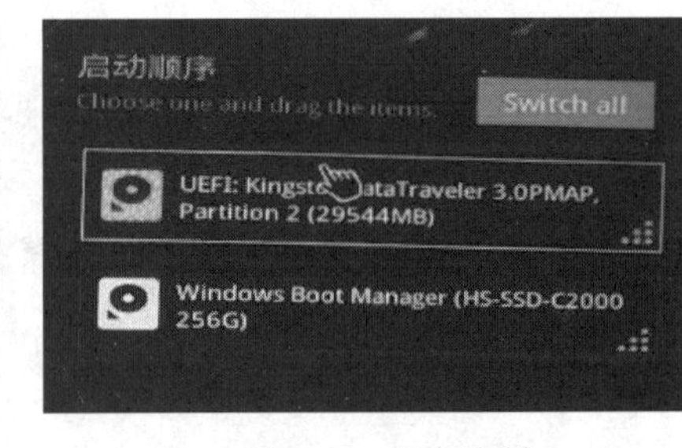

图 4-16　拖曳选项

(3) 再次单击【Switch all】按钮返回 BIOS 设置界面，单击【保存并退出】按钮保存设置。

3. 设置 BIOS 密码

在 BIOS 高级模式设置界面中可以设置 BIOS 密码，以提高 BIOS 的安全性。

【例 4-2】 设置 BIOS 管理员密码。

(1) 打开 BIOS 设置主界面，单击界面右下角的【Advanced Mode】按钮进入高级模式，如图 4-17 所示。

(2) 在高级模式设置界面中选择【概要】|【安全性】选项，如图 4-18 所示。

图 4-17　单击【Advanced Mode】按钮

图 4-18　选择【安全性】选项

(3) 选择【管理员密码】选项，如图 4-19 所示。

(4) 在打开的界面中输入两次管理员密码，然后单击【OK】按钮确定，如图 4-20 所示。

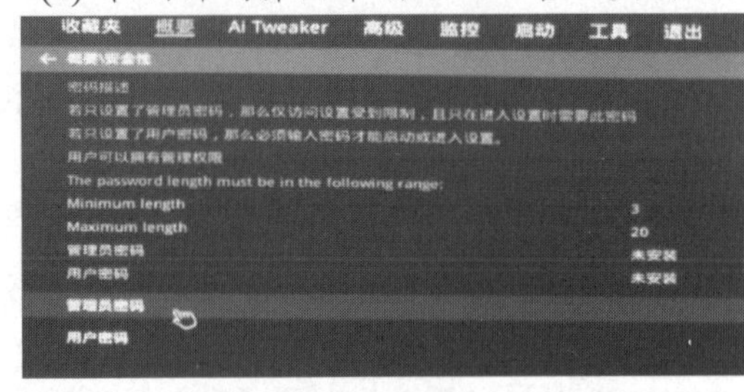

图 4-19　选择【管理员密码】选项

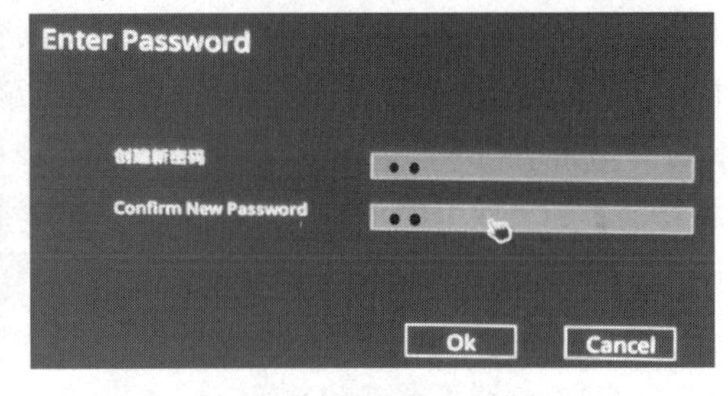

图 4-20　设置管理员密码

(5) 按 Esc 键返回 BIOS 设置主界面，单击【保存并退出】按钮保存设置。

4. 设置 CPU 虚拟化技术

在 BIOS 的高级模式设置界面中可以设置启用 CPU 虚拟化技术(有虚拟机、模拟器使用要求的用户建议启用此选项)。CPU 虚拟化技术通常在 AMD 主板的 BIOS 中显示为 SVM，在 Inter 主板的 BIOS 中显示为 VT。

【例 4-3】 设置启用 CPU 虚拟化技术。

(1) 进入 BIOS 设置界面的高级模式，选择【高级】|【CPU Configuration】选项，如图 4-21 所示。

(2) 选择【SVM Mode】选项，单击【关闭】后的下拉按钮(如图 4-22 所示)，在弹出的列表中选择【Enable】选项即可启用 CPU 虚拟化技术。

(3) 按 Esc 键返回主界面，单击【保存并退出】按钮保存设置。

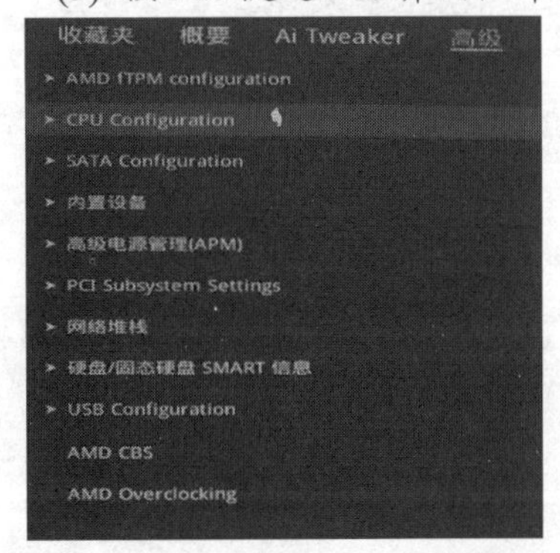

图 4-21　选择【CPU Configuration】选项

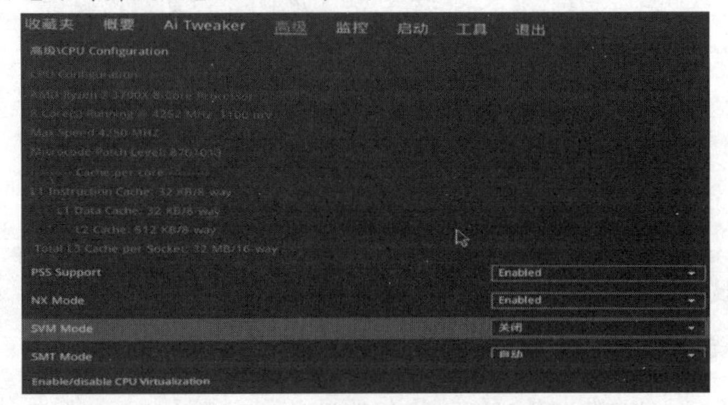

图 4-22　设置 SVM Mode

计算机基础与实训教材系列

4.3 升级主板 BIOS

BIOS 程序决定了计算机对硬件的支持，由于硬件会不断更新，计算机可能无法支持新的硬件设备，这就需要对 BIOS 进行升级，提高主板的兼容性和稳定性，同时获得厂家提供的新功能。

4.3.1 升级前的准备

目前 BIOS 芯片采用 Flash ROM，用户可以通过特定的写入程序实现 BIOS 的升级。

由于 BIOS 升级具有一定的危险，各主要厂商针对自己的产品和用户的实际需求，开发了许多 BIOS 升级特色技术。

各厂商不断升级 BIOS 的原因有很多，主要原因有以下两个。

- 由于计算机技术的更新速度较快，因此主板厂商不断地更新主板 BIOS 程序，让主板能支持最新频率和类型的 CPU。
- 由于在开发 BIOS 程序的过程中，可能会存在一些缺陷，导致莫名其妙的故障，例如无故重启、死机、系统性能低下、设备冲突、硬件设备无故“丢失”等。当厂商发现这些故障或用户反馈 BIOS 问题后，厂商就需要及时推出新版的 BIOS 以修正这些 BUG。

升级 BIOS 属于计算机底层操作。如果 BIOS 升级失败，将导致计算机无法启动，并且处理起来比较麻烦。因此在升级 BIOS 之前用户应做好以下几方面的准备工作。

- 了解主板类型及 BIOS 的版本：不同类型的主板 BIOS 升级方法存在差异，用户可通过查看主板的包装盒及说明书、主板上的标注、开机自检画面等方法了解主板的类型。另外还需要确定 BIOS 的种类和版本，这样才能找到对应的 BIOS 升级程序。
- 准备 BIOS 文件和专业升级软件：不同的主板厂商会不定期地推出 BIOS 升级文件，用户可以访问主板厂商的官方网站下载 BIOS 升级文件。针对不同的 BIOS 类型，升级 BIOS 需要相应的 BIOS 升级软件(如 AwdFlash)。此外一些主板 BIOS 的升级需要使用专业的 BIOS 升级软件。
- BIOS 和跳线设置：为了保障 BIOS 升级无误，在升级前还需要进行一些相关的 BIOS 设定，如关闭病毒防范功能、关闭缓存和镜像功能、设置 BIOS 防写跳线为“可写入”状态等。

4.3.2 开始升级 BIOS

访问主板生产商官方网站，下载最新版 BIOS 升级文件，并将其复制到 U 盘中。进入计算机的 BIOS 设置界面即可使用 U 盘中的 BIOS 升级文件进行升级 BIOS 的操作。

【例 4-4】 升级 BIOS。

(1) 访问华硕主板官方网站主页，在 BIOS 下载页面找到最新版 BIOS 升级文件，单击【下

载】按钮下载 BIOS 升级文件，如图 4-23 所示。

(2) 选择容量大于 8GB 的 U 盘，将下载的 BIOS 升级文件复制到 U 盘中，如图 4-24 所示。

图 4-23　下载 BIOS 升级文件

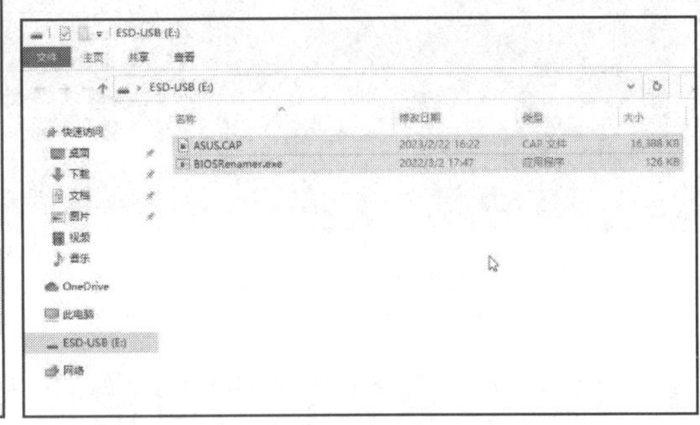

图 4-24　复制文件

(3) 进入 BIOS 设置界面的高级模式，选择【工具】|【华硕升级 BIOS 应用程序 3】选项，如图 4-25 所示。

(4) 找到保存在 U 盘中的 BIOS 升级文件(本例为“ASUS.CAP”)，然后双击运行该文件，如图 4-26 所示。

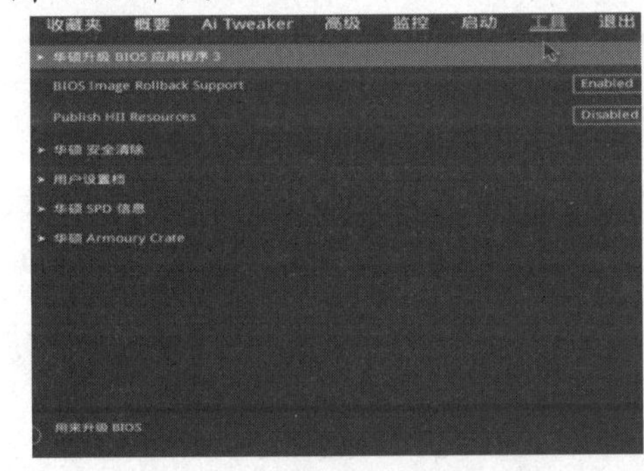

图 4-25　选择 BIOS 升级选项

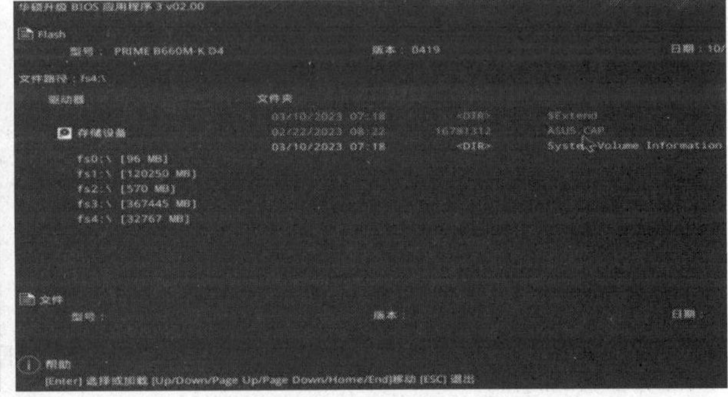

图 4-26　单击 BIOS 升级文件

(5) 在打开的提示框中单击【Yes】按钮，如图 4-27 所示。

(6) 在打开的提示框中再次单击【Yes】按钮，如图 4-28 所示。

图 4-27　提示框 1

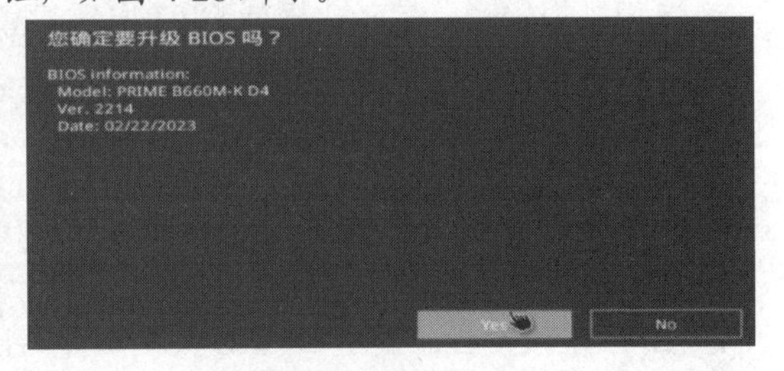

图 4-28　提示框 2

(7) 此时系统将开始升级 BIOS，并显示升级进度，如图 4-29 所示。

(8) 升级完成后在弹出提示框中单击【Ok】按钮即可，如图 4-30 所示。

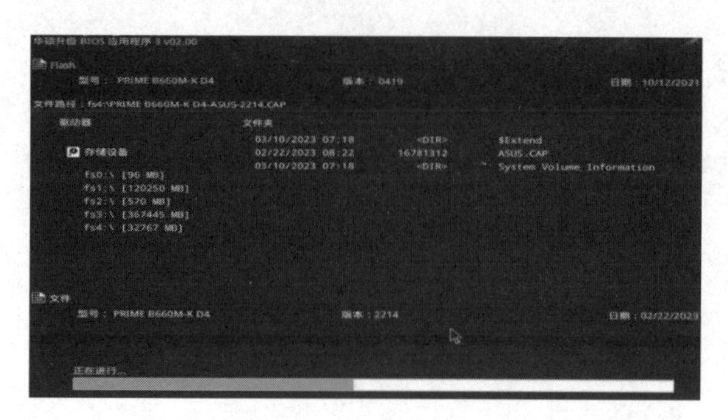

图 4-29　开始升级 BIOS

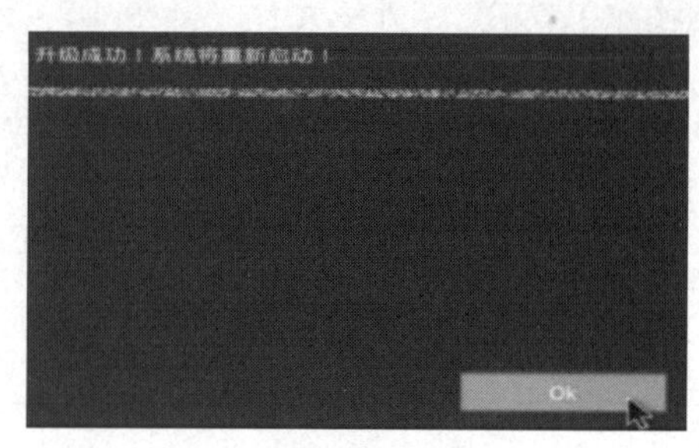

图 4-30　升级完成提示

4.4　BIOS 自检报警声的含义

启动计算机后大约 3 秒，如果一切顺利没有问题的话，机箱的扬声器就会清脆地发出“滴”的一声，并且显示器出现启动信息。否则，BIOS 自检程序会发出报警声，根据出错的硬件不同，BIOS 的报警声音也不相同。

4.4.1　Award BIOS 报警声的含义

Award BIOS 报警声的含义如下。

- 1 声长报警音：提示没有找到显卡。
- 2 短 1 长声报警音：提示主机上没有连接显示器。
- 3 短 1 长声报警音：提示与视频设备相关的故障。
- 1 声短报警音：提示主板上的内存刷新电路存在问题。
- 2 声短报警音：提示奇偶校验错误。
- 3 声短报警音：提示内存故障。
- 4 声短报警音：提示主板上的定时器没有正常工作。
- 5 声短报警音：提示主板或 CPU 出现故障。
- 6 声短报警音：提示 BIOS 不能正常切换到保护模式。
- 7 声短报警音：提示处理器异常，CPU 产生了异常中断。
- 8 声短报警音：提示显示错误，没有安装显卡或者内存有问题。
- 9 声短报警音：提示 ROM 校验和错误(与 BIOS 中的编码值不匹配)。
- 10 声短报警音：提示 CMOS 关机寄存器出现故障。
- 11 声短报警音：提示外部高速缓存错误。

4.4.2　AMI BIOS 报警声的含义

AMI BIOS 报警声的含义如下。

- 1 声短报警音：提示内存刷新失败。
- 2 声短报警音：提示内存 ECC 校验错误(解决方法：在 BIOS 中将 ECC 禁用)。
- 3 声短报警音：提示系统基本内存(第一个 64KB)检查失败。
- 4 声短报警音：提示校验时钟出错。
- 5 声短报警音：提示 CPU 出错(解决方法：检查 BIOS 中的 CPU 设置)。
- 6 声短报警音：提示键盘控制器错误。
- 7 声短报警音：提示 CPU 意外中断错误。
- 8 声短报警音：提示显存读/写失败。
- 9 声短报警音：提示 ROM BIOS 检验错误。
- 10 声短报警音：提示 CMOS 关机注册时读写出现错误。
- 11 声短报警音：提示高速缓存存储错误。

除报警提示音外，当计算机出现问题或 BIOS 设置错误时，在显示器屏幕上会显示错误提示信息，根据提示信息用户可以快速了解问题所在位置并加以解决。

提示

现在很多新款主板因采用 UEFI BIOS，一般会取消 BIOS 自检。计算机开机时的“嘀”声提示也被取消，基本上弱化了 BIOS 报警功能。

4.5　实例演练

本章的实例演练是在 BIOS 中设置华硕 AMD 主板的 PSS Support 功能，帮助用户更好地掌握 UEFI BIOS 设置的方法。

【例 4-5】 在主板 BIOS 中设置 PSS Support 功能。

(1) PSS Support 是华硕 AMD 主板官方提供的功能，该功能可以方便用户在进行内存超频时，对内存参数数值调整有更加清晰的判断。开启 PSS Support 功能后会减轻计算机运行时主板的负担，增加主板的使用寿命。进入 BIOS 设置界面后，单击界面右下角的【Advanced Mode(F7)】按钮进入高级模式，如图 4-31 所示。

(2) 在高级模式中选择【高级】|【CPU Configuration】选项，如图 4-32 所示。

图 4-31　单击【Advanced Mode(F7)】按钮

图 4-32　选择【CPU Configuration】选项

(3) 单击【PSS Support】选项右侧的下拉按钮，在弹出的列表中选择【Enabled】选项，如图 4-33 所示。

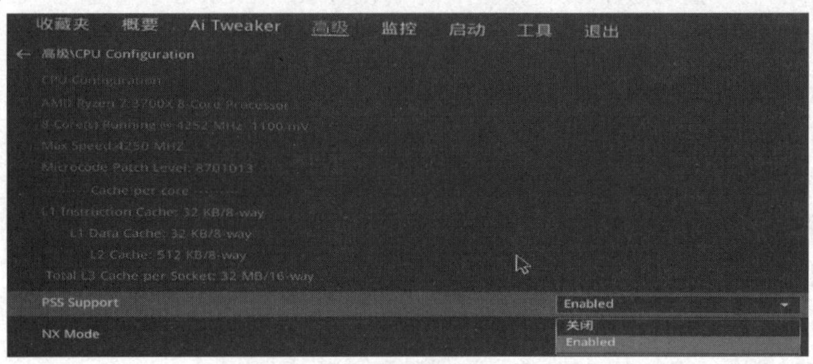

图 4-33　启用 PSS Support 功能

4.6　习题

1. 简述 BIOS 与 CMOS 的区别。
2. 如何设置设备的启动顺序？
3. 如何升级 BIOS？

第 5 章

安装操作系统

在为计算机安装操作系统之前，需要对计算机的硬盘进行分区和格式化。在对硬盘进行分区和格式化之后，就可以安装操作系统了。本章将通过在计算机中安装 Windows 10 操作系统，帮助用户掌握安装计算机操作系统的方法与技巧。

本章重点

- 硬盘分区与格式化
- 安装 Windows 10 操作系统
- 安装多操作系统
- 设置双系统启动顺序

二维码教学视频

【例 5-4】 设置计算机默认启动的操作系统 【例 5-5】 更新操作系统至 Windows 11

5.1 硬盘分区与格式化

硬盘分区就是将硬盘内部的空间划分为多个区域，以便在不同的区域中存储不同的数据；而硬盘格式化则是将分区好的硬盘，根据操作系统的安装格式需求进行格式化处理，以便在进行系统安装时，安装程序可以对硬盘进行访问。

5.1.1 认识硬盘的分区和格式化

要对硬盘进行分区和格式化操作，就必须掌握硬盘分区、硬盘格式化、文件系统、分区原则等基础知识。

1. 硬盘分区

硬盘分区是指将硬盘划分为多个区域，以方便数据的存储与管理。对硬盘进行分区主要包括创建主分区、扩展分区和逻辑分区 3 部分。主分区一般用来安装操作系统，主分区以外的剩余空间将作为扩展分区，在扩展分区中可划分一个或多个逻辑分区，如图 5-1 所示。

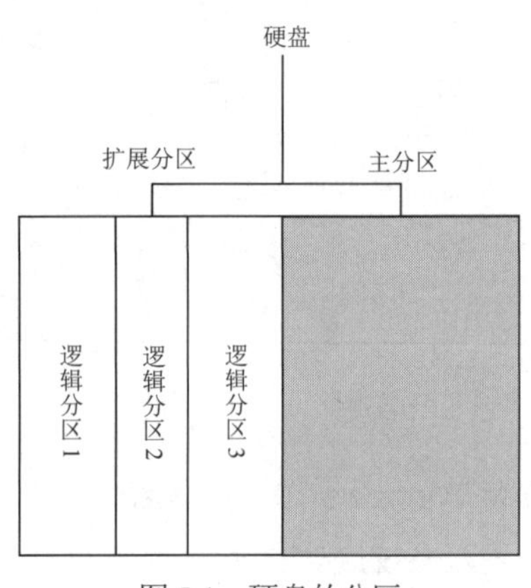

图 5-1　硬盘的分区

> **提示**
>
> 一块硬盘上只能有一个扩展分区，并且扩展分区不能直接使用，必须将扩展分区划分为逻辑分区才能使用。在 Windows 10、Linux 等操作系统中，逻辑分区的划分数量没有上限。但逻辑分区数量过多会造成系统启动速度变慢，而单个逻辑分区的容量过大会影响系统读取硬盘的速度。

2. 硬盘格式化

硬盘格式化是指将一块空白硬盘划分成多个小的区域，并且对这些区域进行编号。对硬盘进行格式化后，系统就可以读取硬盘，并在硬盘中写入数据了。简单来说，格式化相当于在一张白纸上用铅笔打上格子，这样系统就可以在格子中读写数据了。如果没有格式化操作，计算机就不知道要往哪里写、从哪里读。另外，如果硬盘中存有数据，那么经过格式化操作后，这些数据将会被清除。

3. 文件系统

文件系统是基于存储设备而言的，通过格式化操作可以将硬盘分区并格式化为不同的文件系统。文件系统是有组织地存储文件或数据的方法，其目的是便于数据的查询和存取。

在 Windows 系列操作系统中，常用的文件系统为 FAT 16、FAT 32、NTFS 等。

- FAT 16：FAT 16 是早期 DOS 操作系统采用的文件系统格式，其使用 16 位的空间来表示每个扇区配置文件的情形，故称为 FAT 16。由于设计上的原因，FAT 16 不支持长文件名，受到 8 个字符的文件名加 3 个字符的扩展名的限制。另外，FAT 16 所支持的单个分区的最大容量为 2GB，单个硬盘的最大容量一般不能超过 8GB。如果硬盘容量超过 8GB，8GB 以上的空间将会因无法利用而被浪费，因此 FAT 16 文件系统对磁盘的利用率较低。此外，FAT 16 文件系统的安全性比较差，易受病毒的攻击。
- FAT 32：FAT 32 是继 FAT 16 后推出的文件系统，采用 32 位的文件分配表，并且突破了 FAT 16 分区格式中每个分区容量只有 2GB 的限制，大大减少了对磁盘的浪费，提高了磁盘的利用率。FAT 32 分区格式也有缺点，由于这种分区格式支持的磁盘分区文件表比较大，因此运行速度略低于 FAT 16 分区格式的磁盘。
- NTFS：NTFS 是 Windows NT 系统的专用格式，具有出色的安全性和稳定性。这种文件系统与 DOS 以及 Windows 98/Me 系统不兼容，要使用 NTFS 文件系统，就必须安装 Windows 2000 操作系统及其以上版本。另外，使用 NTFS 分区格式的另外一个优点是在用户使用过程中不易产生文件碎片，并且还可以对用户的操作进行记录。NTFS 格式是目前最常用的文件格式。

4. 分区原则

对硬盘分区并不难，但要将硬盘合理地分区，则应遵循一定的原则。对于初学者来说，如果能掌握一些硬盘分区原则，就可以在对硬盘分区时得心应手。

在对硬盘进行分区时用户可参考以下原则。

- 分区实用性：对硬盘进行分区时，应根据硬盘的大小和实际的需求对硬盘分区的容量和数量进行合理划分。
- 分区合理性：分区合理性是指对硬盘的分区应便于日常管理，分区过多或过细会降低系统启动和访问资源管理器的速度，同时也不便于管理。
- 使用 NTFS 文件系统：NTFS 文件系统是一种基于安全性及可靠性的文件系统，除兼容性外，该文件系统在其他方面远远优于 FAT 32 文件系统。NTFS 文件系统不但可以支持多达 2TB 大小的分区，而且支持对分区、文件夹和文件进行压缩，可以更有效地管理磁盘空间。对于局域网用户来说，在 NTFS 分区上允许用户对共享资源、文件夹以及文件设置访问许可权限，安全性要比 FAT 32 高很多。
- C 盘分区不宜过大：C 盘是计算机系统盘，硬盘的读写操作比较多，产生磁盘碎片和错误的概率也比较大。如果 C 盘分区过大，会导致扫描磁盘和整理碎片这两项计算机日常维护工作的执行速度变得很慢。
- 双系统或多系统优于单一系统：如今，病毒、木马、广告软件、流氓软件无时无刻不在危害着计算机，轻则导致系统运行速度变慢，重则导致计算机无法启动甚至损坏硬件。

一旦出现这种情况，重装操作系统或查杀病毒要消耗很长时间，往往令人头疼不已，并且有些顽固木马程序和病毒无法在被感染系统中删除。此时，如果用户的计算机中安装了双操作系统，用户可以启动其中一个系统进行杀毒并删除木马，从而修复另一个系统，或者使用镜像文件把受感染的操作系统恢复。另外，即使不需要清除病毒和木马程序，用户也可以用另外一个操作系统展开工作，而不会因为计算机被感染病毒和木马程序而耽误正常工作。

5.1.2　安装系统时建立分区和格式化

对于一块全新的没有进行过分区的硬盘，用户可在安装 Windows 10 的过程中，使用 U 盘启动盘对硬盘进行分区并格式化，然后再安装操作系统。

1. 制作 U 盘启动盘

以使用第三方软件“微 PE”制作 U 盘启动盘为例。在“微 PE”官方网站中下载该软件，如图 5-2 所示。将一个容量大于 8GB 的空白 U 盘插入计算机，打开“微 PE”软件，单击【安装 PE 到 U 盘】按钮，如图 5-3 所示。

图 5-2　“微 PE”官方网站

图 5-3　单击【安装 PE 到 U 盘】按钮

在打开的界面中输入“U 盘卷标”名称，其余采用默认设置，单击【立即安装进 U 盘】按钮，如图 5-4 所示。在弹出的提示框中单击【开始制作】按钮，如图 5-5 所示。

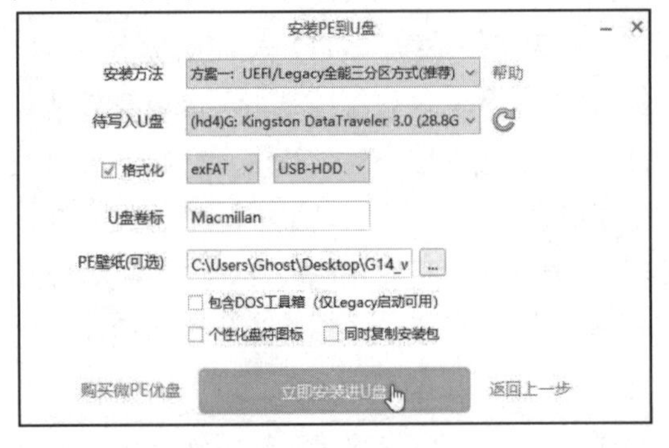

图 5-4　单击【立即安装进 U 盘】按钮

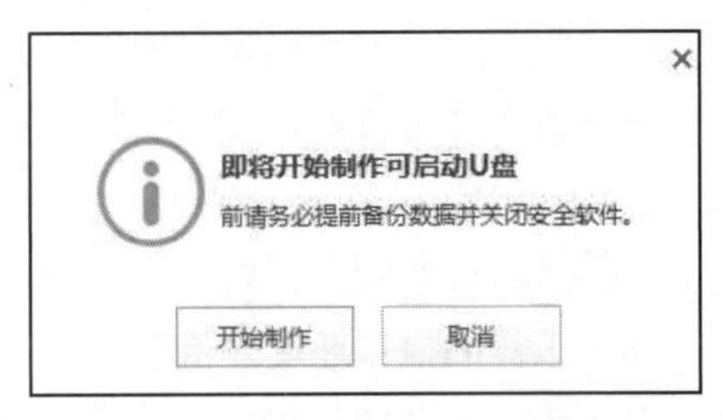

图 5-5　单击【开始制作】按钮

U 盘启动盘制作完毕后，在弹出的提示框中单击【完成安装】按钮，如图 5-6 所示。此时 U 盘会分为两个分区，其中“EFI”分区为引导分区，如图 5-7 所示。

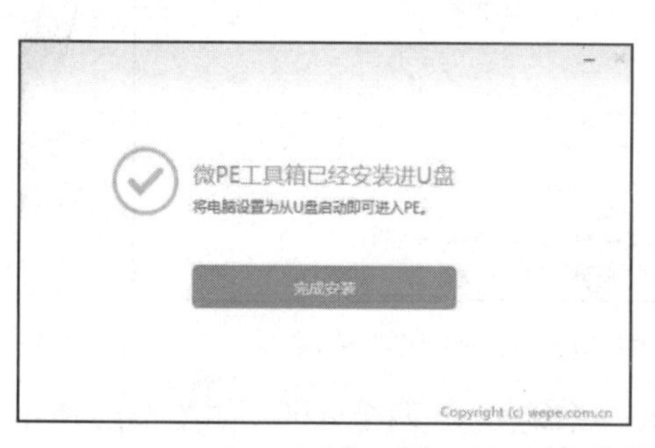

图 5-6　单击【完成安装】按钮

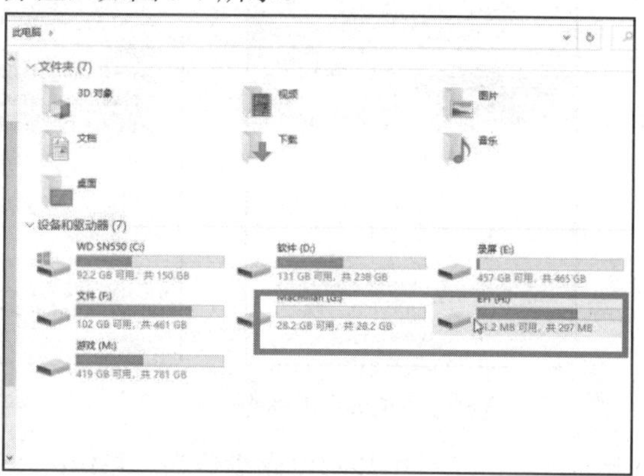

图 5-7　U 盘分区

2. 使用 PE 系统分区工具

将计算机设置为 U 盘启动后，将制作好的 U 盘插入主机的 USB 接口。计算机开机后将进入 U 盘中的 PE 系统，双击系统桌面的【分区工具 DiskGenius】图标，如图 5-8 所示。在打开的 DiskGenius 主界面中右击需要分区的硬盘，在弹出的快捷菜单中选择【转换分区表类型为 GUID 格式】命令(如图 5-9 所示)，然后单击【保存更改】按钮，将硬盘分区格式转换为 GUID 格式。

图 5-8　双击【分区工具 DiskGenius】图标

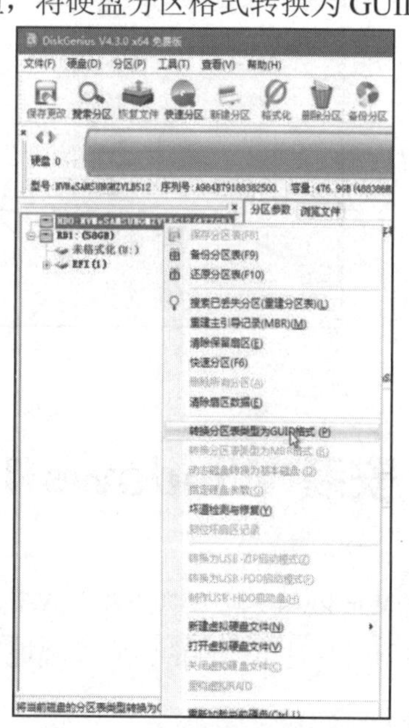

图 5-9　转换硬盘格式

右击要分区的硬盘，在弹出的快捷菜单中选择【快速分区】命令，如图 5-10 所示。在打开的对话框中设置硬盘分区的数目、卷标类型等选项，如图 5-11 所示，然后单击【确定】按钮，即可自动快速格式化硬盘并进行分区。

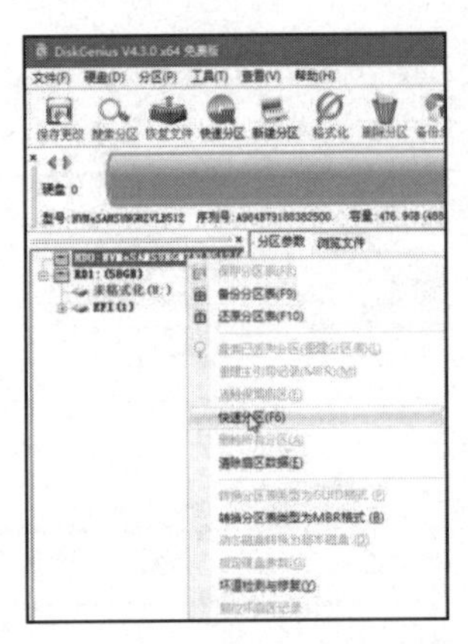

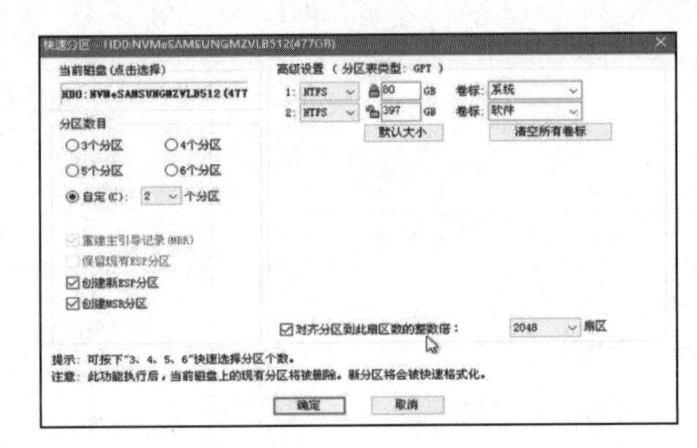

图 5-10　选择【快速分区】命令　　　　图 5-11　硬盘分区设置

此时，分区工具中显示将硬盘分为“系统(C:)”和“系统(D:)”两个分区，如图 5-12 所示。

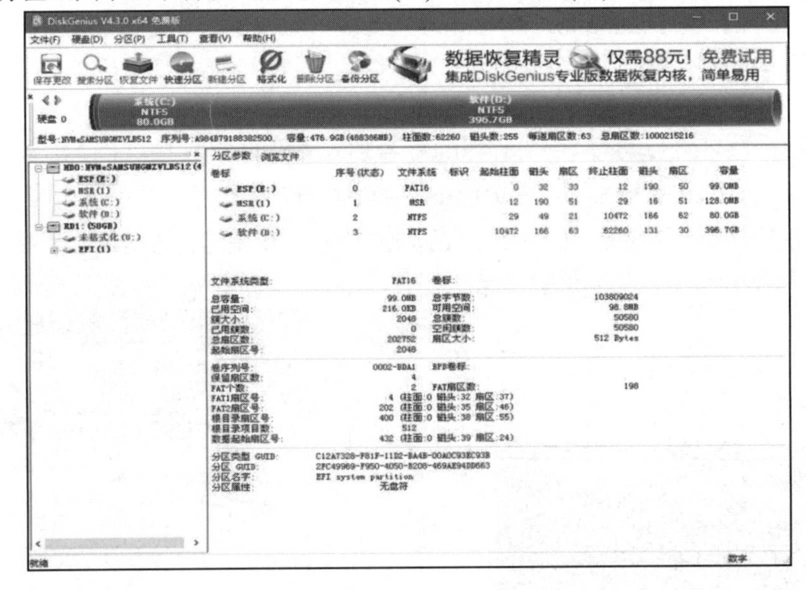

图 5-12　显示分区

5.2　安装 Windows 10 操作系统

作为 Windows 7 的“继任者”，Windows 10 操作系统在视觉效果、操作体验以及应用功能上的突破与创新都是革命性的，它大幅提升了 Windows 系列操作系统的操作体验。

5.2.1　Windows 10 简介

Windows 10 操作系统是 Windows 系列操作系统的巅峰之作，其全新的触控界面，可为用户带来全新的使用体验。Windows 10 操作系统可以运行在计算机、手机、平板电脑及 Xbox One 等设备上，并且能够跨设备执行搜索和升级等操作。

Windows 10 操作系统(以下简称“Windows 系统”)对计算机硬件的要求不高，能够安装 Windows 7 系统的计算机一般都可以安装 Windows 10 系统。Windows 10 系统的最低硬件安装需求如下。

- 处理器：1 GHz 或更快的处理器。
- 内存：内存容量大于或等于 1GB(32 位)或 2 GB(64 位)。
- 硬盘：硬盘空间大于或等于 16GB(32 位)或 20 GB(64 位)。
- 显卡：支持 DirectX 9 或更高版本。
- 显示器：分辨率在 800×600 像素及以上的传统显示设备或支持触摸技术的新型显示设备。

用户可以使用全新安装和升级安装两种方法在计算机中安装 Windows 10 系统。

5.2.2　全新安装 Windows 10

通过 U 盘或光驱即可实现 Windows 10 系统的全新安装(使用 U 盘安装需要先通过“微 PE”等工具制作 U 盘启动盘；若通过光盘启动安装需要重新设置计算机光驱为第一启动选项)。

1. U 盘安装

通过微软公司网站下载 Windows 10 系统安装镜像文件后，将镜像文件复制到“微 PE”制作的 U 盘启动盘中，启动计算机后进入 U 盘中的 PE 系统，打开【此电脑】窗口，双击其中的【微 PE 工具箱】磁盘分区，如图 5-13 所示。右击磁盘分区中的 Windows 10 系统安装镜像文件，在弹出的快捷菜单中选择【装载】命令，如图 5-14 所示。

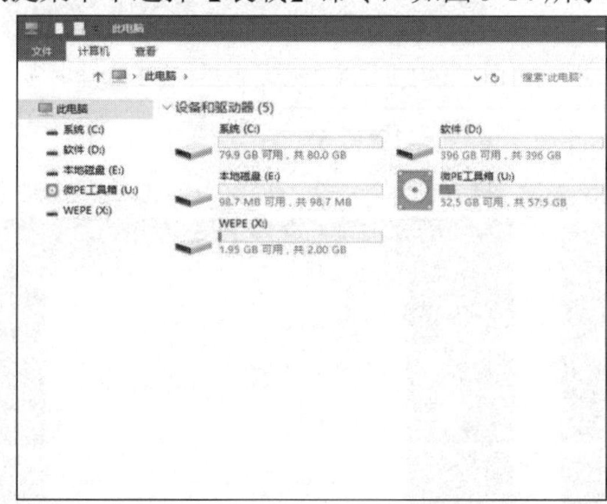

图 5-13　双击【微 PE 工具箱】磁盘分区

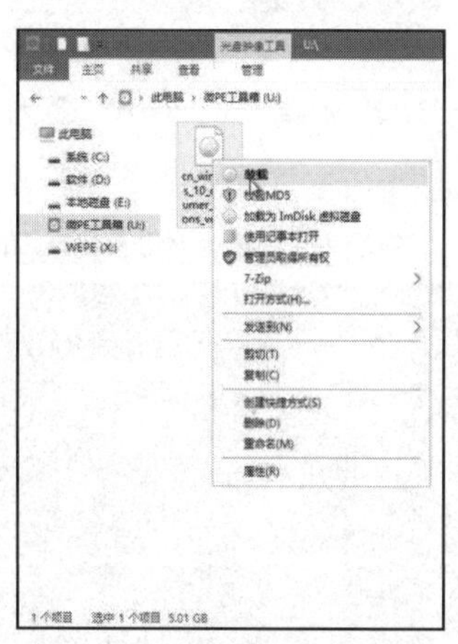

图 5-14　选择【装载】命令

打开镜像文件内容，双击 setup.exe 文件，如图 5-15 所示。此时将启动 Windows 10 系统安装向导程序，按向导提示依次设置即可完成 Windows 10 的安装，如图 5-16 所示。

2. 光盘安装

要通过光盘安装 Windows 10，应重新启动计算机并将光驱设置为第一启动选项，然后使用 Windows 10 安装光盘引导完成系统的安装。

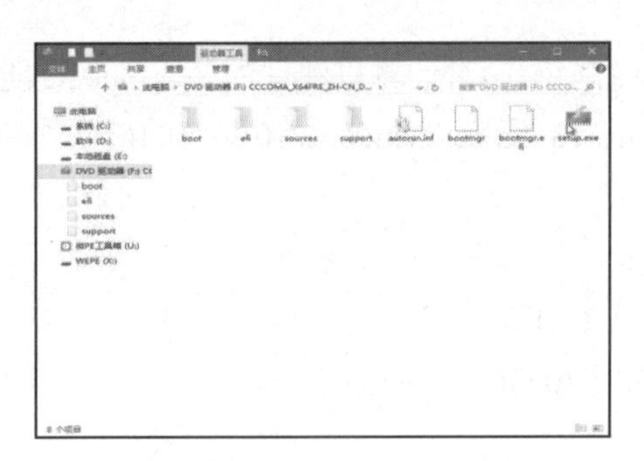

图 5-15　双击 setup.exe 文件

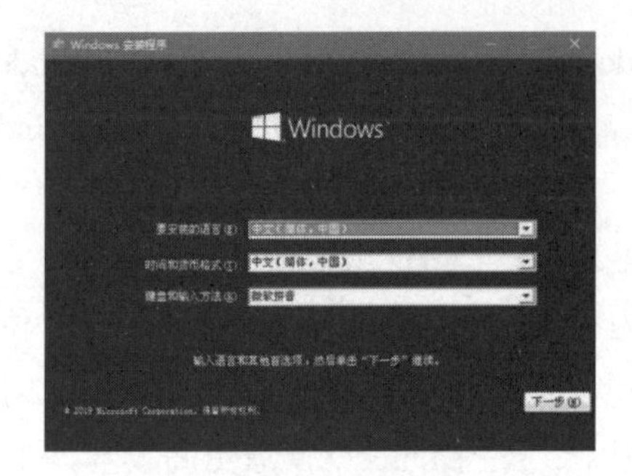

图 5-16　安装向导

使用光盘安装 Windows 10 操作系统。

(1) 将计算机的启动方式设置为从光盘启动，然后将安装光盘放入光驱。重新启动计算机后，开始加载 Windows 10 安装程序，如图 5-17 所示。

(2) 在打开的【Windows 安装程序】窗口中设置系统语言和时间格式后(保持默认设置)，单击【下一步】按钮，如图 5-18 所示。

图 5-17　加载 Windows 10 安装程序

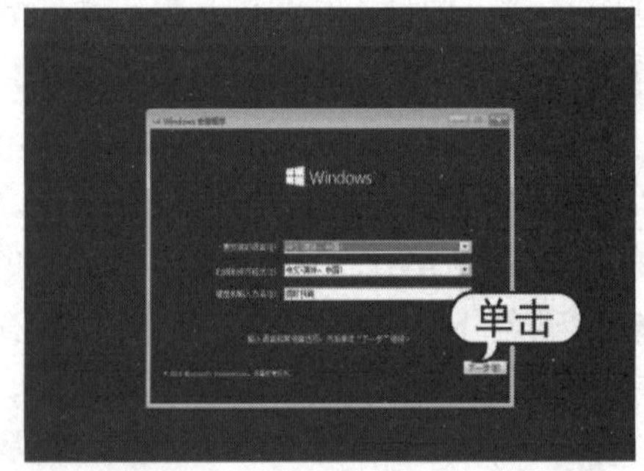

图 5-18　单击【下一步】按钮

(3) 在打开的窗口中单击【现在安装】按钮，如图 5-19 所示。

(4) 在打开的对话框中输入 Windows 10 安装密钥，如图 5-20 所示，单击【下一步】按钮。

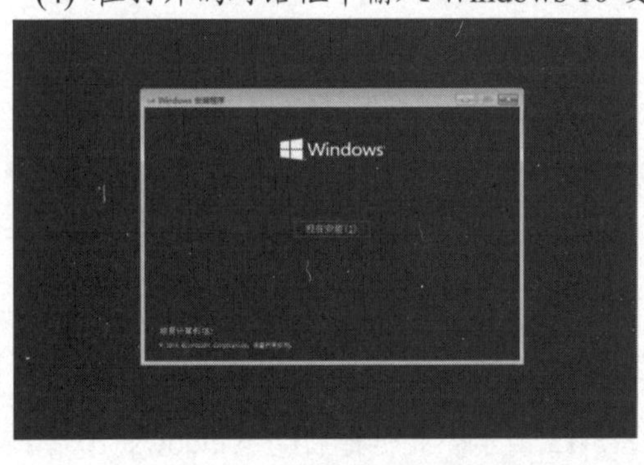

图 5-19　单击【现在安装】按钮

图 5-20　输入密钥

(5) 打开【选择要安装的操作系统】对话框，选择【Windows 10 专业版】选项，单击【下一步】按钮，如图 5-21 所示。

(6) 在打开的对话框中选中【我接受许可条款】复选框，单击【下一步】按钮，如图 5-22 所示。

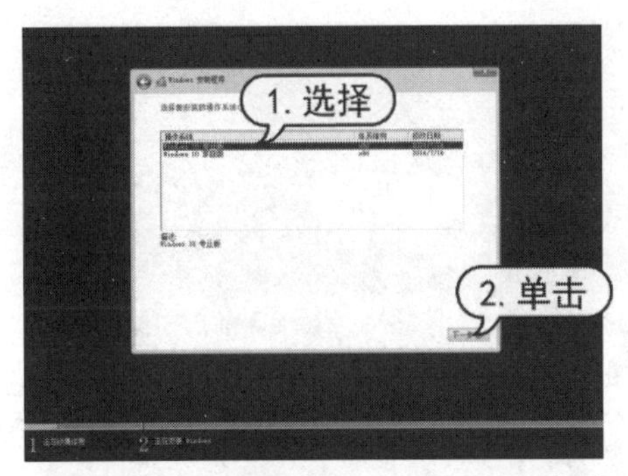

图 5-21　选择【Windows 10 专业版】选项

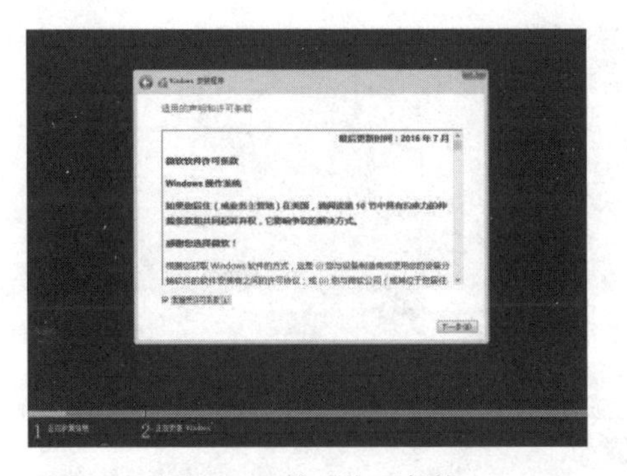

图 5-22　接受许可条款

(7) 在打开的对话框中选择【自定义:仅安装 Windows(高级)】选项，如图 5-23 所示。

(8) 在打开的对话框中选择安装操作系统的硬盘分区，然后单击【下一步】按钮，如图 5-24 所示。

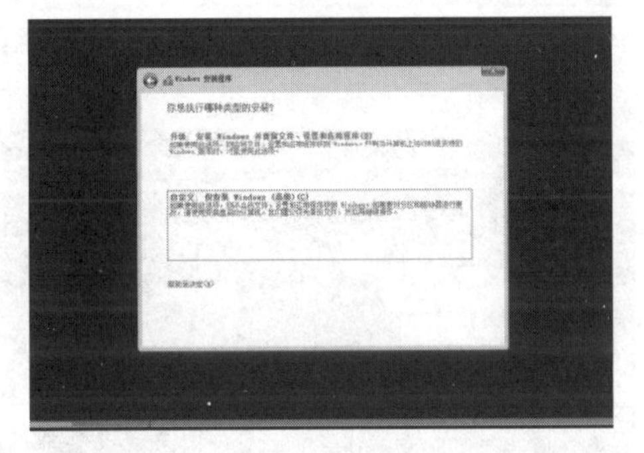

图 5-23　选择系统安装类型

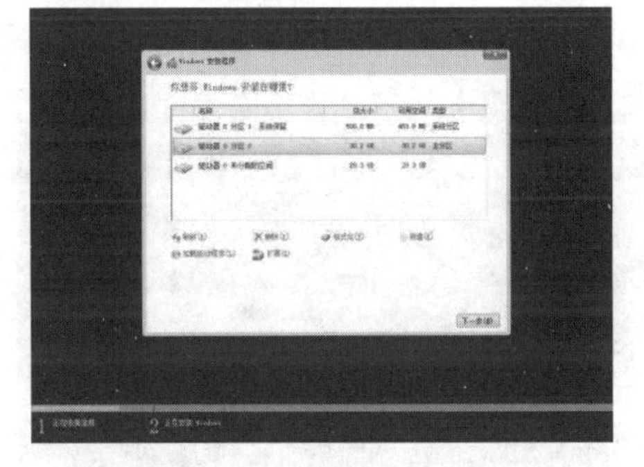

图 5-24　选择安装系统的硬盘分区

(9) 此时将打开图 5-25 所示的界面，开始复制并展开 Windows 文件。

(10) 操作系统安装完毕后计算机将自动重启，如图 5-26 所示。

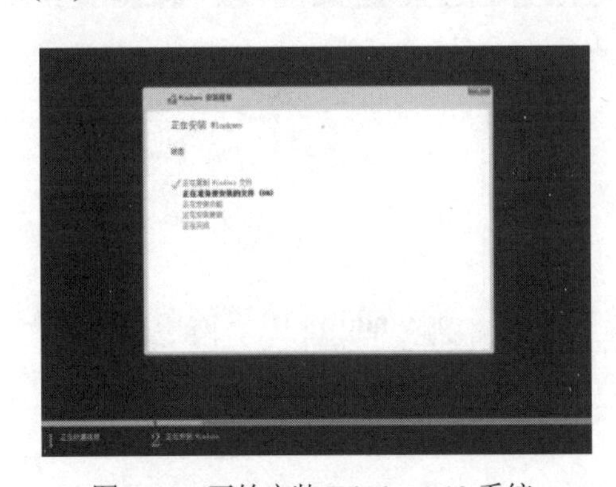

图 5-25　开始安装 Windows 10 系统

图 5-26　系统自动重启

(11) 计算机重启后，在打开的界面中系统将提示用户进行自定义设置，单击【使用快速设置】按钮(用户也可以单击【自定义】按钮自定义系统设置)，如图 5-27 所示。

(12) 在打开的界面中选择【我拥有它】选项，然后单击【下一步】按钮，如图 5-28 所示。

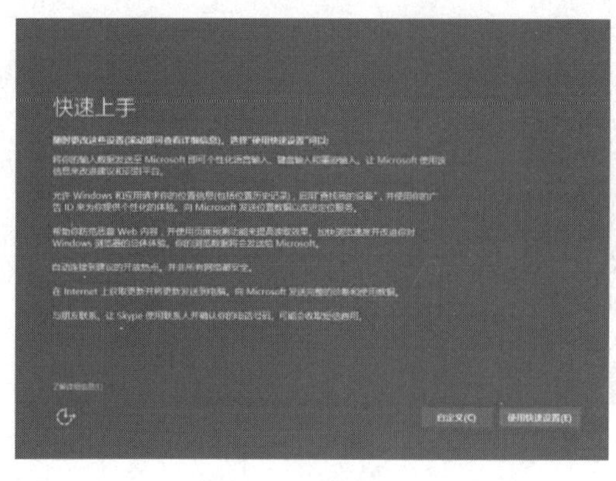

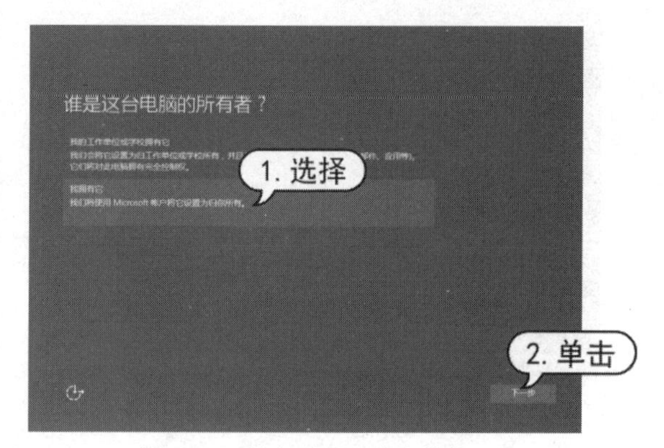

图 5-27　自定义设置　　图 5-28　单击【下一步】按钮

(13) 在打开的【个性化设置】界面中用户可以输入 Microsoft 账户(如果没有，可选择【创建一个】选项进行创建)，然后单击【登录】按钮，如图 5-29 所示。

(14) 打开【为这台电脑创建一个账户】界面，输入要创建的用户名、密码和提示内容，然后单击【下一步】按钮，如图 5-30 所示。

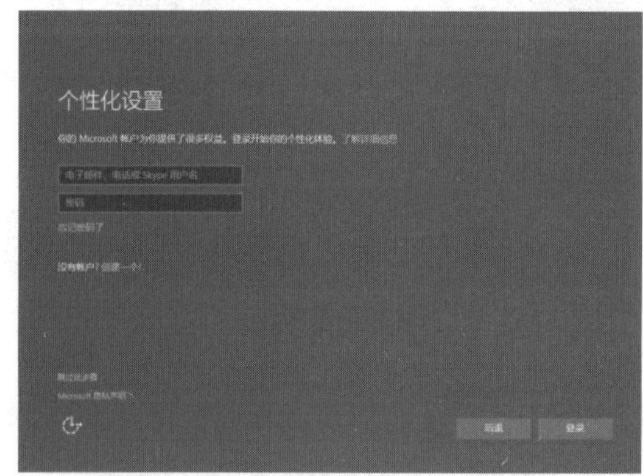

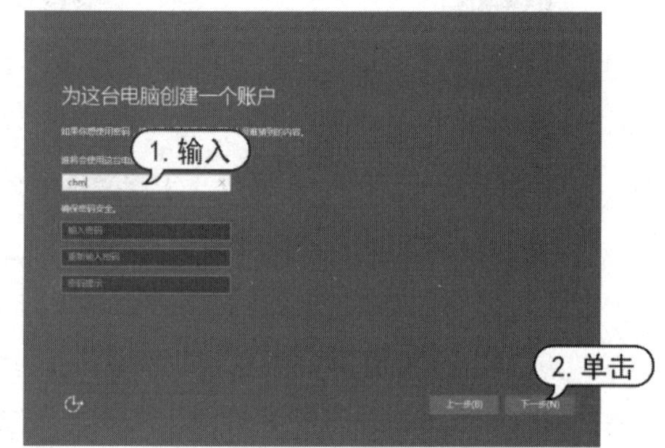

图 5-29　输入 Microsoft 账户并单击【登录】按钮　　图 5-30　创建 Microsoft 账户

(15) 完成以上设置后将进入 Windows 10 系统。

5.2.3　升级安装 Windows 10

升级安装指的是将当前 Windows 系统中的一些内容迁移到 Windows 10 系统中，并替换当前操作系统。

【例 5-2】 升级安装 Windows 10 操作系统。

(1) 启动计算机后，打开 Windows 10 系统安装镜像文件(在 Windows 7 系统需要通过虚拟光驱软件 Daemon Tool 打开镜像文件)。

(2) 运行镜像文件中的 setup.exe 文件，在打开的界面中单击【下一步】按钮，如图 5-31 所示。

(3) 在打开的界面中单击【接受】按钮，此时，Windows 10 安装程序将会检测系统安装环境。

(4) 在打开的【准备就绪，可以安装】对话框中单击【安装】按钮，如图 5-32 所示。

图 5-31　单击【下一步】按钮

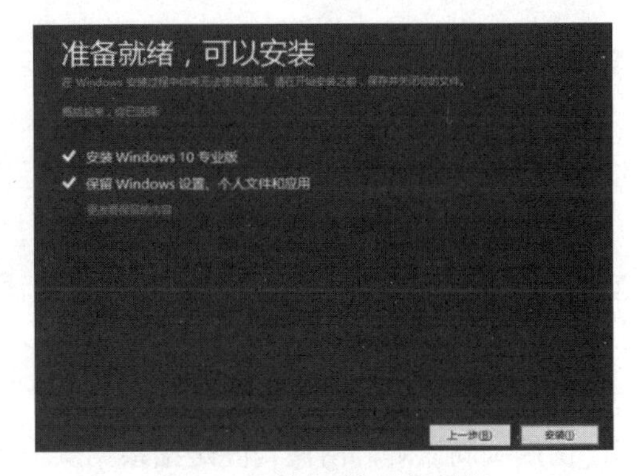

图 5-32　单击【安装】按钮

(5) 打开【选择需要保留的内容】对话框，选择当前系统需要保留的内容后，单击【下一步】按钮，开始安装 Windows 10 系统。

(6) 经过数次重启，完成操作系统的安装后进入系统设置界面，如图 5-33 所示，根据系统提示完成对操作系统的配置，至此当前系统已升级为 Windows 10 操作系统。

(7) 升级安装后的 Windows 10 系统，将保留原系统的桌面文件及软件，如图 5-34 所示。

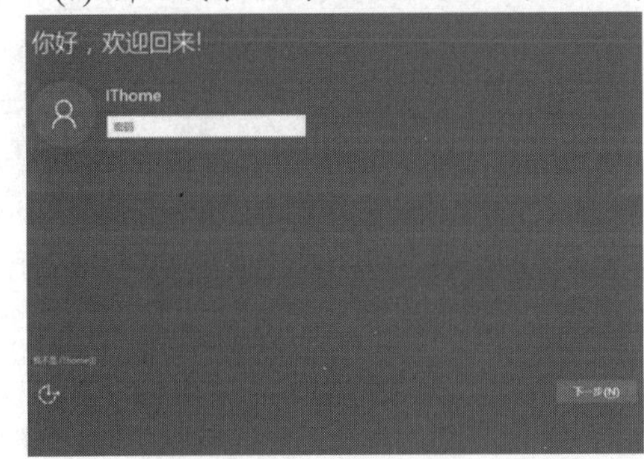

图 5-33　完成系统设置

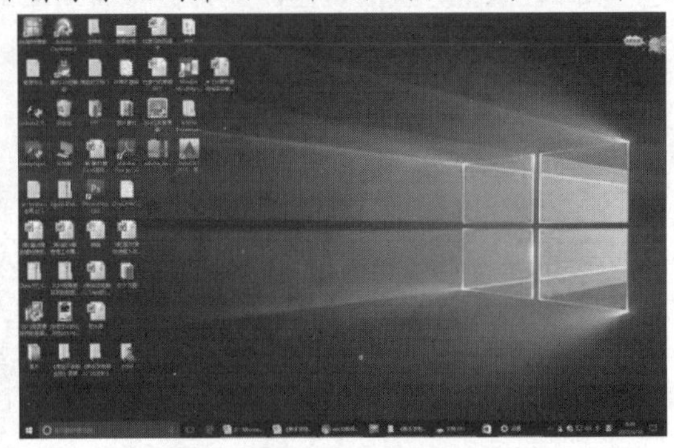

图 5-34　Windows 10 系统桌面

5.3　安装多操作系统

安装多操作系统是指在一台计算机上安装两个或两个以上操作系统，它们分别独立存在于计算机中，并且用户可以随意启动其中任意一个操作系统。本节将向用户介绍多操作系统的相关知识和安装方法。

5.3.1　多操作系统的安装原则

与单一操作系统相比，多操作系统具有以下优点。

- 避免软件冲突：有些软件只能安装在特定的操作系统中，或者只有在特定的操作系统中才能达到最佳效果。如果安装多操作系统，就可以将这些软件安装到最适合其运行的操作系统中。

- 更高的系统安全性：当一个操作系统受到病毒感染而导致系统无法正常启动或杀毒软件失效时，可以使用另外一个操作系统来修复该操作系统。
- 有利于工作和保护重要文件：当一个操作系统崩溃时，可以使用另一个操作系统继续工作，并对磁盘中的重要文件进行备份。
- 便于体验新的操作系统：用户可在保留原系统的基础上，安装新的操作系统，以免因新系统的不足带来不便。

安装多操作系统时，应遵循以下原则。

- 由低到高原则：由低到高是指根据操作系统版本级别的高低，先安装较低版本，再安装较高版本。例如，用户要在计算机中安装 Windows 7 和 Windows 10 双操作系统，最好先安装 Windows 7 系统，再安装 Windows 10 系统。
- 单独分区原则：单独分区是指应尽量将不同的操作系统安装在不同的硬盘分区上，最好不要将两个操作系统安装在同一个硬盘分区上，以避免操作系统之间的冲突。
- 减少系统分区的使用：用户应养成不随便在系统分区中存储资料的习惯，这样做不仅可以减轻系统分区的负担，而且在系统崩溃或要格式化系统分区时，也不用担心会丢失重要资料。

5.3.2 安装双系统

在计算机中安装多操作系统时，应对硬盘分区进行合理的配置，以免产生系统冲突。在为计算机安装多操作系统之前，用户需要做如下准备工作。

- 对硬盘进行合理的分区，保证每个操作系统各自都有一个独立的分区。
- 分配硬盘的大小，对于 Windows 7 系统来说，最好应有 20GB~25GB 的硬盘空间；对于 Windows 10 系统来说，最好应有 40GB~60GB 的硬盘空间。
- 对于要安装 Windows 系统的分区，应将其格式化为 NTFS 格式。
- 备份硬盘中的重要文件，以免数据丢失。

用户可以使用第三方的小白一键重装软件，在 Windows 7 下安装 Windows 10 系统。

【例 5-3】 使用软件在 Windows 7 系统中安装 Windows10 操作系统，并设置计算机双系统。

(1) 在安装双系统之前，使用软件制作一个装有 Windows 10 系统的 U 盘启动盘。将 U 盘插入计算机主机的 USB 接口中，打开“小白系统”软件，选择【U 盘模式】选项，如图 5-35 所示。

(2) 在打开的界面中选中 U 盘，单击【一键制作启动 U 盘】按钮。选择需要安装的系统类型，单击下载系统且制作 U 盘，然后单击【快捷键】按钮，进入 U 盘制作维护工具，如图 5-36 所示。

(3) 选择【[02]Windows PE/RamOS(新机型)】选项，进入 U 盘的 PE 系统，如图 5-37 所示。

(4) 选择硬盘中的分区，单击【安装系统】按钮，软件将自动把 Windows 10 系统安装到指定的分区中，如图 5-38 所示。

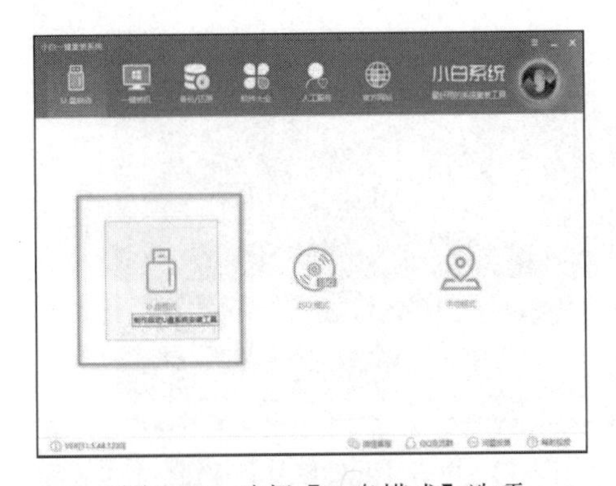

图 5-35　选择【U 盘模式】选项

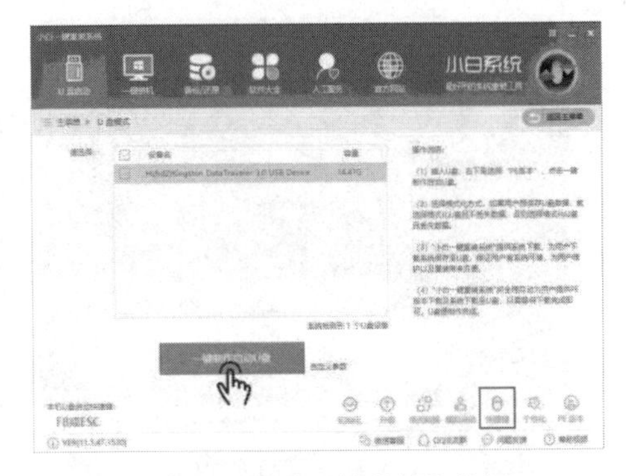

图 5-36　单击【快捷键】按钮

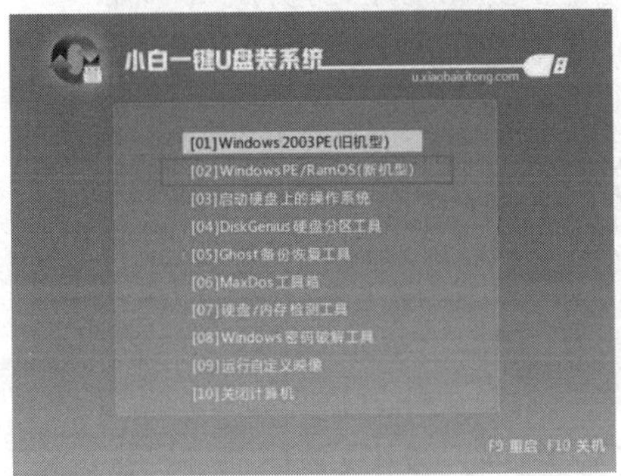

图 5-37　进入 PE 系统

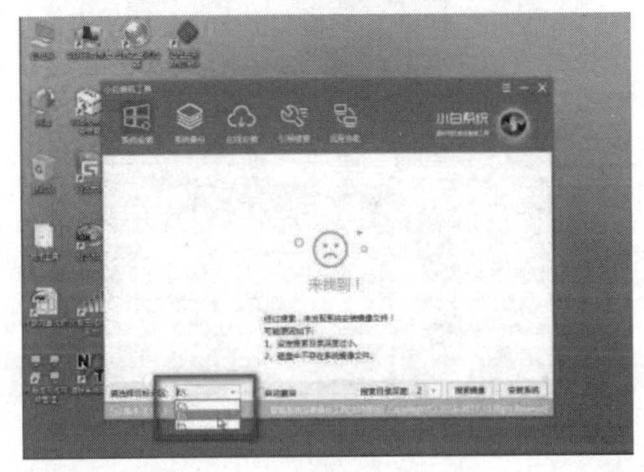

图 5-38　单击【安装系统】按钮

(5) 系统安装完成后，单击【取消】按钮，如图 5-39 所示。

(6) 双击系统桌面上的【Windows 引导修复】图标，如图 5-40 所示。

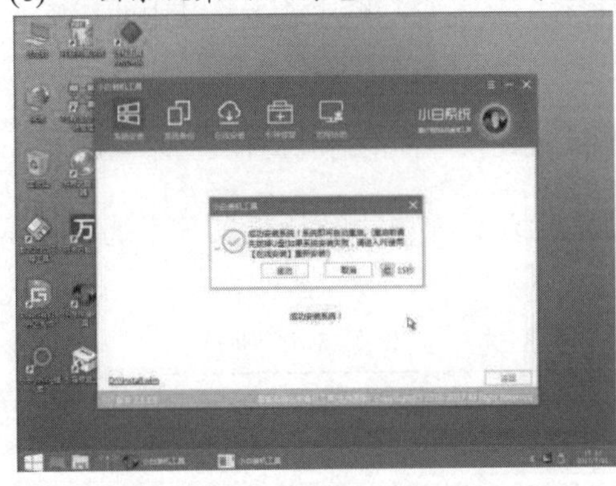

图 5-39　单击【取消】按钮

图 5-40　双击【Windows 引导修复】图标

(7) 在打开的窗口中单击【C】盘，如图 5-41 所示。

(8) 在打开的窗口中单击【开始修复】按钮或按数字键 1 修复引导分区，如图 5-42 所示。

(9) 在弹出的对话框中单击【退出】按钮或按数字键 2，如图 5-43 所示。

(10) 重启计算机后，能够看见开机启动项中可以选择 Windows 7 或 Windows 10 系统，如图5-44 所示，选择 Windows 10 系统后，“小白系统”会自动部署该系统并安装相应的计算机硬件驱动。

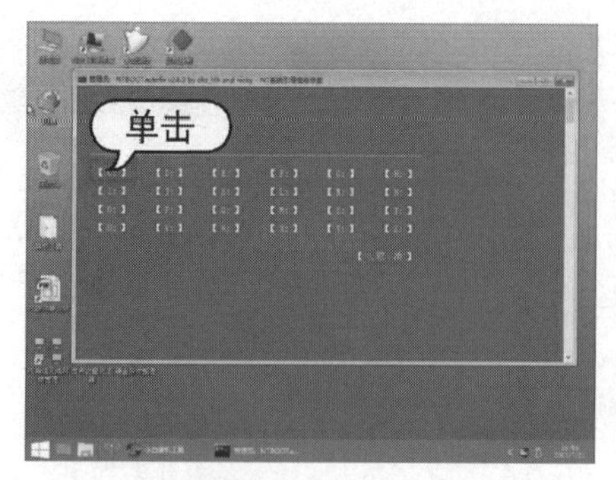

图 5-41　单击 C 盘

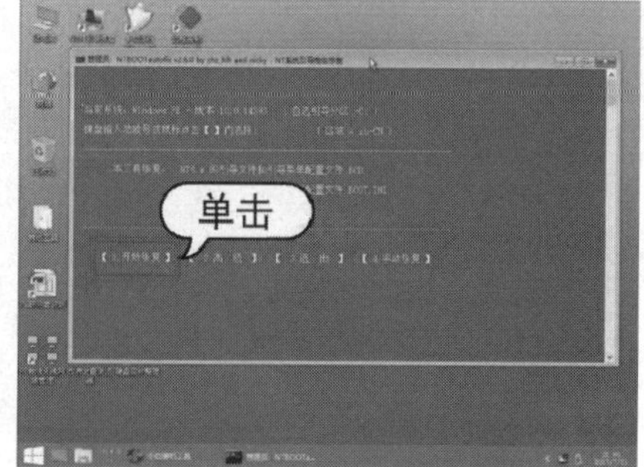

图 5-42　单击【开始修复】按钮

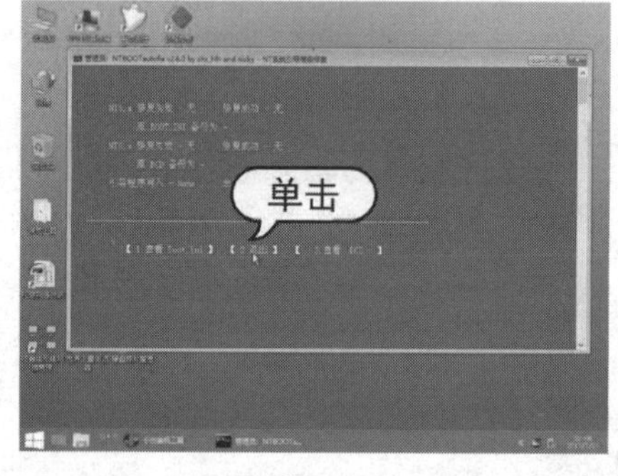

图 5-43　单击【退出】按钮

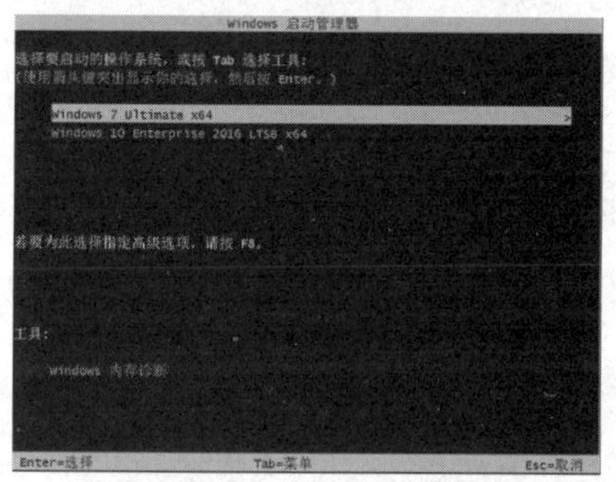

图 5-44　双系统选择界面

5.3.3　设置双系统启动顺序

计算机在安装了双操作系统后，用户可以设置操作系统的启动顺序或者将其中的任意一个操作系统设置为计算机启动时的默认操作系统。

【例 5-4】 设置计算机的默认操作系统和双系统切换界面的等待时间。 视频

(1) 在 Windows 10 系统桌面上右击【此电脑】图标，在弹出的快捷菜单中选择【属性】命令，如图 5-45 所示。

(2) 在打开的【设置】窗口中选择【高级系统设置】选项，如图 5-46 所示。

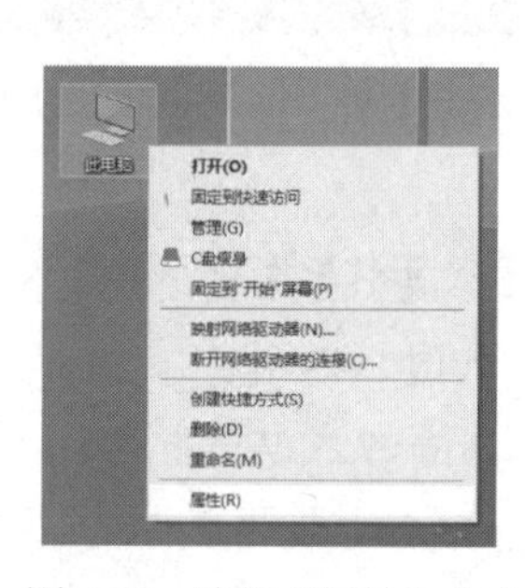

图 5-45　选择【属性】命令

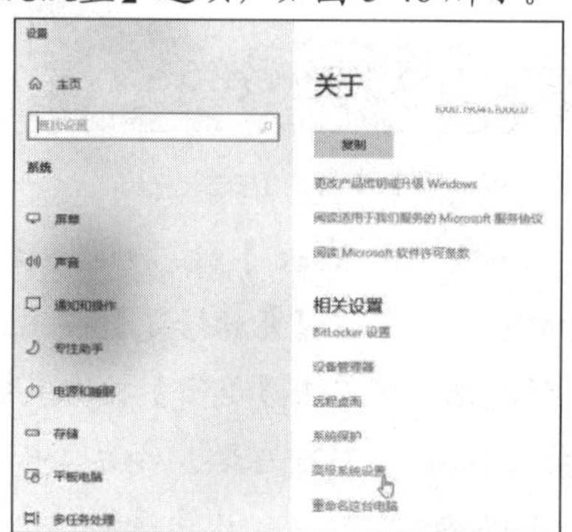

图 5-46　选择【高级系统设置】选项

(3) 打开【系统属性】对话框，在【高级】选项卡的【启动和故障恢复】区域单击【设置】按钮，如图 5-47 所示。

(4) 打开【启动和故障恢复】对话框，将【默认操作系统】设置为 Windows 10。选中【显示操作系统列表的时间】复选框，然后在该复选框右侧的微调框中设置时间为 10 秒，单击【确定】按钮，如图 5-48 所示。

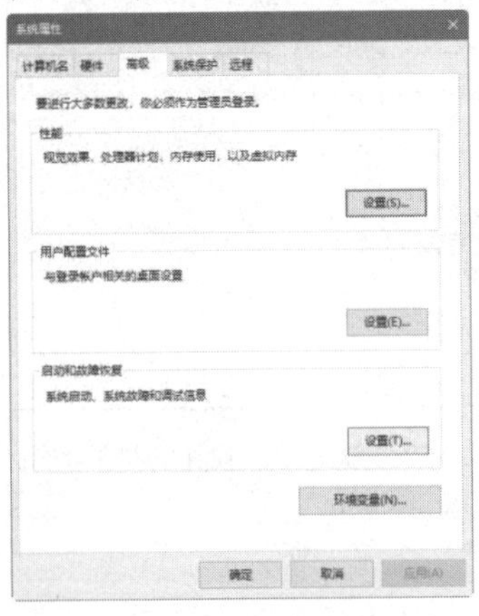

图 5-47　【系统属性】对话框

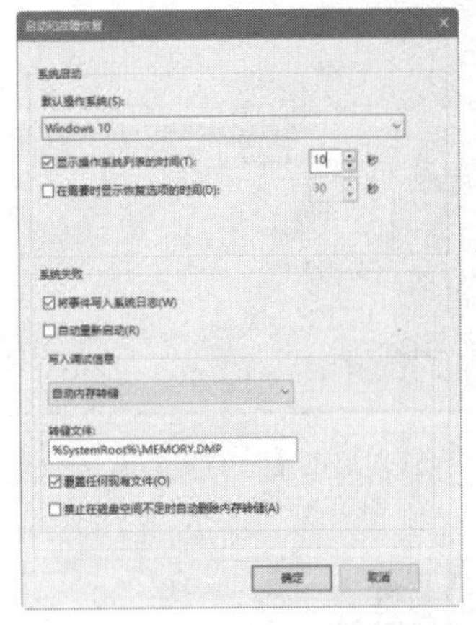

图 5-48　【启动和故障恢复】对话框

5.4　实例演练

本章的实例演练是手动更新至 Windows 11 系统，使用户更好地理解掌握安装操作系统的方法。

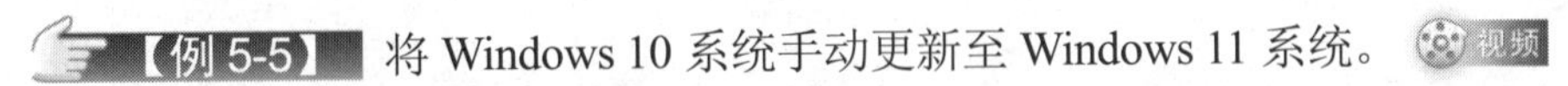

【例 5-5】 将 Windows 10 系统手动更新至 Windows 11 系统。视频

(1) 单击【开始】按钮，在弹出的菜单中选择【设置】选项，如图 5-49 所示。

(2) 打开【Windows 设置】窗口，选择【更新和安全】选项，如图 5-50 所示。

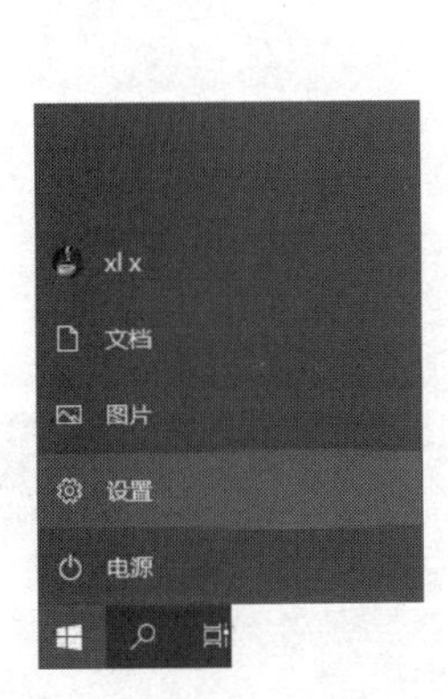

图 5-49　选择【设置】选项

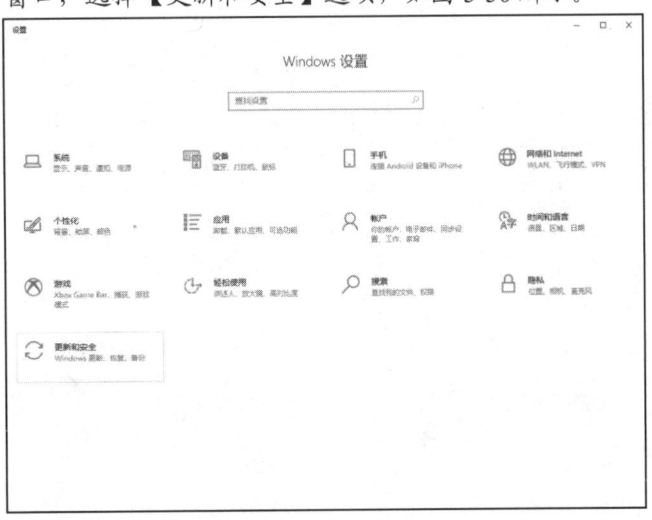

图 5-50　【Windows 设置】窗口

(3) 打开【Windows 更新】窗口，单击【检查更新】按钮，如图 5-51 所示。

(4) 如果当前更新提供 Windows 11 系统免费更新，可单击【下载并安装】按钮下载并安装 Windows 11 系统，如图 5-52 所示。

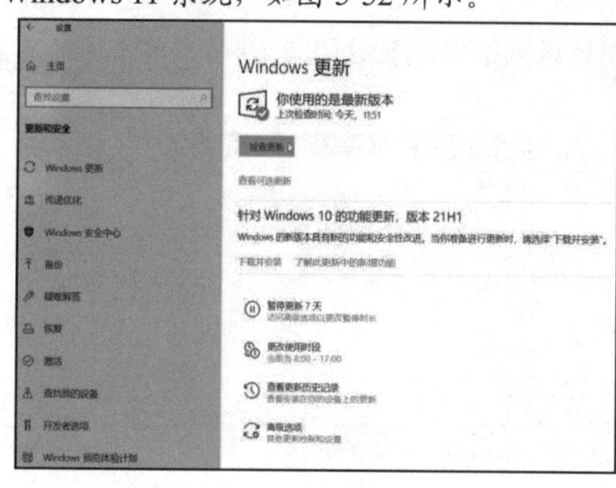

图 5-51 单击【检查更新】按钮

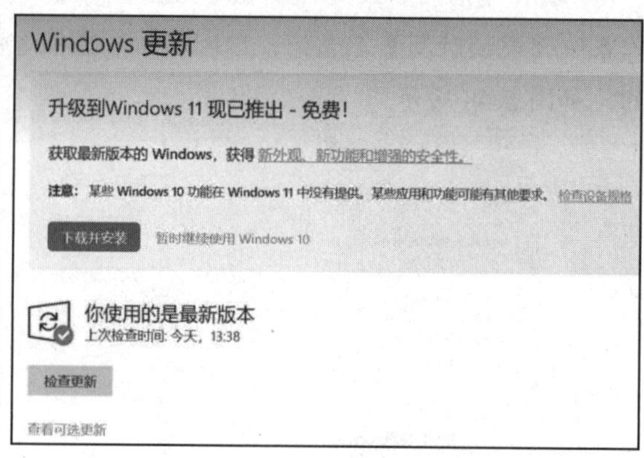

图 5-52 单击【下载并安装】按钮

5.5 习题

1. 学习全新安装 Windows 10 操作系统。
2. 什么是主分区、逻辑分区和扩展分区？
3. 简述多操作系统的安装原则。

第6章

安装驱动程序和检测硬件

为计算机安装操作系统后，还要为硬件设备安装驱动程序(简称“驱动”)，才能使计算机中的各种硬件设备有条不紊地工作。另外，用户还可以使用工具软件对计算机硬件设备的性能进行检测，从而了解计算机的硬件配置和工作状态，方便对其升级和优化。

本章重点

- 安装硬件驱动程序
- 更新硬件驱动程序
- 查看计算机硬件参数
- 检测计算机硬件性能

二维码教学视频

【例 6-3】查看硬件设备信息
【例 6-4】更新驱动程序
【例 6-5】卸载声卡驱动
【例 6-6】使用鲁大师检测硬件
【例 6-7】使用鲁大师进行温度测试

6.1 安装硬件驱动程序

为计算机安装操作系统后，计算机仍不能正常使用。此时计算机的屏幕还不是很清晰、分辨率还不是很高，甚至可能没有声音，因为计算机还没有安装硬件的驱动程序。一般来说，计算机需要手动安装的驱动程序有主板驱动、显卡驱动、声卡驱动、网卡驱动和一些外设驱动等。

6.1.1 认识驱动程序

驱动程序的全称是“设备驱动程序”，是一种可以使操作系统和硬件设备进行通信的特殊程序，其中包含了硬件设备的相关信息。可以说，驱动程序为操作系统访问和使用硬件设备提供了一个程序接口，操作系统只有通过该程序接口，才能控制硬件设备有条不紊地进行工作。

如果计算机某个硬件设备的驱动程序未能正确安装，该设备便不能正常工作。因此，操作系统安装完成后需要安装硬件设备的驱动程序。

提示

常见的驱动程序的文件扩展名有.dll、.drv、.exe、.sys、.vxd、.dat、.ini、.386、.cpl、.inf和.cat等。其中，比较重要的是扩展名为.dll、.drv、.vxd和.inf的文件。

驱动程序是硬件不可缺少的组成部分，它具有以下几项功能。

- 初始化硬件设备功能：实现对硬件的识别和硬件端口的读写操作，并进行中断设置，实现硬件的基本功能。
- 完善硬件功能：驱动程序可以弥补硬件设备存在的缺陷，并提升硬件设备的性能。
- 扩展辅助功能：驱动程序的功能不仅仅局限于对硬件设备进行驱动，还增加了许多辅助功能，可以帮助用户更好地使用计算机。

驱动程序按照其支持的硬件来分类，可分为主板驱动、显卡驱动、声卡驱动、网卡驱动和外设驱动(如打印机和扫描仪驱动程序)等。

驱动程序按照其版本分类，可分为以下几类。

- 官方正式版：官方正式版驱动程序是指按照芯片厂商的设计研发出来的、并经过反复测试和修正的、最终通过官方渠道发布出来的正式版驱动程序，又称“公版”驱动程序。运行官方正式版驱动程序可以保证硬件设备的稳定性和安全性。因此，建议用户在安装驱动程序时，尽量选择官方正式版。
- 微软 WHQL 认证版：WHQL 认证是微软公司对各硬件厂商驱动程序的一种认证，目的是测试驱动程序与操作系统的兼容性和稳定性。凡是通过 WHQL 认证的驱动程序，都能很好地和 Windows 操作系统相匹配，并具有非常好的稳定性和兼容性。
- Beta 测试版：Beta 测试版的驱动程序是指处于测试阶段、尚未正式发布的驱动程序，这种驱动程序的稳定性和安全性没有足够的保障，建议用户不要安装此类驱动程序。

- 第三方驱动：第三方驱动是指硬件厂商发布的、在官方驱动程序的基础上优化而来的驱动程序。与官方正式版驱动程序相比，第三方驱动具有更高的安全性和稳定性，并且拥有更加完善的功能和更加强劲的整体性能。因此，推荐组装机用户为计算机硬件设备安装第三方驱动，品牌机用户则仍选择安装官方正式版驱动。

6.1.2　安装驱动程序的顺序和途径

为了避免安装驱动程序后造成计算机资源冲突，用户应按照一定的顺序来安装驱动程序。一般来说，正确的驱动安装顺序如图 6-1 所示。

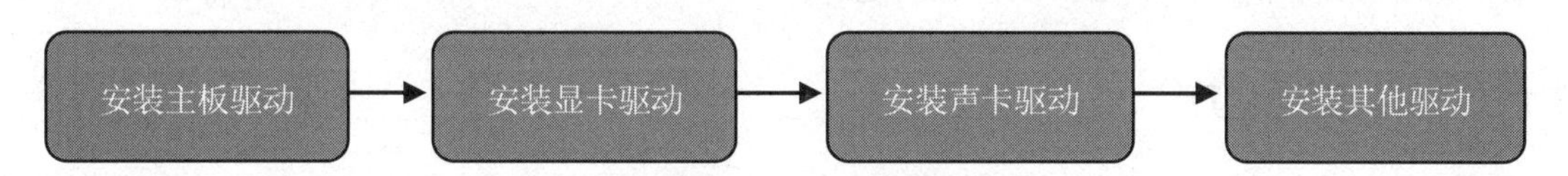

图 6-1　安装驱动程序的顺序

在安装硬件设备驱动程序之前，首先需要了解设备的产品型号，然后获取对应的驱动程序。通常用户可以通过以下 4 种方法来获取硬件设备的驱动程序。

1. 操作系统自带驱动

Windows 操作系统对硬件的支持越来越好，操作系统本身就自带大量的驱动程序，这些驱动程序随着操作系统的安装而自动安装。因此，在安装 Windows 10 系统后用户没有单独为硬件设备安装驱动程序，也可使计算机硬件设备正常运行，如图 6-2 所示。

图 6-2　Windows 10 系统自带的驱动程序

2. 产品自带驱动光盘

一般情况下，硬件生产厂商都会针对自己产品的特点，开发出专门的驱动程序，并在销售硬件产品时将这些驱动程序以光盘的形式免费附赠给用户。由于这些驱动程序针对性比较强，因此其性能优于操作系统自带的驱动程序，能更好地发挥硬件设备的性能，如图 6-3 所示。

3. 通过网络下载驱动程序

用户可以通过访问相关硬件设备生产商的官方网站，下载相应的驱动程序。这些驱动程序大多是最新推出的新版本，比购买硬件时赠送的驱动程序具有更高的稳定性和安全性，用户可及时对旧版驱动程序进行升级更新。

4. 使用万能驱动程序

如果用户通过以上方法仍不能获得驱动程序，可以通过网站下载硬件设备的万能驱动，以解燃眉之急。

图 6-3　驱动光盘

6.1.3　安装驱动程序

用户购买计算机硬件设备时会自带一些必备的驱动程序，如主板驱动、显卡驱动、网卡驱动等。用户可以参考以下步骤安装驱动程序。

(1) 将显卡驱动的安装光盘放入光驱，此时系统自动开始初始化安装程序，并打开图 6-4 所示的对话框提示用户设置驱动程序的安装路径。

(2) 保持默认设置单击【OK】按钮，安装程序开始提取文件，如图 6-5 所示。

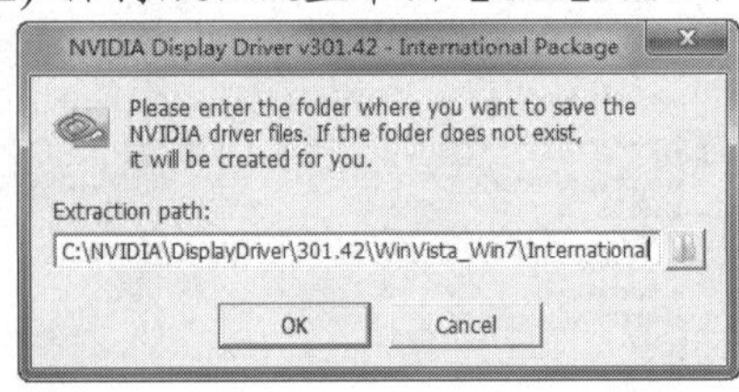

图 6-4　选择安装路径

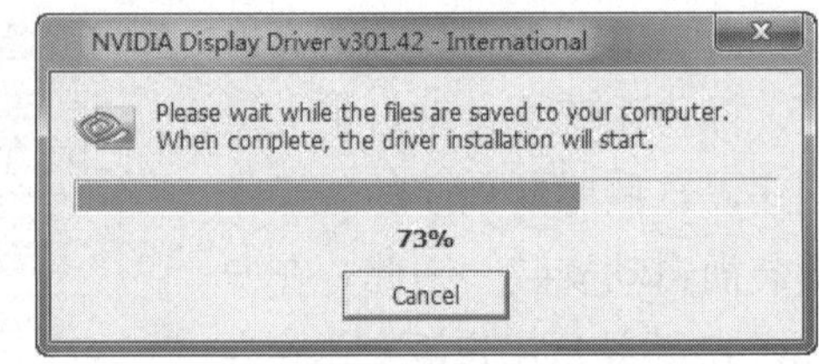

图 6-5　提取文件

(3) 在打开的初始化安装界面(如图 6-6 所示)中完成驱动程序初始化后，在打开的驱动程序许可协议界面中单击【同意并继续】按钮(如图 6-7 所示)。

图 6-6　初始化界面

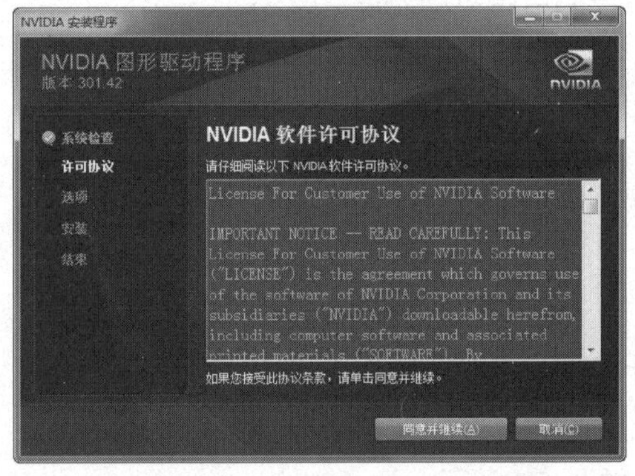

图 6-7　驱动程序软件许可协议界面

(4) 在打开的界面中用户可选择【精简】和【自定义】两种驱动程序安装模式(本例选中【精简】模式)，如图 6-8 所示，单击【下一步】按钮。

(5) 在打开的界面中选中【安装 NVIDIA 更新】复选框，然后单击【下一步】按钮，如图 6-9 所示。

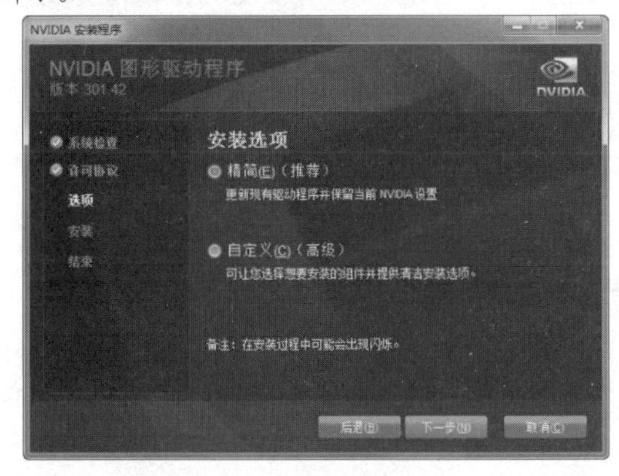

图 6-8　选择安装模式

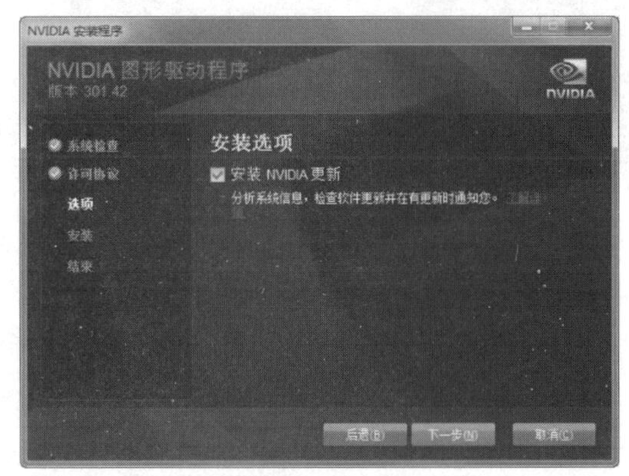

图 6-9　安装 NVIDIA 更新

(6) 接下来，系统将开始自动安装显卡驱动程序，并显示安装进度，如图 6-10 所示。

(7) 驱动程序安装完毕后，在打开的界面中单击【关闭】按钮，如图 6-11 所示。

图 6-10　显示驱动程序安装进度

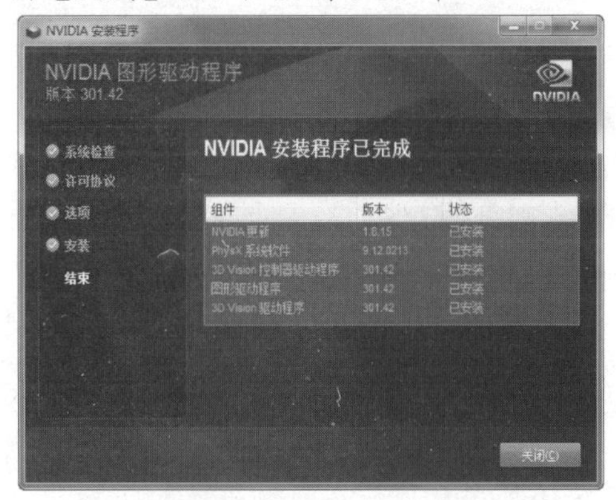

图 6-11　单击【关闭】按钮

除了使用光盘安装驱动程序，用户还可以使用第三方软件联网安装驱动程序。比如“驱动精灵”就是一款优秀的驱动程序安装工具软件，它不仅能够快速、准确地检测计算机中的硬件设备，为设备寻找合适的驱动程序，还可以通过在线更新，快速升级硬件驱动程序。另外，“驱动精灵”还可以快速提取、备份以及还原当前计算机硬件设备的驱动程序。

【例 6-1】 使用“驱动精灵”为计算机硬件设备安装驱动程序。

(1) 通过网络下载并安装“驱动精灵”软件。

(2) 启动“驱动精灵”软件，单击软件主界面中的【立即检测】按钮，自动检测计算机的软硬件信息，如图 6-12 所示。

(3) 信息检测完毕后将进入图 6-13 所示的“驱动精灵”软件界面，选择【驱动管理】选项卡，显示检测到的已安装的驱动程序列表。

图 6-12　单击【立即检测】按钮

图 6-13　查看已安装的驱动程序列表

(4) 如果“驱动精灵”软件检测到计算机中有未安装驱动程序的硬件设备，用户可以单击该硬件设备名称后的【安装】按钮，如图 6-14 所示，自动通过网络下载并安装相应的驱动程序。

图 6-14　下载驱动

(5) 在打开的驱动程序安装向导中，按向导提示连续单击【下一步】按钮，如图 6-15 所示。

(6) 驱动程序安装成功后将引导计算机重新启动。在打开的界面中单击【完成】按钮即可，如图 6-16 所示。

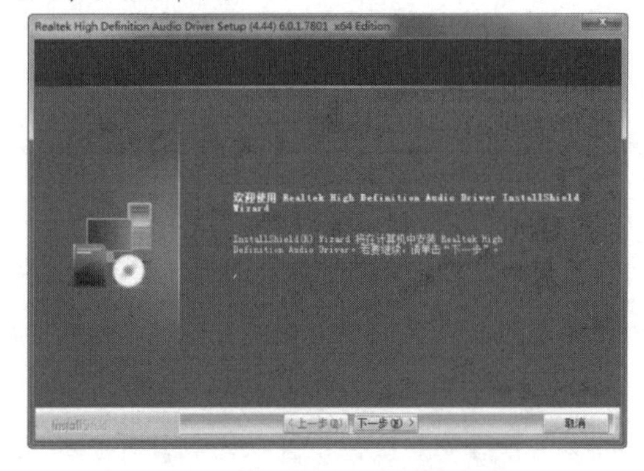

图 6-15　驱动程序安装向导

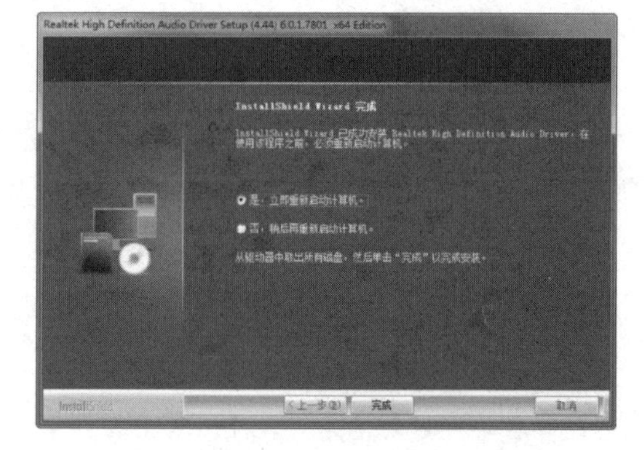

图 6-16　在安装向导提示下重启计算机

6.1.4　备份和恢复驱动程序

使用“驱动精灵”软件的驱动备份功能，用户可以方便地备份当前计算机系统中已安装的硬件驱动程序，以便在驱动丢失或更新失败的情况下，可以通过备份的数据还原驱动。

1. 备份驱动程序

用户可以参考下面介绍的方法使用“驱动精灵”软件备份计算机硬件设备的驱动程序。

【例 6-2】 使用“驱动精灵”软件备份驱动程序。

(1) 启动“驱动精灵”软件后，在软件主界面中选择【驱动管理】选项卡，然后单击需要备份的驱动程序右侧的下拉按钮，在弹出的列表中选择【备份】选项，如图 6-17 所示。

(2) 打开【驱动备份还原】对话框，单击【一键备份】按钮，如图 6-18 所示。

图 6-17　选择【备份】选项

图 6-18　单击【一键备份】按钮

(3) 此时，“驱动精灵”软件将开始备份驱动程序，如图 6-19 所示。

(4) 驱动程序备份完毕后，“驱动精灵”软件将显示图 6-20 所示的界面，提示已完成指定驱动程序的备份。

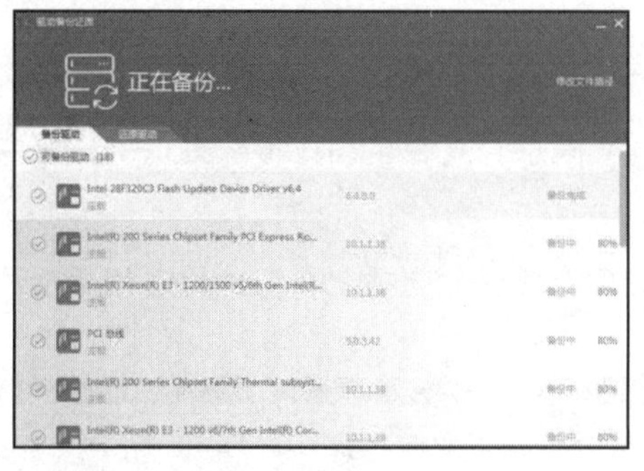

图 6-19　备份驱动程序

图 6-20　完成驱动的备份

2. 还原驱动程序

备份驱动程序后，当计算机系统中的驱动程序出错或更新失败而导致硬件不能正常运行时，就可以使用“驱动精灵”的驱动程序还原功能来还原驱动程序。

(1) 启动“驱动精灵”软件后，在软件主界面中选择【驱动管理】选项卡，然后单击需要还原的驱动程序右侧的下拉按钮，在弹出的列表中选择【还原】选项，如图 6-21 所示。

(2) 在打开的【驱动备份还原】对话框中选中需要还原的驱动前面的复选框，然后单击【还原】按钮，如图 6-22 所示。

(3) 还原完毕后，重新启动计算机即可完成操作。

图 6-21　选择需要还原的驱动程序

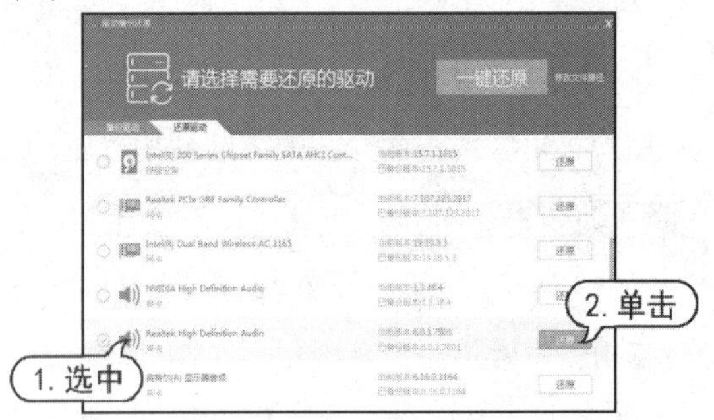

图 6-22　还原驱动程序

6.2　管理硬件驱动程序

设备管理器是 Windows 系统中的一种管理工具，用来管理计算机上的硬件设备，比如查看硬件设备信息、更新硬件驱动程序、卸载硬件驱动程序等。

6.2.1　查看硬件设备信息

通过设备管理器用户可查看硬件设备的相关信息。例如，查看硬件设备有没有安装驱动程序、查看硬件设备或硬件端口是否被禁用等。

【例 6-3】 使用设备管理器查看计算机中硬件设备的相关信息。 视频

(1) 在 Windows 10 系统桌面上右击【此电脑】图标，从弹出的快捷菜单中选择【管理】命令，如图 6-23 所示。

(2) 在打开的【计算机管理】窗口中选中【设备管理器】选项，在窗口的右侧显示计算机中安装的硬件设备信息，如图 6-24 所示。

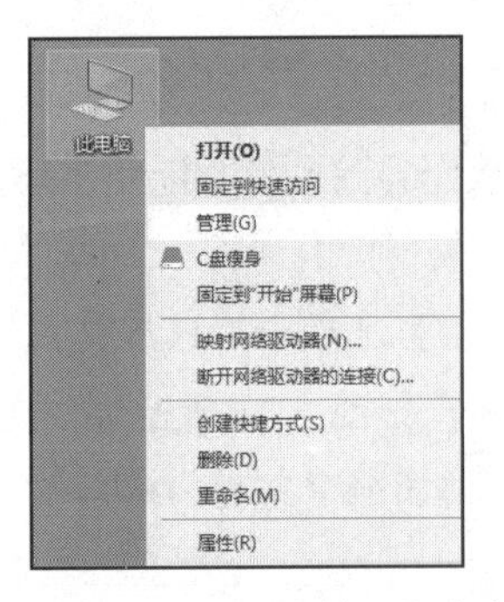

图 6-23　选择【管理】命令

图 6-24　显示硬件设备信息

当某个设备不正常时，通常会在【计算机管理】窗口中显示以下 3 种提示。

- 红色叉号：表示设备已被禁用，被禁用的设备通常是用户不常用的一些设备或端口。禁用设备后可节省系统资源，提高计算机启动速度。要想重新启用被禁用的设备，可在【计算机管理】窗口中右击设备名称，在弹出的快捷菜单中选择【启用】命令。
- 黄色的问号：表示硬件设备未能被操作系统识别。
- 黄色的感叹号：表示硬件设备没有安装驱动程序或驱动安装不正确。

提示

出现黄色的问号或感叹号时，用户只需要重新为硬件设备安装正确的驱动程序即可。

6.2.2　更新硬件驱动程序

用户可以参考以下实例操作介绍的方法，通过设备管理器查看或更新计算机硬件设备的驱动程序。

【例 6-4】 更新计算机硬件设备的驱动程序。视频

(1) 以更新显卡驱动程序为例。右击系统桌面上的【此电脑】图标，在弹出的快捷菜单中选择【管理】命令。在打开的【计算机管理】窗口中选择【设备管理器】选项，然后在显示的设备管理器中单击【显示适配器】选项左侧的›按钮，如图 6-25 所示。

(2) 在展开的列表中右击【NVIDIA GeForce GT 730】选项，在弹出的快捷菜单中选择【属性】命令，打开【NVIDIA GeForce GT 730 属性】对话框，查看计算机中安装的显卡驱动程序的版本信息，如图 6-26 所示。

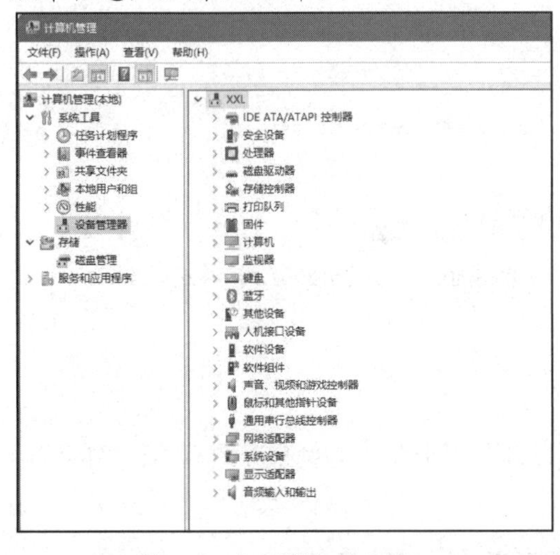

图 6-25　打开设备管理器

图 6-26　查看显卡驱动程序

(3) 在设备管理器中右击【NVIDIA GeForce GT 730】选项，在弹出的快捷菜单中选择【更新驱动程序】命令，如图 6-27 所示，打开驱动程序更新向导。

(4) 在图 6-28 所示的驱动程序更新向导中，选择【自动搜索驱动程序】选项。

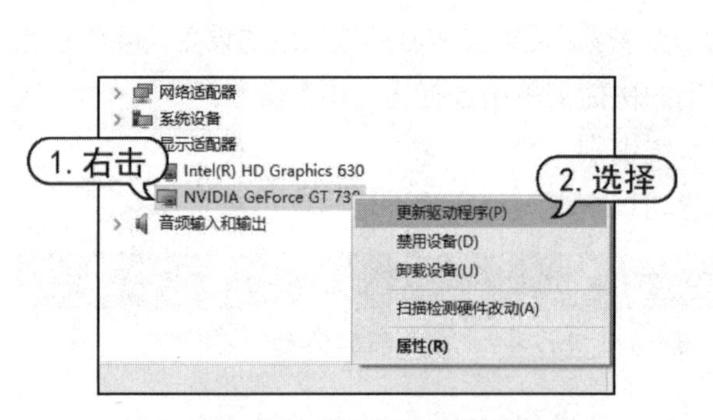

图 6-27　选择【更新驱动程序】命令

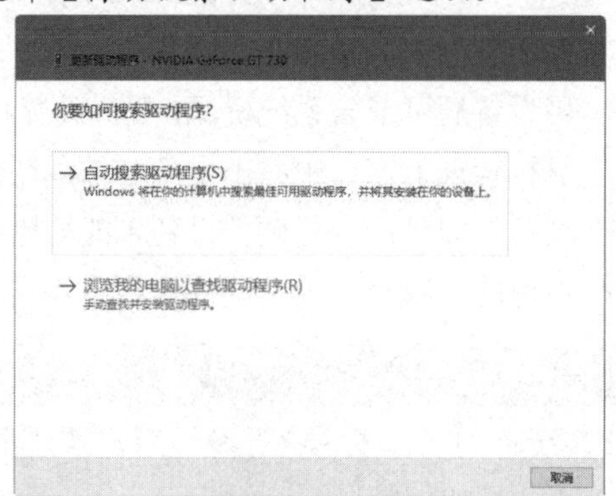

图 6-28　选择【自动搜索驱动程序】选项

提示

如果用户已经准备好新版驱动程序，可选择【浏览我的电脑以查找驱动程序】选项，手动更新驱动程序。

(5) 系统开始自动检测已安装的驱动信息，并搜索可以更新的驱动程序信息，如图 6-29 所示。

(6) 如果用户已经安装最新版本的驱动，将显示图 6-30 所示的对话框，单击【关闭】按钮即可。

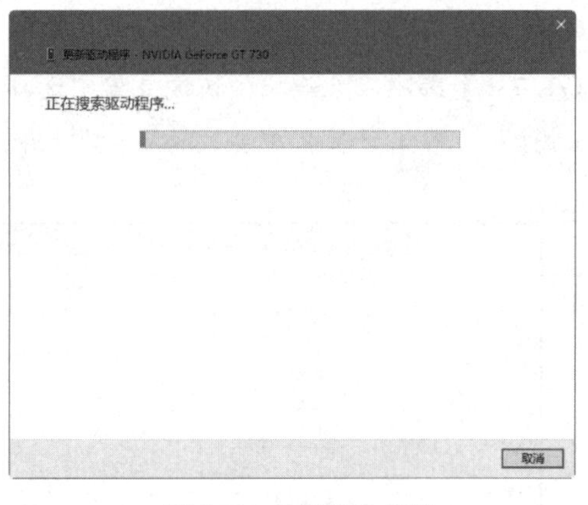

图 6-29　检测驱动信息

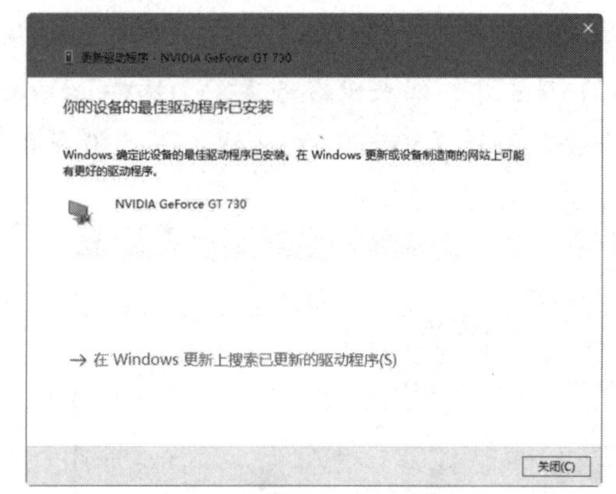

图 6-30　已安装最新版本的驱动

6.2.3　卸载硬件驱动程序

用户可通过设备管理器卸载硬件驱动程序。下面以卸载声卡驱动为例来介绍驱动程序的卸载方法。

【例 6-5】 使用设备管理器卸载声卡驱动。 视频

(1) 参考【例 6-4】介绍的方法打开设备管理器后，单击【声音、视频和游戏控制器】选项左侧的›按钮，在展开的列表中右击要卸载的驱动程序，在弹出的快捷菜单中选择【卸载设备】

命令，如图 6-31 所示。

(2) 在打开的提示框中选中【删除此设备的驱动程序软件】复选框后，单击【卸载】按钮，如图 6-32 所示。

图 6-31　选择【卸载设备】命令

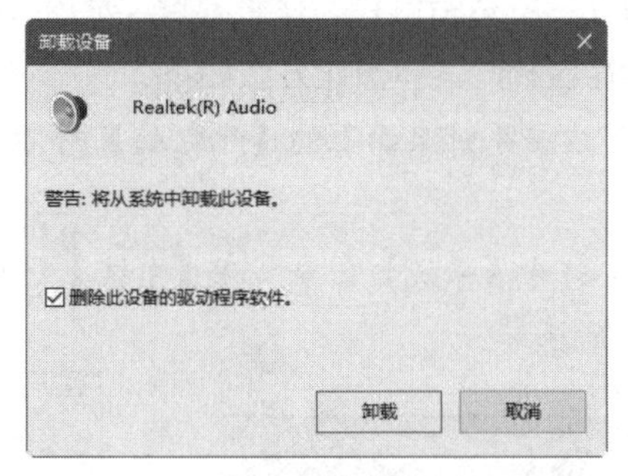

图 6-32　删除此设备的驱动程序软件

(3) 在打开的【系统设置改变】对话框中单击【是】按钮，然后重新启动计算机完成声卡驱动的卸载。

6.3　查看计算机硬件参数

为计算机安装操作系统后，用户可以通过操作系统查看计算机的各项硬件参数。以便更好地了解计算机的性能。查看硬件参数主要包括查看 CPU 主频、内存容量、硬盘容量和显卡属性等。

6.3.1　查看 CPU 主频

CPU 主频即 CPU 内核工作时的时钟频率。用户可通过设备管理器查看 CPU 主频，具体操作方法如下。

(1) 右击系统桌面上的【此电脑】图标，在弹出的快捷菜单中选择【管理】命令，如图 6-33 所示。

(2) 打开【计算机管理】窗口，选择【设备管理器】选项，即可在窗口的右侧显示计算机中安装的硬件设备信息。展开【处理器】选项可以查看 CPU 主频信息，如图 6-34 所示。

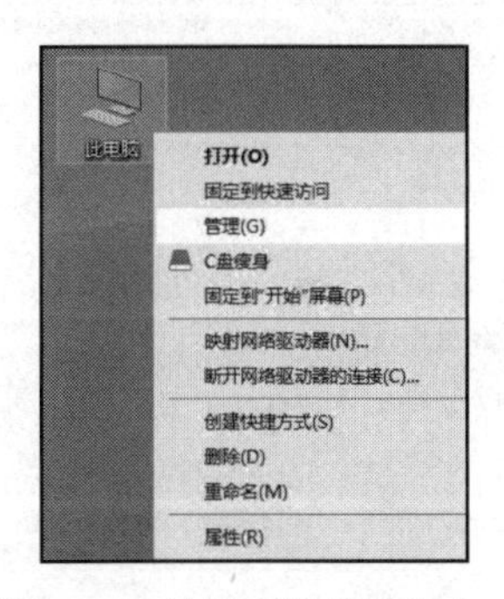

图 6-33　选择【管理】命令

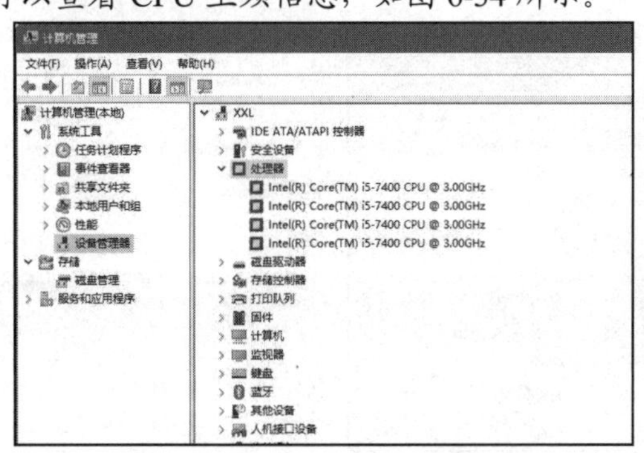

图 6-34　查看 CPU 主频信息

6.3.2 查看内存容量

内存容量是指内存的存储容量，是内存的关键性参数。用户可通过【系统】窗口来查看计算机的内存容量，具体操作方法如下。

(1) 右击系统桌面上的【此电脑】图标，在弹出的快捷菜单中选择【属性】命令，如图 6-35 所示。

(2) 打开【系统】窗口，在【系统】区域用户可以查看当前计算机安装的内存容量信息，如图 6-36 所示。

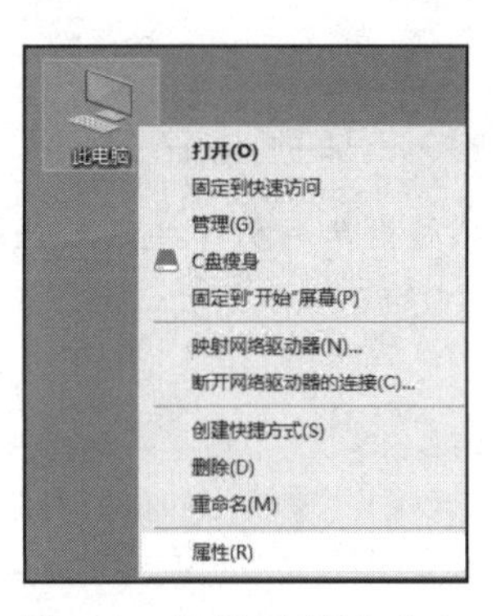

图 6-35 选择【属性】命令

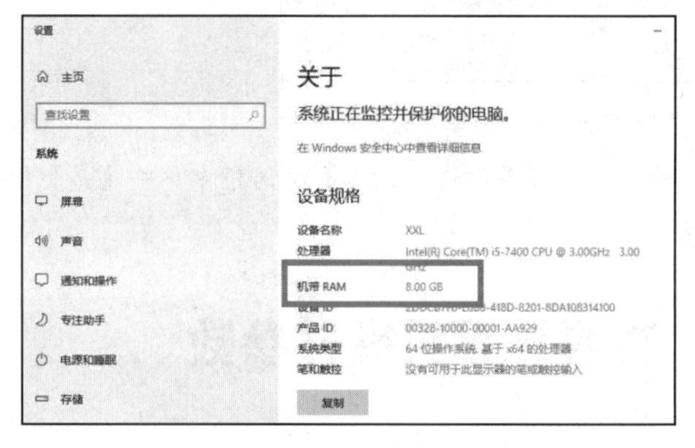

图 6-36 查看内存容量

6.3.3 查看硬盘容量

硬盘是计算机的主要数据存储设备，硬盘容量决定着计算机的数据存储能力。用户可通过设备管理器查看硬盘的总容量和各个分区的容量。

(1) 右击系统桌面上的【计算机】图标，在弹出的快捷菜单中选择【管理】命令，如图 6-37 所示。

(2) 打开【计算机管理】窗口，选择【磁盘管理】选项，即可在窗口的右侧显示硬盘的总容量和各个分区的容量，如图 6-38 所示。

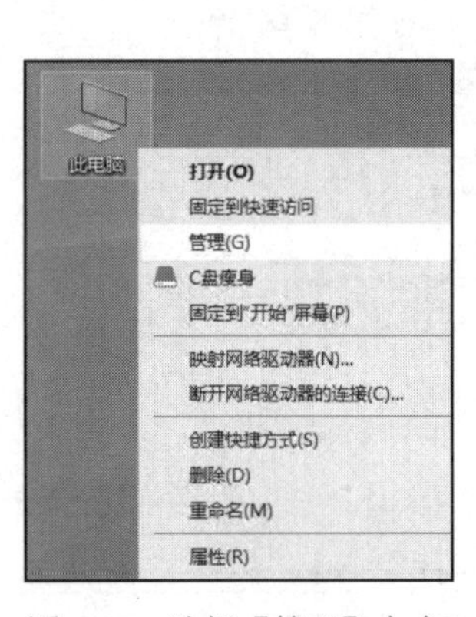

图 6-37 选择【管理】命令

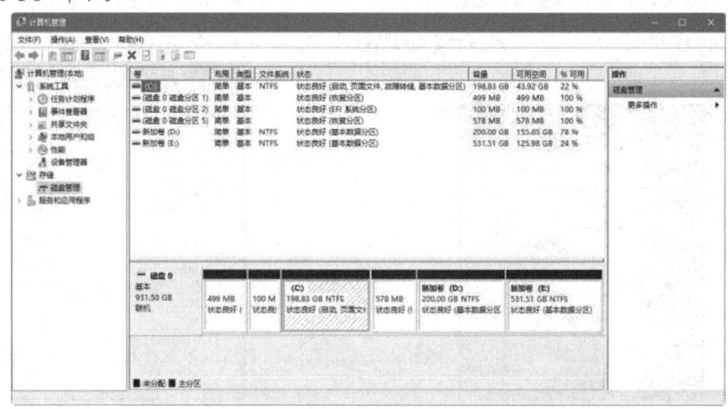

图 6-38 查看硬盘容量

6.3.4　查看显卡属性

显卡是组成计算机的重要硬件设备，显卡性能的好坏直接影响显示器的显示效果。查看显卡的相关信息可以帮助用户了解显卡的型号和显存容量等信息，方便以后维修或排除显卡故障。具体操作步骤如下。

(1) 右击 Windows 10 系统桌面任务栏左侧的【开始】按钮，在弹出的快捷菜单中选择【设置】命令，在打开的【Windows 设置】窗口中选择【系统】选项，如图 6-39 所示。

(2) 在打开的【设置】窗口中选择【屏幕】选项卡，然后选择【高级显示设置】选项，如图 6-40 所示。

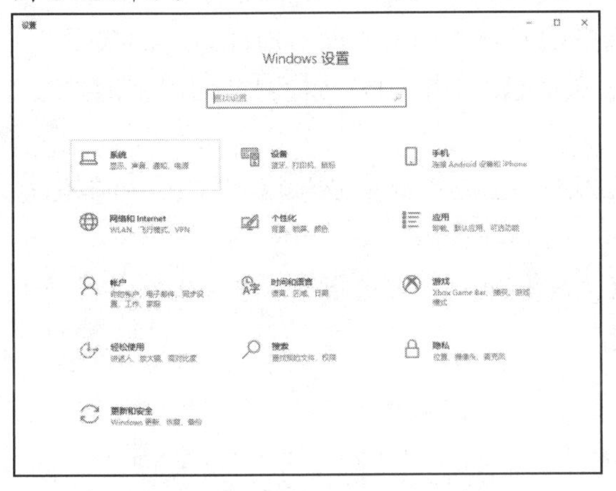

图 6-39　选择【系统】选项

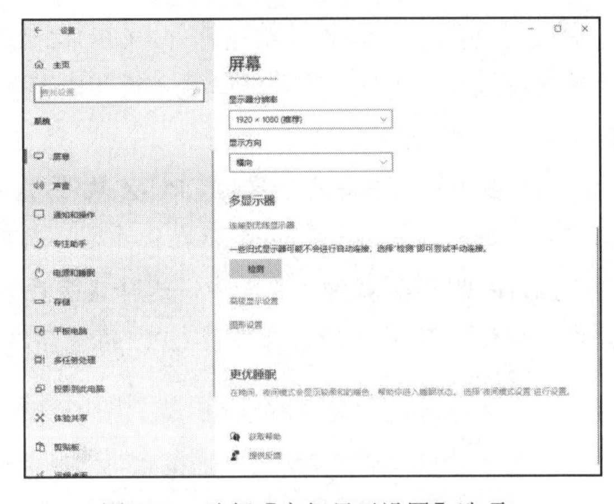

图 6-40　选择【高级显示设置】选项

(3) 打开【高级显示设置】窗口，选择【显示器 1 的显示适配器属性】选项，如图 6-41 所示。

(4) 打开图 6-42 所示的对话框，在其中可以查看显卡的型号信息。

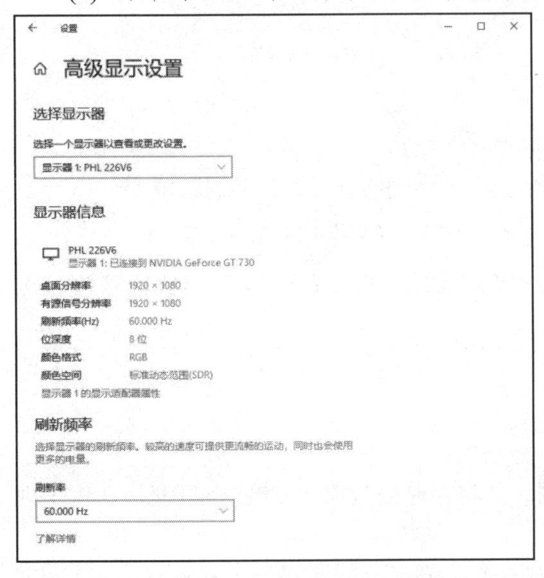

图 6-41　选择【显示器 1 的显示适配器属性】选项

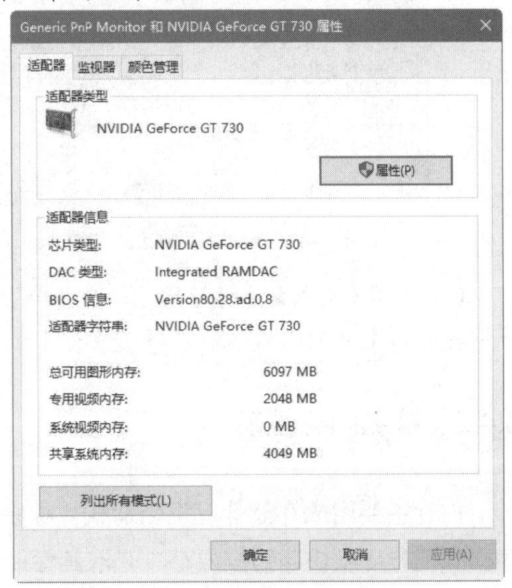

图 6-42　查看显卡信息

6.4 检测计算机硬件性能

通过查看计算机硬件信息、了解硬件参数后，用户可以使用软件来检测计算机硬件的实际性能。计算机硬件性能测试软件会将测试结果以数字的形式展现给用户，方便用户直观地了解计算机中各硬件设备的性能。

6.4.1 检测 CPU 性能

CPU-Z 是一款常见的 CPU 测试软件，它是除 Intel 或 AMD 公司推出的官方检测软件外，用户使用最多的 CPU 性能检测软件。CPU-Z 支持的 CPU 种类相当全面，软件的启动速度及检测速度都很快。另外，它还能检测主板和内存的相关信息。使用 CPU-Z 检测 CPU 性能的方法如下。

(1) 在计算机中安装并启动 CPU-Z 软件后，该软件将自动检测当前计算机中 CPU 的参数(包括名字、工艺、规格等)，并显示在软件主界面中，如图 6-43 所示。

(2) 在 CPU-Z 软件主界面中，选择【缓存】【主板】【内存】等选项卡，可以查看 CPU 的具体参数指标，图 6-44 所示为查看 CPU 的缓存信息。

图 6-43 自动检测 CPU 参数

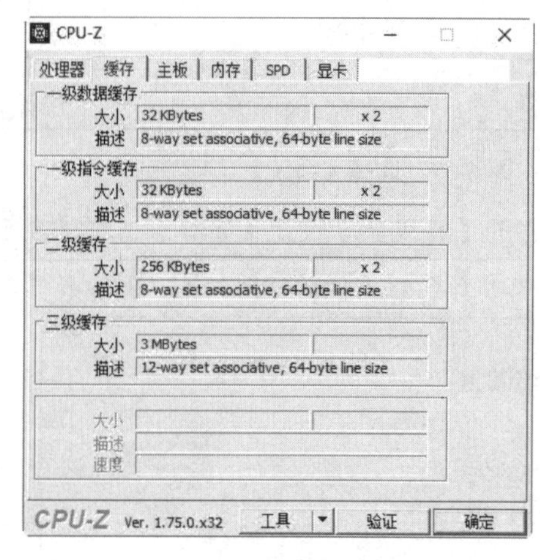

图 6-44 查看 CPU 缓存信息

(3) 单击【工具】下拉按钮，在弹出的下拉列表中选择【保存报告】命令，可以将获取的 CPU 性能报告以文件的形式保存在硬盘中。

6.4.2 检测内存性能

内存主要用来存储计算机当前执行程序的数据，并将存储的数据与 CPU 进行交换。使用内存检测工具可以快速扫描内存，获取其性能参数。

DMD 是“腾龙备份大师”配套工具，其中文名为“系统资源监测与内存优化工具”。它是一款可运行在全系列 Windows 系统中的资源监测与内存优化软件。使用 DMD 软件，用户可以监测计算机内存的工作状态，并优化内存的工作效率，使计算机系统长时间保持最佳的运行状态。使用 DMD 软件检测内存性能的方法如下。

(1) 在计算机中安装并启动 DMD 软件后，用户可以查看系统资源状态，如图 6-45 所示。使用该软件的优化功能，可以让系统长时间处于最佳的运行状态。

(2) 将鼠标指针放置在【颜色说明】选项上，即可在显示的对话框中查看不同颜色数所代表的含义。单击【系统设定】按钮，如图 6-46 所示。

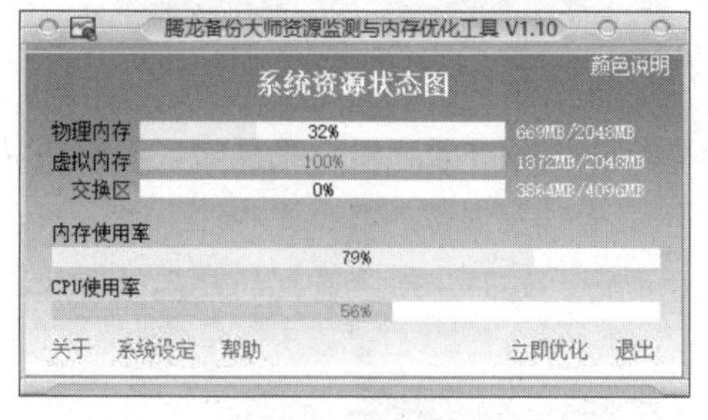

图 6-45　启动软件

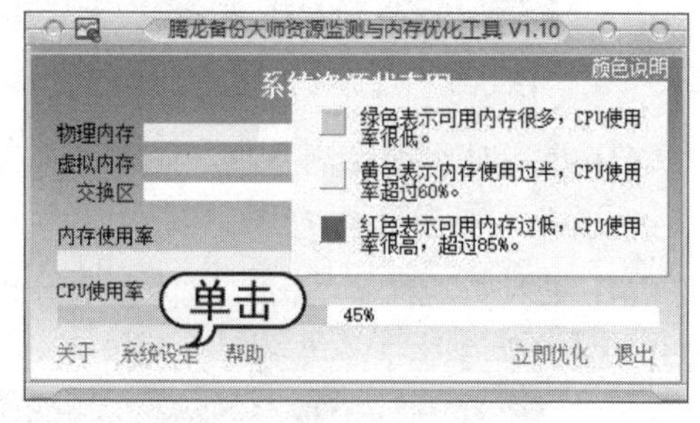

图 6-46　单击【系统设定】按钮

(3) 在打开的【设定】对话框中向右拖动滑块，选中【启用自动整理功能】和【整理前显示警告信息】复选框，然后单击【确定】按钮，如图 6-47 所示。

(4) 在主界面下方单击【立即优化】按钮，软件将开始进行内存优化，显示图 6-48 所示的系统资源状态图。

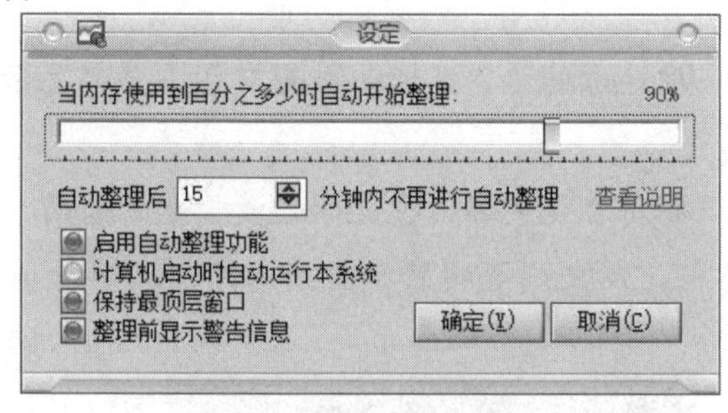

图 6-47　【设定】对话框

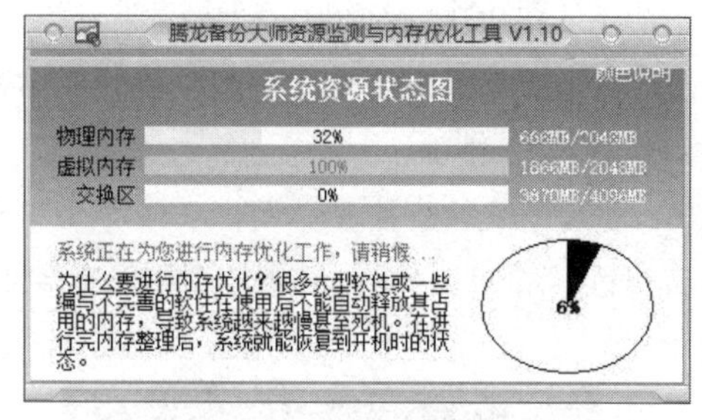

图 6-48　系统资源状态图

6.4.3　检测显示器性能

DisplayX 是一款显示器检测软件，使用该软件检测显示器性能的具体方法如下。

(1) 在计算机中安装并启动 DisplayX 软件后，在菜单栏中选择【常规完全测试】命令，如图 6-49 所示。

(2) 在显示的显示器对比度检测界面中调节显示器的亮度，让界面中的亮度色块都能显示出来，并确保黑色色块不变为灰色，每个色块都能正常显示，如图 6-50 所示。

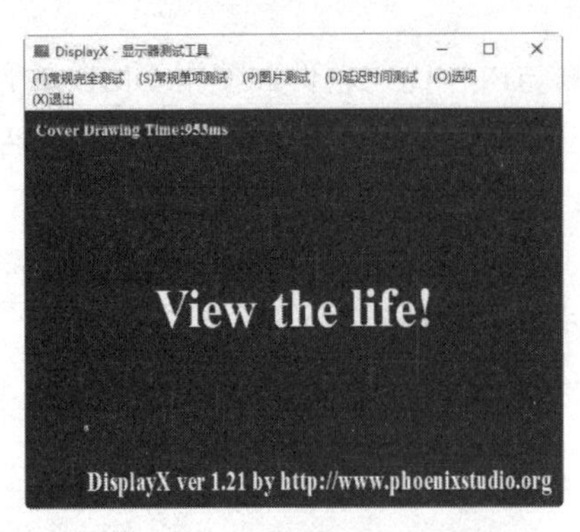

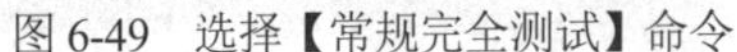

图 6-49　选择【常规完全测试】命令

图 6-50　对比度检测界面

(3) 进入对比度检测界面，如果用户在该界面中能分清每个黑色和白色区域，则说明显示器的性能出色，如图 6-51 所示。

(4) 进入灰度检测界面，测试显示器的灰度还原能力。此时，用户看到的颜色过渡越平滑说明显示器的灰度显示效果越好，如图 6-52 所示。

图 6-51　显示对比度检测界面

图 6-52　灰度检测界面

(5) 进入 256 级灰度检测界面，测试显示器的灰度还原能力。此时，界面中色块全部显示为最佳，如图 6-53 所示。

(6) 进入呼吸效应检测界面，在该界面中单击画面将在黑色和白色之间过渡。此时若用户观察到画面边界有明显的抖动，就说明显示器性能不佳，反之则说明显示器性能优秀，如图 6-54 所示。

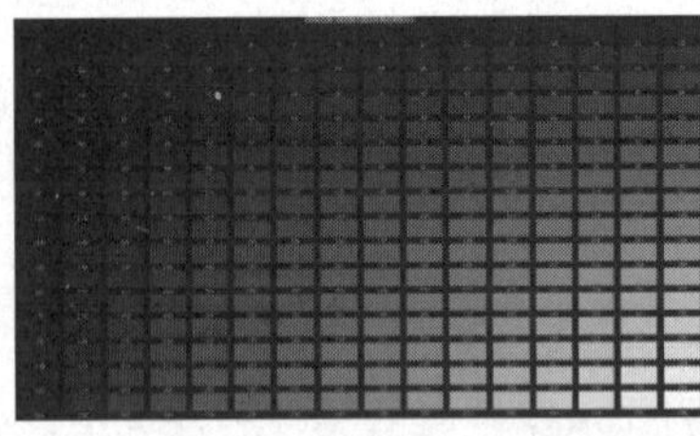

图 6-53　256 级灰度检测界面

图 6-54　呼吸效应检测界面

(7) 进入几何形状检测界面，在该界面中用户可以调节控制台的几何形状，确保其不变形，从而检测显示器几何形状的显示性能。

(8) 测试显示器的聚焦能力，需要特别注意四个边角的文字，各位置越清晰越好，如图 6-55 所示。

(9) 进入纯色检测界面，该界面主要用于检测显示器上的坏点，界面中共有黑、红、绿、蓝等多种纯色显示方案，可以帮助用户检测坏点是否存在，如图 6-56 所示。

图6-55　测试聚焦能力

图6-56　纯色检测

(10) 进入交错检测界面，在该界面中用户可以查看显示器的显示效果是否受到干扰，如图6-57所示。

(11) 进入锐利检测界面，在该界面中如果显示器可以清晰显示其边缘的每一条线(如图6-58所示)，则说明显示器的性能较好。

图6-57　交错检测界面

图6-58　锐利检测界面

6.4.4　使用鲁大师检测硬件

"鲁大师"是一款专业的计算机硬件检测工具，它能轻松辨别硬件设备真伪，其主要功能包括查看计算机配置、实时检测计算机硬件工作温度、测试计算机性能以及安装与备份硬件设备的驱动程序等。

鲁大师软件自带的硬件检测功能不仅检测准确，而且可以查看计算机的硬件设备信息(包括CPU、显卡、内存、硬盘等)。

【例6-6】 使用"鲁大师"检测计算机硬件信息。 视频

(1) 安装并启动"鲁大师"软件后，在该软件的主界面中单击【开始体检】按钮即可开始检测计算机硬件，如图6-59所示。

(2) 在"鲁大师"软件主界面中选择【硬件参数】选项卡，可以查看计算机硬件的总览信息，如图6-60所示。

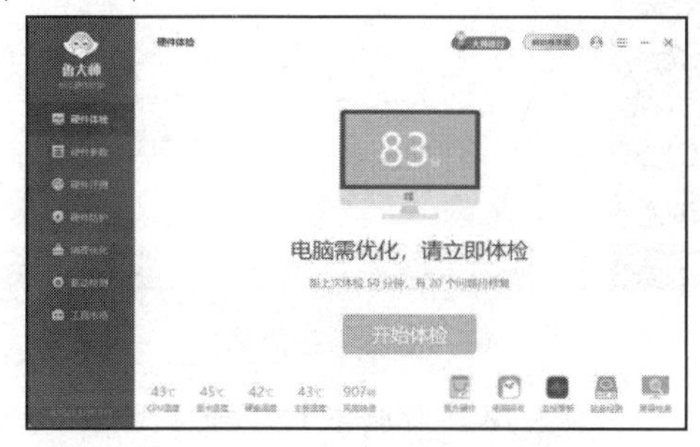

图6-59　单击【开始体检】按钮

图6-60　查看硬件的总览信息

(3) 单击软件界面上方的【处理器】按钮，在打开的界面中可以查看 CPU 的详细信息，包括处理器类型、速度、生产工艺、插槽类型、缓存以及处理器特征等，如图 6-61 所示。

(4) 单击软件界面上方的【内存】按钮，在打开的界面中可以查看内存的详细信息，包括制造日期、型号和序列号等，如图 6-62 所示。

图 6-61　查看 CPU 信息

图 6-62　查看内存信息

(5) 单击软件界面上方的【显卡】按钮，在打开的界面中可以查看显卡的详细信息，包括显卡型号、显存大小、制造商等，如图 6-63 所示。

(6) 单击软件界面上方的【主板】按钮，在打开的界面中可以查看计算机主板的详细信息，包括型号、芯片组、BIOS 版本和制造日期等，如图 6-64 所示。

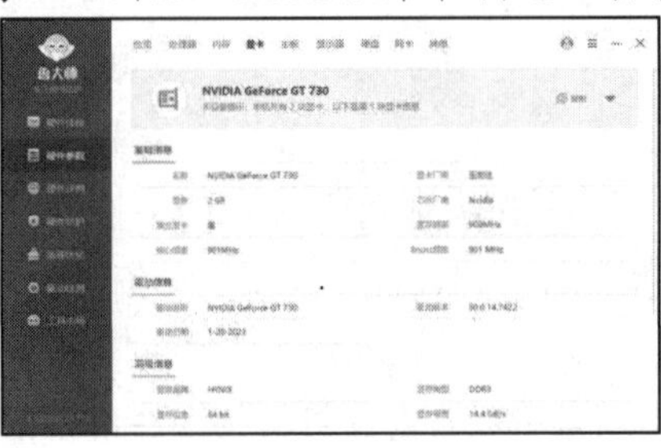

图 6-63　查看显卡信息

图 6-64　查看主板信息

(7) 单击软件界面上方的【显示器】按钮，在打开的界面中可以查看显示器的详细信息，包括产品信号、平面尺寸等，如图 6-65 所示。

(8) 单击软件界面上方的【硬盘】按钮，在打开的界面中可以查看硬盘的详细信息，包括产品型号、容量大小、转速、缓存、使用次数、数据传输率等，如图 6-66 所示。

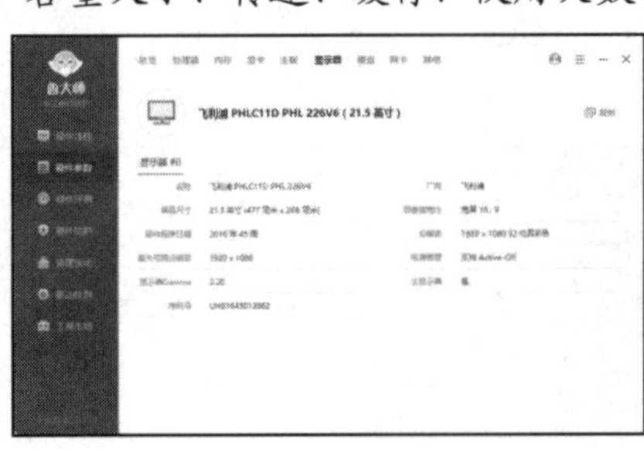

图 6-65　查看显示器信息

图 6-66　查看硬盘信息

(9) 单击软件界面上方的【网卡】按钮，在打开的界面中可以查看网卡的详细信息，如图 6-67 所示。

(10) 单击软件界面上方的【其他】按钮，在打开的界面中可以查看计算机其他硬件(如声卡、键盘、鼠标)的详细信息，如图 6-68 所示。

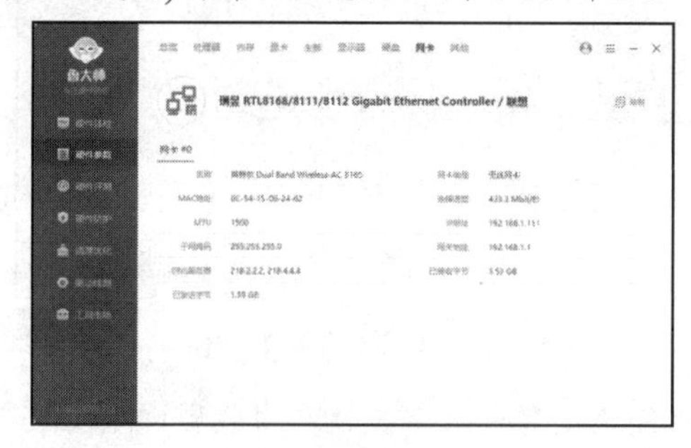

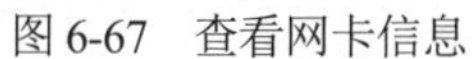

图 6-67　查看网卡信息

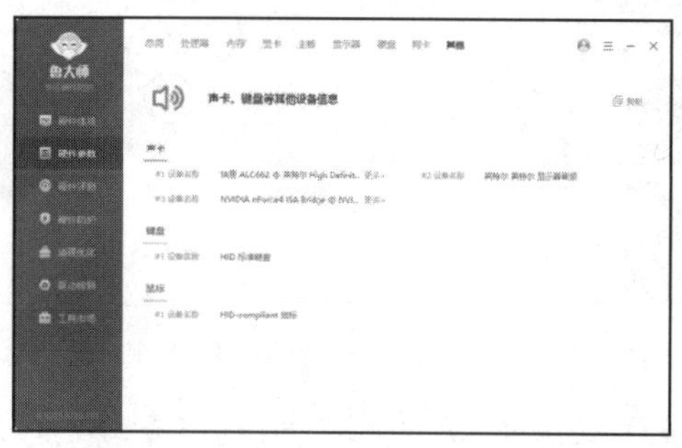

图 6-68　查看计算机其他硬件信息

用户要想知道计算机能够胜任哪方面的工作，如适用于办公、玩游戏还是看高清视频，可通过鲁大师对计算机进行性能测试，具体操作方法如下。

启动鲁大师后关闭除鲁大师外的所有正在运行的程序，选择【硬件评测】选项卡，单击【开始评测】按钮，如图 6-69 所示。此时，软件将依次对处理器、显卡、内存及磁盘的性能进行评测，评测完毕后会显示综合性能评分，如图 6-70 所示。

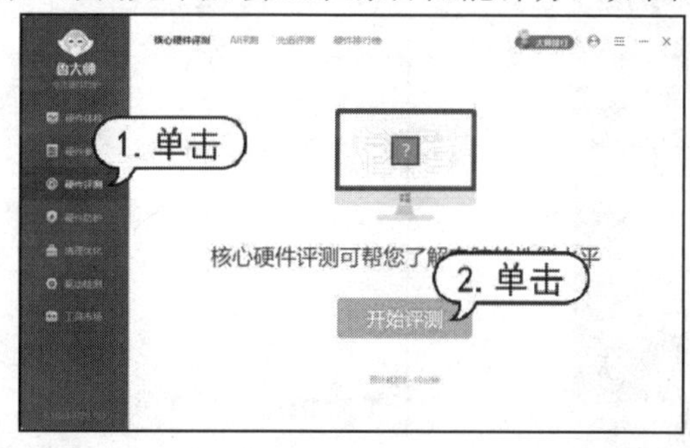

图 6-69　单击【开始评测】按钮

图 6-70　综合性能评分

6.5　实例演练

本章的实例演练主要练习使用“鲁大师”软件对计算机硬件进行温度测试，帮助用户初步掌握查看和维护计算机硬件的方法。

【例 6-7】 使用“鲁大师”进行温度测试。 视频

(1) 启动“鲁大师”软件后选择【硬件防护】选项卡，在打开的界面中单击【散热压力测试】按钮，如图 6-71 所示。

(2) 在打开的界面中调节亮度，让色块都能显示出来并且高度不同，确保黑色的色块不变灰(每个色块都能显示说明测试效果较好)，在打开的提示框中单击【继续评测】按钮，如图 6-72 所示。

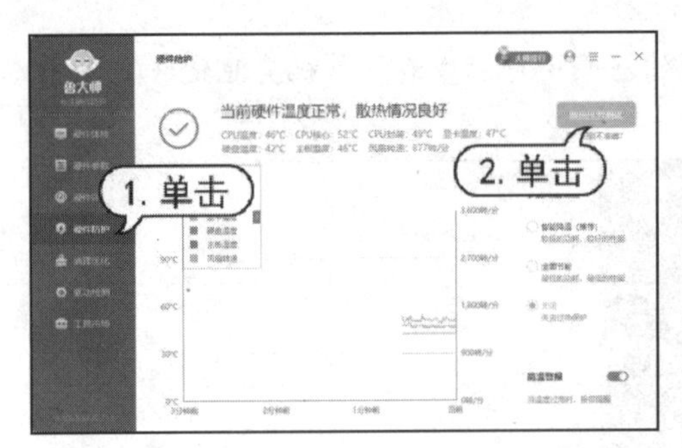

图 6-71　单击【温度压力测试】按钮

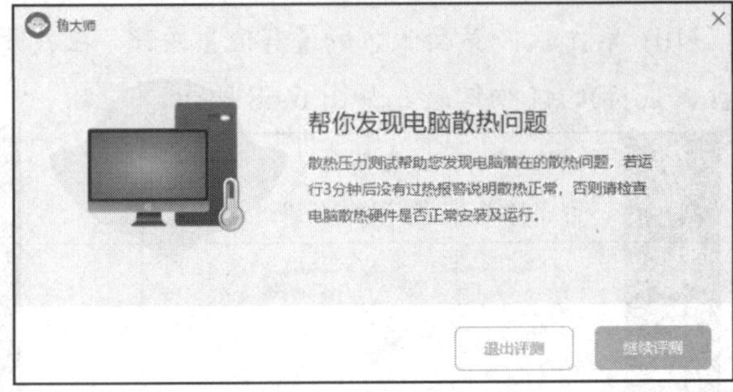

图 6-72　单击【继续评测】按钮

(3) 进入对比度检测界面，在该界面中如果显示器能清晰显示每个黑色和白色区域(如图 6-73 所示)，说明其性能较好。

(4) 返回【硬件防护】选项卡后选中【智能降温】单选按钮，启用“鲁大师”软件的节能降温功能，如图 6-74 所示。

图 6-73　对比度检测

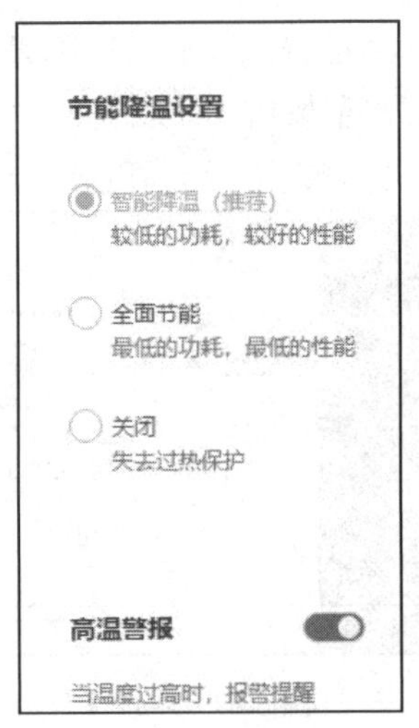

图 6-74　选中【智能降温】单选按钮

6.6　习题

1. 如何使用 Windows 10 自带的功能查看计算机硬件设备？
2. 如何安装和卸载硬件驱动程序？
3. 使用鲁大师软件查看计算机硬件状况。

第 7 章

操作系统和应用软件

为计算机安装 Windows 10 操作系统之后，就可以开始体验该操作系统了。计算机在日常使用过程中，往往需要安装很多应用软件。常用的应用软件有 WinRAR 压缩软件、ACDSee 图片浏览软件、影音播放软件等。本章将详细介绍 Windows 10 操作系统和一些常用软件的使用方法。

本章重点

- Windows 10 的桌面
- 设置计算机办公环境
- 安装和卸载软件
- WinRAR 压缩软件

二维码教学视频

【例 7-1】 安装微信 PC 版软件

【例 7-2】 使用右键菜单压缩文件

7.1 Windows 10 的桌面

在 Windows 10 操作系统中，系统“桌面”是一个重要的概念，它指的是当用户启动并登录操作系统后所看到的主屏幕区域。桌面相当于用户进行工作的写字台，由桌面图标、【开始】按钮、任务栏等几部分组成。

7.1.1 认识桌面

启动并登录 Windows 10 后，出现在整个计算机屏幕上的区域称为系统“桌面”，如图 7-1 所示。Windows 10 中的大部分操作都是通过系统桌面来完成的，其主要由桌面图标、任务栏、【开始】菜单等组成。

图 7-1　Windows 10 的桌面

- 桌面图标：桌面图标就是整齐排列在桌面上的一系列图标，由图标和图标名称两部分组成。有的图标在左下角还有一个箭头，这类图标被称为“快捷方式”。双击此类图标可以快速打开相应的窗口或者启动相应的软件。
- 任务栏：任务栏是位于桌面底部的一块条形区域，其中显示了系统正在运行的软件、打开的窗口和当前系统时间等。
- 【开始】菜单：单击系统桌面左下角【开始】按钮弹出的菜单称为【开始】菜单。【开始】菜单是 Windows 操作系统中的重要元素，其中不仅存放了 Windows 操作系统中的绝大多数命令，而且包含 Windows 10 系统特有的开始屏幕，用户可以在其中自由添加程序图标。

7.1.2　使用桌面图标

桌面图标主要分为系统图标和快捷方式图标两种(其中系统图标是系统桌面上的默认图标)。用户可以根据需要在系统中添加系统图标、快捷方式图标或排列桌面图标。

1. 添加系统图标

Windows 10 系统安装完成后，默认在系统桌面中只显示【回收站】图标，用户可以通过自定义设置添加【此电脑】【网络】等系统图标。

首先在系统桌面空白处右击鼠标，在弹出的快捷菜单中选择【个性化】命令，在打开的【个性化】窗口中选择【更改桌面图标】选项，如图 7-2 所示。打开【桌面图标设置】对话框，选中【计算机】和【网络】复选框，如图 7-3 所示，然后单击【确定】按钮。

图 7-2　更改桌面图标

图 7-3　添加桌面图标

2. 添加快捷方式图标

快捷方式图标是应用程序的快捷启动方式，双击快捷方式图标可以快速启动相应的应用程序。一般情况下，每当操作系统中安装了一款新应用程序后，就会自动在系统桌面上创建相应的快捷方式图标。如果系统没有为安装的应用程序自动建立快捷方式图标，用户可以手动添加快捷方式图标。

打开【开始】菜单后找到想要设置快捷方式图标的应用程序(比如 Word)，按住鼠标左键将其拖动至系统桌面上后释放鼠标左键，即可在桌面上创建 Word 的快捷方式图标，如图 7-4 所示。

> **提示**
>
> 右击应用程序的启动图标，在弹出的快捷菜单中选择【发送到】|【桌面快捷方式】命令，也可创建应用程序的快捷方式图标并将其显示在系统桌面上。

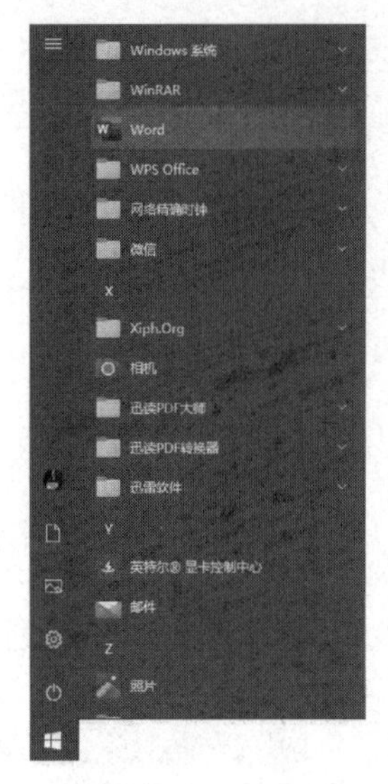

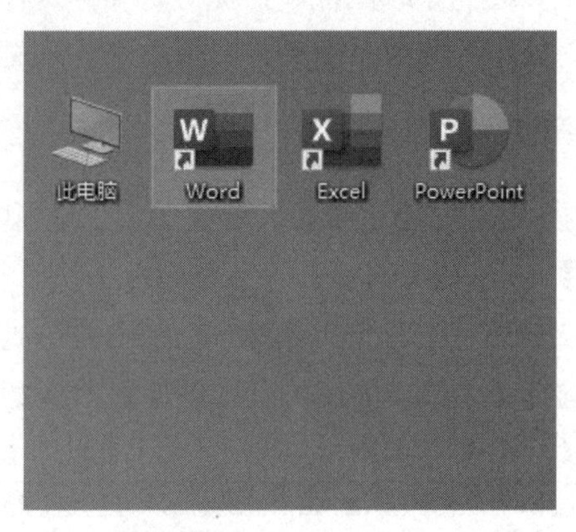

图 7-4　创建快捷方式图标

3. 排列图标

用户在系统中安装了较多应用程序后，系统桌面会以默认排列顺序排列桌面图标。为了让用户更方便、快捷地使用桌面图标，可以通过自定义排列方式将图标按指定的要求排列。排列图标时，用户可以使用鼠标拖动图标在系统桌面随意调整图标的位置，也可以按照图标的名称、大小、类型和修改日期来排列桌面图标。

例如，在桌面的空白处右击鼠标，在弹出的快捷菜单中选择【排序方式】|【项目类型】命令，桌面上的图标将按照文件类型进行排列。

7.1.3　使用【开始】菜单

在 Windows 10 系统中，用户可以通过【开始】菜单访问计算机硬盘上的文件或者运行软件，如图 7-5 所示。【开始】菜单的主要构成元素及其作用说明如下。

- 常用程序列表：该列表中列出了最近添加或常用的应用程序快捷方式，它们默认按照程序名称的首字母排序。如果要启动一个应用程序，在【开始】菜单中找到这个程序后单击程序名称即可。
- 快捷按钮：【开始】菜单的左侧默认包含【账户】【设置】【电源】3 个快捷按钮。用户可以通过单击这些快捷按钮执行相应的命令或打开相应的窗口。
- 开始菜单屏幕：Windows 10 系统的开始菜单屏幕可以动态呈现系统信息。用户不但可以在其中添加、删除各种应用磁贴，还可以通过自定义设置将【开始】菜单设置为全屏模式。

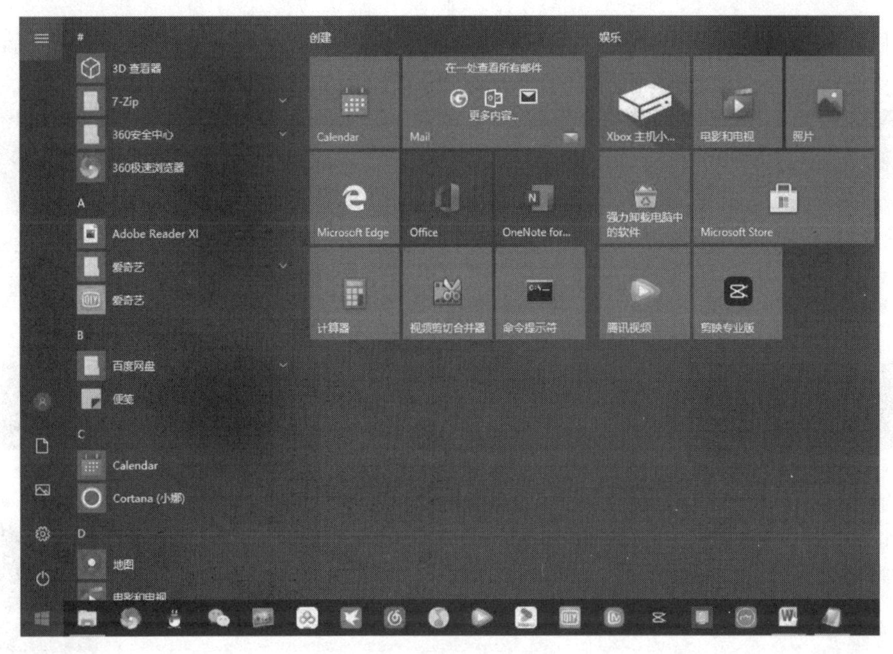

图 7-5　【开始】菜单

7.1.4　使用任务栏

任务栏的最左侧是【开始】按钮，从左到右依次是 Cortana，快速启动栏、通知区域、语言栏、【显示桌面】按钮等，各自的功能如下。

- Cortana：Cortana(中文名称是“小娜”)是微软开发的人工智能机器人。Cortana 可以提供计算机本地文件、文件夹、系统功能的快速搜索，如图 7-6 所示。直接在 Cortana 搜索框中输入名称，Cortana 会显示符合条件的应用。此外用户还可以使用麦克风和 Cortana 对话，获取系统提供的支持。
- 快速启动栏：单击快速启动栏中的某个图标，可快速地启动相应的应用程序，例如单击按钮，即可启动文件资源管理器，如图 7-7 所示。

图 7-6　Cortana

图 7-7　快速启动栏

- 启动的程序区：该区域显示当前正在运行的所有程序，其中的每个图标都代表一个已经打开的窗口，单击这些图标即可在不同的窗口之间进行切换，如图 7-8 所示。

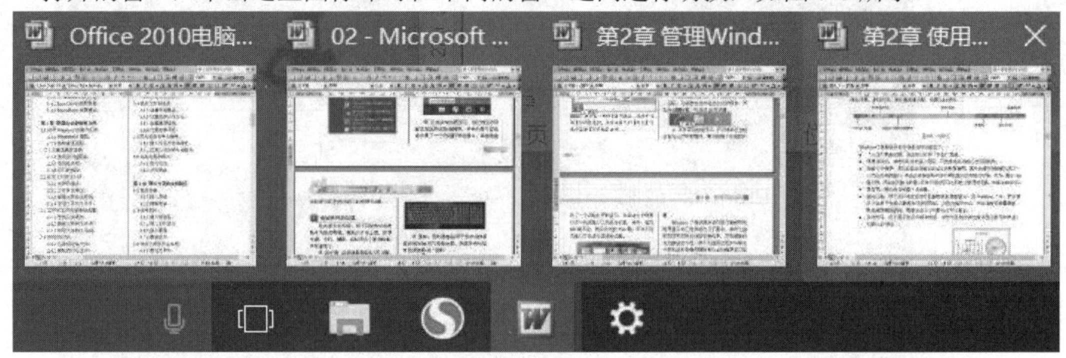

图 7-8　切换窗口

- 任务视图按钮：单击该按钮可以将正在执行的程序全部以窗口的形式平铺显示在任务视图中。用户可以通过单击【新建桌面】按钮在任务视图中建立多个虚拟系统桌面。
- 通知区域：该区域显示系统当前时间和后台运行程序。单击通知区域左侧的【显示隐藏的图标】按钮，可查看操作系统当前正在运行的程序，如图 7-9 所示。

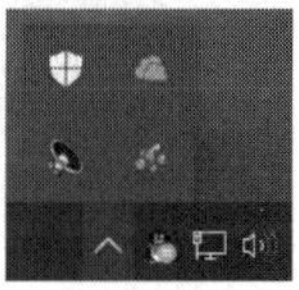

图 7-9　显示隐藏的图标

- 语言栏：该栏用于显示系统中当前正在使用的输入法和语言，如图 7-10 所示。
- 时间区域和【显示桌面】按钮：时间区域位于任务栏的最右侧，用于显示和设置系统时间。单击时间区域右侧的【显示桌面】按钮，将快速最小化系统中所有打开的窗口，显示系统桌面。单击时间区域和【显示桌面】按钮之间的【通知】按钮，可以显示系统通知信息，如图 7-11 所示。

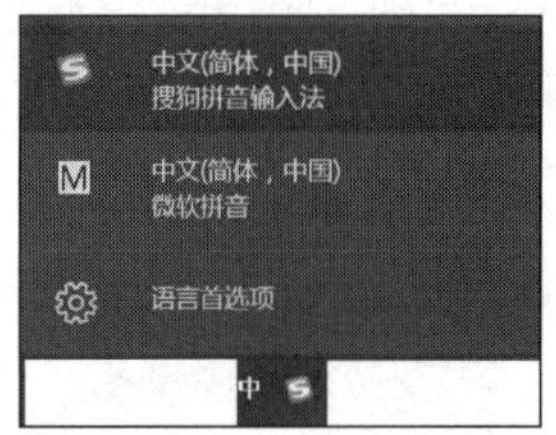

图 7-10　语言栏

图 7-11　时间区域

7.2　Windows 10 的窗口与对话框

窗口是 Windows 操作系统中的重要组成部分，系统中很多操作都需要通过窗口来完成。对话框是用户在操作过程中系统打开的一种特殊窗口，在对话框中用户可通过对选项进行选择和设置，执行某项特定的操作。

7.2.1　窗口的组成

窗口相当于桌面上的一块工作区域。用户可以在窗口中对文件、文件夹或程序进行操作。

双击桌面上的【此电脑】图标，将打开 Windows 10 系统中的标准窗口——【此电脑】窗口。该窗口主要由标题栏、【文件】按钮、地址栏、搜索栏、窗口工作区等元素组成，如图 7-12 所示。

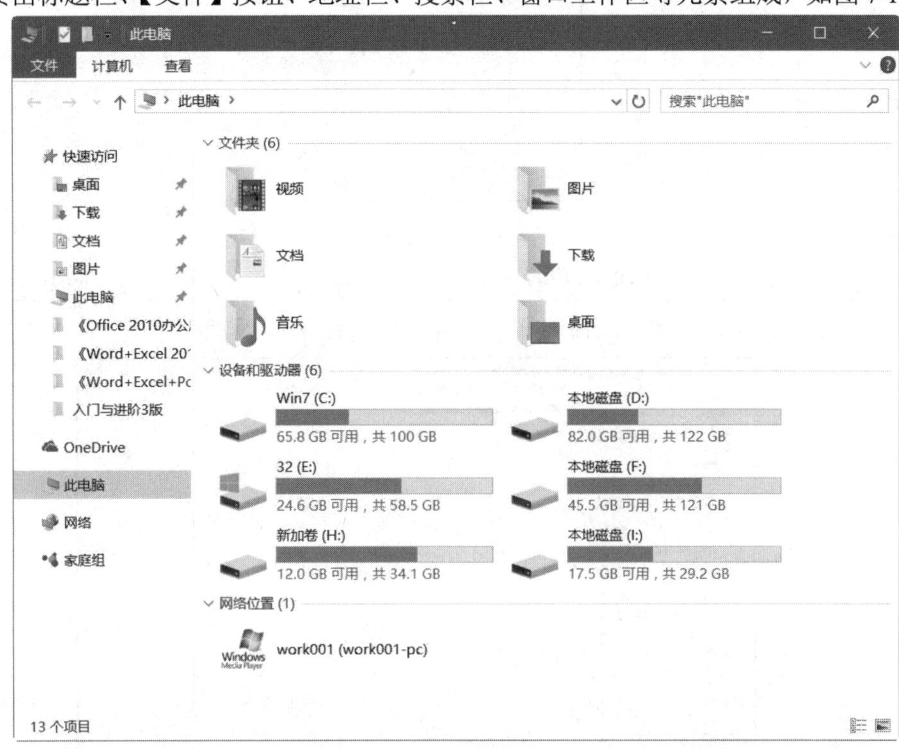

图 7-12　Windows 系统中的标准窗口

- 标题栏：标题栏位于窗口的最顶端，其最右侧包括【最小化】【最大化/还原】【关闭】3 个按钮。其左侧显示快速访问工具栏，用户可以通过自定义设置在其中添加各种快捷按钮。用户可以通过标题栏执行移动窗口、改变窗口大小和关闭窗口等操作。
- 【文件】按钮：在标题栏下是【文件】按钮，单击该按钮后将弹出图 7-13 所示的菜单。
- 选项卡栏：【文件】按钮右侧为选项卡栏，如图 7-14 所示。选项卡栏中提供了一些基本窗口命令。

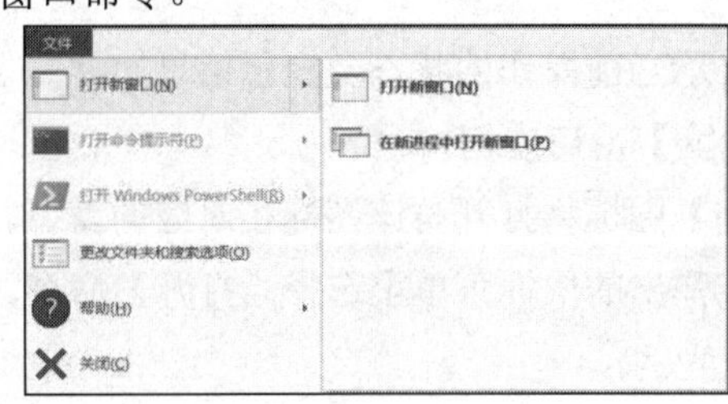

图 7-13　【文件】菜单

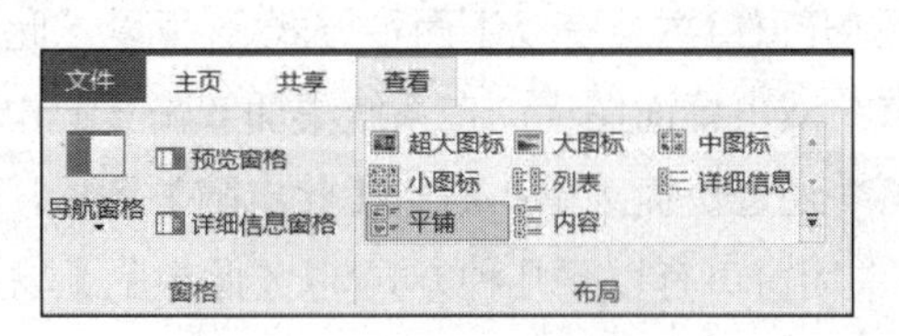

图 7-14　选项卡栏

- 地址栏：用于显示和输入当前浏览位置的详细路径信息。单击地址栏中的【›】按钮，将弹出子文件夹选择列表，在该列表中选择相应的文件夹名称即可跳转至对应的文件夹，如图 7-15 所示。

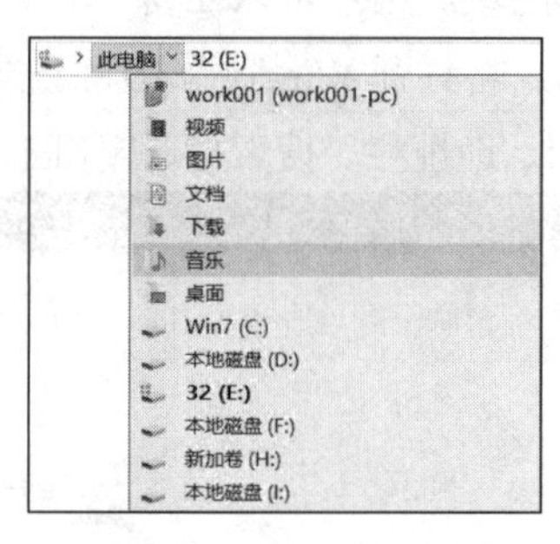

图 7-15　使用地址栏

- 搜索栏：窗口右上角的搜索栏具有在计算机中搜索各种文件的功能。搜索文件时，地址栏中将显示图 7-16 所示的搜索进度，如图 7-16 所示。

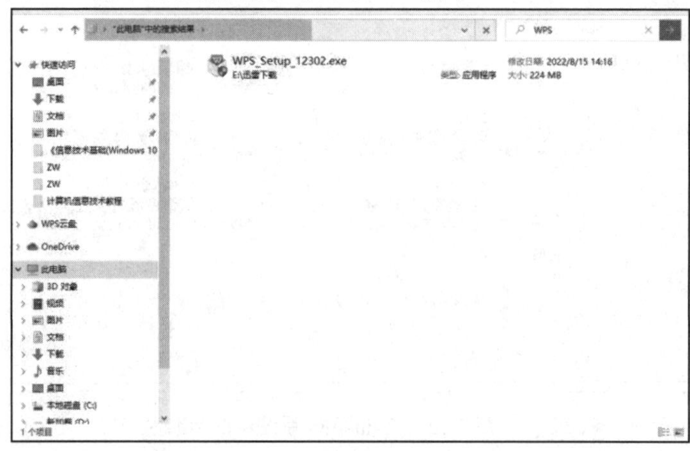

图 7-16　使用搜索栏

- 导航窗格：导航窗格位于窗口左侧，它给用户提供了树状结构文件夹列表，可以方便用户快速定位所需的目标。导航窗格从上到下分为不同的类别，通过单击每个类别左侧的箭头，可以展开或者合并类别。
- 窗口工作区：用于显示窗口中主要的内容，如文件夹、磁盘驱动器等。它是窗口中最主要的部位。
- 状态栏：状态栏位于窗口的底部，用于显示当前操作的状态及提示信息。

打开窗口主要有以下两种方式(这里以【此电脑】窗口为例)。

- 双击桌面图标：在系统桌面双击【此电脑】图标将打开与该图标相对应的窗口。
- 通过快捷菜单：右击【此电脑】图标，在弹出的快捷菜单上选择【打开】命令。

关闭窗口有以下几种方式(以【此电脑】窗口为例)。

- 单击【关闭】按钮：单击窗口标题栏右侧的【关闭】按钮，即可将【此电脑】窗口关闭。
- 使用标题栏：右击窗口标题栏，在弹出的快捷菜单中选择【关闭】命令即可关闭窗口，如图 7-17 所示。

- 使用任务栏：右击任务栏上的窗口图标，在弹出的快捷菜单中选择【关闭窗口】命令，如图 7-18 所示。

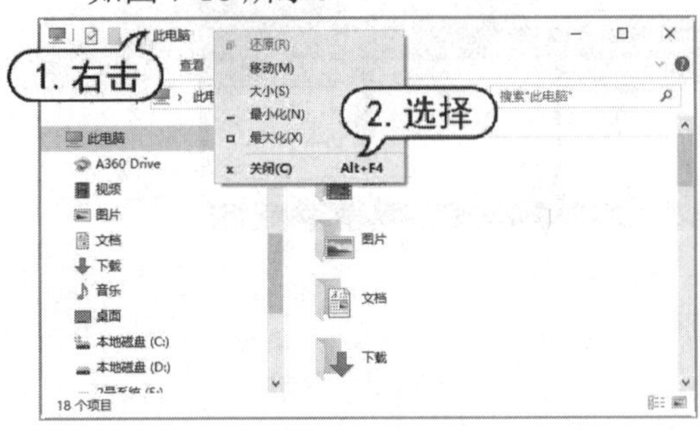

图 7-17　关闭窗口

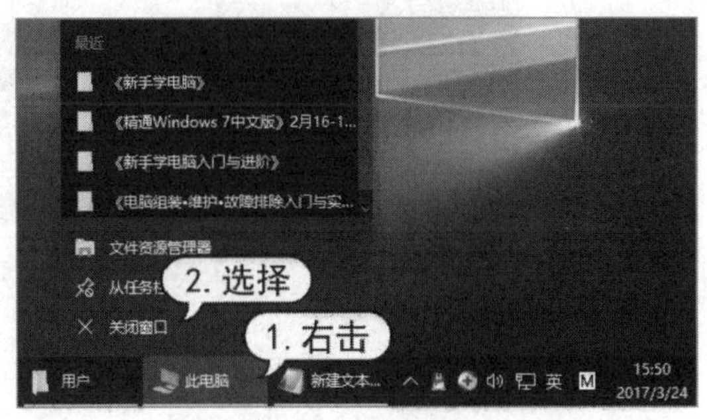

图 7-18　使用任务栏关闭窗口

7.2.2　窗口的切换和排列

在操作系统中打开多个窗口后，用户可以在打开的窗口之间相互切换或排列窗口顺序。

1. 预览和切换窗口

Windows 10 操作系统提供了多种方式来让用户便捷地预览和切换窗口。

- 按 Alt+Tab 组合键预览窗口：在按下 Alt+Tab 组合键后，任务栏中会显示当前打开的窗口的缩略图，其中除了当前选定的窗口，其他窗口都呈现透明状态。按住 Alt 键不放，再按 Tab 键或滚动鼠标滚轮就可以在打开的窗口缩略图之间切换。
- 通过任务栏图标预览窗口：用户将鼠标指针移至任务栏中某个窗口图标上时，系统将显示与该图标相关的所有已打开窗口的预览窗格，单击其中某个预览窗格，即可切换至对应的窗口，如图 7-19 所示。

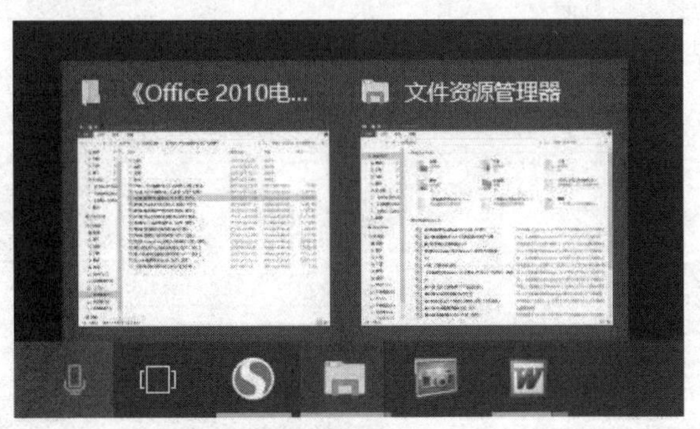

图 7-19　通过任务栏图标预览窗口

- 按 Win+Tab 组合键切换窗口：当用户按下 Win+Tab 组合键切换窗口时，切换效果与单击【任务视图】按钮一样。按住 Win 键不放，再按 Tab 键或滚动鼠标滚轮即可在当前打开的窗口之间相互切换，如图 7-20 所示。

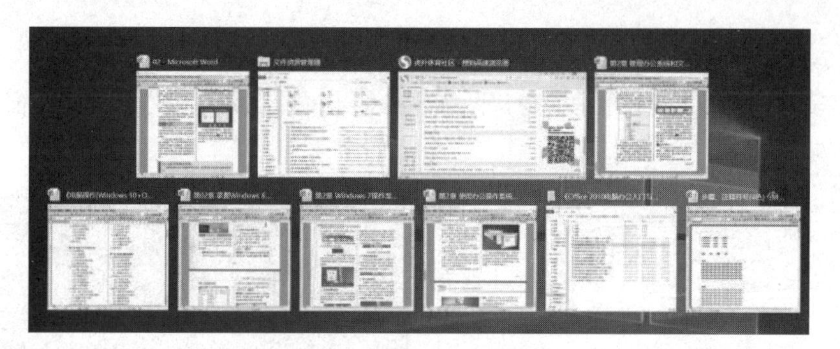

图 7-20　按 Win+Tab 组合键切换窗口

2. 排列窗口

Windows 10 操作系统提供层叠窗口、堆叠显示窗口和并排显示窗口 3 种窗口排列方案，使用这些方案可以使窗口按系统指定的方式排列。

打开多个窗口后在任务栏的空白处右击鼠标，在弹出的快捷菜单中选择【层叠窗口】命令，如图 7-21 所示。此时，当前打开的所有窗口(除了最小化的窗口)将会以层叠的方式在桌面上显示，如图 7-22 所示。

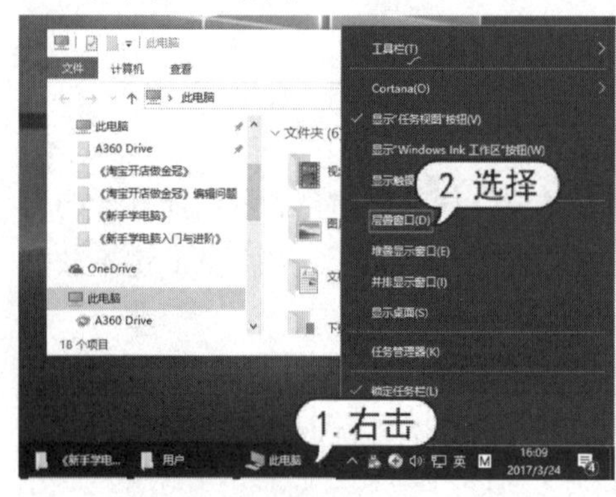

图 7-21　选择【层叠窗口】命令

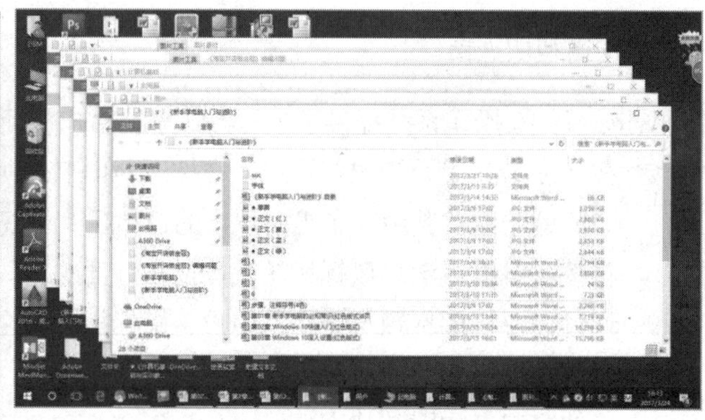

图 7-22　层叠显示窗口

在弹出的如图 7-21 所示的快捷菜单中选择【堆叠显示窗口】命令，则打开的所有窗口(除了最小化的窗口)将会以堆叠的方式在桌面上显示，如图 7-23 所示。

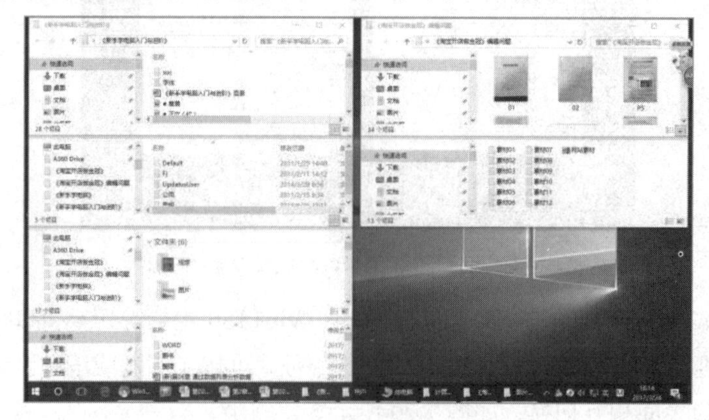

图 7-23　堆叠显示窗口

在弹出的快捷菜单中选择【并排显示窗口】命令，则打开的所有窗口(除了最小化的窗口)将会以并排的方式在桌面上显示，如图 7-24 所示。

图 7-24　并排显示窗口

7.2.3　调整窗口大小

除了使用窗口标题栏的【最大化】【最小化】按钮，用户还可以通过拖动窗口的方法来改变窗口的大小。将鼠标指针移至窗口四周的边框或 4 个角上，当光标变成双箭头形状时，按住鼠标左键不放拖动即可调整窗口大小，具体操作如下。

(1) 双击系统桌面上的【此电脑】图标，打开【此电脑】窗口。

(2) 将鼠标光标放在【此电脑】窗口标题栏至屏幕的最上方，当光标碰到屏幕的上方边沿时，按住鼠标左键拖动即可调整窗口的高度。将鼠标指针放在窗口左侧或右侧的边框上，按住鼠标左键拖动，可以调整窗口的宽度，如图 7-25 所示。

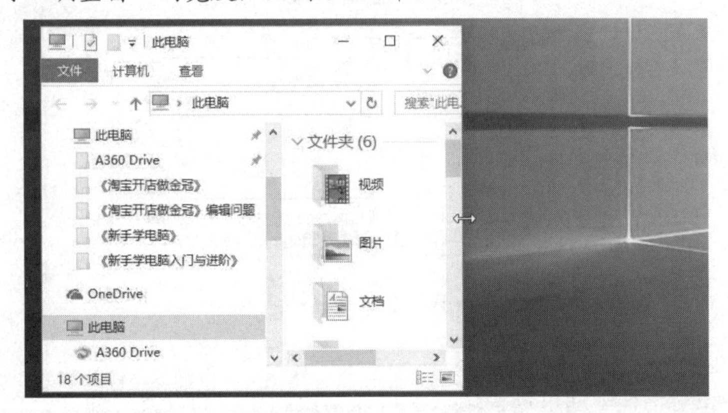

图 7-25　调整窗口宽度

(3) 将鼠标指针放在窗口标题栏上，按住鼠标左键拖动窗口的位置，当光标碰到系统桌面的右边边沿时，释放鼠标左键，窗口将占据桌面一半区域，如图 7-26 所示。

图 7-26　占据桌面一半的窗口

(4) 同样，将窗口移到屏幕左侧边沿也会将窗口大小调整为占系统桌面靠左边一半区域。

7.2.4　对话框的组成

对话框是 Windows 操作系统中的次要窗口，其中包含了各种按钮和命令。通过对话框用户可以执行特定的操作和设置。对话框和窗口的最大区别是对话框的标题栏右侧没有【最大化】和【最小化】按钮，并且不能改变大小。

对话框中的可操作元素主要包括按钮、选项卡、单选按钮、复选框、文本框、列表框和数值框等(但并不是所有的对话框都包含这些元素)，如图 7-27 所示。

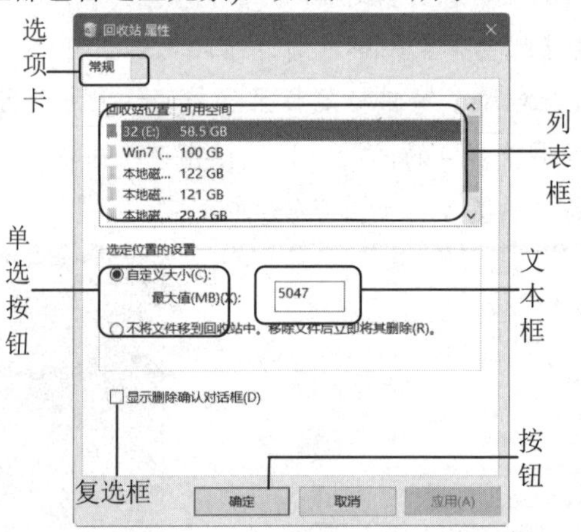

图 7-27　对话框

对话框中各元素的作用如下。

- 选项卡：在对话框中通过选择选项卡可以切换到相应的设置界面。
- 列表框：列表框在对话框中以矩形框的形式显示，其中列出了多个选项供用户选择(列表框有时也会以下拉列表框的形式显示)。
- 单选按钮：单选按钮往往成组出现，用户只能选择一组单选按钮中的一项，被选中的单选按钮中将会显示一个黑点。

- 复选框：复选框则是一些可重复选择选项，用户可根据需要选中某一个复选框，或取消复选框的选中状态。当选中某个复选框时，这个复选框内会出现“√”标记，代表启用某项功能或选项。
- 文本框：文本框主要用来接收用户输入的信息。
- 数值框：数值框用于输入数值，其由文本框和微调按钮组成。在数值框中单击微调按钮可以增加或减少数值(用户也可以在数值框中直接输入所需的数值)，如图 7-28 所示。
- 下拉列表框：下拉列表框是一个带有下拉按钮的文本框，用来在多个项目中选择一个，选中的项目将在下拉列表框内显示。当单击下拉列表框右边的下三角按钮时，将出现一个下拉列表供用户选择，如图 7-29 所示。

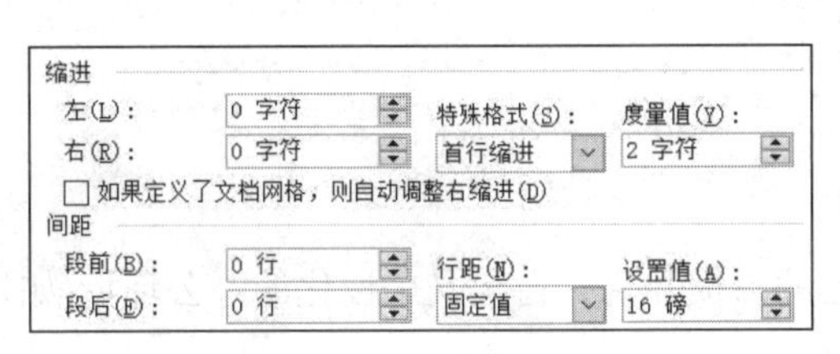

图 7-28　数值框

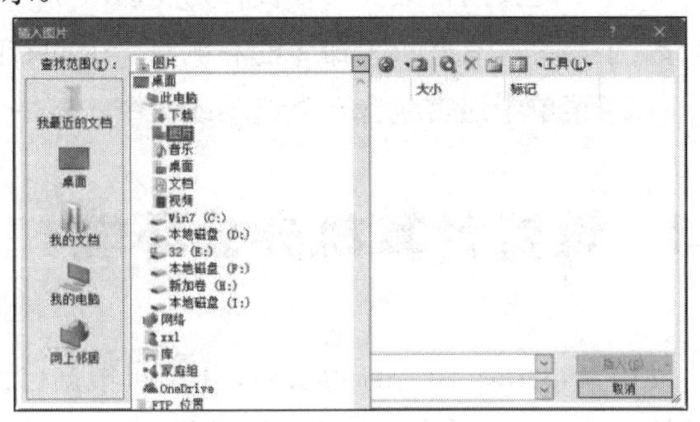

图 7-29　下拉列表框

7.2.5　使用菜单

菜单是应用程序中的命令集合，一般位于窗口顶部的菜单栏中，菜单栏通常由多层菜单组成，每层菜单包含若干命令。要访问菜单，用户需要使用鼠标选择菜单栏中的命令。一般来说，菜单中的命令包含以下几种。

- 可执行命令和不可执行命令：菜单中可以执行的命令以黑色显示，不可执行的命令以灰色显示(当满足相应的条件时，不可执行的命令会变为可执行命令)，如图 7-30 所示。
- 快捷键命令：有些命令的右边有快捷键，通过使用这些快捷键，用户可以快速、直接地执行相应的菜单命令，如图 7-31 所示。

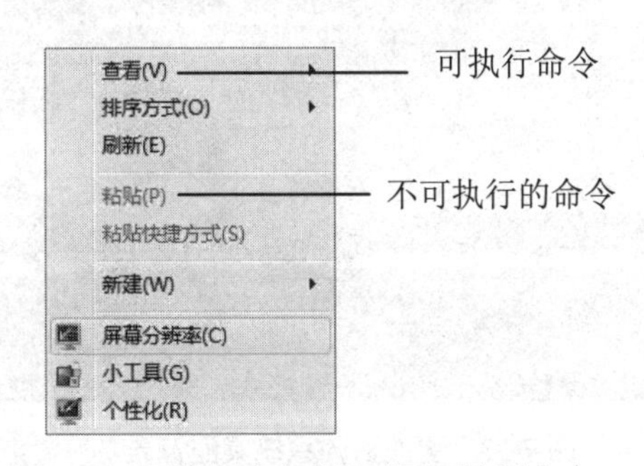

图 7-30　可执行命令和暂时不可执行命令

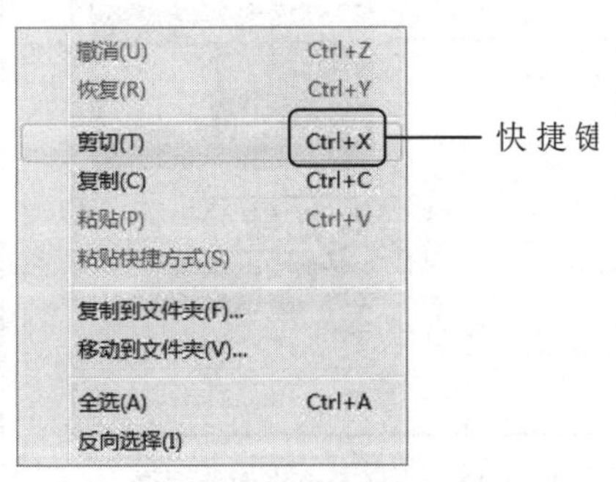

图 7-31　快捷键命令

- 带大写字母的命令：菜单命令中有许多命令的后面都有一对括号，括号中有一个大写字母(通常是菜单命令的英文名称的第一个字母)。当菜单处于激活状态时，在键盘上键入相应的字母，可执行相应的菜单命令。
- 带省略号的命令：如果命令的后面有省略号，表示在选择该命令后，将打开对话框或窗口，完成一些设置或执行其他更多的操作。
- 单选命令：在有些菜单命令中，一组命令中用户只能选中一个命令，当前选中该命令时其左侧会出现单选标记“•”。
- 复选命令：在有些菜单命令中，选择某个命令后，该命令的左边将出现复选标记“√”，表示此命令正在发挥作用；再次选择该命令，该命令左边的标记“√”消失，表示该命令不起作用，此类命令被称为复选命令。
- 子菜单：有些菜单命令的右侧有一个向右的箭头，将光标指向该命令，将弹出子菜单，子菜单中通常包含一类选项或命令。

7.3 设置计算机办公环境

使用 Windows 10 系统办公时，用户可根据自己的习惯和喜好自定义个性化的办公环境(如设置系统桌面背景、设置系统界面颜色等)。

7.3.1 更改桌面背景

桌面背景就是 Windows 10 中系统桌面的背景图案(又称为“墙纸”)。启动 Windows 10 后，其系统桌面背景默认采用系统安装时的默认设置，用户可以根据自己的喜好更换系统桌面的背景。

(1) 右击系统桌面空白处，从弹出的快捷菜单中选择【个性化】命令。

(2) 打开【设置】窗口，在【选择图片】列表框中选择一张图片，如图 7-32 所示。

(3) 此时桌面背景将改变，效果如图 7-33 所示。

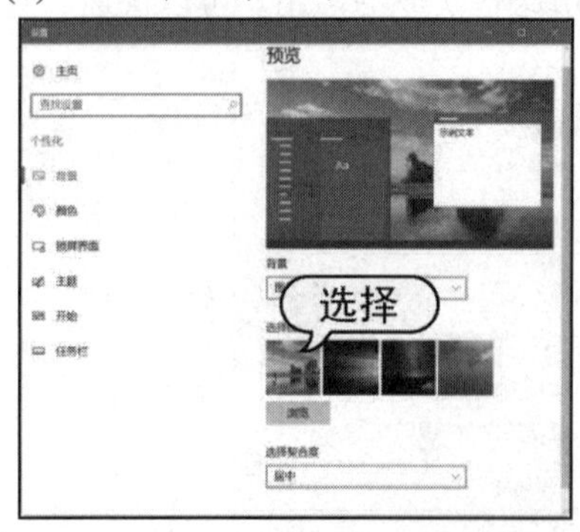

图 7-32　选择系统桌面背景图

图 7-33　更改后的系统桌面背景

提示

在"选择图片"列表框中单击【浏览】按钮，在打开的【打开】对话框中用户可以设置将计算机硬盘中存储的图片作为系统桌面背景。

7.3.2　设置屏幕保护程序

屏幕保护程序是指在一定时间内，因为没有使用鼠标或键盘进行任何操作而在屏幕上显示的画面。屏幕保护程序对显示器有保护作用，能使显示器处于节能状态。下面在系统中设置使用【3D 文字】作为屏幕保护程序。

(1) 在桌面上右击，从弹出的快捷菜单中选择【个性化】命令，打开【设置】窗口。

(2) 选择【主题】选项卡，单击【主题设置】选项，如图 7-34 所示。

(3) 打开【个性化】窗口，单击【设置屏幕保护】选项，如图 7-35 所示。

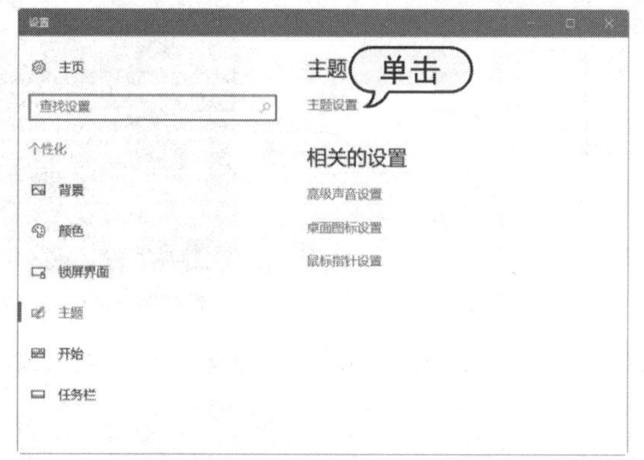

图 7-34　【主题】选项卡

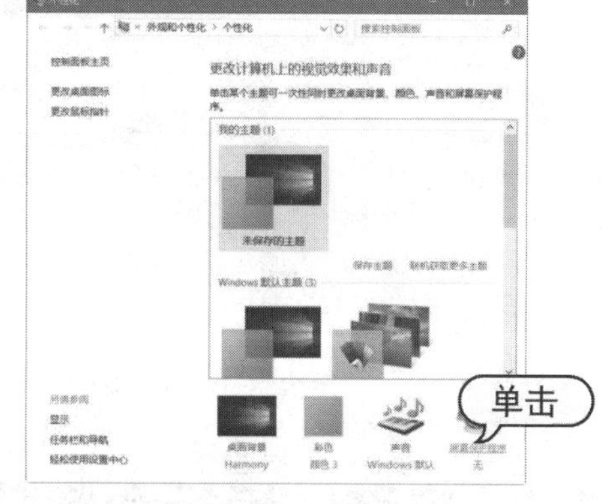

图 7-35　【个性化】窗口

(4) 打开【屏幕保护程序设置】对话框，将【屏幕保护程序】设置为【3D 文字】选项，将【等待】设置为 1 分钟，然后单击【确定】按钮，如图 7-36 所示。

(5) 在屏幕静止时间超过设定的等待时间后(鼠标和键盘均没有任何动作)，系统将自动启动屏幕保护程序，如图 7-37 所示。

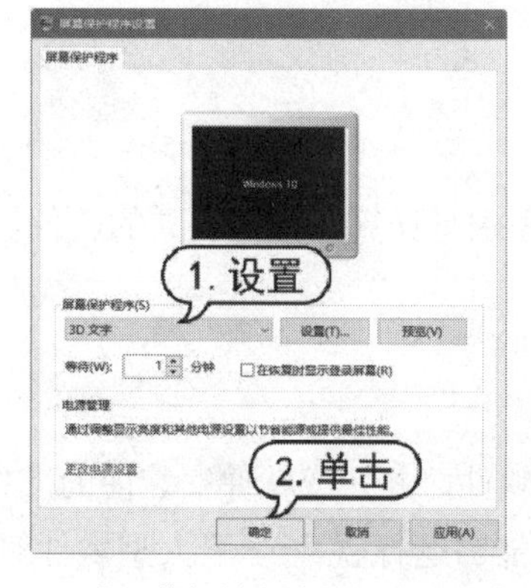

图 7-36　【屏幕保护程序设置】对话框

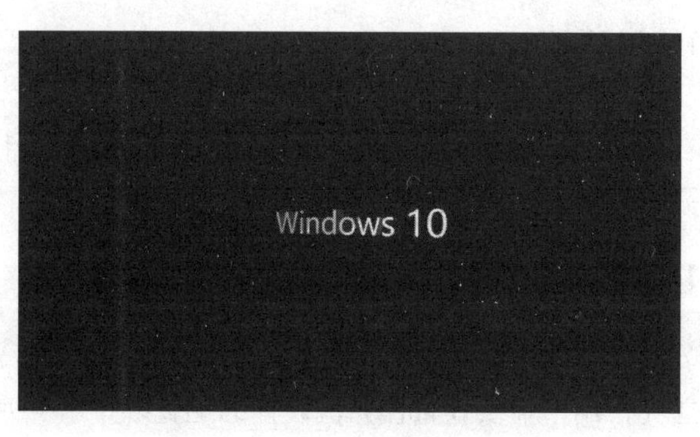

图 7-37　启动屏幕保护程序

7.3.3 设置界面颜色

在 Windows 10 操作系统中，用户可根据自己的喜好自定义系统界面颜色(包括窗口、【开始】菜单以及任务栏的颜色)。

(1) 在桌面上右击，从弹出的快捷菜单中选择【个性化】命令，打开【设置】窗口。

(2) 选择【颜色】选项卡，启用【使“开始”菜单、任务栏和操作中心透明】选项，如图 7-38 所示。此时任务栏将变透明，如果将窗口移动至任务栏，将显示透光玻璃效果。

(3) 在【主题色】中选择绿色，如图 7-39 所示，此时窗口以及任务栏的界面颜色都更换为绿色。

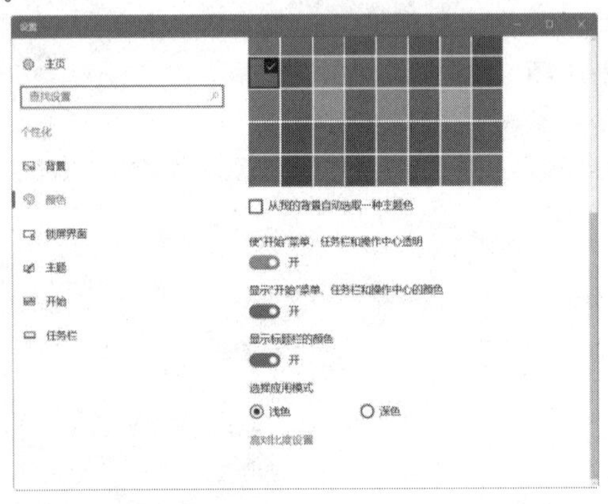

图 7-38　启用选项

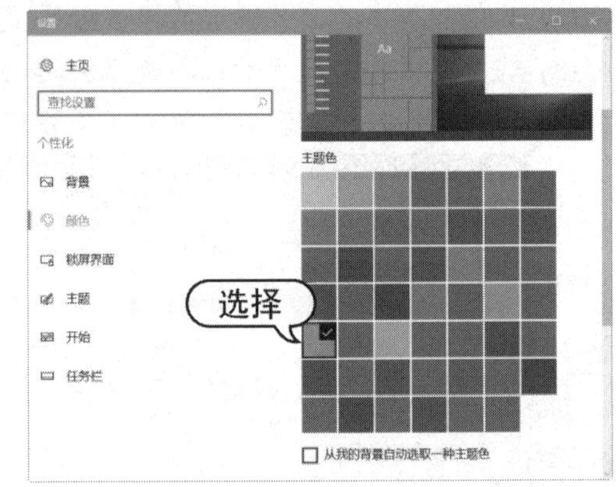

图 7-39　选择主题色

7.4 安装、运行和卸载软件

使用计算机离不开软件的支持，操作系统和应用程序都属于软件。Windows 10 操作系统提供了一些用于文字处理、图片编辑、多媒体播放的程序组件，但是这些程序组件可能无法满足用户实际应用的需求。因此在安装操作系统之后，用户经常需要安装与卸载软件。

7.4.1 安装软件

在为计算机安装软件之前，用户首先要选择适合自己需求且计算机允许安装的软件，然后再按照一定步骤来安装软件。

1. 安装软件前的准备

安装一款软件前，用户首先要了解计算机能否支持该软件，并完成软件安装前的准备工作。

首先，用户需要检查计算机硬件的配置，了解其是否能够运行软件(一般大型软件对计算机硬件的配置要求较高)。

获取软件安装程序(用户可以通过两种方式来获取安装程序：第一种是从网上下载安装程序，第二种是购买安装光盘)。正版软件一般都有安装序列号(也叫注册码)。安装软件时必须输入正确的安装序列号，才能够正常安装软件。用户可以通过网络注册和手机支付购买等方式获取软件的安装序列号。

2. 安装软件

完成软件安装的准备工作之后，用户可以参考以下方法在计算机中安装软件。

【例 7-1】 安装“微信 PC 版”软件。 视频

(1) 双击“微信 PC 版”软件安装程序文件，如图 7-40 所示。

(2) 在打开的安装界面中单击【浏览】按钮，如图 7-41 所示。

图 7-40　双击安装程序文件

图 7-41　单击【浏览】按钮

(3) 打开【浏览文件夹】对话框，选择 D 盘为安装目录，单击【确定】按钮，如图 7-42 所示。

(4) 返回安装界面，选中【我已阅读并同意服务协议】复选框，单击【安装微信】按钮，如图 7-43 所示。

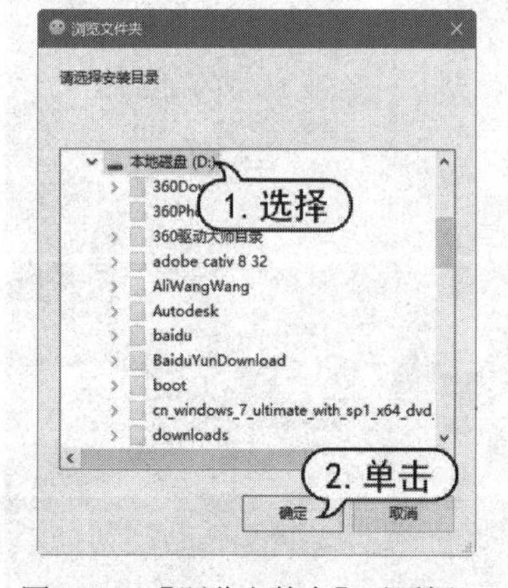

图 7-42　【浏览文件夹】对话框

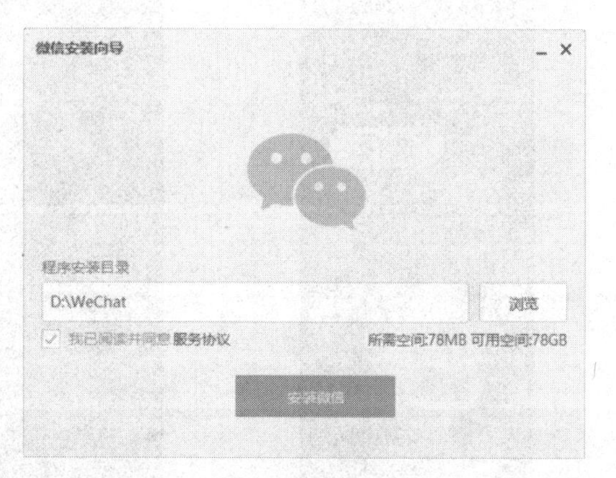

图 7-43　单击【安装微信】按钮

(5) 此时将开始安装软件并显示安装进度条，如图 7-44 所示。

(6) 软件安装完毕后，单击【开始使用】按钮将启动安装的软件，如图 7-45 所示。

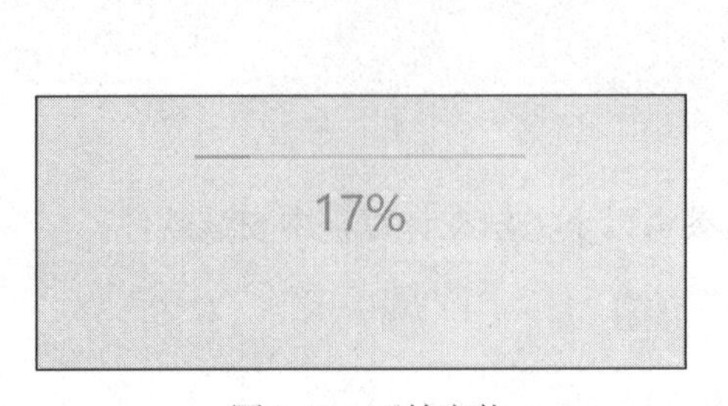

图 7-44　开始安装

图 7-45　单击【开始使用】按钮

7.4.2　运行软件

在 Windows 10 系统中，用户可以使用以下方式运行软件。

- 通过【开始】菜单运行软件：单击【开始】按钮，在弹出的菜单中选择要运行的软件名称，如图 7-46 所示。
- 通过【开始】屏幕运行软件：在【开始】菜单中右击软件名称，在弹出的快捷菜单中选择【固定到“开始”屏幕】命令，将软件以图标的形式添加到【开始】屏幕。此时，单击【开始】屏幕中的软件图标即可运行相应的软件，如图 7-47 所示。
- 通过系统桌面图标运行软件：双击 Windows 10 系统桌面上的软件快捷图标即可运行相应的软件。
- 通过任务栏的快速启动工具栏运行软件：在【开始】菜单中右击软件图标，在弹出的快捷菜单中选择【更多】|【固定到任务栏】选项，将软件启动图标加入系统桌面任务栏中。单击任务栏中的软件启动图标即可运行相应的软件。

图 7-46　通过【开始】菜单运行软件

图 7-47　通过【开始】屏幕运行软件

7.4.3　卸载软件

卸载计算机软件时可采用以下两种方法。

- 在【开始】菜单中右击需要卸载的软件图标，从弹出的快捷菜单中选择【卸载】命令。
- 打开【控制面板】窗口，单击【程序和功能】选项，在打开的【程序和功能】窗口中卸载软件。

下面介绍通过【程序和功能】窗口卸载软件的具体操作。

(1) 右击【开始】按钮，从弹出的快捷菜单中选择【控制面板】命令，如图 7-48 所示。

(2) 打开【控制面板】窗口，单击其中的【卸载程序】选项，如图 7-49 所示。

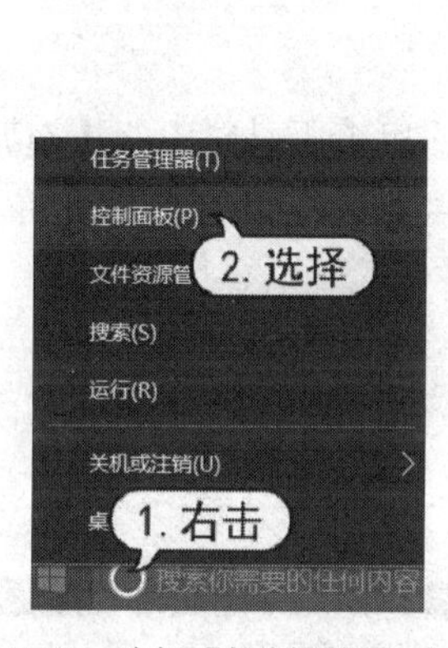

图 7-48　选择【控制面板】命令

图 7-49　单击【卸载程序】选项

(3) 打开【程序和功能】窗口，右击窗口中需要卸载的软件名称，在弹出的快捷菜单中选择【卸载/更改】命令，如图 7-50 所示。

(4) 在打开的对话框中单击【继续卸载】按钮即可，如图 7-51 所示。

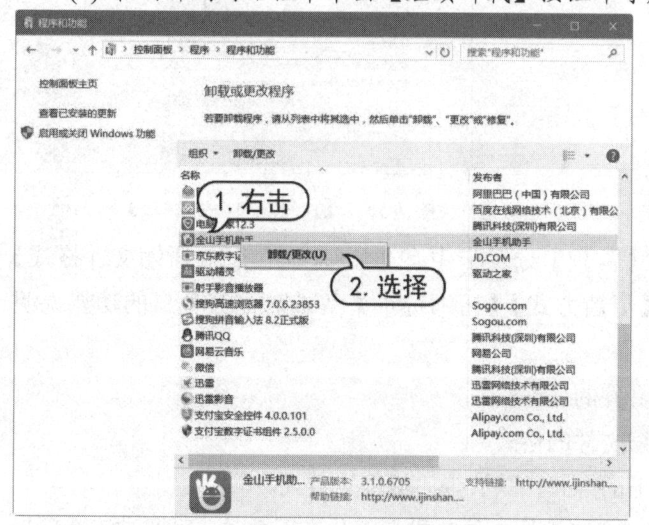

图 7-50　【程序和功能】窗口

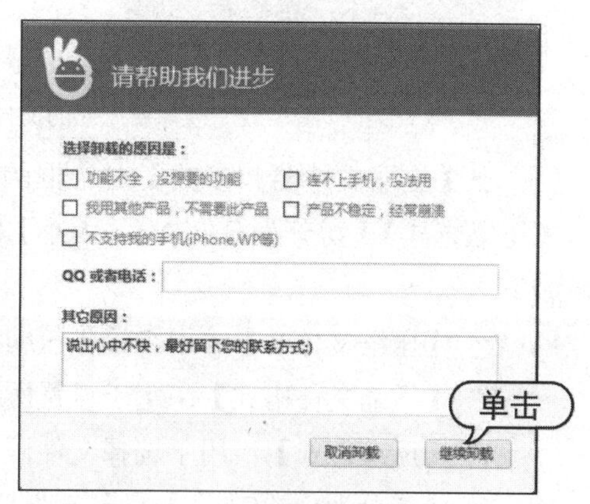

图 7-51　卸载软件

7.5 WinRAR 压缩软件

在使用计算机的过程中，经常会用到一些容量比较大的文件或是比较零碎的文件。这些文件存储在计算机硬盘中会占据比较大的空间，也不利于计算机文件的管理。此时，可以使用 WinRAR 软件将这些文件压缩，以便管理和保存。

7.5.1 压缩文件

WinRAR 是目前最常见的文件压缩软件。该软件界面友好、使用方便，能够创建自释放压缩文件，并修复损坏的压缩文件。使用 WinRAR 软件压缩文件的方法有两种，下面将分别介绍。

1. 通过 WinRAR 的主界面来压缩

启动 WinRAR 软件后选择要压缩的文件，如图 7-52 所示，单击工具栏中的【添加】按钮，打开【压缩文件名和参数】对话框，在【压缩文件名】文本框中输入压缩文件名称，单击【确定】按钮即可开始压缩文件，如图 7-53 所示。

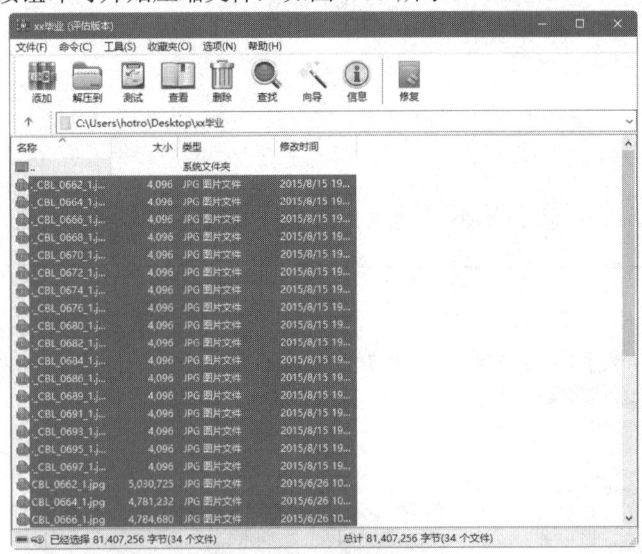

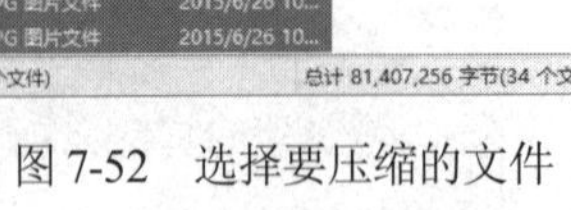

图 7-52　选择要压缩的文件

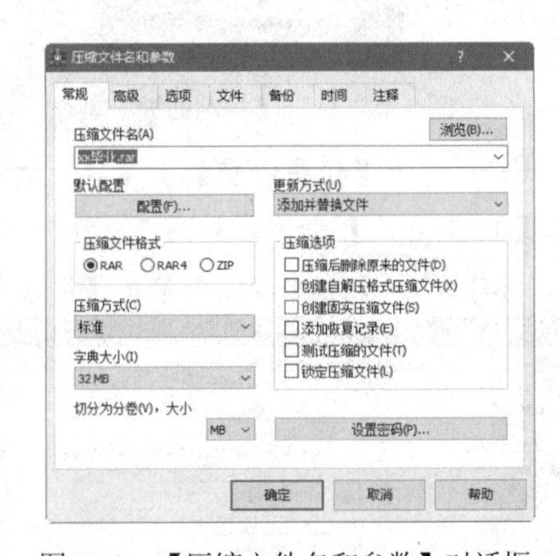

图 7-53　【压缩文件名和参数】对话框

在【压缩文件名和参数】对话框的【常规】选项卡中有【压缩文件名】【压缩文件格式】【压缩方式】【切分为分卷(V)，大小】【更新方式】【压缩选项】等选项，其各自的功能说明如下。

- 【压缩文件名】：用于输入压缩文件的名称。
- 【压缩文件格式】：用于设置压缩文件的格式。
- 【压缩方式】：用于选择文件压缩的方式，默认为“标准”方式。
- 【切分为分卷(V)，大小】：当把一个较大的文件分成几部分来压缩时，可通过该选项指定每一部分文件的大小。

- 【更新方式】：用于设置压缩文件的更新方式。
- 【压缩选项】：用于设置文件压缩选项(例如，设置压缩完毕后是否删除源文件)。

2. 通过右键快捷菜单压缩文件

WinRAR 成功安装后，系统将自动在文件的右键快捷菜单中添加压缩文件命令，使用这些命令用户可以快速压缩指定的文件。

【例 7-2】 使用右键快捷菜单快速压缩文件。 视频

(1) 选中要压缩的文件后右击鼠标，在弹出的快捷菜单中选择【添加到压缩文件】命令，如图 7-54 所示。

(2) 在打开的【压缩文件名和参数】对话框中输入“压缩图片文件”，单击【确定】按钮，即可开始压缩文件，如图 7-55 所示。

(3) 文件压缩完成后，压缩文件和源文件默认存放在同一目录中。

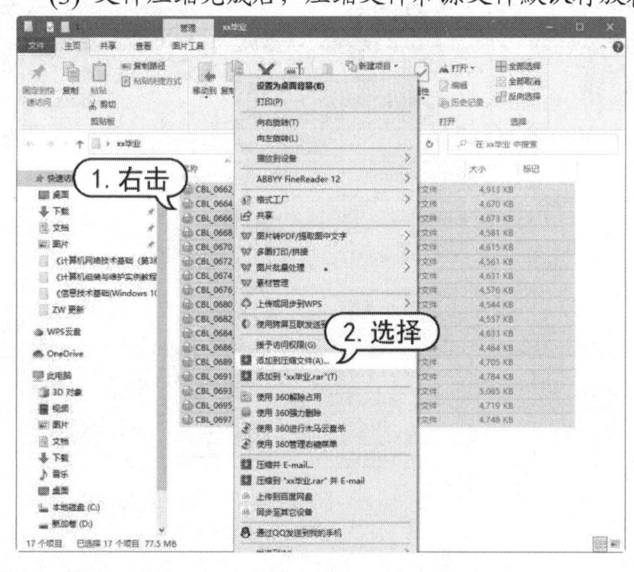

图 7-54　将选中的文件添加到压缩文件

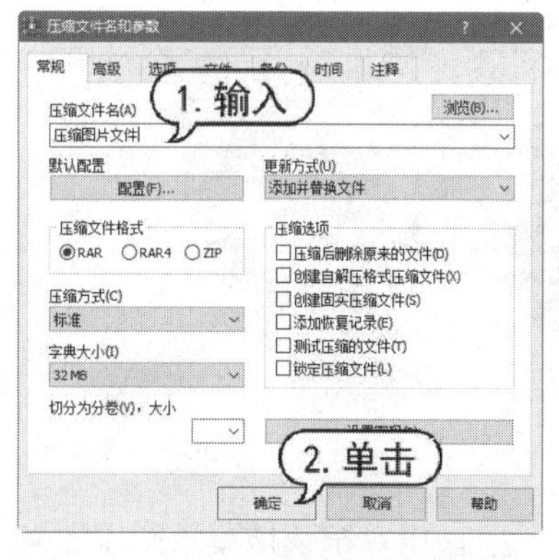

图 7-55　【压缩文件名和参数】对话框

7.5.2　解压文件

压缩的文件必须解压才能查看。使用 WinRAR 解压文件的方法有以下几种。

1. 通过 WinRAR 的主界面解压文件

启动 WinRAR 后在打开的界面中选择【文件】|【打开压缩文件】命令，如图 7-56 所示。在打开的对话框中选择要解压的文件，如图 7-57 所示，然后单击【打开】按钮。此时选中的压缩文件将会被解压，文件解压结果将显示在 WinRAR 主界面的文件列表中。

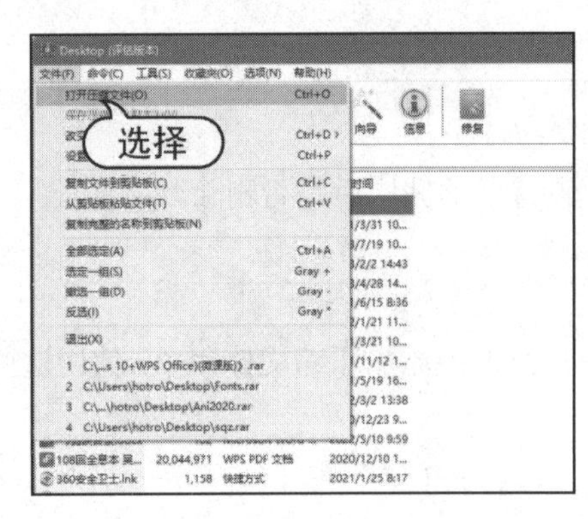

图 7-56　选择【打开压缩文件】命令

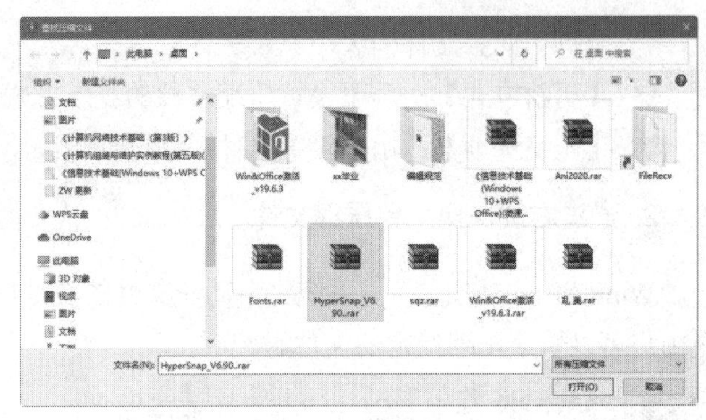

图 7-57　选择要解压的文件

另外，通过 WinRAR 的主界面还可将压缩文件解压到指定的文件夹中。方法是在地址栏内选择压缩文件的路径，并在下面的列表中选中要解压的文件，然后单击【解压到】按钮，如图 7-58 所示。

打开【解压路径和选项】对话框，在【目标路径】中设置文件解压的目标路径后，单击【确定】按钮即可将压缩文件解压到指定的文件夹中，如图 7-59 所示。

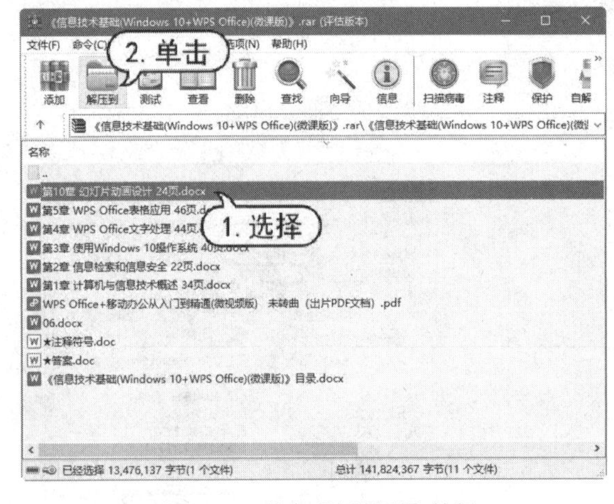

图 7-58　单击【解压到】按钮

图 7-59　【解压路径和选项】对话框

2. 使用右键快捷菜单解压文件

右击要解压的文件，在弹出的快捷菜单中有【解压文件】【解压到当前文件夹】【解压到】3 个相关命令可供选择。它们的具体功能分别如下。

- 选择【解压文件】命令，将打开【解压路径和选项】对话框。在该对话框中用户可对解压后文件的具体参数进行设置(如设置【目标路径】和【更新方式】)。设置完成后，单击【确定】按钮，即可开始解压文件。
- 选择【解压到当前文件夹】命令，WinRAR 将按照默认设置，将压缩文件解压到当前文件夹中。
- 选择【解压到】命令，可将压缩文件解压到当前文件夹，并将解压后的文件保存到和压缩文件同名的文件夹中。

7.5.3　管理压缩文件

在创建压缩文件时，可能会遗漏需要压缩的文件或压缩了无须压缩的文件。这时可以使用 WinRAR 在压缩文件中添加或删除文件。

(1) 使用 WinRAR 打开压缩文件后，单击【添加】按钮。

(2) 打开【请选择要添加的文件】对话框，选择所需添加到压缩文件中的文件，如图7-60 所示，然后单击【确定】按钮。

(3) 在打开的对话框中单击【确定】按钮，即可将文件添加到压缩文件中。

(4) 如果要删除压缩文件中的文件，可以在 WinRAR 的主界面中选中要删除的文件，然后单击【删除】按钮，如图 7-61 所示。

图 7-60　选择需要添加的文件

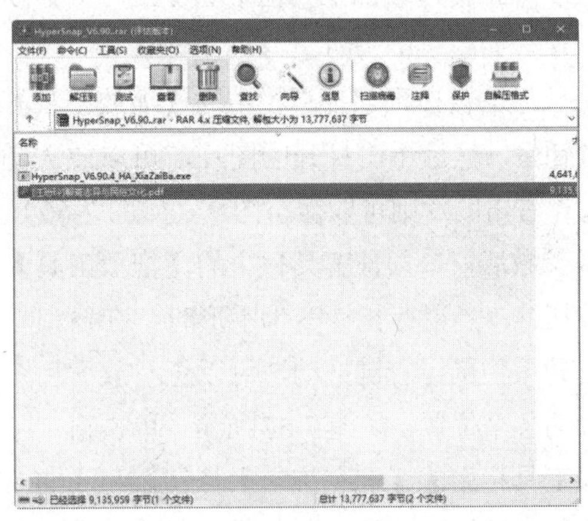

图 7-61　删除压缩文件中的文件

7.6　ACDSee 图片浏览软件

要查看计算机中的图片，就要使用图片浏览软件。ACDSee 是一款非常好用的图片浏览软件，被广泛地应用于图像的获取、管理及优化等方面。另外，使用 ACDSee 内置的图片编辑工具可以轻松处理各类图片。

7.6.1　浏览图片

ACDSee 软件提供了多种查看方式供用户浏览图片，用户在安装 ACDSee 软件后，双击桌面上的 ACDSee 软件图标(如图 7-62 所示)，即可启动该软件。

图 7-62　ACDSee 软件图标

启动 ACDSee 后，在软件界面左侧的【文件夹】列表框中选择图片的存放位置，如图 7-63 所示，双击某张图片的缩略图，即可查看该图片，如图 7-64 所示。

图 7-63　选择图片存放位置

图 7-64　查看图片

单击窗口顶部工具栏中的【上一个】按钮和【下一个】按钮，可以浏览文件夹中的其他图片，如图 7-65 所示。

图 7-65　浏览文件夹中的其他图片

激活窗口顶部工具栏中的【缩放工具】按钮，然后单击打开的图片，可以放大图片；右击图片则可以缩小图片，如图 7-66 所示。激活窗口顶部工具栏中的【拖放工具】按钮，当鼠标指针变为手形时，在窗口单击并按住鼠标左键拖动，可以查看放大后图片的各个位置，如图 7-67 所示。单击窗口顶部工具栏中的【向左旋转】按钮和【向右旋转】按钮，可以向左或向右旋转查看图片。图片浏览结束后，按 Esc 键即可关闭图片浏览窗口。

图 7-66　单击【缩放工具】按钮

图 7-67　使用【拖放工具】

7.6.2　编辑图片

使用 ACDSee 不仅能够浏览图片，还可对图片进行简单的编辑。具体操作步骤如下。

(1) 使用 ACDSee 软件打开包含图片的文件夹，右击需要编辑的图片，在弹出的快捷菜单中选择【编辑】命令，如图 7-68 所示。

(2) 进入图片编辑界面，在窗口左侧的编辑面板中选择【调整大小】选项(如图 7-69 所示)，打开【编辑面板：调整大小】窗格。

(3) 在【编辑面板：调整大小】窗格中，用户可以选择按像素、百分比或实际/打印大小来调整图片的大小。本例选择【百分比】单选按钮，然后调整【宽度】和【高度】文本框中的参数，并单击【完成】按钮，如图 7-70 所示。

(4) 返回图片编辑界面，单击界面左上角的【完成编辑】按钮，在打开的对话框中单击【另存为】按钮。打开【图像另存为】对话框，在【文件名】文本框中输入一个文件名后，单击【保存】按钮，如图 7-71 所示，即可将调整后的图片另存为一个新的图片文件。

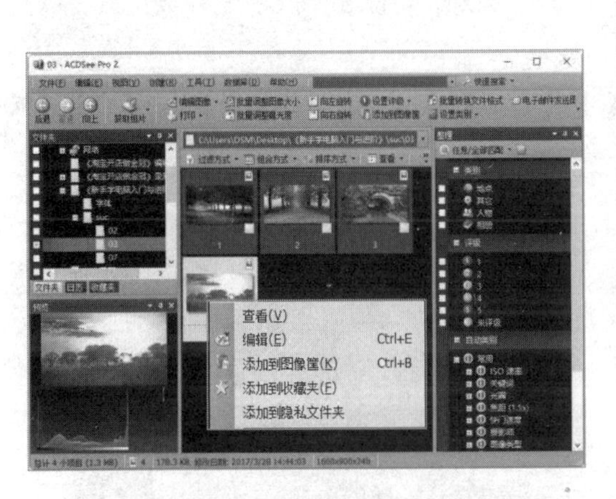

图 7-68　选择【编辑】命令

图 7-69　选择【调整大小】选项

图 7-70　调整图片大小

图 7-71　【图像另存为】对话框

如果用户需要对图片执行裁剪操作，可以参考以下方法。

(1) 双击需要裁剪的图片，将其使用 ACDSee 软件打开。右击打开的图片，在弹出的快捷菜单中选择【编辑】|【编辑模式】命令，进入图片编辑界面，如图 7-72 所示。

(2) 在窗口左侧的面板中选择【裁剪】选项，进入图片裁剪模式，如图 7-73 所示。

图 7-72　选择【编辑模式】命令

图 7-73　选择【裁剪】选项

(3) 在图片裁剪模式中，调整窗口右侧窗格中裁剪框的大小和位置，以确定裁剪区域，然后单击【完成】按钮，如图 7-74 所示。

(4) 返回图片编辑界面，单击窗口左上角的【完成编辑】按钮，在打开的对话框中单击【保存】按钮，图片的裁剪效果如图 7-75 所示。

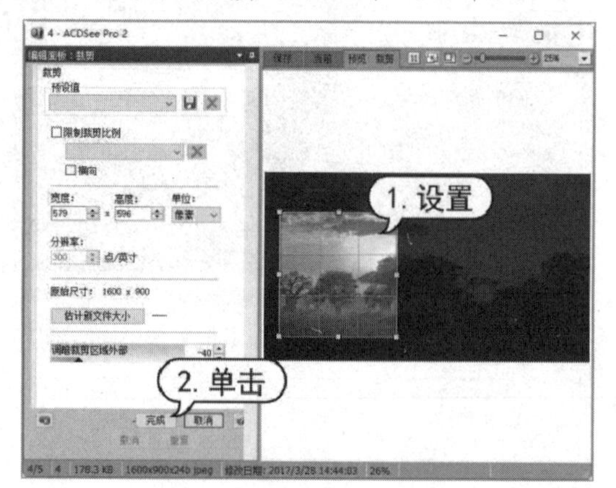

图 7-74　确定剪裁区域

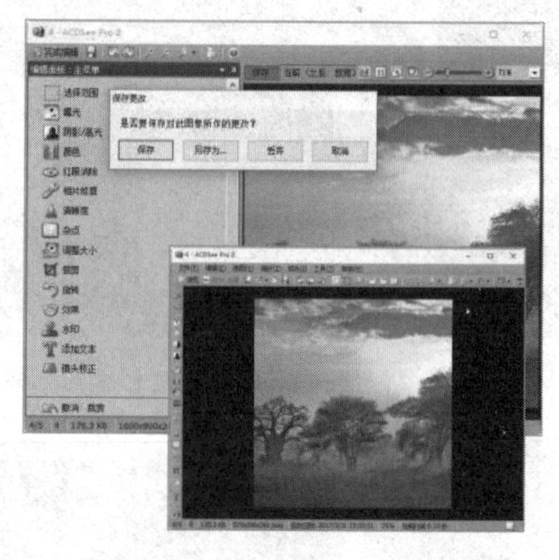

图 7-75　保存裁剪后的图片

7.6.3　转换图片格式

在 ACDSee 中打开一张图片后，用户可以转换图片的格式。打开图片文件后，选择【文件】|【另存为】命令(如图 7-76 所示)，打开【图像另存为】对话框。在该对话框中单击【保存类型】下拉按钮，在弹出的下拉列表中选择一种图片格式类型，单击【保存】按钮即可将图片转换为相应的格式，如图 7-77 所示。

ACDSee 还可以为一组图片批量转换图片格式。在 ACDSee 中按住 Ctrl 键选中所有要转换格式的图片后，右击鼠标，在弹出的快捷菜单中选择【批处理工具】|【批量转换文件格式】命令，打开【批量转换文件格式】对话框，在【格式】列表框中选择一种文件格式，然后单击【下一步】按钮(如图 7-78 所示)，打开【设置输出选项】对话框，再次单击【下一步】按钮，在打开的对话框中单击【开始转换】按钮，如图 7-79 所示。随后，软件将开始转换图片文件的格式，完成后

在打开的对话框中单击【完成】按钮即可。

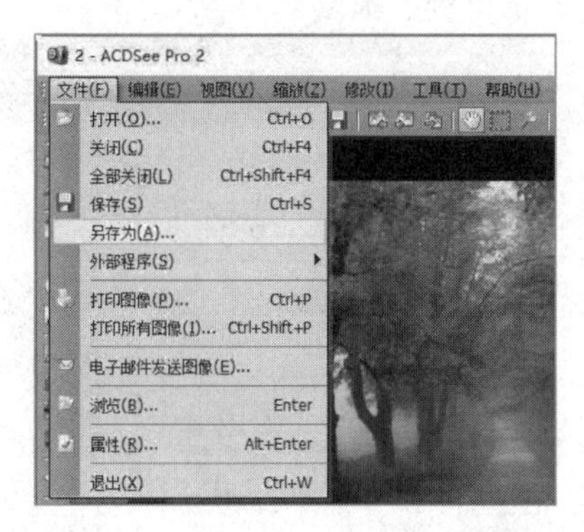

图 7-76　选择【另存为】命令

图 7-77　选择图片文件的保存类型

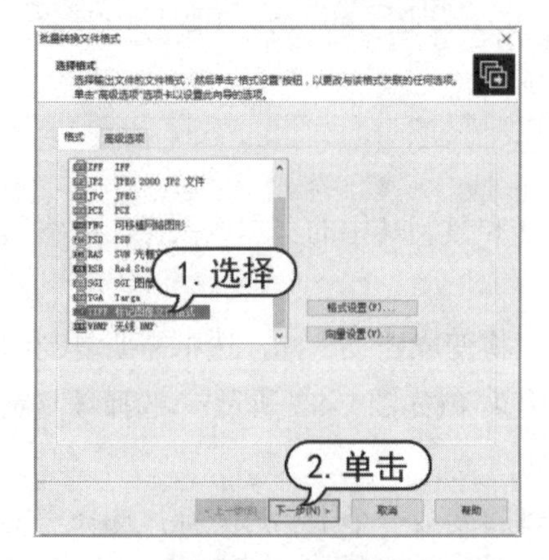

图 7-78　选择转换格式

图 7-79　单击【开始转换】按钮

7.7　Adobe Reader 软件

PDF(Portable Document Format，便携式文档格式)，是由 Adobe Systems 用于与应用程序、操作系统、硬件无关的方式进行文件交换所发展出的文件格式。使用 Adobe Reader 软件可以阅读 PDF 格式的文件。

7.7.1　阅读 PDF 文档

PDF 文件不管是在 Windows、UNIX，还是 macOS 操作系统中都通用。这一特点使它成为在 Internet 上进行电子文档发行和数字化信息传播的理想文档格式。越来越多的电子图书、产品说明、公司文告、网络资料、电子邮件都使用 PDF 格式文件。

使用 Adobe Reader 阅读 PDF 文档的具体方法如下。

(1) 单击工具栏中的【打开】按钮，在打开的对话框中选择要打开的PDF文档，如图7-80所示，然后单击【打开】按钮。

(2) 利用工具栏上的【页面显示】工具调整页面的显示比例，如图7-81所示。

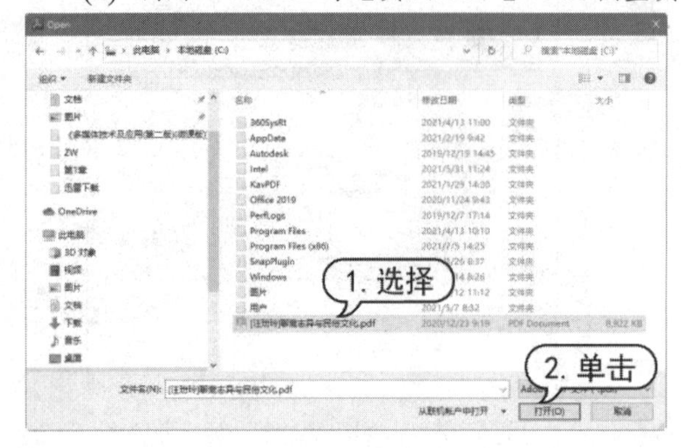

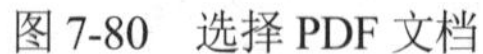
图7-80　选择PDF文档

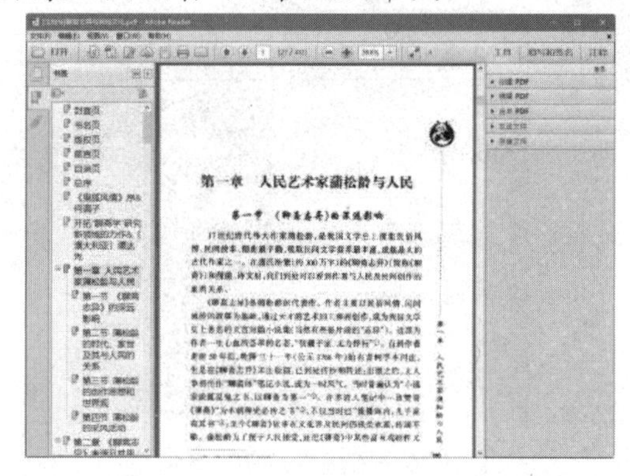

图7-81　调整页面显示比例

7.7.2　选择和复制内容

使用 Adobe Reader 阅读 PDF 文档时，可以选择和复制其中的文本或图像，并将其粘贴到 Word 或记事本等文字处理软件中。

- 复制文字：当鼠标定位在文档的文字部分时，将变成竖线光标，选中需要复制的文字；在被选中的文字高亮显示时，右击，弹出快捷菜单(如图7-82所示)，选择【复制】命令即可。
- 复制图片：当鼠标定位在文档的图片部分时，将变成一个十字形光标，选择需要复制的图片，单击【复制图像】按钮即可，如图7-83所示。

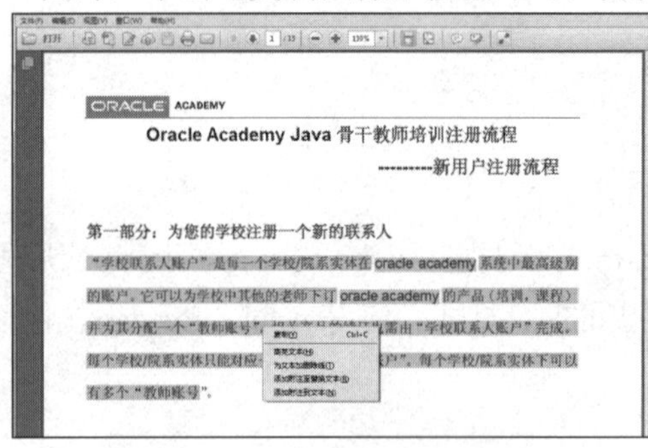

图7-82　复制PDF文档中的文字

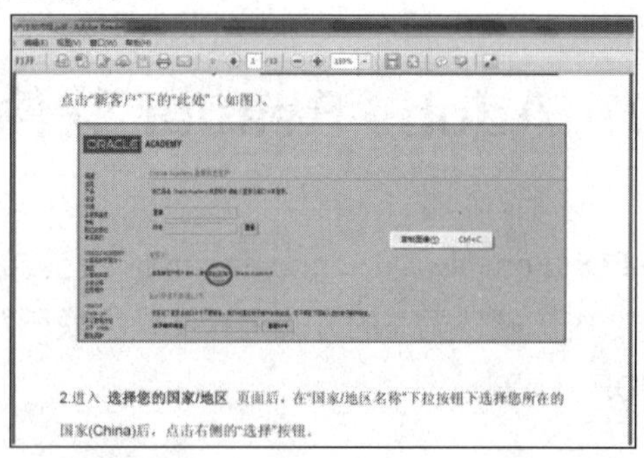

图7-83　复制PDF文档中的图片

7.8　暴风影音播放软件

"暴风影音"是北京暴风科技有限公司推出的一款视频播放器，该播放器兼容大多数的视频和音频格式。暴风影音是目前最为流行的影音播放软件之一，支持超过500种视频格式，其使用领先的 MEE 播放引擎，可以使视频播放非常清晰、流畅。

7.8.1　播放本地影音

“暴风影音”软件可以打开多种格式的视频文件。在计算机中安装暴风影音软件后启动该软件，将打开如图 7-84 所示的软件界面。

暴风影音安装后，系统中视频文件的默认打开方式一般会自动变更为使用暴风影音打开(如果默认打开方式不是暴风影音，用户可右击视频文件，在弹出的快捷菜单中选择【打开方式】命令，将视频文件的默认打开方式设置为暴风影音)，此时直接双击视频文件将自动使用使用暴风影音进行播放，如图 7-85 所示。

图 7-84　暴风影音界面

图 7-85　双击视频文件

另外，用户还可以通过暴风影音软件界面来播放视频文件。启动暴风影音，单击【暴风影音】按钮右边的倒三角按钮，在弹出的下拉菜单中选择【文件】|【打开文件】命令，如图 7-86 所示。在【打开】的对话框中选择需要播放的视频文件，然后单击【打开】按钮即可，如图 7-87 所示。

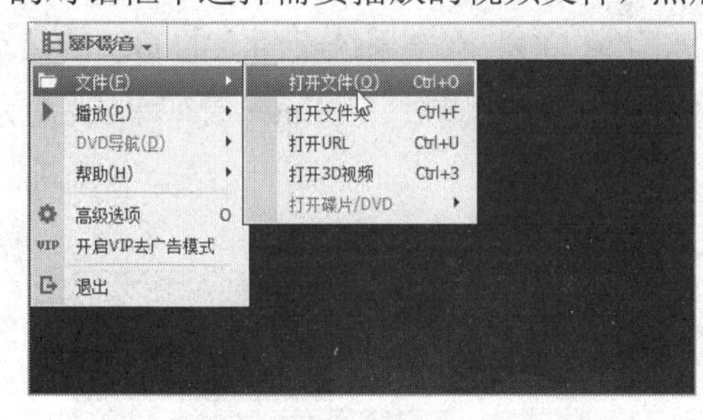

图 7-86　选择【打开文件】命令

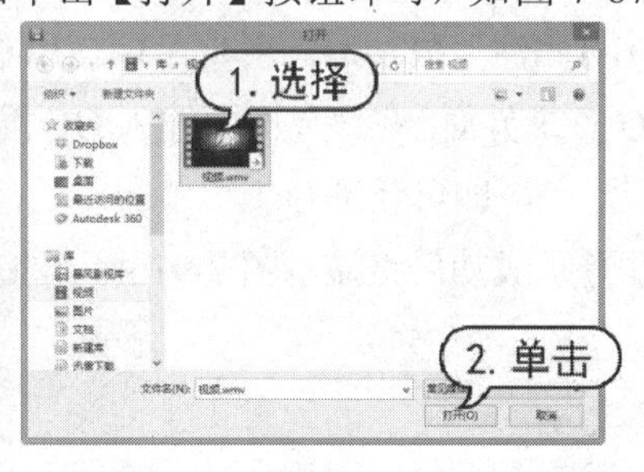

图 7-87　【打开】对话框

7.8.2　播放网络电影

为了方便用户观看电影，暴风影音提供了【暴风盒子】窗口，通过该窗口用户可方便地通过网络观看各种电影。启动暴风影音播放器，单击软件界面右下角的【暴风盒子】按钮打开【暴风盒子】窗口。在【暴风盒子】窗口中选择【电影】选项卡，将打开关于电影信息的页面，如图 7-88 所示。

拖动【暴风盒子】窗口右侧的滚动条，用户可浏览该软件推荐的电影列表，单击列表中的电影名称，即可播放相应的电影，如图 7-89 所示。

图 7-88　暴风盒子

图 7-89　播放电影

7.9　QQ 网络聊天软件

要想在网上与别人聊天，就要有专门的聊天软件，腾讯 QQ 就是当前众多的聊天软件中比较出色的一款。QQ 软件提供在线聊天、视频聊天、点对点断点续传文件、共享文件、网络硬盘、自定义面板、QQ 邮箱等多种功能，是目前使用最为广泛的网络聊天软件之一。

7.9.1　登录 QQ

要使用 QQ 与他人聊天，首先要有一个 QQ 号码。QQ 号码是用户在网上与他人聊天时对个人身份的特别标识。用户可以在腾讯公司的网站申请注册 QQ 号码。

QQ 号码注册成功后，用户可以使用它来登录 QQ。双击系统桌面上的 QQ 的启动图标，打开 QQ 登录界面。在该界面中输入 QQ 号码及相应的密码后，按 Enter 键或单击【登录】按钮(如图 7-90 所示)，即可登录 QQ。

QQ 登录成功后将显示图 7-91 所示的 QQ 界面。

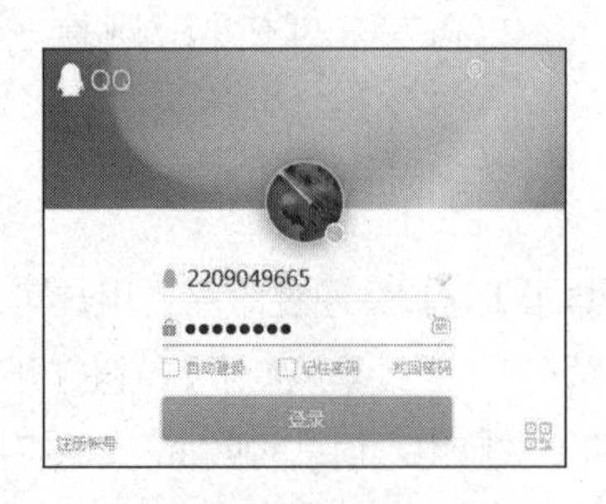

图 7-90　登录 QQ

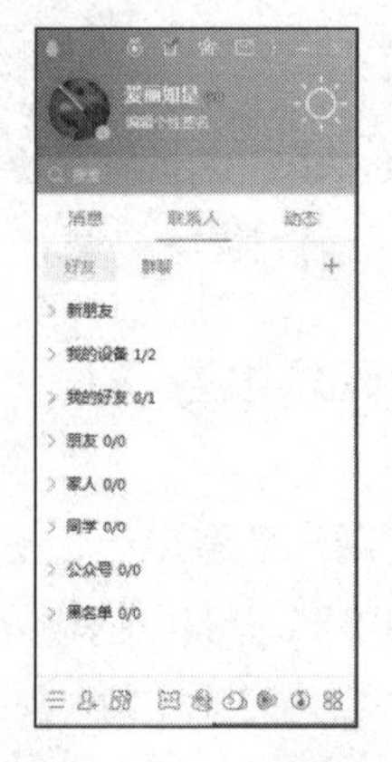

图 7-91　QQ 界面

7.9.2　添加 QQ 好友

用户可以通过精确查找的方式，在 QQ 软件中查找好友的 QQ 号码并将其添加为自己的 QQ 好友。

【例 7-3】 添加好友的 QQ 号码。

(1) 成功登录 QQ 后，单击其主界面下方的【加好友】按钮，如图 7-92 所示。

(2) 打开【查找】对话框，选择【找人】选项卡，在显示的文本框中输入需要查找的 QQ 号码，然后单击【查找】按钮，如图 7-93 所示。

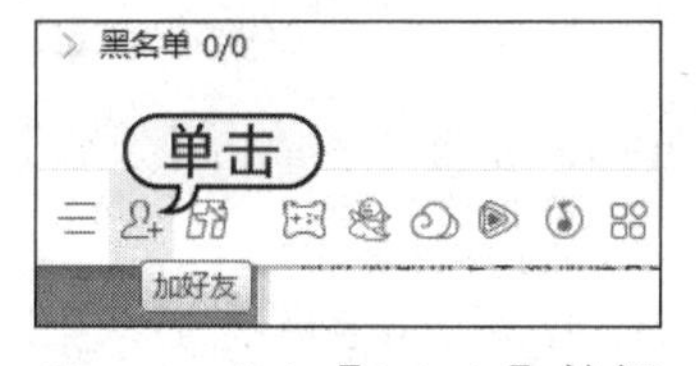

图 7-92　单击【加好友】按钮

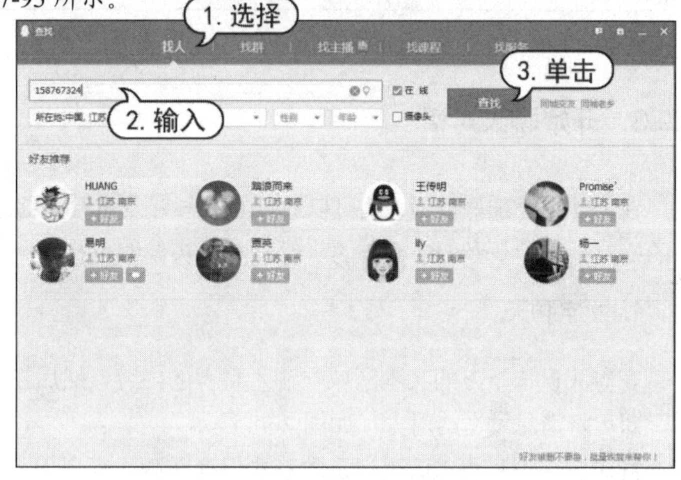

图 7-93　查找 QQ 号码

(3) 在查找结果中单击好友 QQ 号码右侧的 +好友 按钮，如图 7-94 所示。

(4) 在打开的【添加好友】对话框中输入好友验证信息，然后单击【下一步】按钮，如图 7-95 所示。

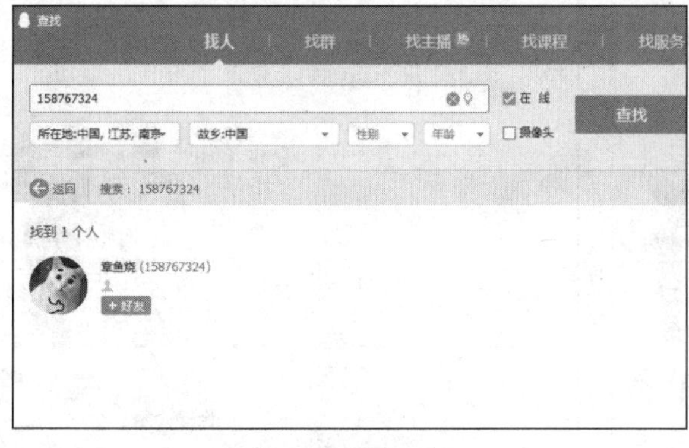

图 7-94　添加好友

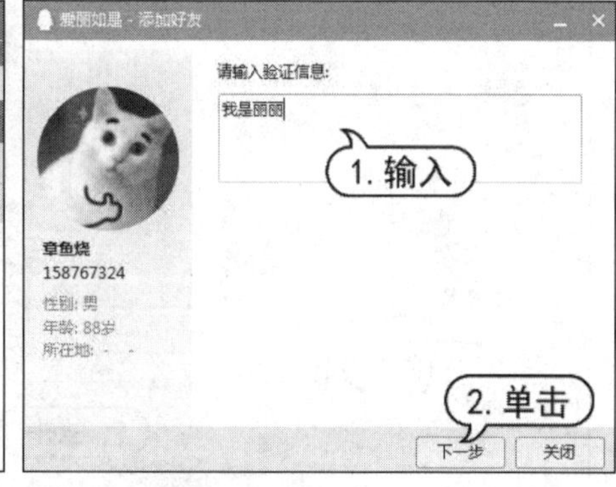

图 7-95　输入验证信息

(5) 在打开的对话框中设置好友备注姓名和分组，然后单击【下一步】按钮，如图 7-96 所示。

(6) 此时 QQ 软件将向好友发出“添加好友”申请，单击【完成】按钮等待对方验证，如图 7-97 所示。

图 7-96 设置好友备注姓名和分组

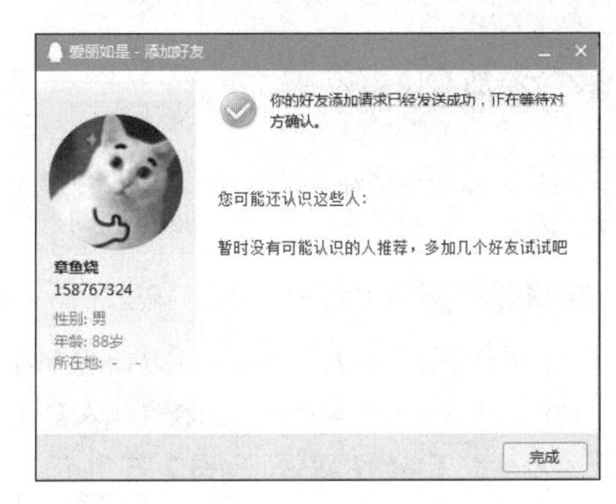

图 7-97 单击【完成】按钮

7.9.3 开始聊天对话

在 QQ 中添加好友后，就可以通过 QQ 与好友进行网络聊天了。用户可以在 QQ 软件主界面中的好友列表中找到 QQ 好友的头像，双击头像即可打开聊天窗口与其进行网络聊天。

1. 文字聊天

在聊天窗口下方的文本区域中输入聊天的内容，然后按下 Ctrl+Enter 键或者单击【发送】按钮，即可将消息发送给对方，如图 7-98 所示。

同时聊天消息将以聊天记录的形式保存在聊天窗口上方的区域中，对方接到消息后，若对用户进行了回复，则回复的内容会出现在聊天窗口中，如图 7-99 所示。

如果用户关闭了聊天窗口，则对方再次发来信息时，任务栏通知区域中的 QQ 图标会变成对方的头像并不断闪动。使用鼠标单击该头像即可打开聊天窗口并查看其中的聊天信息。

图 7-98 输入文字聊天信息

图 7-99 对方回复

2. 语音视频聊天

QQ 不仅支持文字聊天还支持语音视频聊天。要与好友进行语音视频聊天，计算机必须要安装摄像头和耳麦。

登录 QQ 后双击好友的头像打开聊天窗口。单击窗口上方的【发起语音通话】按钮或者【发起视频通话】按钮，给好友发送语音或视频聊天的请求，待对方接受后就可以进行语音视频聊天了，如图 7-100 所示。

图 7-100　发起语音视频聊天

7.9.4　加入 QQ 群

QQ 群是腾讯公司推出的多人在线聊天服务。用户创建 QQ 群后，可邀请其他的用户加入 QQ 群中共同交流。

在 QQ 的主界面中单击【查找】按钮，在打开的【查找】对话框中选择【找群】选项卡，在显示的群类型列表中选择一种类型，如图 7-101 所示。此时将显示多个群的简介，选择其中一个群后单击【加群】按钮，如图 7-102 所示。

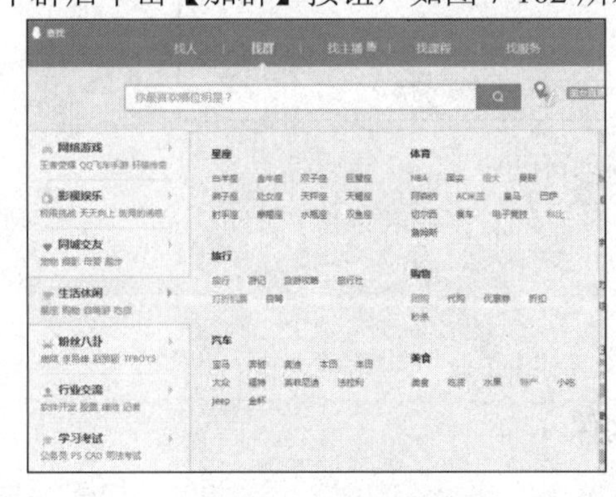

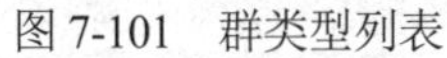

图 7-101　群类型列表　　　　图 7-102　单击【加群】按钮

在打开的【添加群】对话框中输入验证信息，单击【下一步】按钮，如图 7-103 所示。向该群发送加入请求，然后单击【完成】按钮关闭该对话框等待对方验证，如图 7-104 所示。

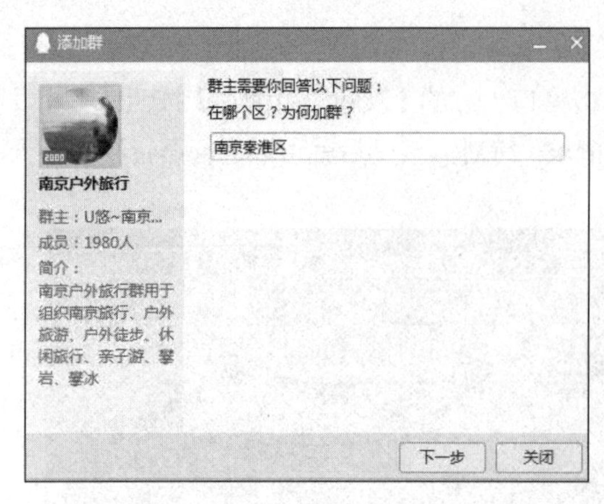

图 7-103　输入验证信息

图 7-104　发送加入群请求

加入 QQ 群后，在 QQ 主界面中选择【群聊】选项卡，然后双击一个群名称即可打开该群的聊天窗口，查看或发送群聊天信息，如图 7-105 所示。

图 7-105　QQ 群聊天窗口

7.10　实例演练

本章的实例演练主要练习使用 QQ 向好友发送文件。

【例 7-4】 通过 QQ 给好友和群内传输文件。

(1) 登录 QQ 软件后双击 QQ 好友的头像，打开聊天窗口。单击该窗口中间的【发送文件】按钮，在弹出的菜单中选择【发送文件/文件夹】命令，如图 7-106 所示。

(2) 打开【选择文件/文件夹】对话框，选择要发送的文件后单击【发送】按钮，如图 7-107 所示。

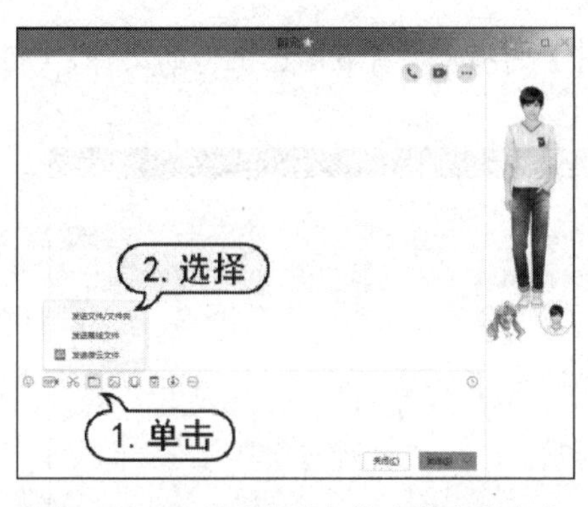

图 7-106　选择【发送文件/文件夹】命令

图 7-107　选择文件并单击【发送】按钮

(3) 返回聊天窗口，单击【发送】按钮，如图 7-108 所示。

(4) 向对方发送文件发送的请求，等待对方的回应，如图 7-109 所示。

图 7-108　单击【发送】按钮

图 7-109　发送传送请求

(5) 当对方接受发送文件的请求后，即可开始发送文件。文件发送成功后，将显示发送成功的提示信息。

(6) 如果要在 QQ 群内发送文件，用户可以打开一个群聊天窗口后，单击窗口中的【上传文件】按钮□，如图 7-110 所示。

(7) 在打开的【打开】对话框中选择要发送的文件，然后单击【打开】按钮，如图 7-111 所示。

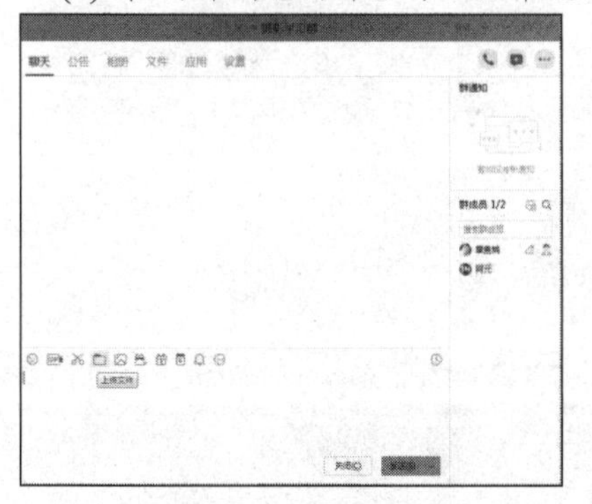

图 7-110　单击【上传文件】按钮

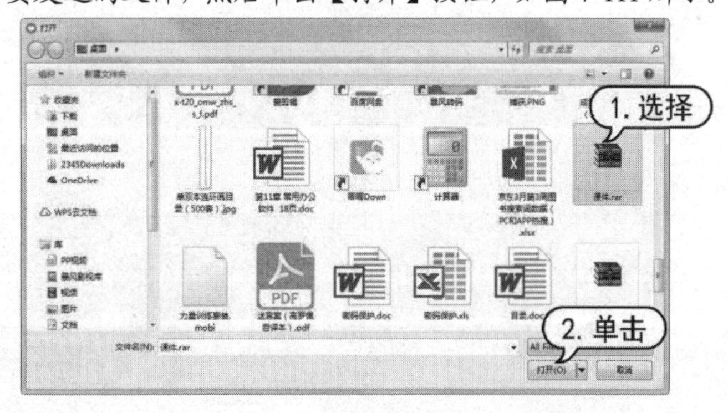

图 7-111　选择文件并单击【打开】按钮

(8) 此时将开始向 QQ 群上传文件，并显示文件上传进度信息，如图 7-112 所示。

(9) 文件上传完毕后，在 QQ 群聊天窗口中选择【文件】选项卡，将显示已上传的文件，QQ 群内所有用户均可以下载该文件，如图 7-113 所示。

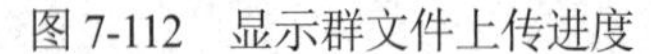
图 7-112　显示群文件上传进度

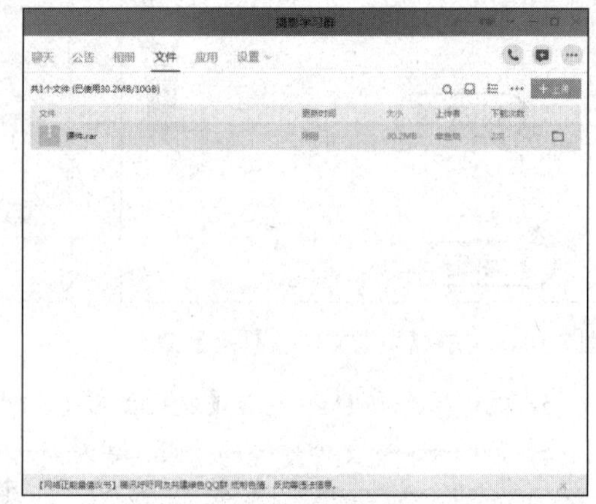

图 7-113　显示 QQ 群文件

7.11　习题

1. 如何在 Windows 10 系统中设置屏幕保护程序？
2. 如何安装和卸载软件？
3. 如何压缩和解压文件？
4. 裁剪一张图片。
5. 使用 QQ 传送一个 PDF 文档给好友。

第8章

计算机网络应用

随着信息化社会的不断发展，计算机网络已经广泛普及，在计算机网络中不仅可以浏览和搜索各种信息、下载各种软件资源，还能够协助用户办理很多生活中的实际事务。本章将介绍计算机网络设备和网络应用等相关内容。

本章重点

- 网卡和宽带路由器
- 无线网络设备
- 组建局域网
- 使用浏览器上网

二维码教学视频

【例 8-1】 使用宽带上网
【例 8-2】 配置 IP 地址
【例 8-3】 设置共享文件夹
【例 8-4】 复制共享文件夹
【例 8-5】 取消共享文件夹
【例 8-6】 浏览网页
【例 8-7】 收藏网页

8.1 网卡

网卡是一种被设计用来允许计算机在网络上进行通信的计算机硬件，它使得用户可以通过电缆或无线传输介质连接网络。本节将详细介绍网卡的常见类型、工作方式和选购常识。

8.1.1 网卡的常见类型

随着超大规模集成电路的不断发展，计算机配件一方面朝着更高性能的方向发展，另一方面朝着高度整合的方向发展。在这一趋势下，网卡逐渐发展为集成网卡和独立网卡两种类型，其各自的特点如下。

- 集成网卡：集成网卡又称板载网卡，是一种集成在计算机主板上的网卡芯片，如图 8-1 所示。目前，市场上的大部分主板都支持集成网卡。
- 独立网卡：独立网卡相对集成网卡在使用与维护上都更加灵活，且能够为用户提供更稳定的网络连接服务，其外观与其他计算机适配卡类似，如图 8-2 所示。

图 8-1　主板上的集成网卡

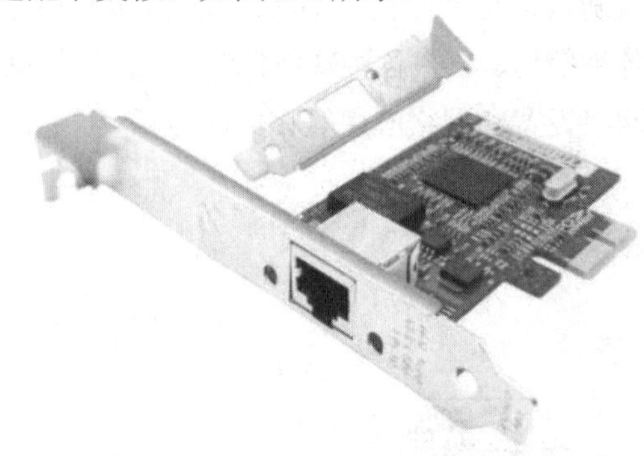

图 8-2　独立网卡

虽然独立网卡与集成网卡在外观上有区别，但这两类网卡在技术和功能方面却没有太多的不同。用户可以按数据通信速率和总线接口类型对网卡进一步分类。

1. 按数据通信速率分类

网卡常见的通信速率有 100Mbps、10/100Mbps 自适应、1000Mbps 等几种。其中，具备 100Mbps 速率的网卡虽然在市场上比较常见，但随着人们对网络速度需求的增加，已经开始逐渐退出市场，取而代之的是更快的 1000Mbps 网卡。

2. 按总线接口类型分类

根据网卡采用的总线接口类型，可以将网卡分为 PCI 接口网卡、PCI-E 接口网卡、USB 接口网卡和 PCMCIA 接口网卡等几种类型，其各自的特点如下。

- PCI 接口网卡：PCI 网卡也就是使用 PCI 插槽的网卡，主要是一些 100Mbps 速率的网卡产品。

- PCI-E 接口网卡：此类网卡采用 PCI-Express X1 接口与计算机进行连接，此类网卡可以支持 1000Mbps 的数据传输速率，外观如图 8-3 所示。
- USB 接口网卡：此类网卡采用 USB 接口，其特点是体积小巧、便于携带和安装、使用方便，如图 8-4 所示。
- PCMCIA 接口网卡：此类网卡是笔记本电脑的专用网卡。

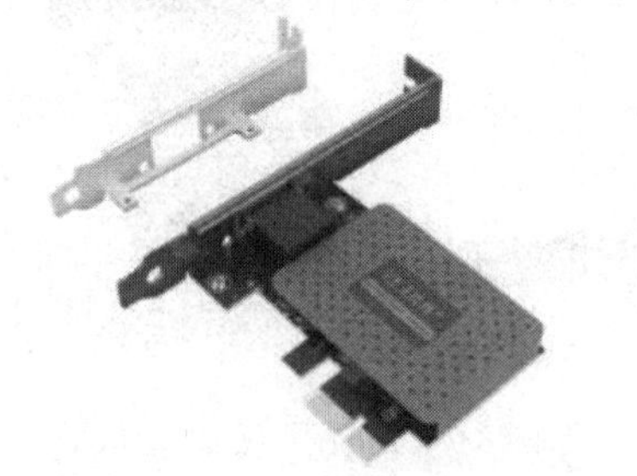

图 8-3　PCI-E 接口网卡

图 8-4　USB 接口网卡

8.1.2　网卡的工作方式

网卡的工作方式如下：当计算机需要发送数据时，网卡将会持续侦听通信介质上的载波(载波由电压指示)情况，以确定信道是否被其他站点占用。当发现通信介质上无载波(空闲)时，便开始发送数据帧，同时继续侦听通信介质，以检测数据冲突。在此过程中，如果检测到冲突，便会立即停止本次发送，并向通信介质发送“阻塞”信号，以便告知其他站点已经发送冲突。在等待一定时间后，重新尝试发送数据，如图 8-5 所示。

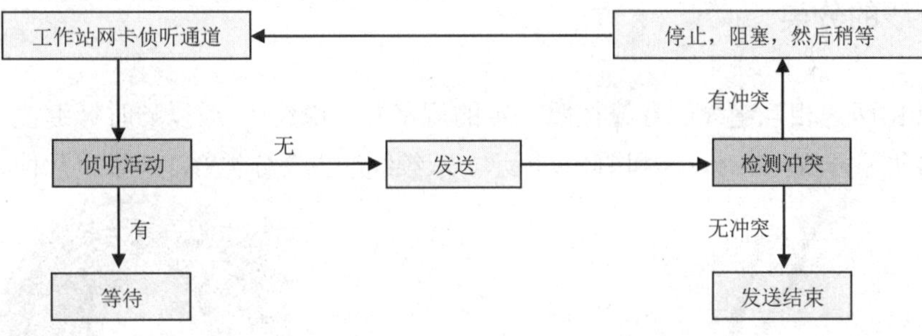

图 8-5　网卡的工作方式

8.1.3　网卡的选购常识

网卡虽然不是计算机中的主要配件，但却在计算机网络通信中起着极其重要的作用。因此，用户在选购网卡时，也应了解一些常识，包括网卡的品牌、工艺、接口类型和传输速度等。

- 网卡的品牌：用户在购买网卡时应选择信誉较好的品牌，如 3COM、Intel、D-Link、TP-Link 等。这是因为品牌信誉较好的网卡在质量上有保障，售后服务也较普通品牌的产品要好。图 8-6 所示为 TP-Link 网卡。
- 网卡的工艺：与其他电子产品一样，网卡的制作工艺也体现在其材料、制作等方面。用户在选购网卡时，可以通过检查网卡 PCB(印制电路板)上的焊点是否均匀、干净以及有无虚焊、脱焊等现象，判断一块网卡的工艺水平，如图 8-7 所示。

图 8-6　TP-Link 网卡

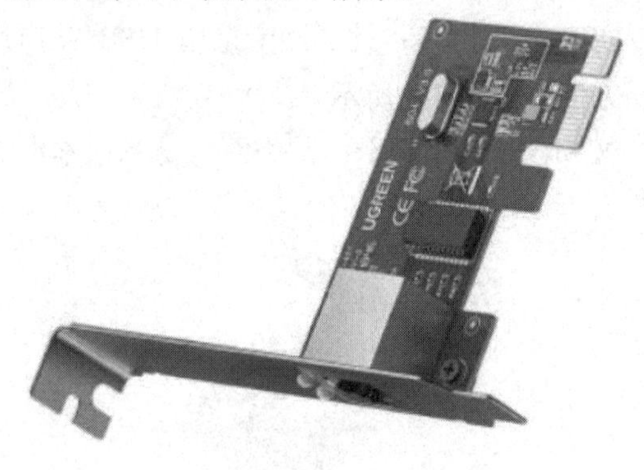

图 8-7　判断网卡的工艺水平

- 网卡的接口类型和传输速度：用户在选购网卡之前，应明确网卡的接口类型和传输速度，以免出现购买的网卡无法使用或不能满足需求的情况发生。

8.2　双绞线

双绞线(网线)是局域网中最常见的一种传输介质。本节将详细介绍双绞线的分类、水晶头和选购常识等内容。

8.2.1　双绞线的分类

双绞线是由两条相互绝缘的导线按照一定的规格互相缠绕(一般以顺时针缠绕)在一起而制成的一种网络传输介质，如图 8-8 和图 8-9 所示。双绞线的主要分类方法有以下几种。

图 8-8　双绞线的结构

图 8-9　双绞线的外观

1. 按有无屏蔽层分类

目前，局域网中使用的双绞线根据结构的不同，主要分为屏蔽双绞线和非屏蔽双绞线两种，它们各自的特点如下。

- 屏蔽双绞线：屏蔽双绞线的外层有铝箔包裹，以减小辐射。根据屏蔽方式的不同，屏蔽双绞线又分为 STP(Shielded Twisted-Pair)和 FTP(Foil Twisted-Pair)两类。其中，STP 是指双绞线内的每条线都有各自屏蔽层的屏蔽双绞线，而 FTP 则是采用整体屏蔽的屏蔽双绞线，如图 8-10 所示。
- 非屏蔽双绞线：非屏蔽双绞线无屏蔽材料，只有一层绝缘胶皮包裹，其优点是价格相对便宜，且线路阻燃效果好，如图 8-11 所示。

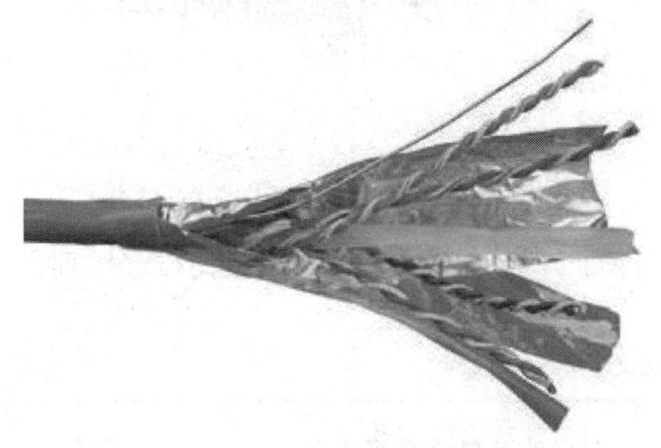

图 8-10　屏蔽双绞线

图 8-11　非屏蔽双绞线

提示

在组建局域网的过程中，一般采用非屏蔽双绞线，本书下面介绍的双绞线都是指非屏蔽双绞线。

2. 按线径粗细分类

常见的双绞线包括五类线、超五类线及六类线等，具体如下。

- 五类线(CAT5)：五类双绞线是最常见的以太网电缆线，其外套一种高质量的绝缘材料，线缆最高频率带宽为 100MHz，最高传输速度为 100Mbps，主要用于 100BASE-T 和 1000BASE-T 网络(最大网段长 100 米)。
- 超五类线(CAT5e)：超五类线主要用于千兆以太网，其衰减小、串扰少，具有相比五类线更高的衰减串扰比(ACR)。
- 六类线(CAT6)：六类线的传输性能远远高于超五类线，适用于传输速率高于 1Gbps 的应用，其电缆传输频率为 1~250MHz。
- 超六类线(CAT6e)：超六类线的传输带宽介于六类线和七类线之间，为 500MHz。
- 七类线(CAT7)：七类线的传输带宽为 600MHz，可用于吉比特以太网。

8.2.2　双绞线的水晶头

在局域网中，双绞线的两端都必须安装 RJ-45 连接器(俗称水晶头)才能与网卡和其他网络设备相连，如图 8-12 和图 8-13 所示。

图 8-12　RJ-45 水晶头

图 8-13　网卡的 RJ-45 接口

水晶头的安装制作标准有 EIA/TIA 568A 和 EIA/TIA 568B 两个国际标准，其线序排列方法如表 8-1 所示。

表 8-1　水晶头中的线序排列

标　　准	线序排列方法(从左至右)
EIA/TIA 568A	绿白、绿、橙白、蓝、蓝白、橙、棕白、棕
EIA/TIA 568B	橙白、橙、绿白、蓝、蓝白、绿、棕白、棕

在组建局域网的过程中，用户可按以下两种不同的方法制作双绞线来连接网络设备或计算机。根据双绞线制作方法的不同，得到的双绞线分别称为直连线和交叉线。

- 直连线：直连线用于连接网络中的计算机与集线器(或交换机)。直连线分为一一对应接法和 100Mbps 接法。其中，一一对应接法是指双绞线的两头连线互相对应(虽无顺序要求，但要一致)，如图 8-14 所示。采用 100Mbps 接法的直连线能满足 100Mbps 带宽的通信速率，接法虽然也是一一对应，但每个引脚的颜色是固定的，具体排列顺序为：橙白/橙/绿白/蓝/蓝白/绿/棕白/棕。

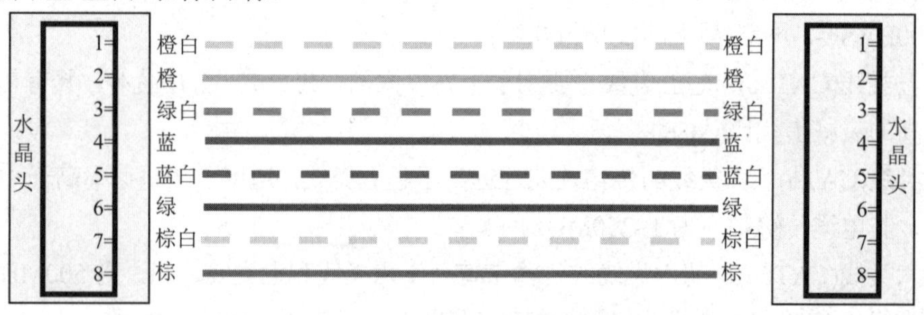

图 8-14　直连线

- 交叉线：交叉线又称为反线，其线序按照一端 EIA/TIA 568A、另一端 EIA/TIA 568B 的标准排列，并用 RJ-45 水晶头夹好，如图 8-15 所示。在网络中，交叉线一般用于相同设备的连接(如路由器连接路由器、计算机连接计算机)。

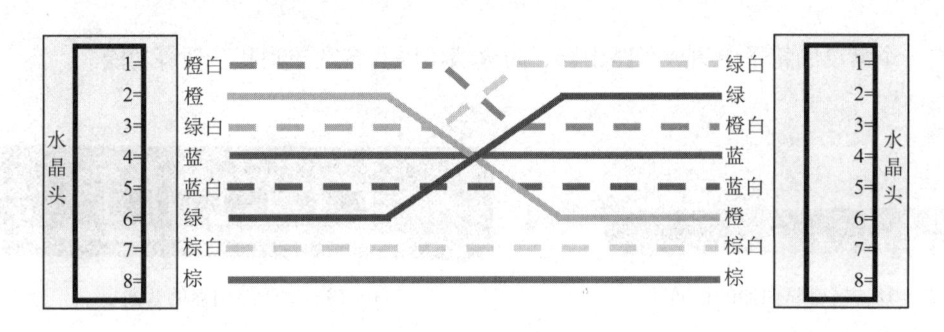

图 8-15　交叉线

8.2.3　双绞线的选购常识

网线(双绞线)质量的好坏直接影响网络通信的效果。用户在选购网线的过程中，应考虑种类、品牌、包裹层等问题。

- 鉴别网线的种类：在网络产品市场中，网线的品牌及种类多得数不胜数。大多数用户选购的网线一般是五类线或超五类线。由于许多消费者对网线不太了解，因此有些商家可能会将用于三类线的导线封装在印有五类双绞线字样的线缆中冒充五类线出售，或将五类线当成超五类线销售。因此，用户在选购网线时，应对比五类线与超五类线的特征，鉴别买到的网线种类，如图 8-16 所示。
- 注意网线质量：从双绞线的外观看，五类双绞线采用质地较好并耐热、耐寒的硬胶作为外部包裹层，使其能在严酷的环境下不会出现断裂或褶皱，内部使用做工比较扎实的 8 条铜线，反复弯曲铜线也不易折断，具有很强的韧性。用户在选购网线时，不仅要通过网线品牌选购网线，而且还应注意拿到手的网线质量，如图 8-17 所示。
- 看网线外部包裹层：网线的外部绝缘皮上一般都印有生产厂商、产地、执行标准、产品类别、线长标识等信息。用户在选购网线时，可以通过网线包裹层上的这些信息判断是否是自己所需的网线类型。

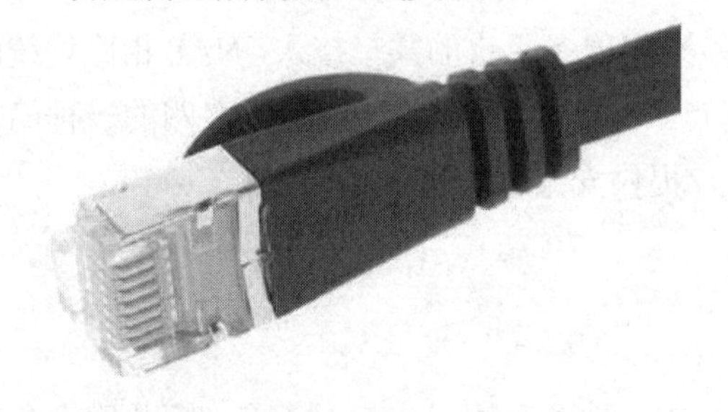

图 8-16　鉴别网线的种类

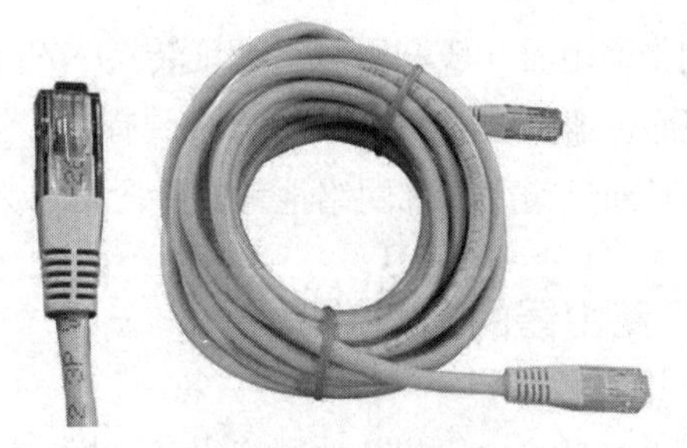

图 8-17　注意网线质量

8.3　宽带路由器

宽带路由器(如图 8-18 和图 8-19 所示)是一种伴随着宽带的普及应运而生的网络产品，宽带路由器在一个紧凑的箱子中集成了路由器、防火墙，以及带宽控制和管理等功能。

图 8-18　宽带路由器的正面

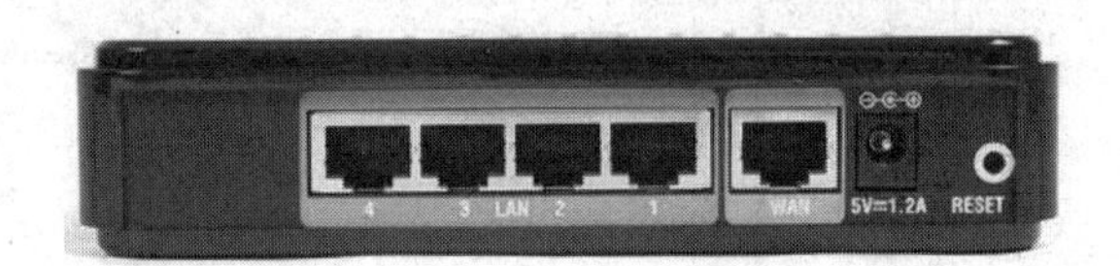

图 8-19　宽带路由器的背面

8.3.1　路由器的常用功能

宽带路由器的 WAN 接口能够自动检测或手动设定宽带运营商的接入类型，具备客户端发起功能。它可以作为 PPPoE 客户端，也可以作为 DHCP 客户端。下面将介绍宽带路由器的一些常用功能。

1. 内置 PPPoE 虚拟拨号

在宽带数字线上进行拨号，不同于在模拟电话线上使用调制解调器拨号。一般情况下，采用专门的 PPPoE(Point-to-Point Protocol over Ethernet)协议，拨号后直接由验证服务器进行检验，检验通过后就建立起一条高速的用户通道，并分配相应的动态 IP 地址。宽带路由器或带路由的以太网接口的 ADSL 都内置有 PPPoE 虚拟拨号功能，可以方便地替代手工拨号接入宽带。

2. 内置 DHCP 协议

宽带路由器内置 DHCP 服务器功能和交换机端口，便于用户组网。DHCP 是 Dynamic Host Configuration Protocol(动态主机分配协议)的缩写，该协议允许服务器向客户端动态分配 IP 地址和配置信息。

3. 网络地址转换(NAT)功能

宽带路由器一般利用网络地址转换(NAT)功能来实现多用户的共享接入，NAT 相比传统的采用代理服务器(Proxy Server)的方式具有更多的优点。NAT 功能提供了连接互联网的一种简单方式，并且通过隐藏内部网络地址的手段可以为用户提供安全保护。

8.3.2　路由器的选购常识

由于宽带路由器和其他网络设备一样，品种繁多，性能和质量也参差不齐，因此用户在选购时，应充分考虑需求、品牌、功能、指标参数等因素，并综合各项因素做出最佳选择。

- 明确需求：用户在选购宽带路由器时，应首先明确自身需求。由于应用环境的不同，用户对宽带路由器也有不同的要求。例如，家庭办公的用户需要稳定、快捷且设置简单的宽带路由器；而中小型企业和网吧对宽带路由器的要求则是技术成熟、安全、组网简单方便、宽带接入成本低廉等。

- 指标参数：路由器作为一种网间连接设备，它的一个作用是连通不同的网络，另一个作用是选择传送信息的线路。吞吐量、交换速度及响应时间是宽带路由器 3 个最为重要的参数，用户在选购时应特别留意。
- 功能选择：随着技术的不断发展，宽带路由器的功能不断扩展。目前，市场上的大部分宽带路由器提供 VPN、防火墙、DMZ、按需拨号、支持虚拟服务器、支持动态 DNS 等功能。用户在选购时，应根据自己的需求选择合适的产品。
- 选择品牌：用户在购买宽带路由器时，应选择信誉较好的品牌产品，如 Cisco、D-Link、TP-Link 等。

8.4　无线网络设备

无线网络是利用无线电波作为信息传输媒介的无线局域网(WLAN)，与有线网络的用途十分类似。为组建无线网络而使用的设备称为无线网络设备，与普通的有线网络设备有一定的区别。

8.4.1　无线网卡

无线网卡是计算机中利用无线传输介质与其他无线设备进行连接的装置，其作用与普通网卡的功能相同。无线网卡并不像有线网卡的主流产品那样只有 10/100/1000Mbps 等规格，而是分为 11Mbps、54Mbps 及 108Mbps 等不同的传输速率，并且不同的传输速率分别属于不同的无线网络传输标准。

1. 无线网络的传输标准

在与无线网络传输有关的 IEEE 802.11 系列(下面简称“802.11”)标准中，与用户实际使用有关的标准有 802.11a、802.11b、802.11g 和 802.11n。

其中，802.11a 标准和 802.11g 标准的传输速率都是 54Mbps，但 802.11a 标准的 5GHz 工作频段很容易和其他信号冲突，而 802.11g 标准的 2.4GHz 工作频段则相对稳定。

2. 无线网卡的接口类型

按照无线网卡的接口分类，可以将无线网卡分为 PCI 接口无线网卡、PCMCIA 接口无线网卡和 USB 接口无线网卡等几种。

- PCI 接口无线网卡：PCI 接口的无线网卡主要针对台式计算机的 PCI 插槽而设计，如图 8-20 所示。台式计算机可以通过安装无线网卡，接入无线局域网，实现无线上网。

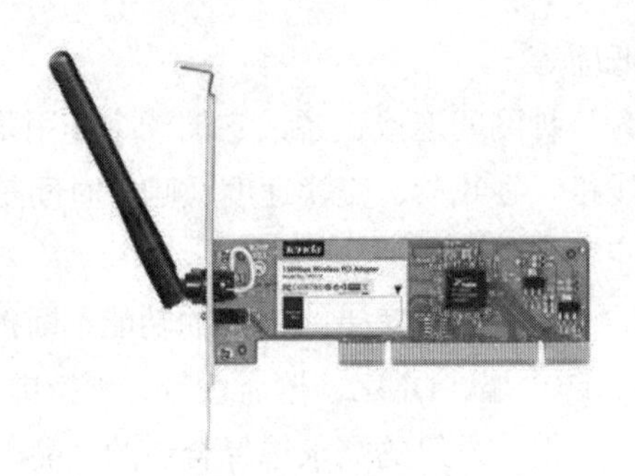

图 8-20　PCI 接口无线网卡

- PCMCIA 接口无线网卡：PCMCIA 接口的无线网卡专门为笔记本电脑设计，在将 PCMCIA 接口的无线网卡插入笔记本电脑的 PCMCIA 接口后，即可使笔记本电脑接入无线局域网，如图 8-21 所示。

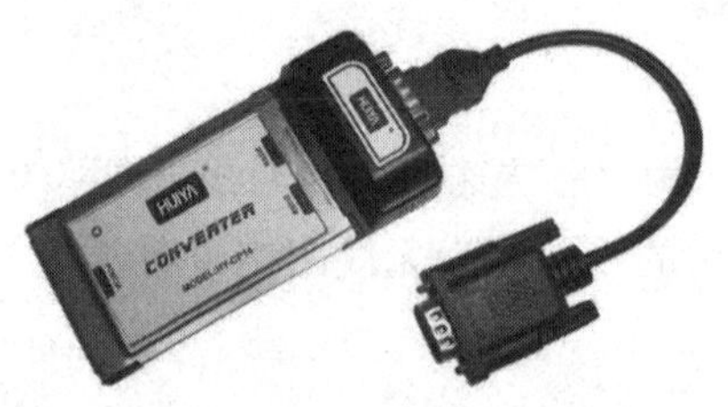

图 8-21　PCMCIA 接口无线网卡

- USB 接口无线网卡：USB 接口的无线网卡采用 USB 接口与计算机连接，它具有即插即用、散热性强、传输速度快等优点，如图 8-22 所示。

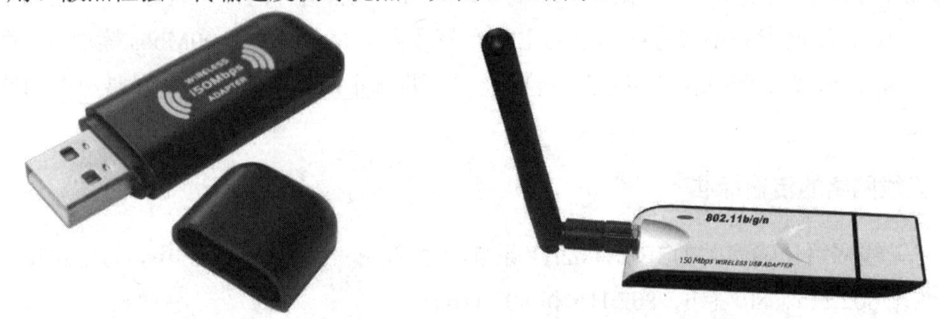

图 8-22　USB 接口无线网卡

8.4.2　无线上网卡

无线上网卡指的是能连入无线广域网的网卡，如中国移动的 TD-SCDMA、中国电信的 CDMA2000 和 CDMA 1X，以及中国联通的 WCDMA 网络等。无线上网卡的作用、功能相当于有线的调制解调器，用户可以在有无线电话信号覆盖的任何地方，利用无线上网卡将设备连接到互联网。

目前，无线上网卡主要应用于笔记本电脑和掌上计算机，也有部分应用于台式计算机。按接口类型的不同，可以将无线上网卡分为以下几种类型。

- PCMCIA 接口无线上网卡：PCMCIA 接口的无线上网卡(如图 8-23 所示)一般是笔记本电脑等移动设备专用的，受笔记本电脑大小的限制，其体积不可能像普通网卡那么大。
- USB 接口无线上网卡：USB 接口无线上网卡的数据传输速率远高于传统网卡，并且其安装简单，支持热插拔。USB 接口的无线上网卡一旦与计算机连接，就能够立即被计算机识别，并自动安装驱动程序，不必重新启动系统就可立即投入使用，如图 8-24 所示。
- CF 接口无线上网卡：CF(compact flash)接口的无线上网卡主要应用于 PDA 等设备，分为 Type I 和 Type II 两类，其规格和特性基本相同。
- Express Card 接口无线网卡：此类无线网卡提供了附加内存、有线和无线通信、多媒体和安全保护等功能。

图 8-23　PCMCIA 接口无线上网卡

图 8-24　USB 接口无线上网卡

提示

此外，平板电脑或笔记本电脑还可以利用手机通信网络的热点上网，类似于通过路由器提供的无线信号上网。

8.4.3　无线网络设备的选购常识

由于无线局域网具有众多优点，因此其应用十分广泛。但是对于许多用户而言无线网络设备比较陌生，用户在购买时往往都会犯难。下面将介绍选购无线网络设备时应注意的一些问题。

1. 选择无线网络标准

用户在选购无线网络设备时，需要注意设备支持的标准。例如，目前无线局域网设备支持较多的为 802.11b 和 802.11g 两种标准，也有设备单独支持 802.11a 或同时支持 802.11b 和 802.11g 等几种标准，这时就需要考虑设备的兼容性问题。

2. 网络连接功能

无线路由器是具备宽带接入端口和路由功能、采用无线通信的普通路由器。而无线网卡则与普通网卡类似，只不过其采用无线方式进行数据传输。因此，用户选购的宽带路由器往往带有端口(4 个端口)，提供 Internet 共享功能，其功能比较适用于局域网连接(能够自动分配 IP 地址，便于管理)。

3. 路由技术

用户在选购无线路由器时，应了解无线路由器支持的技术。例如，无线路由器是否支持NAT和DHCP功能。此外，为了保证计算机上网安全，无线路由器还需要带有防火墙功能，从而可以防止黑客攻击，避免网络受病毒侵害。

4. 数据传输距离

无线局域网的通信范围不受环境条件的限制，使网络的传输范围得到极大拓宽，其最大传输距离可以达到几十千米。

在有线局域网中，两个站点之间的距离由于需要通过双绞线连接往往限制在100米以内，即使采用单模光纤替代双绞线也只能达到3 000米；而无线局域网中两个站点间的距离则可以达到50千米，距离数千米的建筑物中的网络可以集成为同一个局域网。

8.5 常用上网方式

一般计算机网络的接入方式包括有线上网和无线上网两种。其中有线上网方式主要包括小区宽带上网和光纤接入上网等方式。

8.5.1 有线上网

有线上网方式具有传输速度快、线路稳定、价格便宜等优点，适用于办公室、家庭等固定场所使用。

1. 小区宽带上网

小区宽带上网指的是通过网络服务商在小区里建立的机房与宽带接口，将计算机接入网络。用户通过小区宽带接入网络的网速也较快。但随着小区内上网用户数量的增加，小区宽带上网的网速会逐渐降低。

使用计算机实现小区宽带上网的方法是：确认小区内已提供小区宽带上网设备(即网络服务商安置的机房)后，到提供小区宽带上网服务的网络服务商处办理开户手续，按标准缴纳相关费用，宽带安装服务人员便将会在预定时间内上门为用户安装并开通小区宽带上网业务。

【例8-1】 在Windows 10系统中使用宽带用户名和密码上网。 视频

(1) 单击任务栏右下角的【网络】图标，在弹出的列表中选择【网络设置】选项，如图8-25所示。

(2) 打开【设置】窗口后选择【拨号】选项卡，在显示的选项区域中选择【设置新连接】选项，如图8-26所示。

图 8-25 选择【网络设置】选项

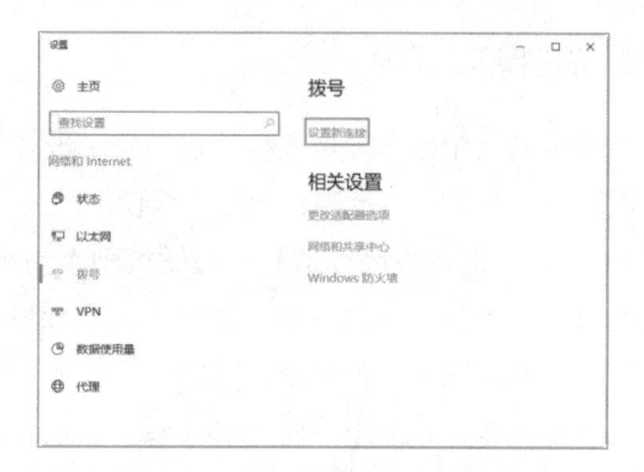

图 8-26 选择【设置新连接】选项

(3) 在打开的【设置连接或网络】对话框中选择【连接到 Internet】选项，如图 8-27 所示，单击【下一步】按钮。

(4) 在打开的对话框中选择【设置新连接】选项，如图 8-28 所示。

图 8-27 选择【连接到 Internet】选项

图 8-28 选择【设置新连接】选项

(5) 在打开的【你希望如何连接？】对话框中选择【宽带 PPPoE】选项。在打开的对话框的【用户名】文本框中输入电信运营商提供的用户名，在【密码】文本框中输入密码，如图 8-29 所示，然后单击【连接】按钮。

(6) 此时，计算机将开始连接网络，如图 8-30 所示。

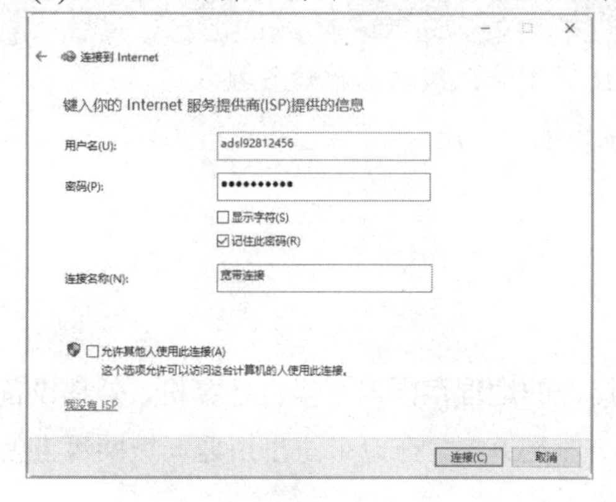

图 8-29 输入用户名和密码

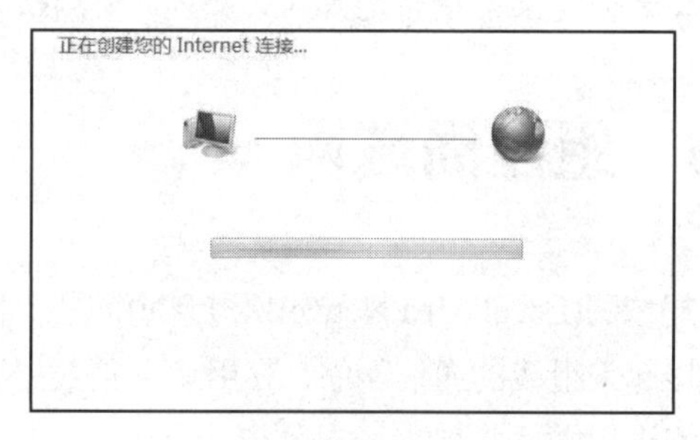

图 8-30 开始连接网络

2. 光纤接入上网

在宽带网络中，光纤是多种传输媒介中最理想的一种，其特点是数据传输速度快、传输质量好、损耗小、中继距离长等。光纤传输使用的是波分复用，也就是首先把小区里多个用户的数据利用 PON 技术汇接成高速信号，然后调制不同波长的光信号在一根光纤中传输。

光纤接入的方式是从网络层次中的汇聚层直接组建光纤网络，主要是为有独享光纤高速上网需求的企业或集团用户提供的(传输带宽为 10~1 000Mbps)。这种接入方式的特点是可根据用户需求调整带宽接入，其上下行带宽都比较大，适合企业建立自己的服务器。

8.5.2 无线上网

无线上网是指通过无线连接登录互联网的上网方式。这种方式使用无线电波作为数据传送的媒介，它以方便快捷的特性，深受广大用户喜爱。

为计算机安装无线网卡后，Windows 系统将会在任务栏右侧显示【无线】图标，单击该图标，在弹出的列表中将显示无线网卡搜索到的无线网络，选择一个可用的网络，如图 8-31 所示，单击【连接】按钮并输入相应的密码即可实现无线上网。

图 8-31 选择无线网络

提示

为了防止他人盗用无线网络，大多数的家庭用户都会为无线路由器设置接入密码；而有些公共场合则会提供免费的无线网络接入(如茶社、咖啡厅等场所)。

8.6 组建局域网

局域网(Local Area Network，LAN)，是一种在局部的地理范围内将多台计算机、外部设备互相连接起来组成的通信网络，其用途主是数据通信与资源共享。在办公室里组建局域网可方便员工之间进行文件共享。

8.6.1 认识局域网

局域网与日常生活中使用的互联网极为相似，只是范围缩小到了办公室而已。在把办公用的计算机连接成局域网之后，通过在计算机之间共享资源，可以极大地提高办公效率。

局域网一般属于对等局域网，在局域网中各台计算机的功能相同，无主从之分，网上任意节点的计算机都可以作为网络服务器，为其他计算机提供资源。

一般情况下，按通信介质可将局域网分为有线局域网和无线局域网两种。

- 有线局域网是指通过网线连接多台计算机和设备的网络。有线局域网在某些场合要受到布线的限制，其布线、改线工程量较大，线路容易损坏，网络中的各节点不可移动，如图 8-32 所示。
- 无线局域网是指采用无线传输媒介将多台计算机相连成局域网。这里的无线媒介可以是无线电波、红外线或激光。无线局域网技术可以非常便捷地以无线方式连接网络设备，用户之间可随时、随地、随意地访问网络资源，是现代数据通信系统发展的重要方向。无线局域网可以在不采用网线的情况下，提供网络互联功能，如图 8-33 所示。

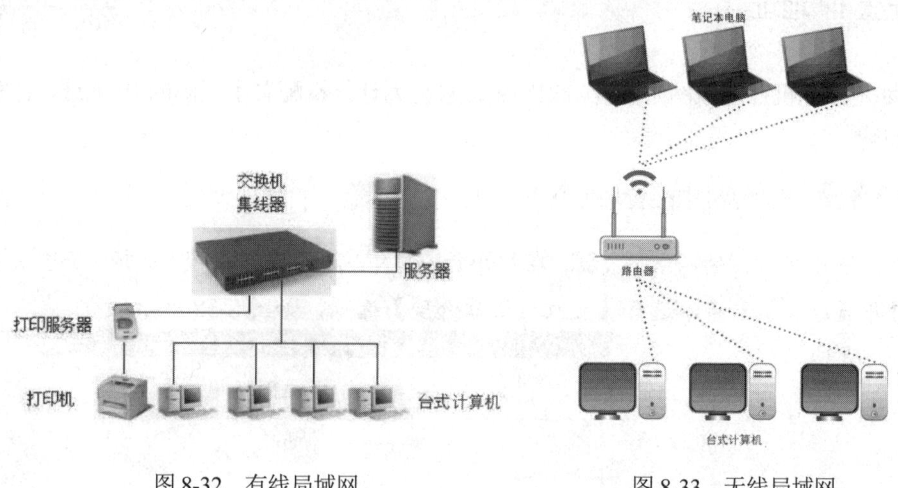

图 8-32　有线局域网　　　图 8-33　无线局域网

8.6.2 连接局域网

在有线局域网中用户可以用双绞线和路由器连接多台计算机。

随着路由器的普及，越来越多的用户在组建局域网时会选择路由器，如图 8-34 所示。与集线器相比，路由器拥有更加强大的数据通信功能和控制功能。

图 8-34　路由器

要将计算机接入局域网，只需要将网线一端的水晶头插入计算机主机上的网卡接口，如图 8-35 所示。然后将网线另一端的水晶头插入路由器接口即可，如图 8-36 所示。

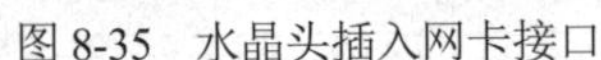
图 8-35　水晶头插入网卡接口

图 8-36　水晶头插入路由器接口

使用相同的方法将更多的计算机接入局域网后，双击 Windows 系统桌面上的【网络】图标，在打开的【网络】窗口中可以查看局域网中的所有计算机。

8.6.3　配置 IP 地址

IP 地址是计算机在局域网中的身份识别码，只有为计算机配置了正确的 IP 地址，计算机才能够接入局域网。

【例 8-2】 在计算机中配置局域网 IP 地址。 视频

(1) 单击任务栏右侧的网络图标，在打开的窗口中选择【网络设置】选项，如图 8-37 所示。

(2) 打开【设置】窗口，选择【更改适配器选项】选项，如图 8-38 所示。

图 8-37　选择【网络设置】选项

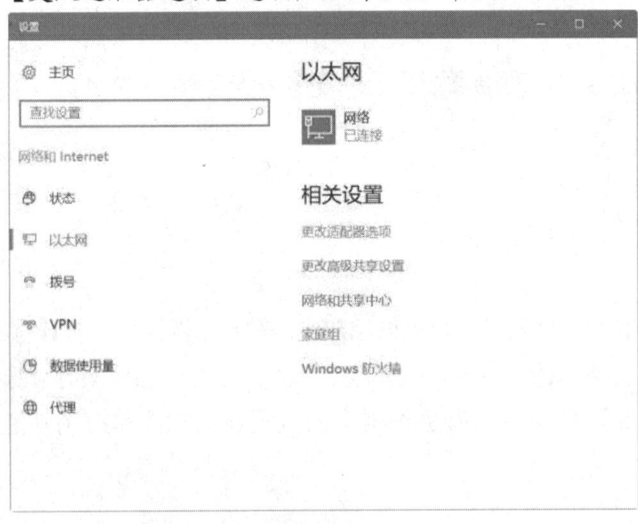

图 8-38　选择【更改适配器选项】选项

(3) 打开【网络连接】窗口，双击【以太网】选项，如图 8-39 所示。

(4) 在打开的【以太网 状态】对话框中单击【属性】按钮，如图 8-40 所示。

图 8-39　双击【以太网】选项

图 8-40　单击【属性】按钮

(5) 打开【以太网 属性】对话框，双击【Internet 协议版本 4(TCP/IPv4)】选项，如图 8-41 所示。

(6) 打开【Internet 协议版本 4(TCP/IPv4)属性】对话框，在【IP 地址】文本框中输入计算机的 IP 地址(按下 Tab 键会自动填写子网掩码)，并分别在【默认网关】【首选 DNS 服务器】和【备用 DNS 服务器】中设置相应的地址。设置完成后单击【确定】按钮，完成 IP 地址的设置，如图 8-42 所示。

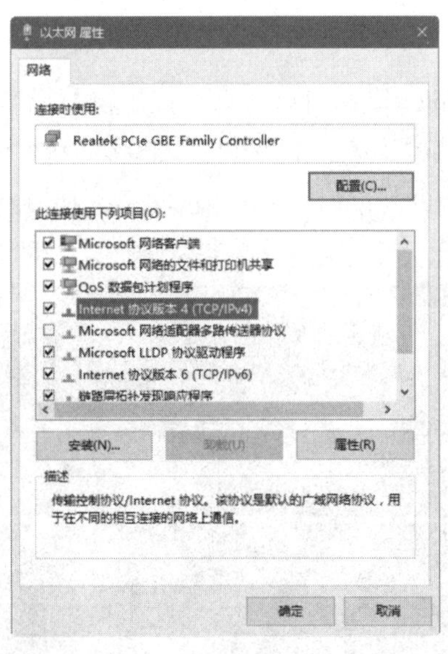

图 8-41　双击【Internet 协议版本 4(TCP/IPv4)】选项

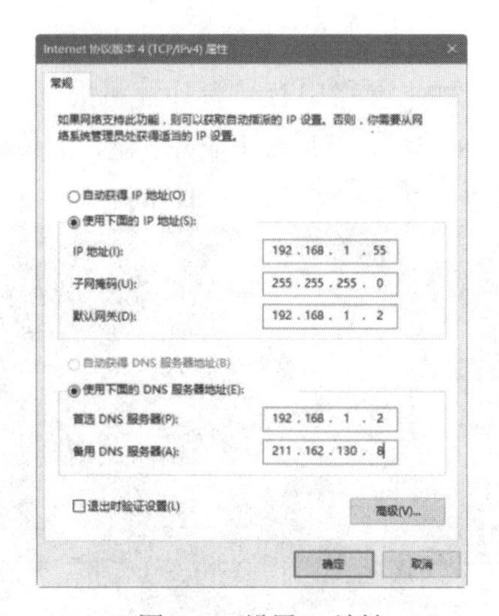

图 8-42　设置 IP 地址

8.6.4　配置网络位置

在 Windows 10 操作系统中第一次设置计算机连接到网络时，必须选择网络位置，因为这样可以为连接的网络自动进行合适的防火墙设置。当用户在不同的位置(例如，家庭或办公室)连接网络时，选择合适的网络位置将有助于用户始终为自己的计算机设置为适当的安全级别。

选择如图 8-37 所示的【网络设置】选项，打开【设置】窗口后，单击【属性】按钮，如图 8-43 所示。在打开的窗口中选中【专用】单选按钮，即可为计算机设置“专用”网络位置，如图 8-44 所示。

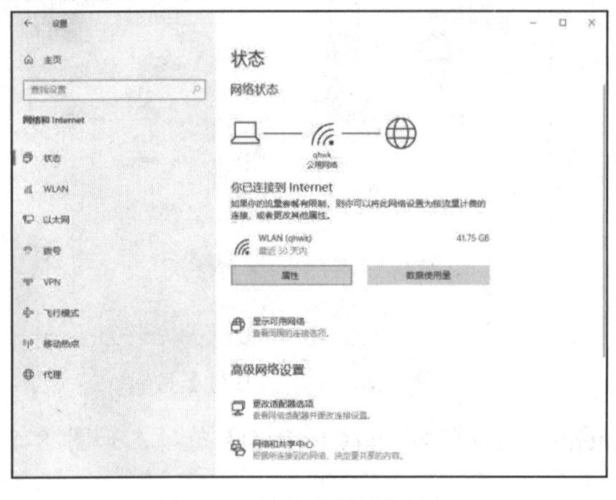

图 8-43　单击【属性】按钮

图 8-44　选中【专用】单选按钮

8.6.5　测试网络连通性

配置完网络协议后，还需要使用 ping 命令来测试网络连通性，查看计算机是否已经成功接入局域网。

在任务栏搜索框中输入命令“cmd”后按下 Enter 键，打开【命令提示符】窗口，如图 8-45 所示。如果网络中有一台计算机的 IP 地址是 192.168.1.50，可在该窗口中输入命令“ping 192.168.1.50”，然后按下 Enter 键，如果显示字节和时间等信息的测试结果，则说明网络已经正常连通，如果未显示字节和时间等信息的测试结果，则说明网络未正常连通，如图 8-46 所示。

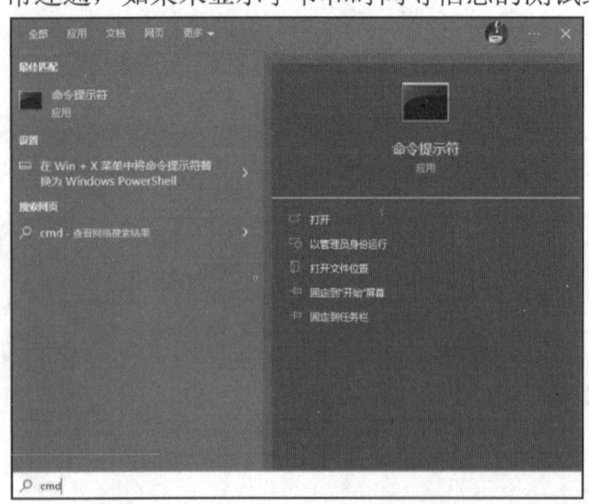

图 8-45　打开【命令提示符】窗口

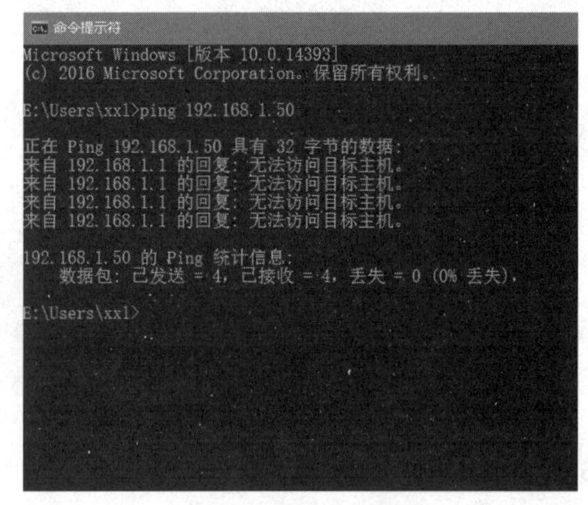

图 8-46　网络未正常连通

8.7 共享局域网资源

当计算机接入局域网后，用户就可以在操作系统中设置共享资源，从而允许局域网中的其他计算机用户访问共享资源。

8.7.1 设置共享文件与文件夹

在局域网中的共享资源多为文件或文件夹。用户可以参考以下方法，在 Windows 10 中设置共享文件与文件夹。

【例 8-3】 将计算机硬盘中的“我的资料”文件夹设置为共享文件夹(文件夹中的文件设置为共享文件)。视频

(1) 双击系统桌面上的【此电脑】图标打开【计算机】窗口。双击【本地磁盘(C:)】图标，如图 8-47 所示。

(2) 在打开的窗口中右击【我的资料】文件夹，在弹出的快捷菜单中选择【属性】命令，如图 8-48 所示。

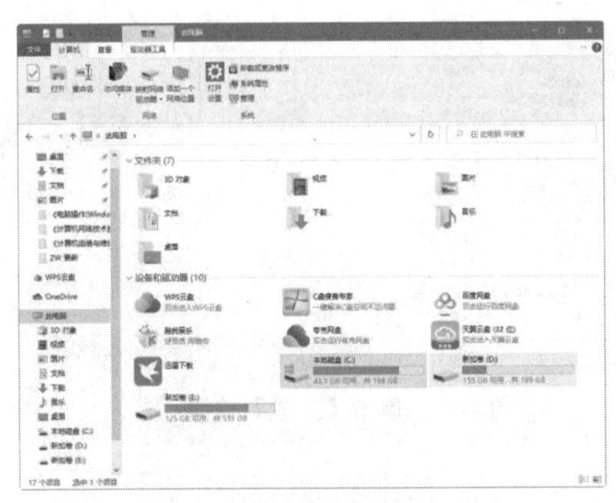

图 8-47 双击【本地磁盘(C:)】图标

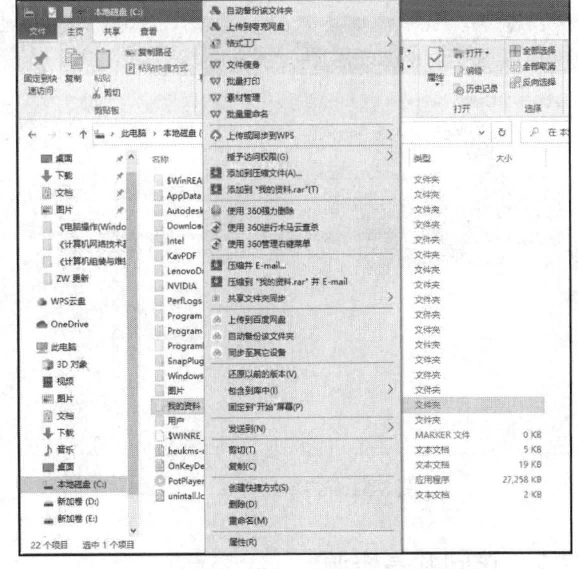

图 8-48 选择【属性】命令

(3) 打开【我的资料 属性】对话框，选择【共享】选项卡，然后单击【共享】按钮，如图 8-49 所示。

(4) 打开【网络访问】对话框，将共享用户设置为 Everyone，如图 8-50 所示。然后单击【添加】按钮。

(5) 在对话框下方的列表中选择【Everyone】选项，单击【共享】按钮系统即可开始共享设置，如图 8-51 所示。

(6) 打开【你的文件夹已共享】对话框，单击【完成】按钮，如图 8-52 所示，完成“我的资料”文件夹的共享设置。

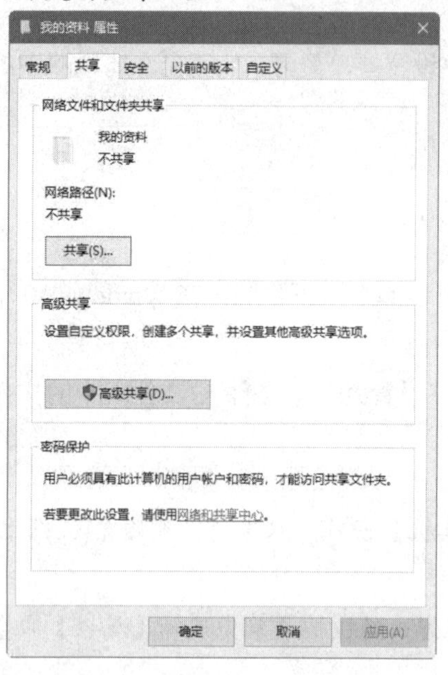

图 8-49　单击【共享】按钮

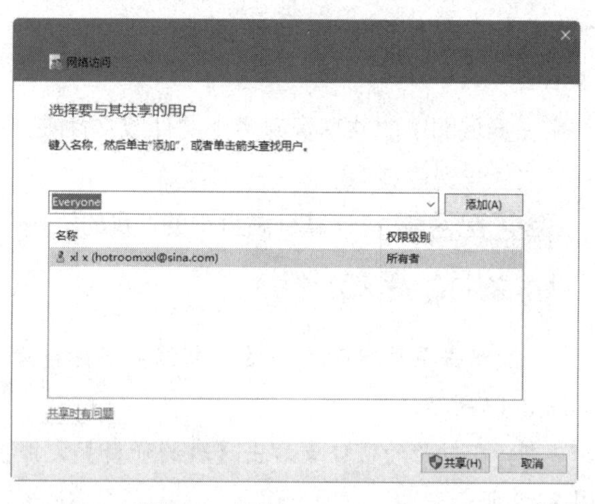

图 8-50　添加 Everyone 选项

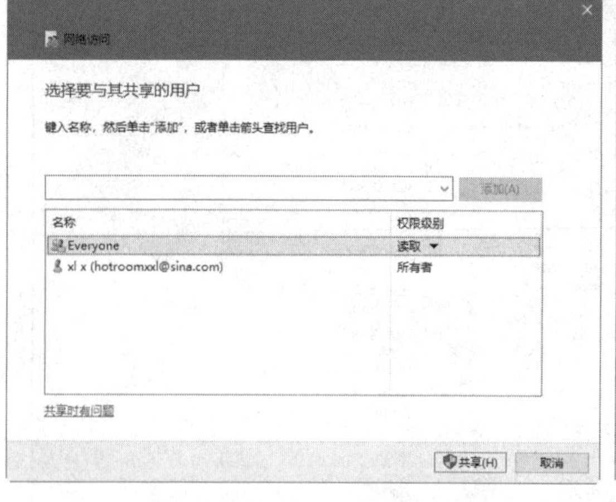

图 8-51　共享设置

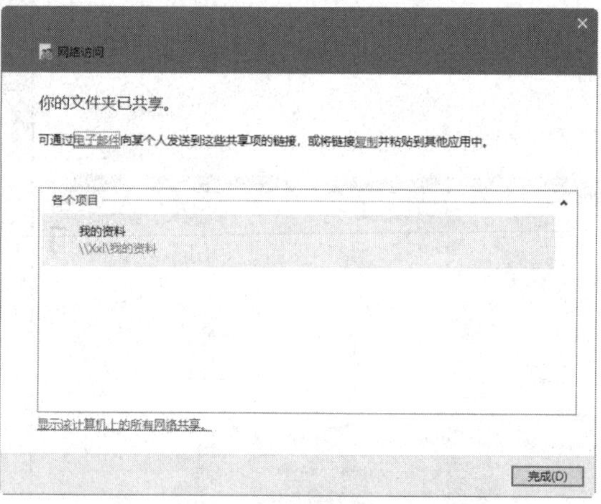

图 8-52　单击【完成】按钮

8.7.2　访问共享资源

在 Windows 10 操作系统中，用户可以通过访问局域网中其他计算机共享的文件或文件夹，获取局域网内其他用户提供的各种资源。

【例 8-4】 访问局域网中的共享资源。 视频

(1) 双击系统桌面上的【网络】图标打开【网络】窗口，双击其中的【XXL】图标，如图 8-53 所示。

(2) 访问用户名为“XXL”的计算机，其中显示了该用户共享的文件夹，双击需打开的文件夹名称，如图 8-54 所示。

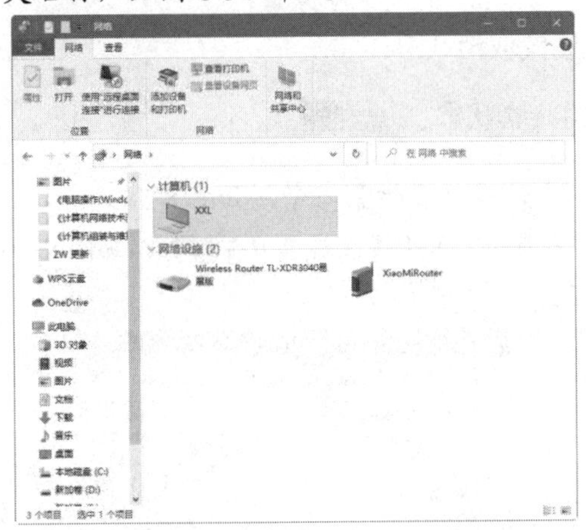

图 8-53　双击【XXL】图标

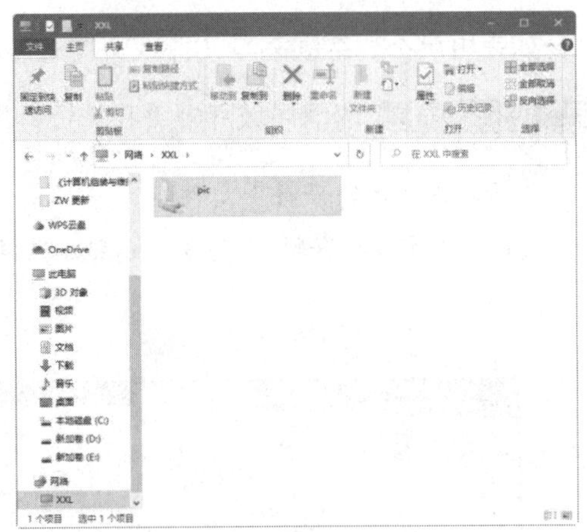

图 8-54　双击需打开的文件夹

(3) 在打开的文件夹中将显示局域网中的共享文件，如图 8-55 所示。

(4) 右击共享文件，在弹出的快捷菜单中选择【复制】命令，如图 8-56 所示。

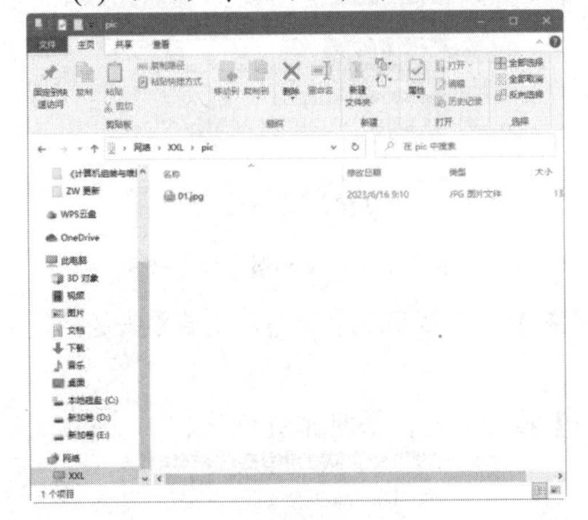

图 8-55　显示文件

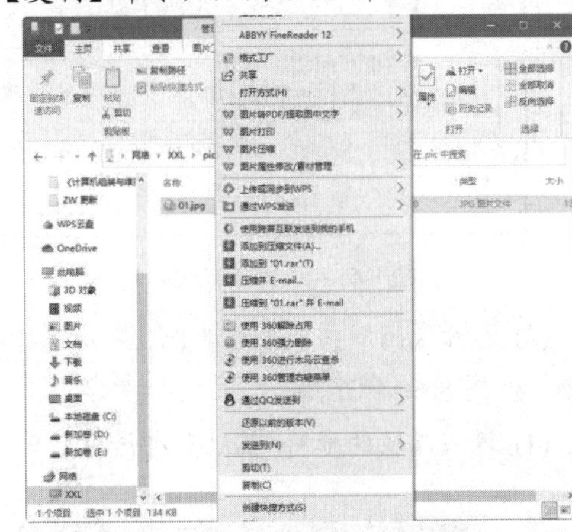

图 8-56　选择【复制】命令

(5) 双击桌面上的【此电脑】图标，打开【此电脑】窗口，双击其中的 D 盘图标，打开 D 盘，在空白处右击鼠标，在弹出的快捷菜单中选择【粘贴】命令，如图 8-57 所示，即可将局域网用户“XXL”的共享文件复制到本地计算机硬盘中。

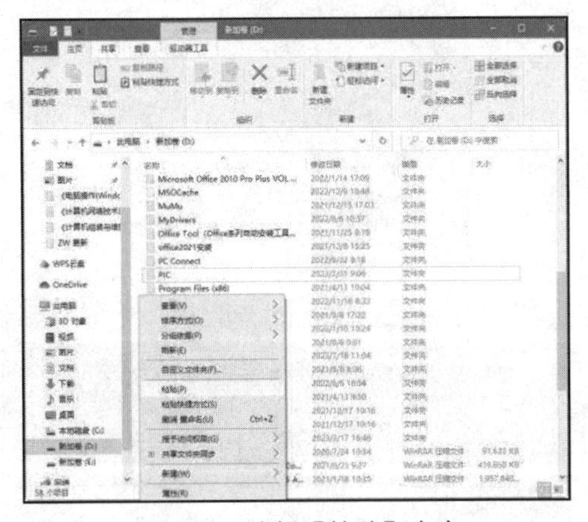

图 8-57　选择【粘贴】命令

提示

在【此电脑】窗口中的【地址】栏中输入“\\计算机名”(如输入“\\XXL”)，也可以快速访问局域网中计算机名为“XXL”的共享文件夹。

8.7.3 取消共享资源

如果用户不想继续共享文件或文件夹，可以通过设置取消共享。

【例 8-5】 取消局域网中“我的资料”文件夹的共享状态。 视频

(1) 右击“我的资料”文件夹，在弹出的快捷菜单中选择【属性】命令，如图 8-58 所示。

(2) 打开【我的资料 属性】对话框，选择【共享】选项卡，单击【高级共享】按钮，如图 8-59 所示。

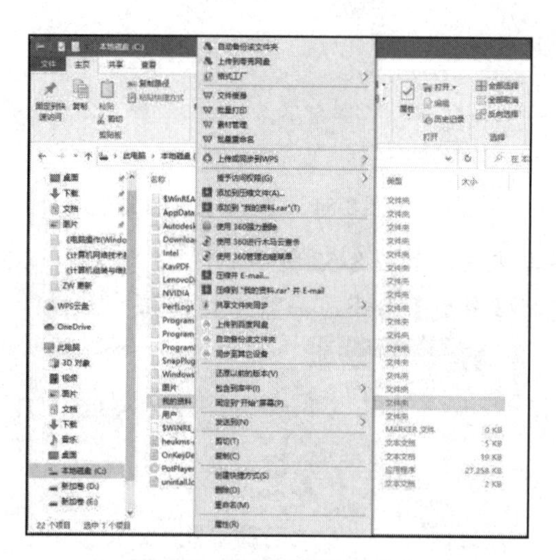

图 8-58 选择【属性】命令

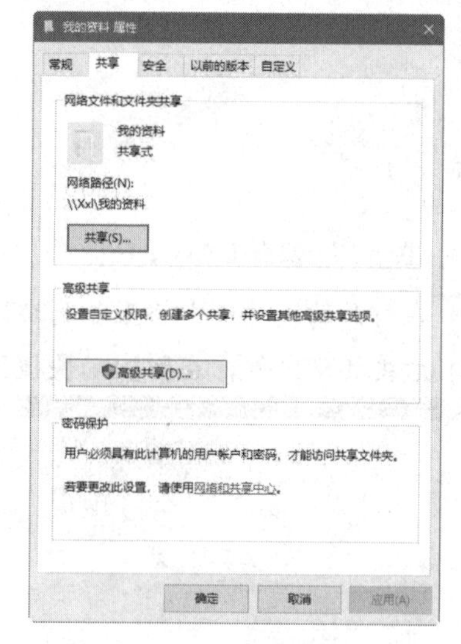

图 8-59 单击【高级共享】按钮

(3) 打开【高级共享】对话框，取消【共享此文件夹】复选框的选中状态，然后单击【确定】按钮，如图 8-60 所示。

(4) 返回【我的资料 属性】对话框，单击【关闭】按钮即可，如图 8-61 所示。

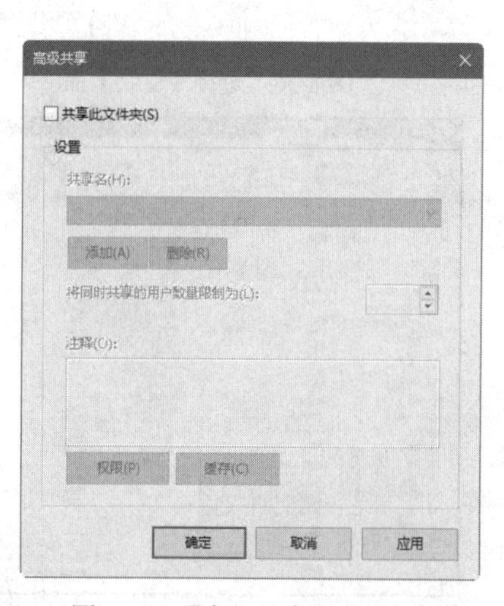

图 8-60 【高级共享】对话框

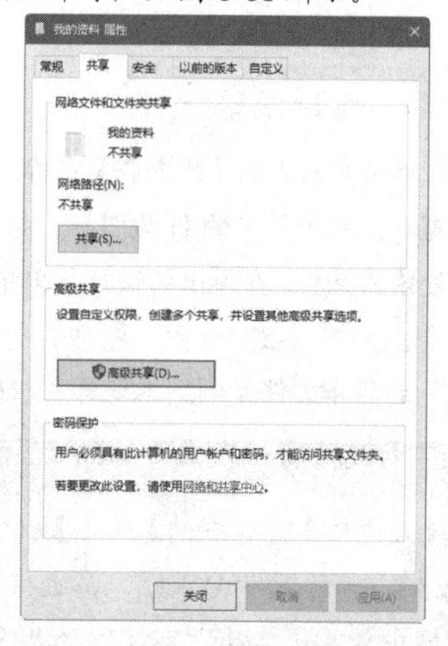

图 8-61 单击【关闭】按钮

8.8　使用浏览器上网

浏览器是一种用于访问和浏览网页的软件。本节将介绍在 Windows 10 系统中使用系统自带浏览器上网的方法。

8.8.1　常见的浏览器

常见的浏览器有以下几种。

- IE 浏览器：IE 浏览器是微软公司 Windows 操作系统的一个组成部分。它是一款免费的浏览器，用户在计算机中安装了 Windows 系统后，就可以使用该浏览器浏览网页，如图 8-62 所示。

图 8-62　IE 浏览器

- Microsoft Edge 浏览器：Microsoft Edge 浏览器是微软公司开发的新一代浏览器。该浏览器相比 IE 浏览器界面更加简洁，并兼容 Chrome 与 Firefox 两大浏览器的扩展程序，如图 8-63 所示。

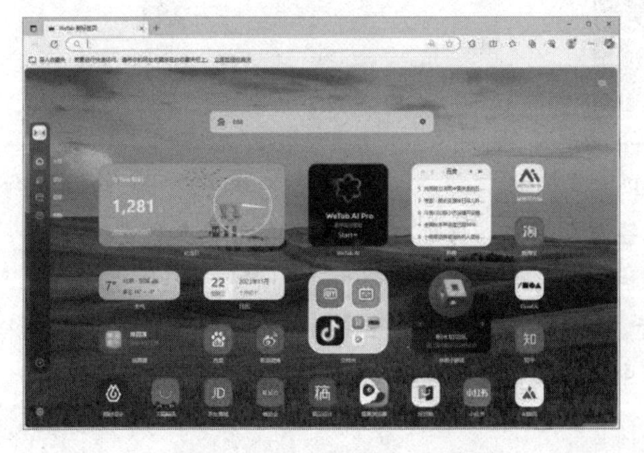

图 8-63　Microsoft Edge 浏览器

- 火狐浏览器：火狐浏览器是一款开源网页浏览器，该浏览器使用 Gecko 引擎(非 IE 内核)编写，由 Mozilla 基金会与数百个志愿者所开发。火狐浏览器是可以自由定制的浏览器，许多专业用户都喜欢使用该浏览器。火狐浏览器的插件非常丰富，用户可以根据自己的喜好使用插件对浏览器进行功能定制。
- 搜狗浏览器：搜狗浏览器是一款能够给网络加速的浏览器，可明显提升公网和教育网的互访速度，该浏览器可以通过防假死技术，使浏览器运行流畅。此外，搜狗浏览器还拥有自动网络收藏夹、独立播放网页视频、Flash 游戏提取等多项特色功能。

8.8.2 浏览网页

IE 浏览器的特点就是加入了标签页的功能，通过标签页可在一个浏览器中同时打开多个网页。

【例 8-6】 在 IE 中使用标签页浏览网页。 视频

(1) 单击【开始】按钮，在弹出的菜单中选择【Windows 附件】|【Internet Explorer】选项，如图 8-64 所示。

(2) 启动 IE 浏览器，在浏览器地址栏中输入网址："www.baidu.com"，如图 8-65 所示，然后按 Enter 键，访问百度首页。

图 8-64 选择【Internet Explorer】选项

图 8-65 输入网址

(3) 单击【新建标签页】按钮，打开一个新的标签页，如图 8-66 所示。

(4) 在浏览器地址栏中输入网址："www.hupu.com"，然后按 Enter 键，打开"虎扑体育网"的首页，如图 8-67 所示。右击某个超链接，在弹出的快捷菜单中选择【在新标签页中打开】命令，即可在一个新的标签页中打开该链接。

图 8-66　单击【新建标签页】按钮

图 8-67　打开网页

8.8.3　收藏和保存网页

用户在上网浏览网页时可能会遇到比较感兴趣的页面，这时用户可将其保存或收藏起来以方便以后查看。

1. 收藏网页

用户在浏览网页时，可以参考以下方法将需要的网页添加到浏览器的收藏夹列表中。

【例 8-7】 使用 Windows 10 自带的 Edge 浏览器收藏网页。 视频

(1) 单击 Windows 10 系统任务栏上的 Edge 图标 打开 Edge 浏览器后，在浏览器地址栏中输入网址访问一个网页。

(2) 单击浏览器右上角的【添加到收藏夹】按钮☆，在弹出的列表中单击【添加】按钮，收藏当前网页，如图 8-68 所示。

(3) 单击浏览器右上角的【收藏夹】图标≡，在弹出的列表中即可查看收藏的网页，如图 8-69 所示。

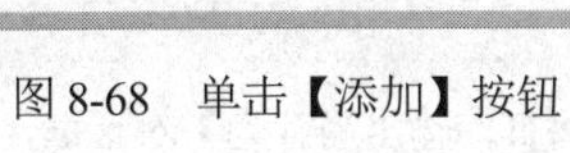

图 8-68　单击【添加】按钮

图 8-69　查看收藏的网页

(4) 当浏览器收藏夹中收藏的网页较多时，用户可以在收藏夹中创建分类文件夹，将收藏的网页分类保存。单击浏览器右上角的【收藏夹】图标≡，在弹出的列表中右击鼠标，在弹出的快

捷菜单中选择【创建新的文件夹】命令，如图 8-70 所示。

(5) 在创建的文件夹名称栏中输入分类文件夹名称(例如“网页”)，按 Enter 键创建一个分类文件夹。

(6) 使用本例步骤(2)、(3)的方法收藏网页时，用户可以选择将网页收藏在分类文件夹中，如图 8-71 所示。

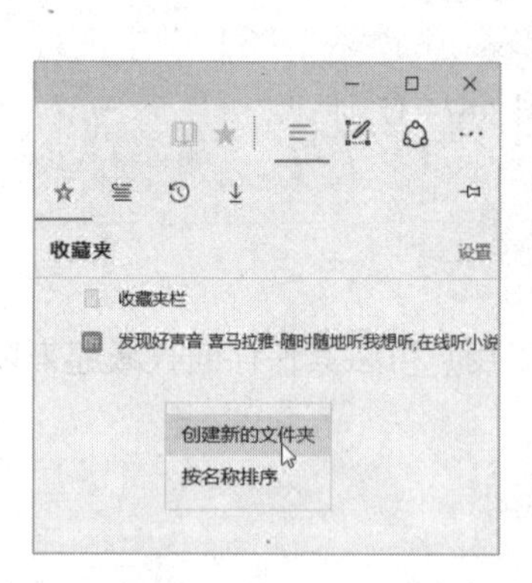

图 8-70　选择【创建新的文件夹】命令

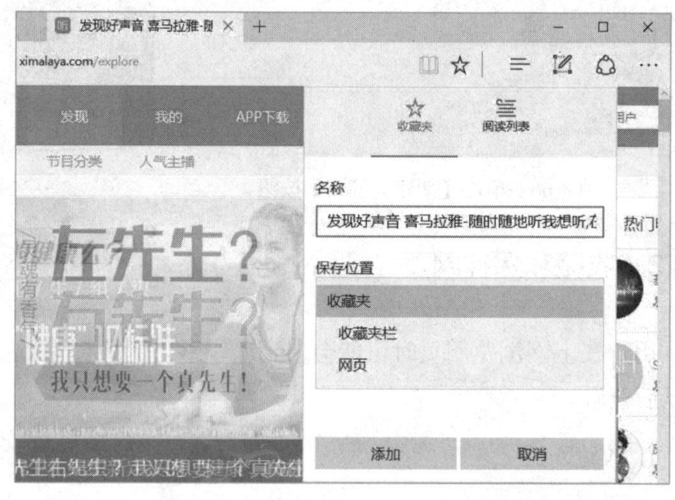

图 8-71　将网页收藏在分类文件夹中

2. 保存网页

将浏览器中打开的网页保存在计算机硬盘中后，用户可以方便地提取网页中的文本、图片等信息。

使用 Edge 浏览器打开一个网页后，单击浏览器右上角的【更多】图标···，在弹出的列表中选择【打印】选项，在打开的对话框中设置【打印机】为【Microsoft Print to PDF】，然后单击【打印】按钮，如图 8-72 所示。打开【将打印输出另存为】对话框，如图 8-73 所示，设置网页文件的保存名称和路径后单击【保存】按钮，即可将网页保存到计算机硬盘中。

图 8-72　单击【打印】按钮

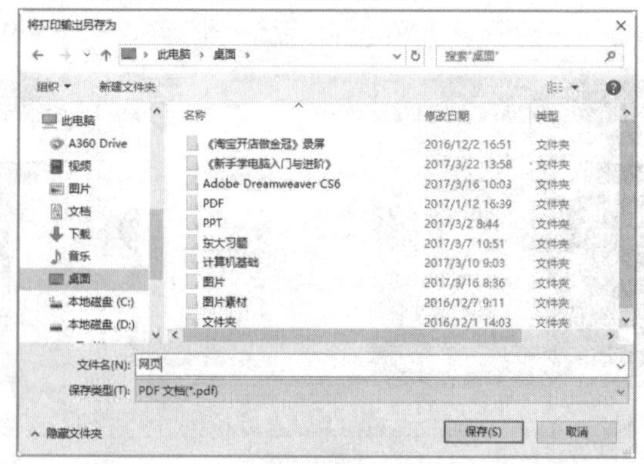

图 8-73　【将打印输出另存为】对话框

8.9　使用百度网盘

百度网盘(百度云)是百度公司推出的云存储服务，已覆盖计算机和手机操作系统，包含多种版本。用户可以将计算机中的文件上传到百度网盘，然后使用计算机或手机查看、下载或分享这些文件。

8.9.1　使用百度网盘下载资源

百度网盘个人版是面向个人用户的网盘存储服务，它能满足用户工作生活各类需求。

在互联网上找到百度网盘格式的文件下载链接后，单击该链接，如图 8-74 所示。在打开的窗口中输入文件提取码(一般由文件发布者提供)，如图 8-75 所示，然后单击【提取文件】按钮。

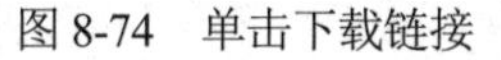
图 8-74　单击下载链接

图 8-75　输入提取码

在打开的界面中单击【下载】按钮(如图 8-76 所示)，启动百度网盘客户端，在打开的【设置下载存储路径】对话框中单击【浏览】按钮，如图 8-77 所示。

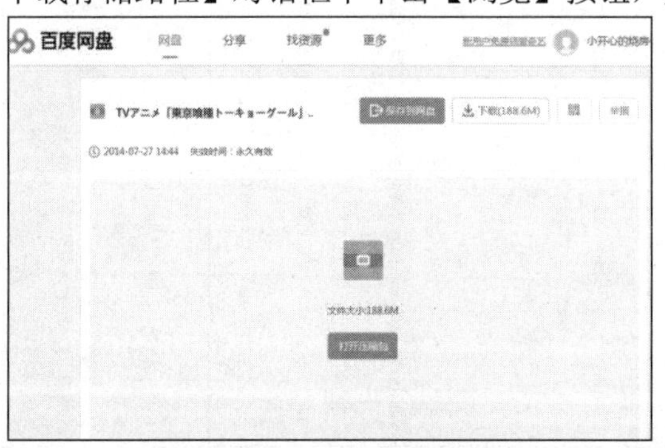

图 8-76　单击【下载】按钮

图 8-77　单击【浏览】按钮

打开【浏览计算机】对话框，设置文件保存路径，如图 8-78 所示，单击【确定】按钮。在打开的对话框中单击【下载】按钮即可使用百度网盘下载文件，如图 8-79 所示。

图 8-78　设置保存路径

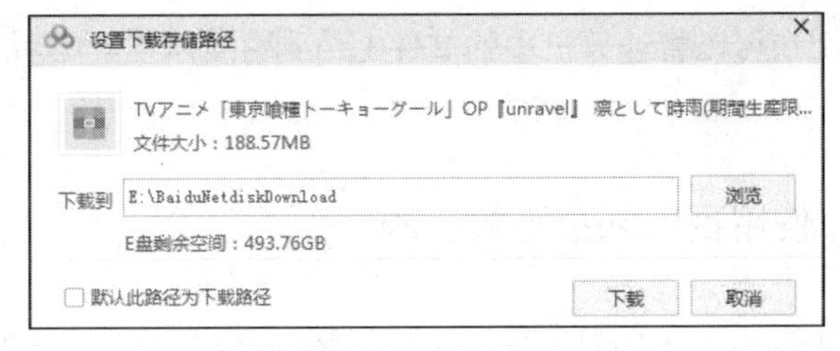

图 8-79　单击【下载】按钮

此时百度网盘客户端将显示文件下载进度、时间、大小等信息，如图 8-80 所示。文件下载完毕后，选择【传输列表】选项卡，在下载文件右侧单击【打开所在文件夹】按钮即可找到下载的文件，如图 8-81 所示。

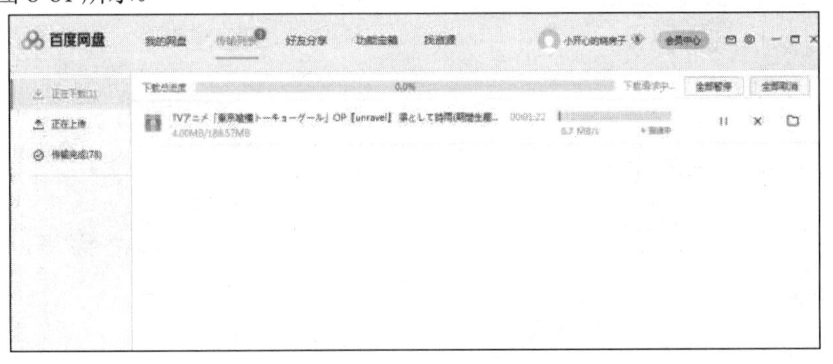

图 8-80　显示下载进度信息

图 8-81　单击【打开所在文件夹】按钮

8.9.2 上传至百度网盘

使用百度网盘可以将文件上传至云盘中，从而节省计算机硬盘空间。

启动百度网盘客户端后单击【上传】按钮，如图 8-82 所示。在打开的对话框中选择要上传的文件，单击【存入百度网盘】按钮，如图 8-83 所示。

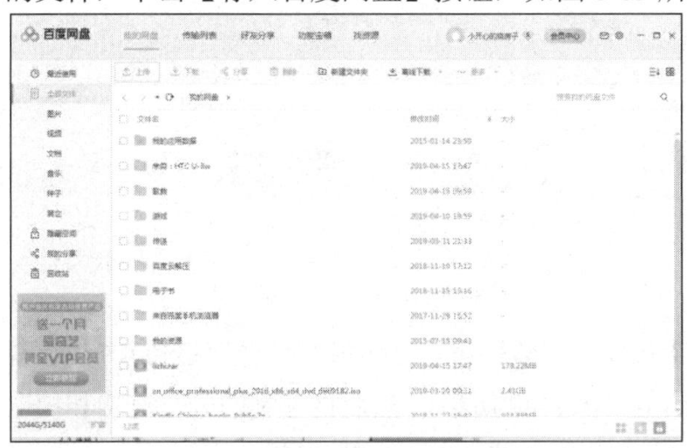

图 8-82 单击【上传】按钮

图 8-83 单击【存入百度网盘】按钮

在打开的界面中选择【传输列表】选项卡，显示文件上传进度信息，如图 8-84 所示。文件上传完毕后，在打开的界面中将显示上传的文件，如图 8-85 所示。

图 8-84 显示文件上传进度信息

图 8-85 显示上传的文件

8.9.3 分享百度网盘内容

用户可以将保存在百度网盘的文件分享给其他用户。在百度网盘客户端中选择需要分享的文件或者文件夹后，单击【分享】按钮，如图 8-86 所示。

此时，百度网盘提供两种分享文件的方法：一种是发送网盘资源提取码给其他用户，分享文件；另一种是通过发送文件分享链接，将文件分享给其他用户(本例采用第一种文件分享方式)，如图 8-87 所示。

图 8-86　单击【分享】按钮

图 8-87　设置文件分享方式

在图 8-87 所示的界面中单击【创建链接】按钮后，软件将自动生成文件分享链接和提取码，在打开的界面中单击【复制链接及提取码】按钮(如图 8-88 所示)，然后将复制的分享链接和提取码通过聊天软件发送给其他用户即可与该用户分享百度网盘内容，如图 8-89 所示。

图 8-88　单击【复制链接及提取码】按钮

图 8-89　发送链接和提取码

8.10　实例演练

本章的实例演练主要通过制作网线，帮助用户熟悉计算机网络设备的相关知识。

【例 8-8】 使用双绞线、水晶头和剥线钳自制一根网线。

(1) 在开始制作网线之前，用户应准备必要的网线制作工具，包括剥线钳、简易打线刀和多功能螺丝刀，如图 8-90 所示。

(2) 将双绞线的一端放入剥线钳的剥线口中，定位在距离顶端约 2 厘米的位置，如图 8-91 所示。

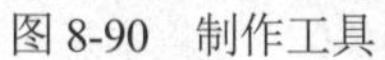
图8-90 制作工具

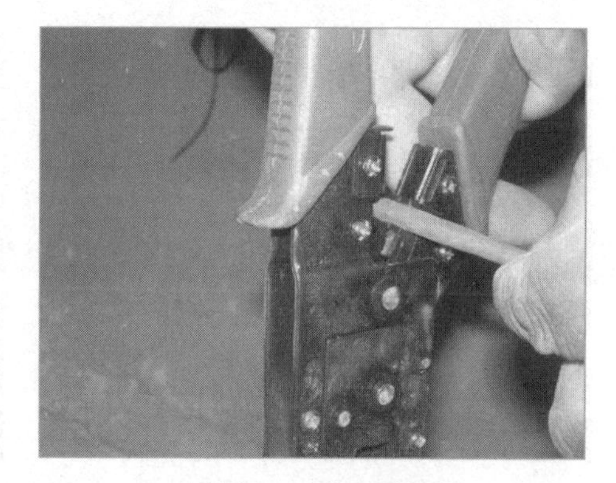
图8-91 定位双绞线

(3) 压紧剥线钳后旋转360°，使剥线口中的刀片可以切开双绞线的包裹层，如图8-92所示。

(4) 从剥线口切开双绞线包裹层后，拉出其内部的电线，如图8-93所示。

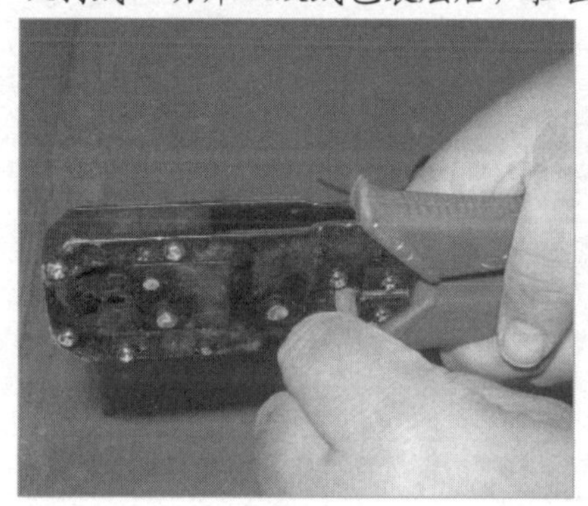
图8-92 旋转双绞线

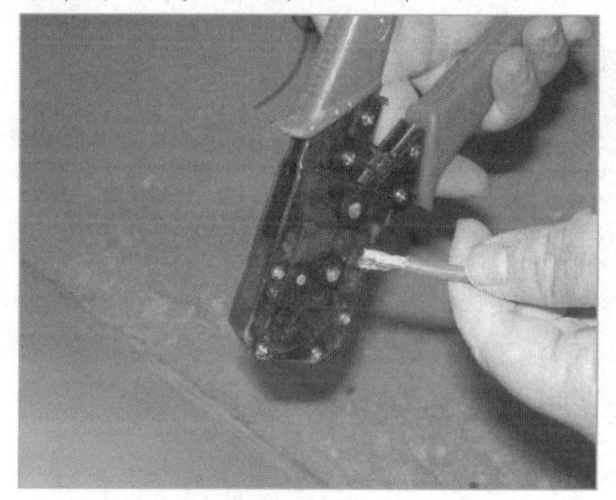
图8-93 拉出双绞线内部的电线

(5) 将双绞线中8根不同颜色的电线按照EIA/TIA 586A或EIA/TIA 586B线序标准排列(可参考8.2.2小节中介绍的线序)，如图8-94所示。

(6) 将整理好线序的双绞线拉直，如图8-95所示。

图8-94 整理线序

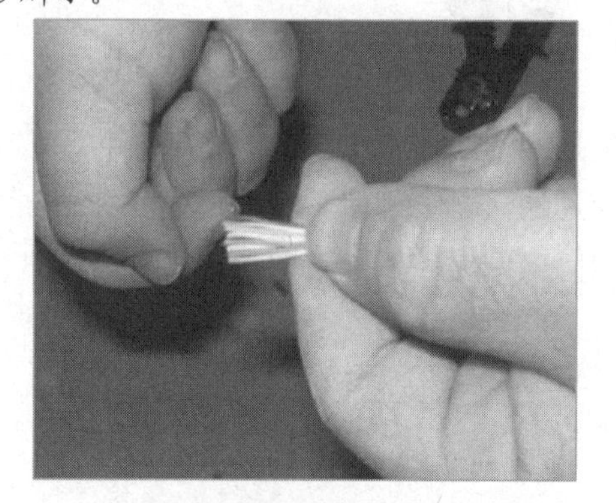
图8-95 拉直双绞线

(7) 将水晶头背面的8个金属压片面对自己，从左至右分别将双绞线按照步骤(5)中整理的线序插入水晶头，如图8-96所示。

(8) 检查双绞线的线头是否都进入水晶头，然后将其固定，如图8-97所示。

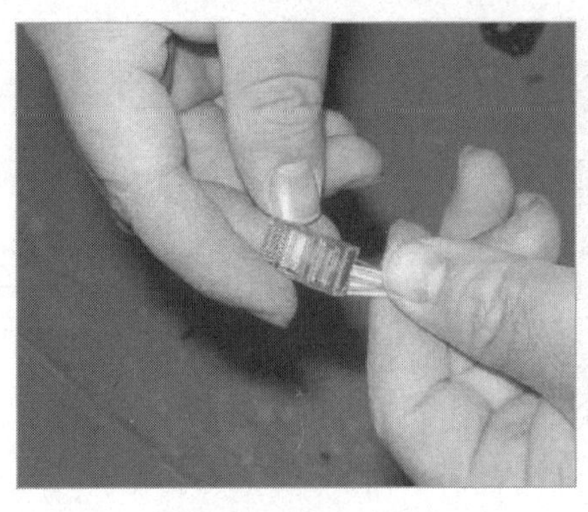

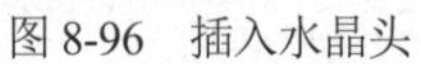
图 8-96 插入水晶头

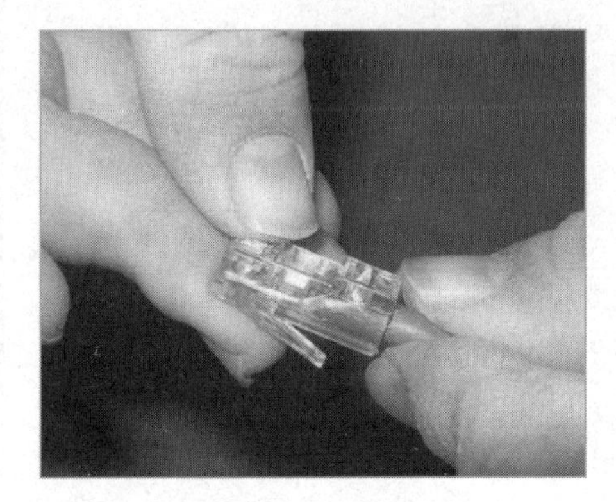

图 8-97 检查水晶头

(9) 将水晶头放入剥线钳的压线槽后，用力挤压剥线钳的钳柄。

(10) 将水晶头上的铜片压至铜线内，如图 8-98 所示。

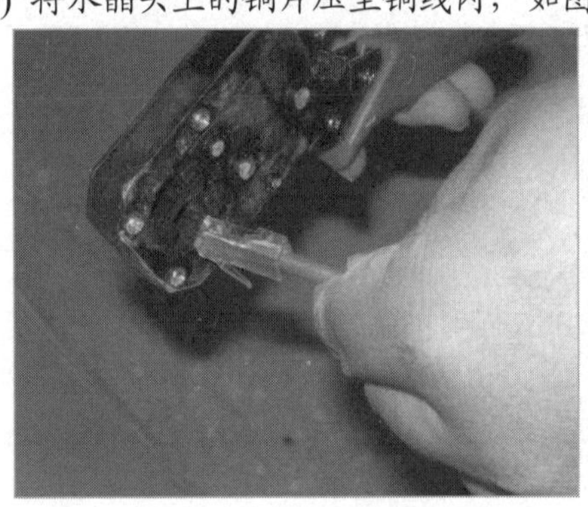

图 8-98 压制水晶头

(11) 使用相同的方法制作双绞线的另一端。完成后即可得到一根网线。

8.11 习题

1. 简述网卡按总线接口可分为哪几种类型。
2. 简述如何制作网线。
3. 如何在局域网中共享文件？

第 9 章

优化计算机

在日常使用计算机的过程中，为了提高计算机的性能，使计算机时刻处于最佳工作状态，用户可以对 Windows 操作系统的默认设置进行优化，或者使用各种优化软件对计算机进行智能优化。

本章重点

- 设置虚拟内存
- 磁盘碎片整理
- 关闭不需要的系统功能
- 使用系统优化软件

二维码教学视频

【例 9-1】 设置虚拟内存
【例 9-2】 设置选择系统的时间
【例 9-3】 关闭自动更新重启提示
【例 9-4】 禁止保存搜索记录
【例 9-5】 禁用错误发送报告提示
【例 9-6】 磁盘清理
【例 9-7】 磁盘碎片整理
【例 9-8】 磁盘错误检查
【例 9-9】 优化硬盘内部读写速度
【例 9-10】 更改【文档】路径
【例 9-11】 使用 Windows 10 优化大师
本章其他视频参见视频二维码列表

9.1 优化 Windows 系统

Windows 10 操作系统成功安装后系统将自动采用默认设置。默认设置无法充分发挥计算机的性能。此时，对系统进行一定的优化设置，能够有效地提升计算机的性能。

9.1.1 设置虚拟内存

系统在运行时会先将所需的指令和数据从外部存储器调入内存，CPU 再从内存中读取指令或数据进行运算，并将运算结果存储在内存中。在整个过程中内存主要起着中转和传递的作用。

当用户为了运行程序需要大量数据并占用大量内存时，物理内存就有可能会被“塞满”，此时系统会将一些暂时不用的数据放到硬盘中，而这些数据所占的空间就是虚拟内存。简单地说，虚拟内存的作用就是当物理内存被占用完时，计算机会自动调用硬盘来充当内存，以缓解物理内存的不足。

Windows 操作系统通过采用虚拟内存机制来扩充系统内存，调整虚拟内存可以有效地提高大型程序的执行效率。

【例 9-1】 在 Windows 10 系统中设置虚拟内存。 视频

(1) 右击系统桌面上的【此电脑】图标，在弹出的快捷菜单中选择【属性】命令，打开【系统】窗口，选择【高级系统设置】选项，如图 9-1 所示。

(2) 在打开的【系统属性】对话框中选择【高级】选项卡，单击【性能】区域中的【设置】按钮，如图 9-2 所示。

图 9-1 选择【高级系统设置】选项

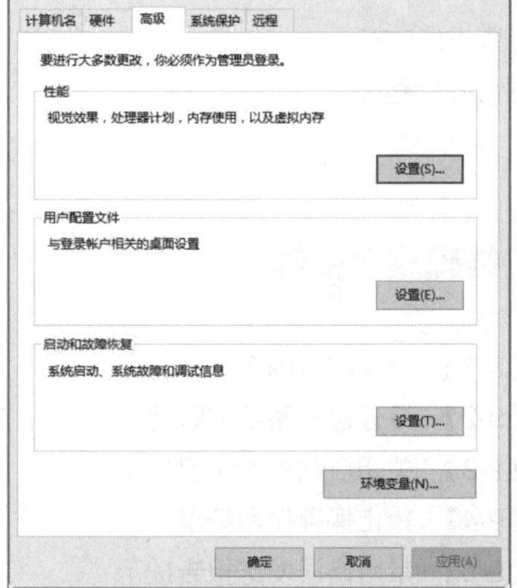

图 9-2 单击【设置】按钮

(3) 打开【性能选项】对话框，单击【更改】按钮，如图 9-3 所示。

(4) 打开【虚拟内存】对话框，取消【自动管理所有驱动器的分页文件大小】复选框的选中状态，在【初始大小】和【最大值】文本框中设置虚拟内存值，如图 9-4 所示。

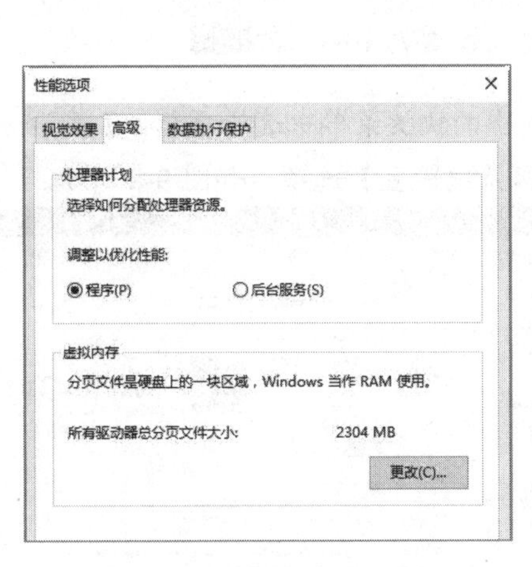

图 9-3　单击【更改】按钮

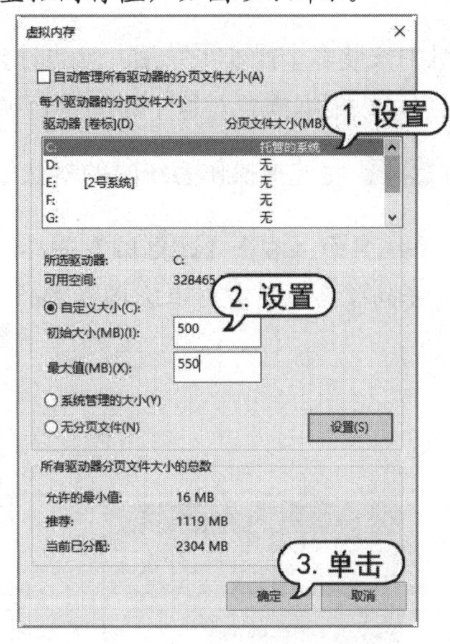

图 9-4　设置虚拟内存值

(5) 单击【确定】按钮返回【性能选项】对话框，单击【应用】按钮即可。

9.1.2　设置开机启动项

有些软件在安装后，会将自己的启动程序加入开机启动项，从而随着 Windows 10 系统的启动而自动运行。这无疑会占用系统的资源，并影响系统的启动速度。用户可以通过设置将不需要的开机启动项禁用。

按 Ctrl+Shift+Esc 键打开【任务管理器】窗口，选择【启动】选项卡，如图 9-5 所示。在显示的程序列表中显示了系统的开机启动项，右击其中的程序名称，在弹出的快捷菜单中选择【禁用】命令，如图 9-6 所示。重新启动计算机，设置的程序将不会在计算机启动时自动运行。

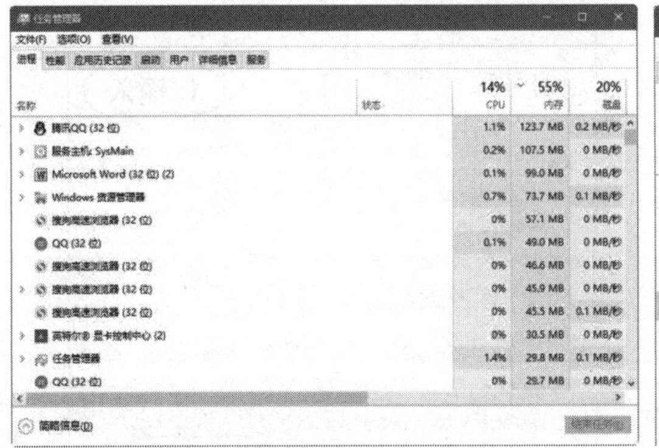

图 9-5　选择【启动】选项卡

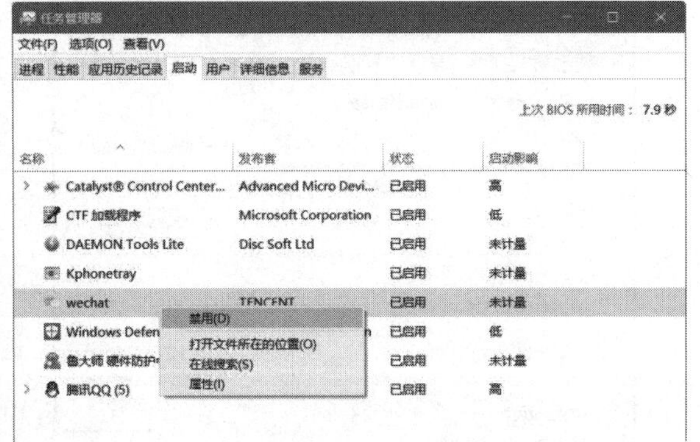

图 9-6　设置"禁用"程序

9.1.3 设置选择系统的时间

计算机中安装多个操作系统后，启动时会显示操作系统的列表，该列表的系统默认存在时间是 30s，用户可以根据需要对这个时间进行调整。

【例 9-2】 将选择操作系统时的默认等待时间设置为 10s。 视频

(1) 在系统桌面上右击【此电脑】图标，在弹出的快捷菜单中选择【属性】命令，如图 9-7 所示。在打开的【系统】窗口中选择左侧的【高级系统设置】选项，如图 9-8 所示。

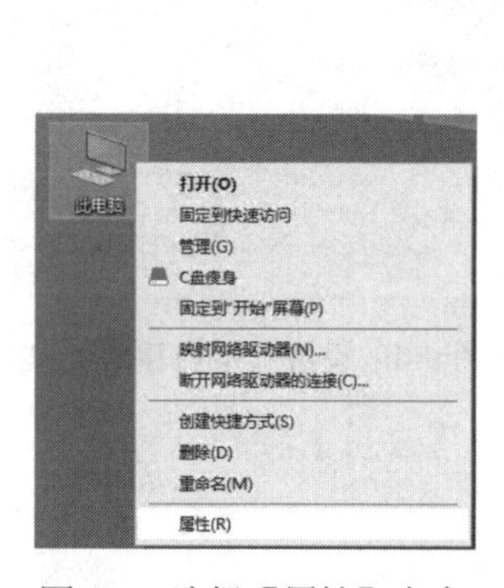

图 9-7 选择【属性】命令

图 9-8 选择【高级系统设置】选项

(2) 在打开的【系统属性】对话框中选择【高级】选项卡，在【启动和故障恢复】区域中单击【设置】按钮，如图 9-9 所示。

(3) 打开【启动和故障恢复】对话框，设置【显示操作系统列表的时间】为 10s，然后单击【确定】按钮，如图 9-10 所示。

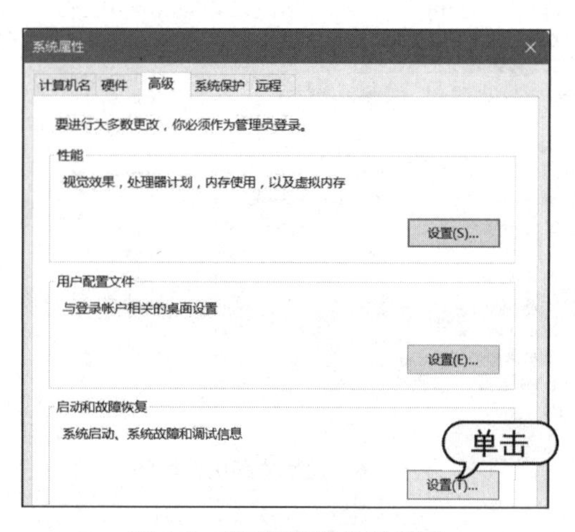

图 9-9 【系统属性】对话框

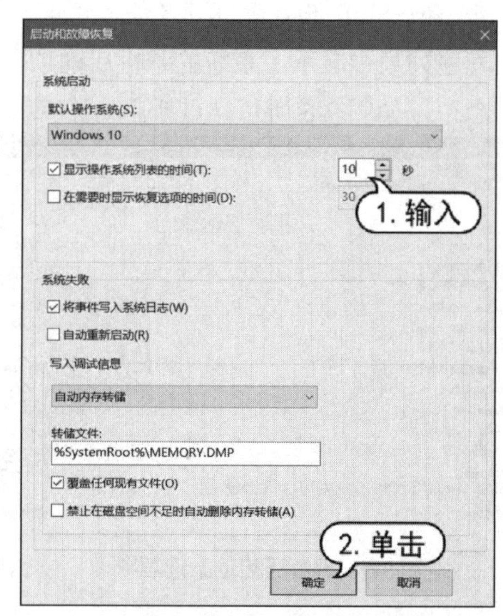

图 9-10 【启动和故障恢复】对话框

9.1.4　清理卸载或更改的程序

在系统中卸载某个程序后，该程序可能依然会保留在【卸载或更改程序】窗口中的程序列表中，用户可以通过修改注册表将其删除，从而实现对计算机的优化。

按 Win+R 键打开【运行】对话框，在【打开】文本框中输入 regedit 命令后单击【确定】按钮。在打开的【注册表编辑器】窗口左侧的列表框中依次展开 HKEY_LOCAL_ MACHINE | SOFTWARE | Microsoft | Windows | CurrentVersion | Uninstall 选项，如图 9-11 所示。此时在窗口右侧的列表中用户可查看已删除程序的残留信息，右击某个信息名称，在弹出的快捷菜单中选择【删除】命令即可将其删除，如图 9-12 所示。

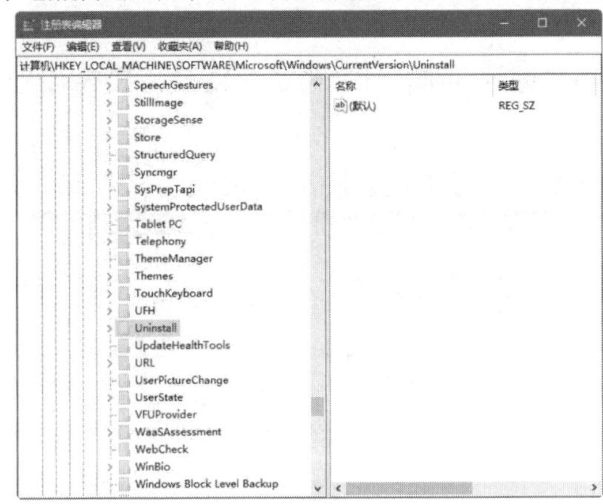

图 9-11　【注册表编辑器】窗口　　　　图 9-12　删除程序的残留信息

9.2　关闭不需要的系统功能

安装 Windows 10 操作系统后系统会自动开启许多功能。这些功能在一定程度上会占用计算机系统资源，如果不需要使用这些功能，可以将其关闭以提高计算机的工作效率。

9.2.1　关闭自动更新重启提示

在计算机使用过程中如果系统自动更新，完成自动更新后，系统会提示重启计算机。由于在工作中重启计算机可能会造成重要的数据丢失，用户可以通过设置关闭操作系统的更新重启提示。

【例 9-3】 关闭自动更新重启提示。 视频

(1) 按 Win+R 键打开【运行】对话框，输入 gpedit.msc 命令后单击【确定】按钮，如图 9-13 所示。

(2) 打开【本地组策略编辑器】窗口，依次展开【计算机配置】|【管理模板】|【Windows 组件】选项，然后双击【Windows 更新】选项，如图 9-14 所示。

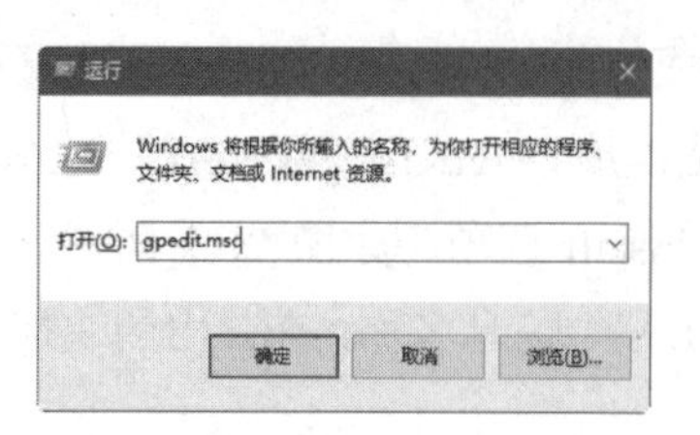

图 9-13 【运行】对话框

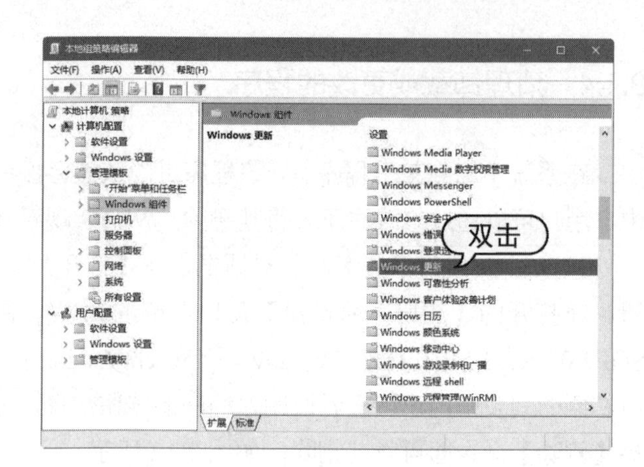

图 9-14 双击【Windows 更新】选项

(3) 在显示的选项区域中双击【对于有已登录用户的计算机，计划的自动更新安装不执行重新启动】选项，如图 9-15 所示。

(4) 在打开的对话框中选中【已启用】单选按钮后单击【确定】按钮，如图 9-16 所示。

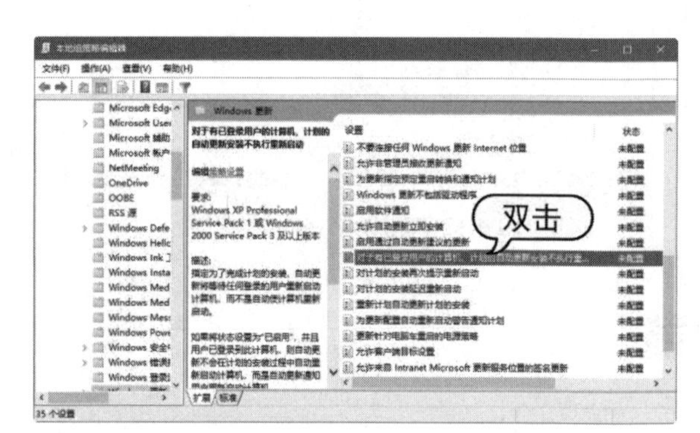

图 9-15 双击选项

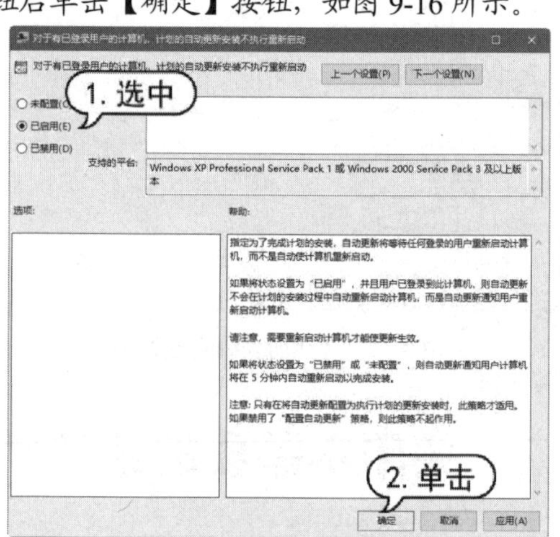

图 9-16 选中【已启用】单选按钮

9.2.2 禁止保存搜索记录

Windows 10 系统中用户的历史搜索记录会自动保存在窗口中的下拉列表框内，用户可通过设置组策略禁止保存搜索记录以提高系统速度。

【例 9-4】 禁止保存搜索记录。 视频

(1) 按 Win+R 键打开【运行】对话框，输入 gpedit.msc 命令后单击【确定】按钮。

(2) 打开【本地组策略编辑器】窗口，依次展开【用户配置】|【管理模板】|【Windows 组件】|【文件资源管理器】选项，然后双击【在文件资源管理器搜索框中关闭最近搜索条目的显示】选项，如图 9-17 所示。

(3) 在打开的对话框中，选中【已启用】单选按钮，然后单击【确定】按钮，如图 9-18 所示。

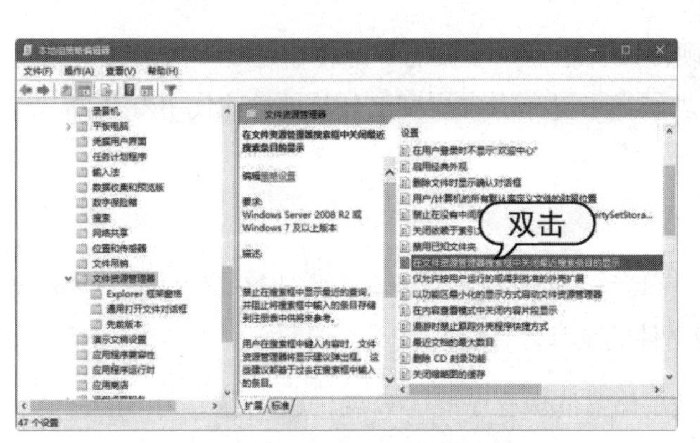

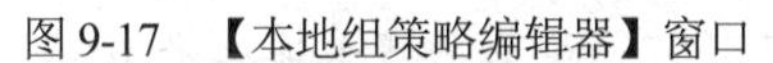
图 9-17　【本地组策略编辑器】窗口

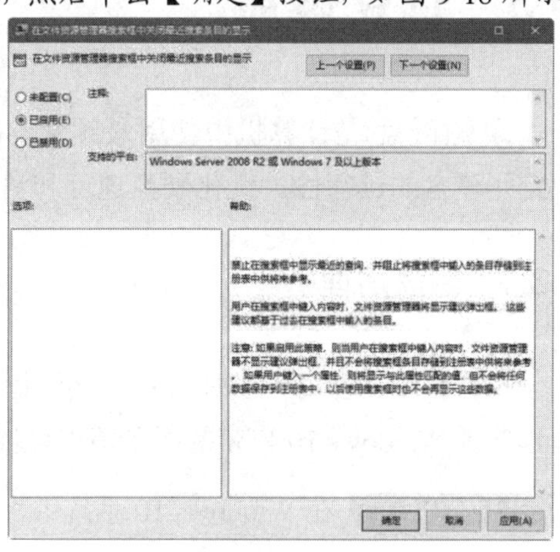
图 9-18　设置系统禁止保存用户搜索记录

9.2.3　禁用错误发送报告提示

Windows 10 系统在运行时如果出现异常，会打开错误报告对话框，询问用户是否将错误提交给微软官方网站。用户可以通过组策略禁用错误发送报告提示，以提高系统的工作速度。

【例 9-5】 禁用错误发送报告提示。 视频

(1) 按 Win+R 键打开【运行】对话框，输入 gpedit.msc 命令后单击【确定】按钮。

(2) 打开【本地组策略编辑器】窗口，依次展开【计算机配置】|【管理模板】|【系统】|【Internet 通信管理】|【Internet 通信设置】选项，然后双击【关闭 Windows 错误报告】选项，如图 9-19 所示。

(3) 在打开的【关闭 Windows 错误报告】窗口中选中【已启用】单选按钮，然后单击【确定】按钮即可，如图 9-20 所示。

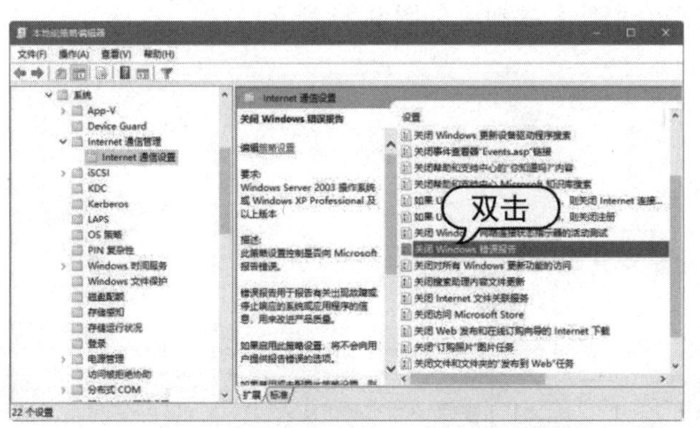

图 9-19　关闭 Windows 错误报告

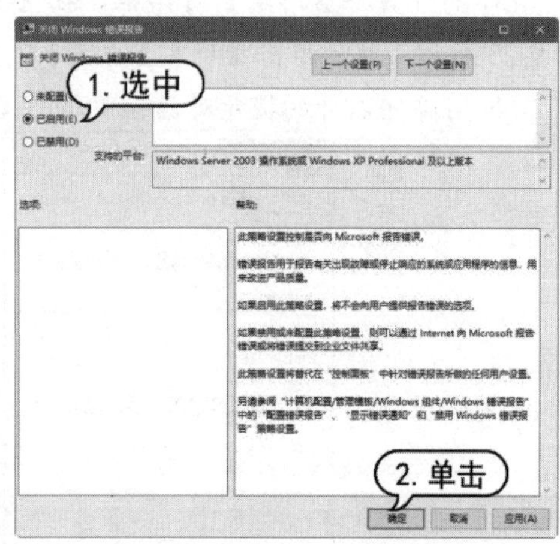

图 9-20　完成设置

9.3 优化磁盘

硬盘(磁盘)是计算机中使用最频繁的硬件设备之一。硬盘的外部传输速度和内部读写速度决定了硬盘的读写性。优化硬盘速度和清理硬盘可以在很大程度上延长硬盘的使用寿命。

9.3.1 磁盘清理

操作系统在使用一段时间后，会产生一些垃圾文件，这些文件会影响计算机的性能。磁盘清理程序是 Windows 10 自带的用于清理垃圾文件的工具。

【例 9-6】 在 Windows 10 系统中，使用磁盘清理程序清理 E 盘。 视频

(1) 双击系统桌面上的【此电脑】图标，在打开的窗口中右击【本地磁盘(E:)】图标，在弹出的快捷菜单中选择【属性】命令，如图 9-21 所示。

(2) 在打开的对话框中单击【磁盘清理】按钮，如图 9-22 所示。

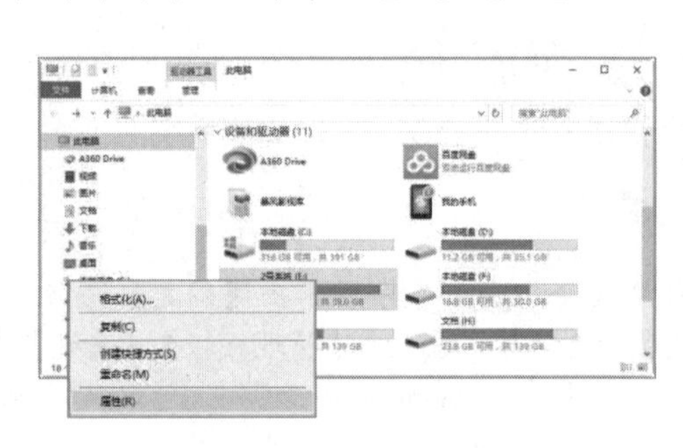

图 9-21 选择【属性】命令

图 9-22 单击【磁盘清理】按钮

(3) 打开【磁盘清理】对话框，在【要删除的文件】列表中设置需要清理的文件类型，如图 9-23 所示，然后单击【确定】按钮。

(4) 在系统打开的提示对话框中单击【删除文件】按钮，如图 9-24 所示。

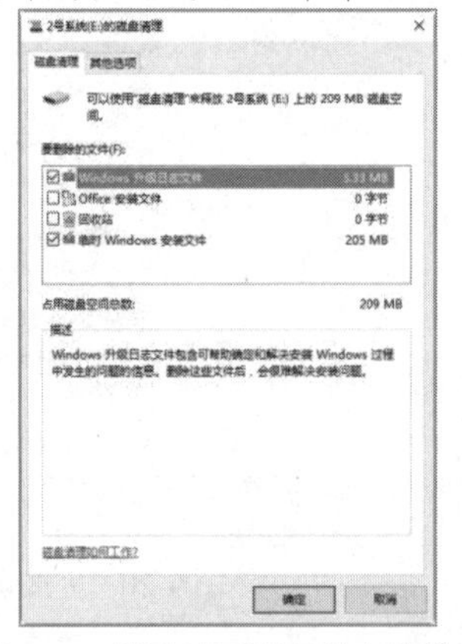

图 9-23 设置需要清理的文件类型

图 9-24 单击【删除文件】按钮

9.3.2　磁盘碎片整理

在使用计算机的过程中往往需要操作很多文件，同时会产生很多磁盘碎片(例如，在执行创建、删除文件或者安装、卸载软件等操作时，会在硬盘内部产生很多磁盘碎片)。磁盘碎片的存在会影响系统向硬盘写入或读取数据的速度。因此定期清理磁盘碎片，对保护硬盘有很大的实际意义。

【例 9-7】 在 Windows 10 系统中，使用系统自带的功能整理磁盘碎片。 视频

(1) 双击 Windows 10 系统桌面上的【此电脑】图标，在打开的窗口中选择一个磁盘驱动器后，选择【管理】选项卡，单击【优化】按钮，如图 9-25 所示。

(3) 打开【优化驱动器】窗口，在【驱动器】列表中选择一个磁盘分区后，单击【优化】按钮，如图 9-26 所示。此时，系统会对磁盘分区进行碎片情况分析。稍等片刻后，即可开始整理磁盘碎片。

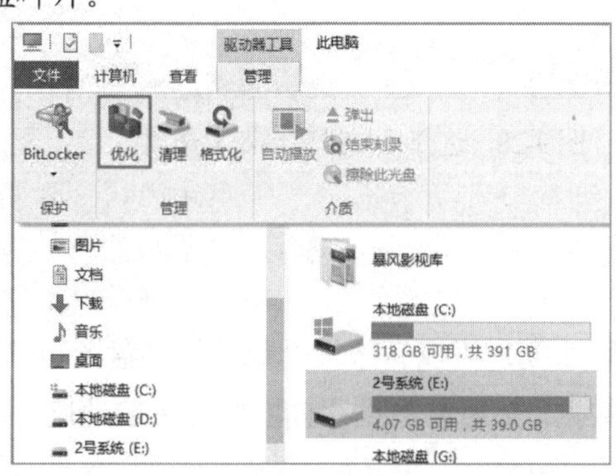

图 9-25　单击【优化】按钮

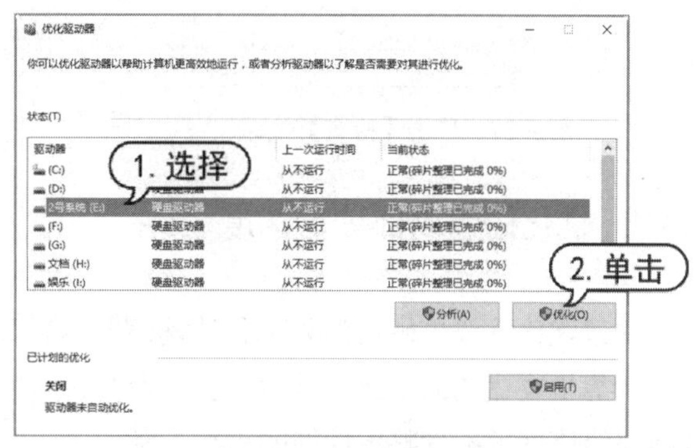

图 9-26　【优化驱动器】窗口

提示

此外，为了省去手动执行磁盘碎片整理的麻烦，用户可设置让系统自动整理磁盘碎片，在【优化驱动器】窗口中单击【启用】按钮，在打开的对话框中用户可以设置磁盘碎片整理的自动执行时间。

9.3.3　磁盘查错

用户在执行文件的移动、复制、删除等操作时，磁盘可能会产生坏扇区。这时可以使用 Windows 10 系统自带的“磁盘查错”功能来修复文件系统的错误和坏扇区。

【例 9-8】 在 Windows 10 系统中执行磁盘错误检查。 视频

(1) 打开【此电脑】窗口后右击需要执行磁盘错误检查的驱动器，在弹出的菜单中选择【属性】命令，在打开的对话框中选择【工具】选项卡，然后单击【检查】按钮，如图 9-27 所示。

(2) 打开【错误检查】对话框，选择【扫描驱动器】选项(如图 9-28 所示)，开始执行磁盘错误检查。

(3) 磁盘错误检查完毕后，用户可以在系统打开的对话框里查看详细报告。

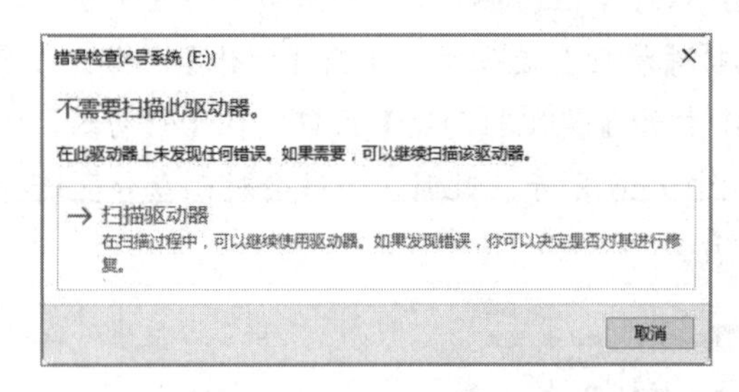

图 9-27　单击【检查】按钮　　　　图 9-28　选择【扫描驱动器】选项

9.3.4　优化磁盘内部读写速度

通过优化计算机硬盘的外部传输速度和内部读写速度，可以有效提升计算机硬盘读写性能。

计算机硬盘的内部读写速度是指从盘片上读取数据，然后将数据存储在缓存中的速度。该速度是评价计算机硬盘整体性能的重要参数。

【例 9-9】 优化硬盘内部读写速度。 视频

(1) 右击系统桌面上的【此电脑】图标，在弹出的快捷菜单中选择【属性】命令，如图 9-29 所示。

(2) 在打开的【系统】窗口中选择【设备管理器】选项，如图 9-30 所示。

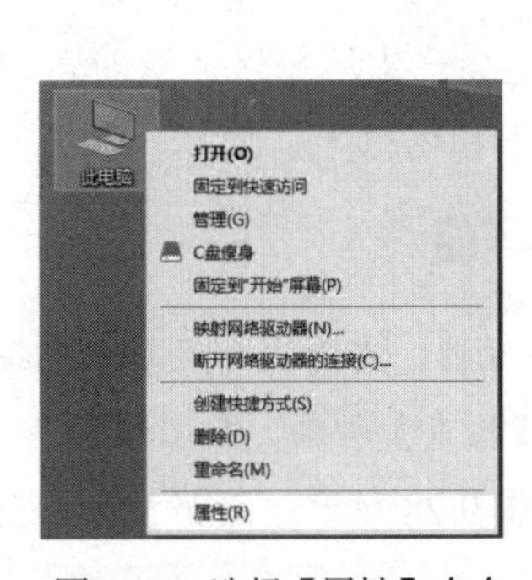

图 9-29　选择【属性】命令　　　　图 9-30　选择【设备管理器】选项

(3) 打开【设备管理器】窗口，在【磁盘驱动器】选项下右击硬盘名称，在弹出的快捷菜单中选择【属性】命令，如图 9-31 所示。

(4) 在打开的对话框中选择【策略】选项卡，选中【启用设备上的写入缓存】复选框，然后单击【确定】按钮，如图 9-32 所示。

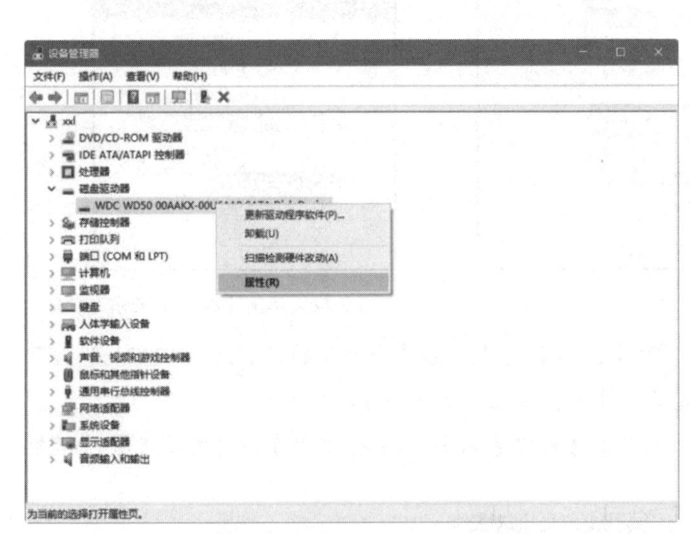

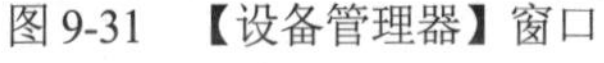
图 9-31　【设备管理器】窗口

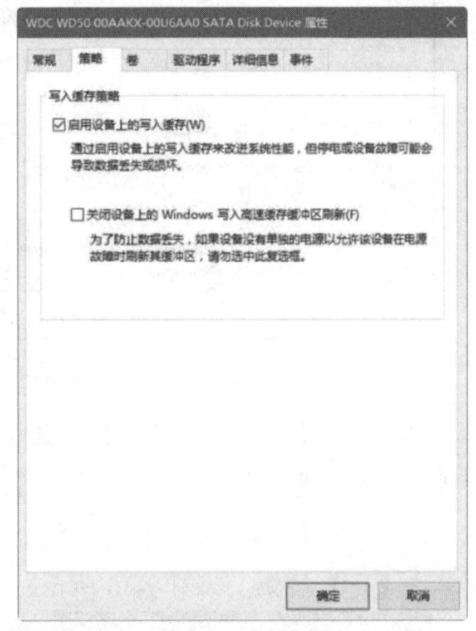

图 9-32　设置启用设备上的写入缓存

9.4　优化系统文件

随着计算机使用时间的增加，硬盘中的文件也将会逐渐增多(计算机在使用过程中会产生一些临时文件、垃圾文件及用户存储的文件等)。这些文件的增多将会导致硬盘的可用空间变小，从而影响计算机的工作效率。此时，用户可以通过优化系统文件，恢复计算机的工作效率。

9.4.1　更改【文档】路径

默认情况下系统中【文档】文件夹的存放路径是 C:\Users\用户名\Documents。对于习惯使用【文档】文件夹存储资料的用户，该文件夹必然会占据大量的硬盘空间。用户可以通过修改【文档】文件夹的默认路径，将该文件夹中的文件转移到一个非系统分区中。

【例 9-10】 更改【文档】路径。 视频

(1) 打开【此电脑】窗口后右击【文档】文件夹，在弹出的快捷菜单中选择【属性】命令，如图 9-33 所示。

(2) 打开【文档 属性】对话框，选择【位置】选项卡，单击【移动】按钮，如图 9-34 所示。

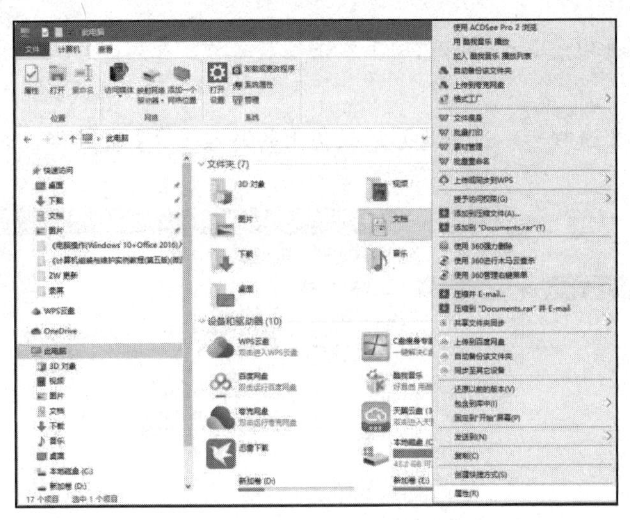

图 9-33　选择【属性】命令

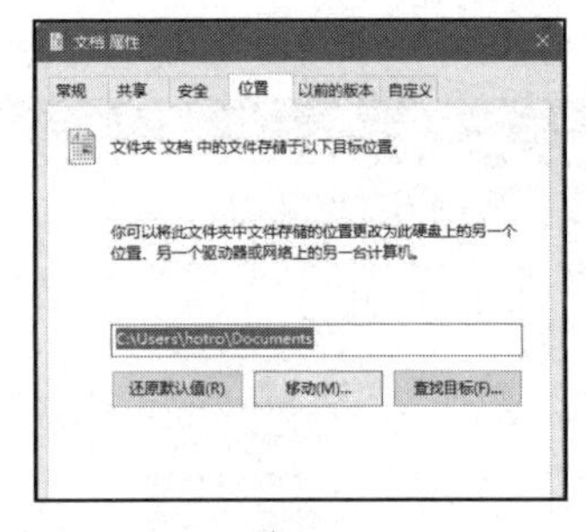

图 9-34　单击【移动】按钮

(3) 打开【选择一个目标】对话框，为【文档】文件夹选择一个新的位置(例如选择 D 盘下的【我的文档】文件夹)，然后单击【选择文件夹】按钮，如图 9-35 所示。

(4) 返回【文档 属性】对话框，再次单击【确定】按钮，在打开的【移动文件夹】对话框中单击【是】按钮，如图 9-36 所示。

图 9-35　【选择一个目标】对话框

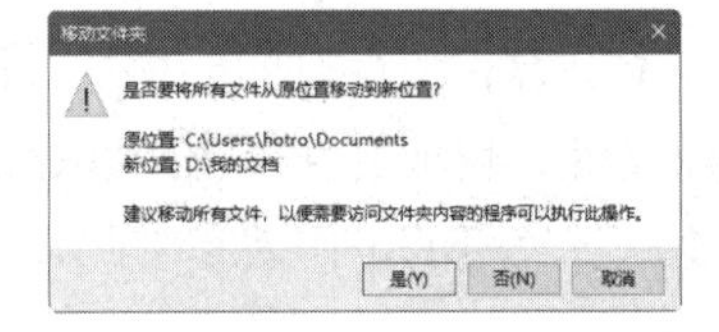

图 9-36　单击【是】按钮

(5) 此时系统将开始移动文件，完成后【文档】文件夹的保存路径将被修改。

9.4.2　清理文档使用记录

在使用计算机的时候，Windows 系统会自动记录用户最近使用过的文档。计算机使用的时间越长，此类文档记录就越多，从而占用大量的硬盘空间。因此，用户应该定期对计算机中的文档使用记录进行清理，以释放更多的硬盘空间。

打开【此电脑】窗口后选择【快速访问】选项，显示以往使用的文档列表，右击需要清理的文档，在弹出的快捷菜单中选择【从“快速访问”中删除】命令，如图 9-37 所示。这样该文档就会从【快速访问】记录中清除，如图 9-38 所示。

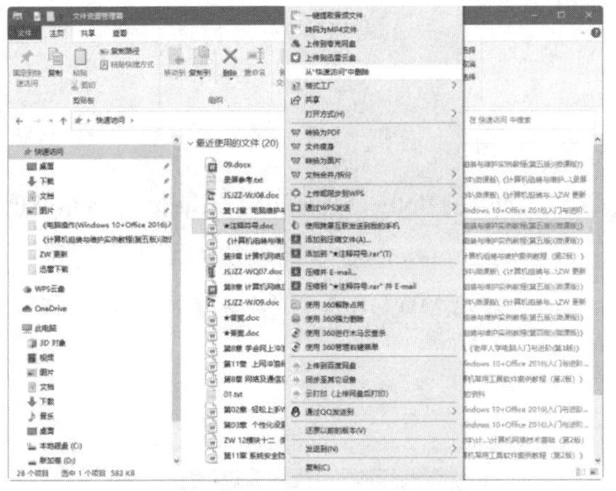

图 9-37　选择【从“快速访问”中删除】命令

图 9-38　清除文档使用记录

9.5　设置注册表加速系统

Windows 系统的注册表(Registry)是一个庞大的数据库，它存储着计算机软件和硬件的配置与状态信息，以及应用程序和资源管理器的初始条件、首选项和卸载数据等。修改注册表中的参数可以提高计算机系统运行速度。

9.5.1　加快关机速度

用户可以打开注册表编辑器对注册表数据进行修改。在正常情况下执行关机操作后需要等待十几秒钟后才能完全关闭计算机，而通过修改注册表的操作，可以加快计算机关闭的速度。

按 Win+R 键打开【运行】对话框，在【打开】文本框中输入 regedit 命令，单击【确定】按钮，打开【注册表编辑器】窗口，依次展开 HKEY_LOCAL_MACHINE | SYSTEM | CurrentControlSet | Control 子键。右击右侧窗口空白处，在弹出的快捷菜单中选择【新建】|【字符串值】命令，如图 9-39 所示。将新建键值项命名为“FastReboot”，双击该键值项，在打开的【编辑字符串】对话框中输入键值“1”，然后单击【确定】按钮，如图 9-40 所示。

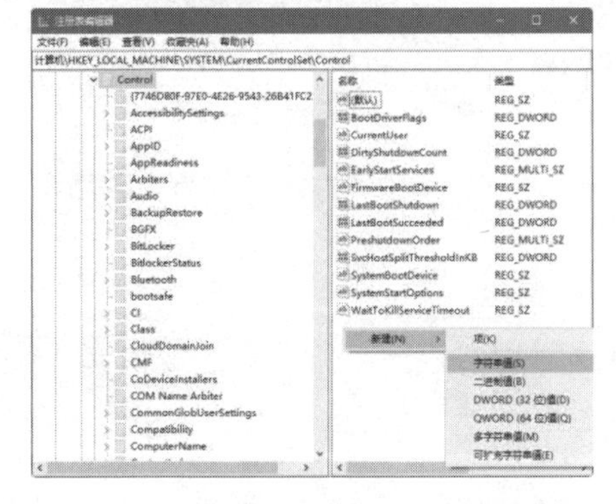

图 9-39　新建键值项

图 9-40　【编辑字符串】对话框

9.5.2　加快系统预读速度

通过设置加快系统预读速度可以提高操作系统的启动速度。

打开【注册表编辑器】窗口后依次展开 HKEY_LOCAL_MACHINE | SYSTEM | CurrentControlSet | Control | SessionManager | MemoryManagement | PrefetchParameters 子键，然后双击右侧窗口中的【EnablePrefetcher】键值项，如图 9-41 所示。打开【编辑 DWORD(32 位)值】对话框，将键值设置为“4”，如图 9-42 所示，单击【确定】按钮。

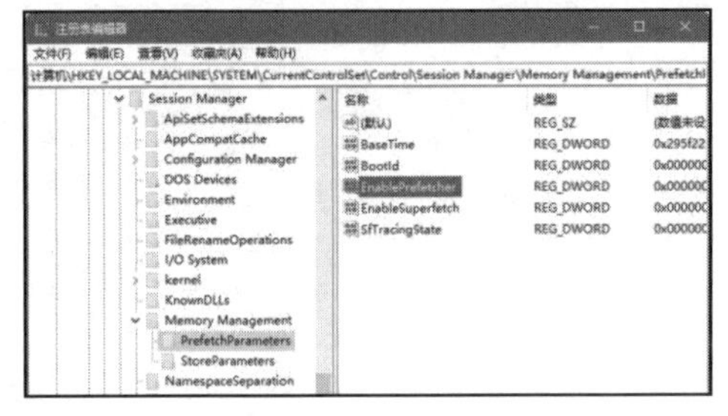

图 9-41　双击键值项

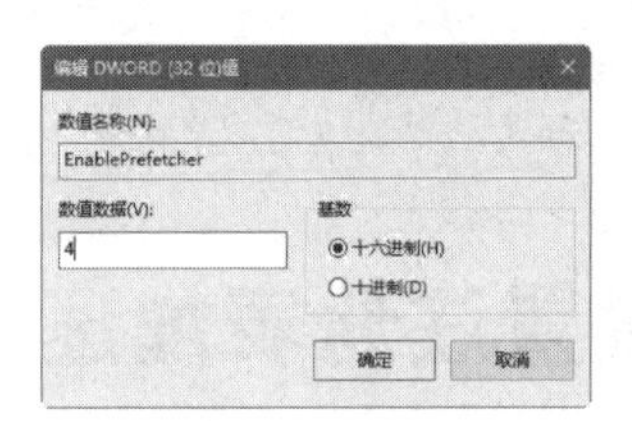

图 9-42　输入键值

9.5.3　加快关闭程序速度

通过设置注册表缩短关闭应用程序的等待时间，可以加快关闭程序的速度。

打开【注册表编辑器】窗口，依次展开 HKEY_CURRENT_USER | Control Panel | Desktop 子键，右击右侧窗格空白处，在弹出的快捷菜单中选择【新建】|【DWORD(32 位)值】命令，如图 9-43 所示。创建一个名为 WaitTokillAppTimeout 的键值，并将该键值的【数值数据】设置为“1000”，如图 9-44 所示，单击【确定】按钮。

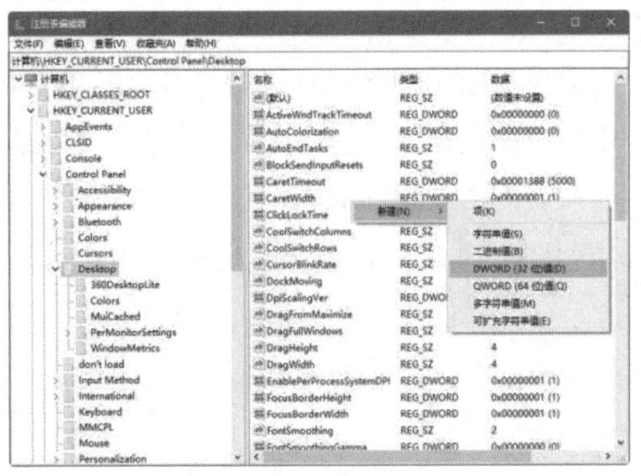

图 9-43　新建键值项

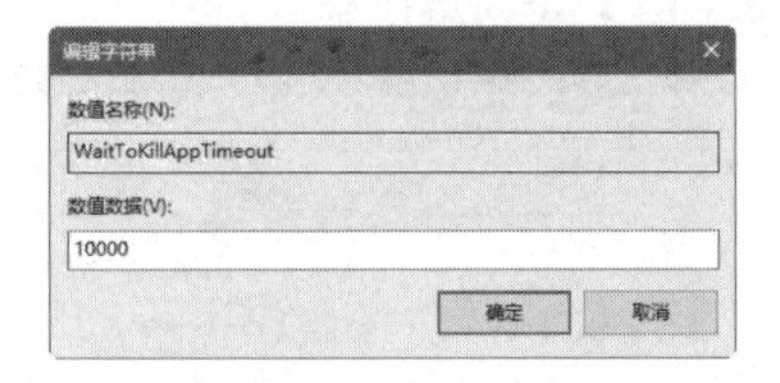

图 9-44　输入键值

9.6　使用系统优化软件

系统优化软件可以帮助用户优化操作系统并维护系统安全。本节介绍目前常用的几款系统优化软件。

9.6.1　使用 Windows 10 优化大师

Windows 10 优化大师是一款集系统优化、维护、清理和检测于一体的工具软件。该软件可以帮助用户快速完成一些复杂的系统维护与优化操作。

【例 9-11】使用 Windows 10 优化大师优化操作系统。视频

(1) 启动 Windows 10 优化大师，在打开的【Windows 10 优化大师-设置向导】对话框的【安全加固】界面中设置系统安全选项，如图 9-45 所示，然后单击【下一步】按钮。

(2) 进入【网络优化】界面，设置网络优化选项后单击【下一步】按钮，如图 9-46 所示。

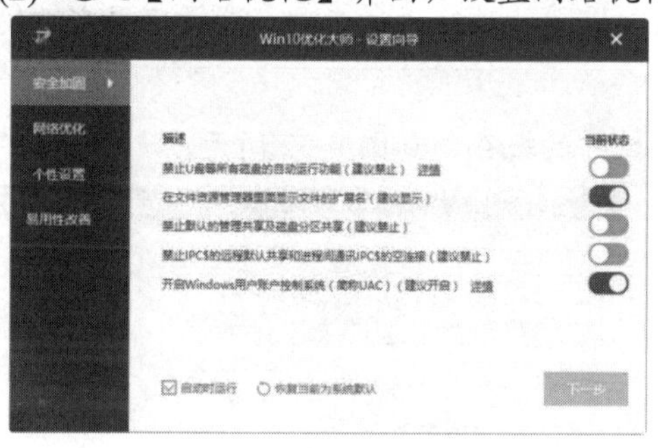

图 9-45　设置安全选项

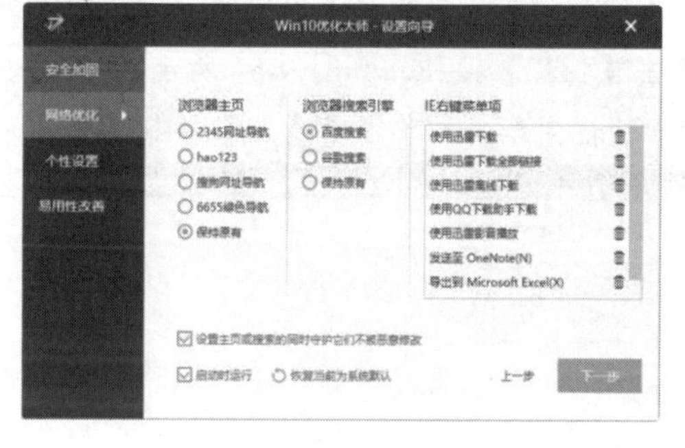

图 9-46　设置网络优化选项

(3) 进入【个性设置】界面，设置个性化系统优化选项，然后单击【下一步】按钮，如图 9-47 所示。

(4) 进入【易用性改善】界面，设置系统快速操作选项，然后单击【下一步】按钮，如图 9-48 所示。在打开的界面中单击【完成】按钮。

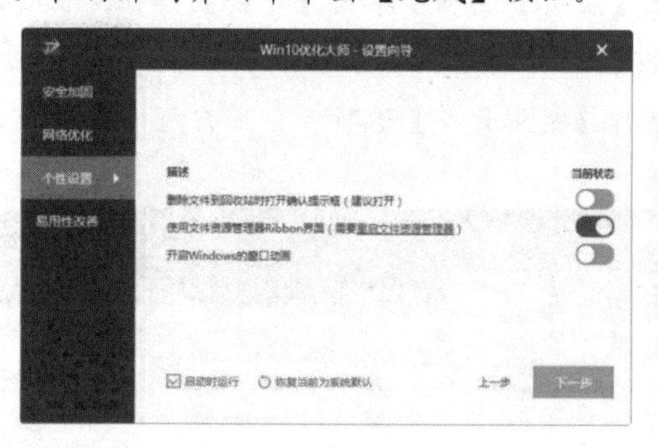

图 9-47　个性设置界面

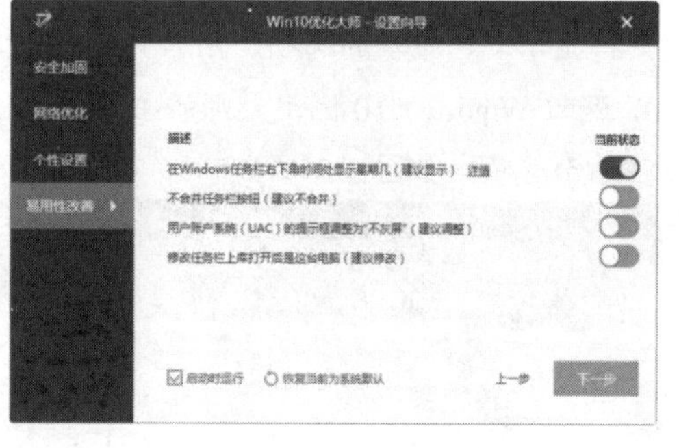

图 9-48　易用性改善界面

(5) 返回 Windows 10 优化大师主界面，单击【软件管家】按钮，如图 9-49 所示。

(6) 打开【软媒软件管家】窗口，选择一款软件，单击其右侧的按钮下载并安装该软件，或者选择【软件升级】选项卡，单击软件名称后的【升级】按钮对已安装的软件进行升级更新，如图 9-50 所示。

图 9-49　单击【软件管家】按钮

图 9-50　软件升级

(7) 返回 Windows 10 优化大师的主界面，在【主页】选项卡中单击【Windows Store 应用缓存清理】按钮。在打开的对话框中将显示当前系统中需要清理缓存的应用，选择应用左侧的复选框，单击【扫描】按钮，如图 9-51 所示。

(8) 扫描完毕后，单击【清理】按钮清理这些软件的缓存，如图 9-52 所示。

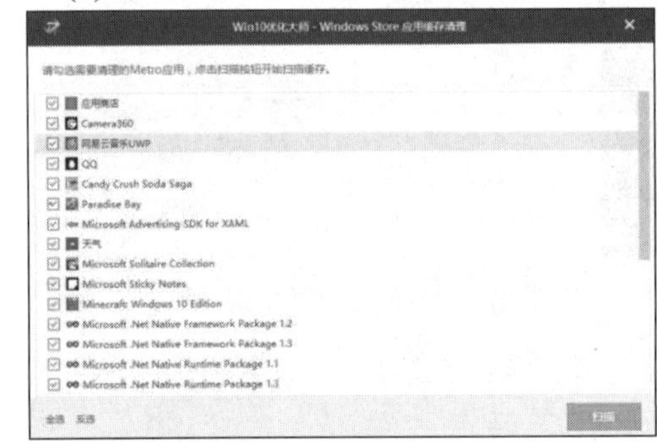

图 9-51　单击【扫描】按钮

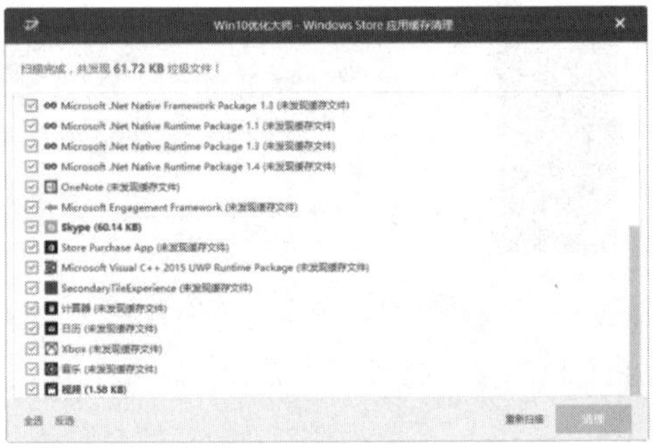

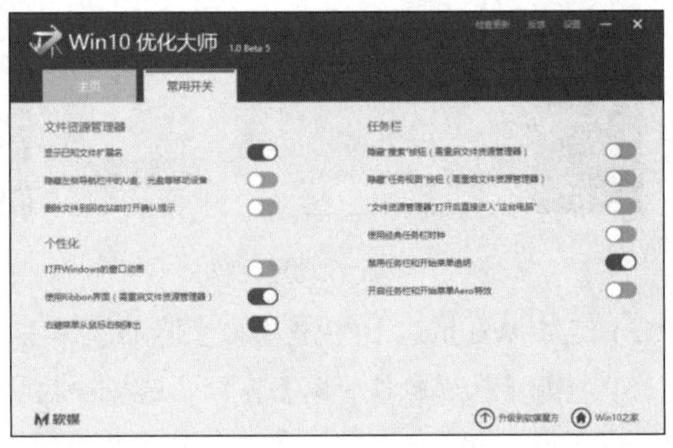

图 9-52　单击【清理】按钮

(9) 返回 Windows 10 优化大师的主界面，在【主页】选项卡单击【守护】按钮。在打开的对话框中将显示实时守护的选项，用户可以自行设置启用或关闭这些选项，如图 9-53 所示。

(10) 返回 Windows 10 优化大师的主界面，选择【常用开关】选项卡，用户可以设置个性化和任务栏显示选项，如图 9-54 所示。

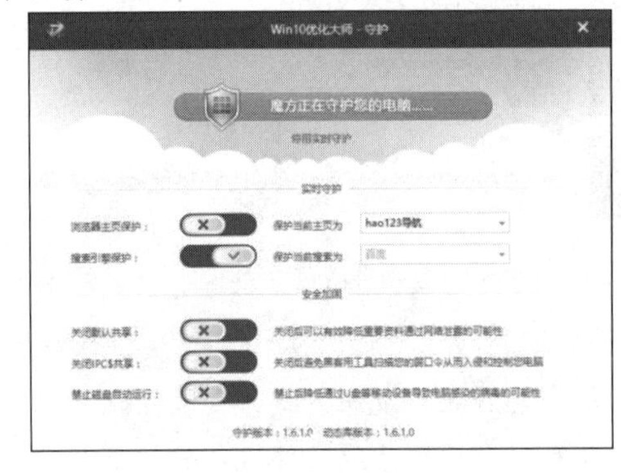

图 9-53　设置实时守护选项

图 9-54　设置个性化和任务栏显示选项

9.6.2　使用 360 安全卫士

360 安全卫士是一款比较流行的免费网络安全软件，该软件具有木马查杀、恶意软件清理、漏洞补丁修复、垃圾和痕迹清理、优化计算机系统等多种功能。

【例 9-12】使用 360 安全卫士优化操作系统。 视频

(1) 启动“360 安全卫士”软件后打开【360 安全卫士】窗口，选择【优化加速】选项卡，如图 9-55 所示。

(2) 在【优化加速】窗口中单击【全面加速】按钮，如图 9-56 所示。

图 9-55　选择【优化加速】选项卡

图 9-56　单击【全面加速】按钮

(3) 此时软件开始扫描需要优化的程序，扫描完成后单击【立即优化】按钮，如图 9-57 所示。

(4) 在打开的【一键优化提醒】对话框中选择需要优化选项左侧的复选框(如需要全部优化，选中【全选】复选框)，然后单击【确认优化】按钮，如图 9-58 所示。

图 9-57　单击【立即优化】按钮

图 9-58　单击【确认优化】按钮

(5) 对所有选项优化完成后，软件将提示优化的项目及优化结果，单击【完成】按钮，如图 9-59 所示。

(6) 在软件主界面中选择【功能大全】选项，在显示界面左侧导航栏中选择【系统工具】选项卡，如图 9-60 所示。

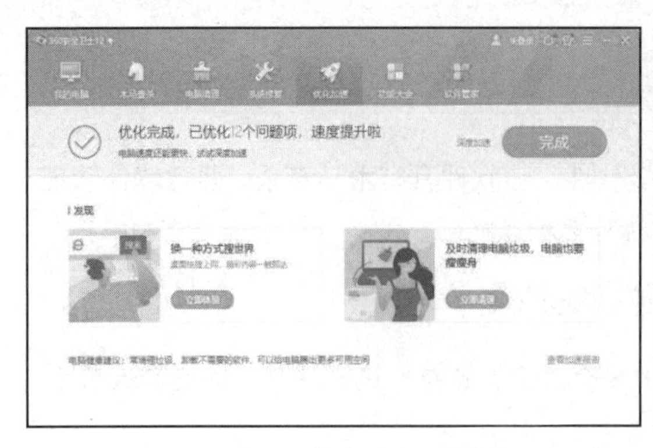

图 9-59　单击【完成】按钮

图 9-60　选择【系统工具】选项卡

(7) 将鼠标移至【系统盘瘦身】图标上，单击显示的【添加】按钮，如图 9-61 所示。

(8) 软件自动添加工具，在打开的【系统盘瘦身】对话框中单击【立即瘦身】按钮，如图 9-62 所示。

图 9-61　单击【添加】按钮

图 9-62　单击【立即瘦身】按钮

(9) 在打开的界面中用户可以选中不必要的文件左侧的复选框，然后单击【立即删除】按钮将其删除，如图 9-63 所示。

(10) 完成以上操作后，即可看到释放的磁盘空间。由于部分文件需要重启计算机才能生效，单击【立即重启】按钮重启计算机，如图 9-64 所示。

图 9-63　单击【立即删除】按钮

图 9-64　单击【立即重启】按钮

9.7　实例演练

本章的实例演练主要练习备份和还原系统注册表。

【例 9-13】 备份和还原系统注册表。

(1) 右击【开始】按钮，在弹出的快捷菜单中选择【运行】命令，如图 9-65 所示。

(2) 打开【运行】对话框，在【打开】文本框中输入 regedit 命令后单击【确定】按钮，如图 9-66 所示。

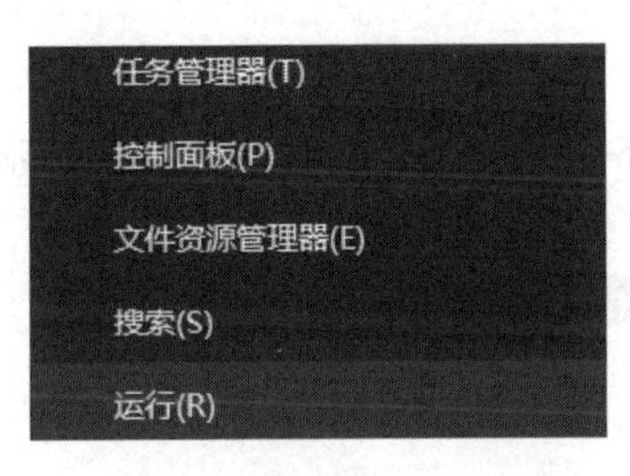

图 9-65　选择【运行】命令

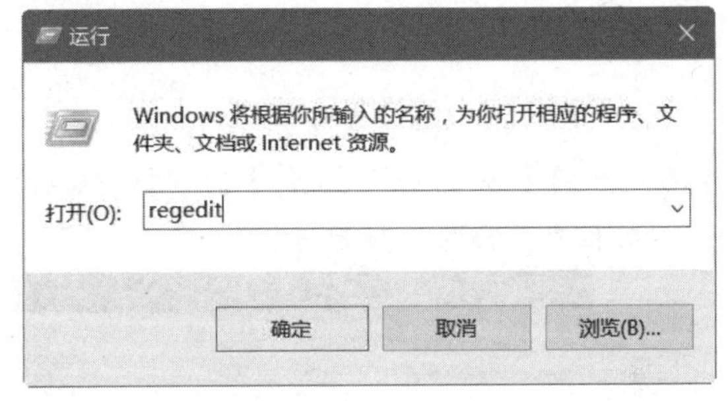

图 9-66　输入 "regedit" 命令

(3) 打开【注册表编辑器】窗口，选择【文件】|【导出】命令，如图 9-67 所示。

(4) 打开【导出注册表文件】对话框，设置注册表文件的备份路径和文件名后，选中【全部】单选按钮，单击【保存】按钮备份注册表信息，如图 9-68 所示。

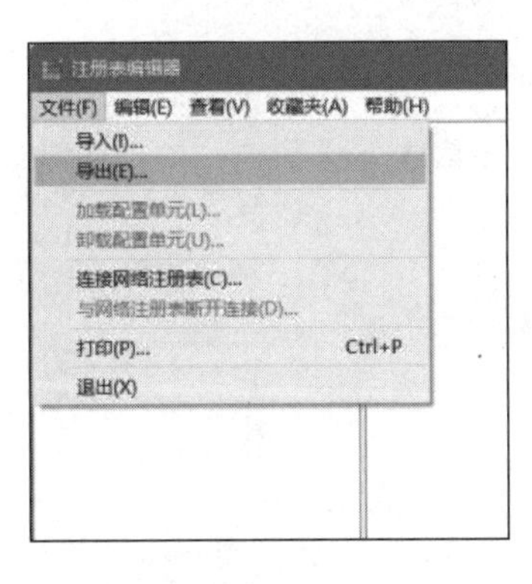

图 9-67　选择【导出】命令

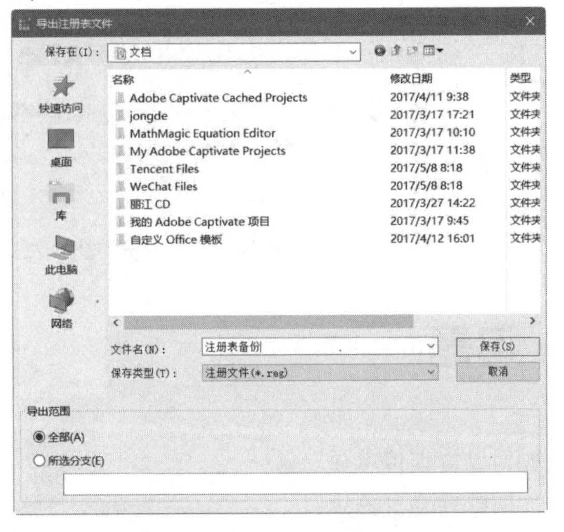

图 9-68　【导出注册表文件】对话框

(5) 备份完成后，在设置的文件夹中可以看到注册表备份文件，如图 9-69 所示。

(6) 当注册表出现问题时可以使用注册表编辑器还原注册表。打开注册表编辑器，选择【文件】|【导入】命令，如图 9-70 所示。

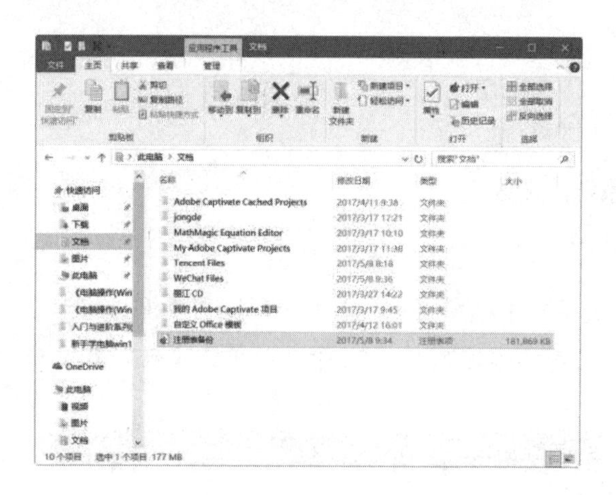

图 9-69　注册表备份文件

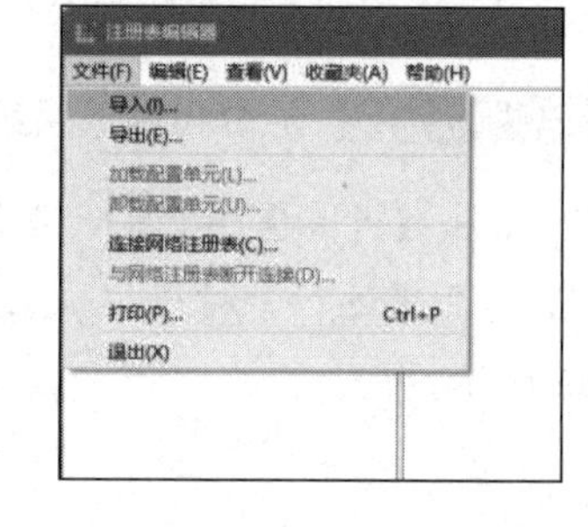

图 9-70　选择【导入】命令

(7) 在打开的【导入注册表文件】对话框中选择注册表备份文件，单击【打开】按钮即可还原系统注册表信息，如图 9-71 所示。

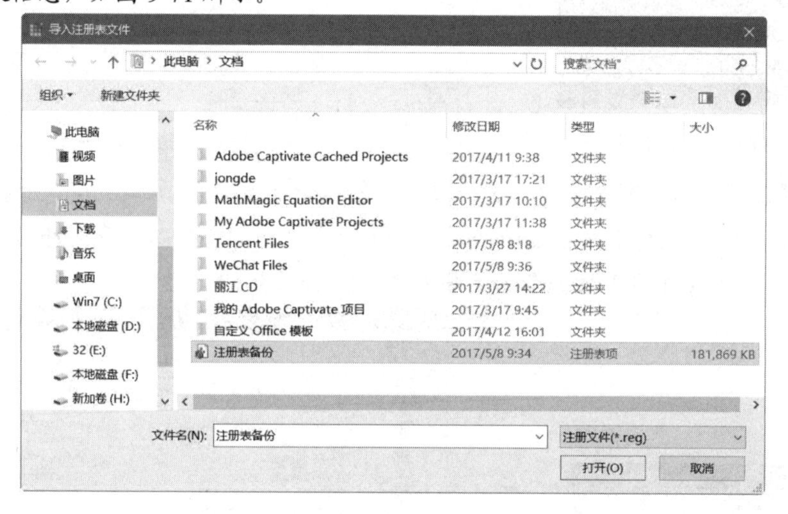

图 9-71　使用备份的注册表文件还原注册表信息

9.8　习题

1. 如何设置虚拟内存？
2. 如何整理磁盘碎片？
3. 如何更改“文档”文件夹的文件保存路径？
4. 使用 360 安全卫士优化系统。

第10章

计算机常用外设

外设是计算机除主机硬件设备外的设备，如打印机、扫描仪、投影仪等，本章将介绍计算机常用外设的类型、性能、使用方法和选购常识。

本章重点

- 打印机
- 扫描仪
- 其他输入和输出设备
- 笔记本电脑

10.1 打印机

打印机作为现代办公的常用设备，已经成为各大单位、企业以及各种集体组织不可或缺的办公设备之一，甚至很多个人和家庭用户也配备了打印机。打印机的主要作用是将计算机编辑的文字、表格和图片等信息打印在纸上，以方便用户查看。

10.1.1 打印机的类型

目前打印机在家用和商用两方面都有很大的使用市场，按打印机的打印原理分类，可将打印机分为针式打印机、喷墨打印机和激光打印机 3 种。

1. 针式打印机

针式打印机主要由打印机芯、控制电路和电源 3 部分组成，其机芯一般采用 9 针和 24 针。针式打印机打印速度较慢，其使用物理击打式的方式打印纸张，一般用于打印发票和回执之类，在一些机关和事业单位应用较多，如图 10-1 所示。

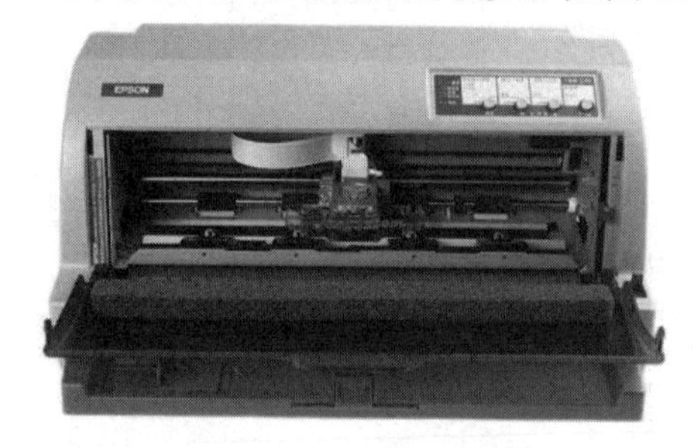

图 10-1 针式打印机

提示

针式打印机之所以在过去很长的一段时间内能长时间流行，与它极低的打印成本和很好的易用性以及单据打印的特殊用途是分不开的。当然，很低的打印质量、很大的工作噪声也是它无法适应高质量、高速度的商用打印需要的主要原因。目前只有银行、超市等单位还在使用针式打印机。

2. 喷墨打印机

喷墨打印机使用打印头在纸上打印文字或图像。打印头是一种包含数百个小喷嘴的设备，每一个喷嘴都装满了从可拆卸的墨盒中流出的墨。喷墨打印机的打印精度依赖于打印头在纸上打印的墨点密度和精确度，打印品质可以根据其在每英寸上的点数来判断，点越多，打印的效果就越清晰。喷墨打印机一般在家庭或一些商务场所使用较多，如图 10-2 所示。

图 10-2 喷墨打印机

3. 激光打印机

激光打印机是利用激光束进行打印的一种打印机，其工作原理是使用一个旋转多角反射镜来调制激光束，并将其射到具有光导体表面的鼓轮或带子上。当光电导体表面移动时，经调制的激光束便在其上产生潜像区，然后将上色剂吸附到表面潜像区，再以静电方式转印在纸上并溶化成图像或字符。激光打印机常用于打印量较大的一些场合，如图 10-3 所示。

图 10-3　激光打印机

10.1.2　打印机的性能指标

打印机的性能指标主要有分辨率、打印速度、打印介质和打印耗材等，用户在购买打印机时可以根据这些指标进行选购。

1. 分辨率

打印机的分辨率是指每英寸打印的点数(dpi)，由横向和纵向两个方向的点数组成。标准的分辨率为600dpi(最高可达到1200dpi)，打印机的分辨率越高，打印质量就越好。

2. 打印速度

不同打印机的打印速度可能差别很大，一般激光打印机比喷墨打印机的打印速度更快。打印机的打印速度以每分钟打印页数的多少为判断标准。每分钟打印页数越多的打印机其打印速度就越快。

3. 打印介质

打印介质也是打印机选购时必须考虑的因素，如果需要打印的仅是文本文件，许多打印机通过普通打印纸就能实现。但是为达到最佳打印效果，彩色打印机往往需要特殊的打印纸，这时每张纸的成本也需要另作计算。至于纸张的尺寸，无论是喷墨打印机还是激光打印机，一般都能满足标准纸张打印的需求，而使用特殊纸张，如重磅纸、信封、幻灯片和标签打印的打印机价格则较高。另外，打印机能够打印的最大幅面，以及支持的纸张大小也不一样，一般用户只需打印A4尺寸纸张即可满足需求。但是如果需要打印工程图纸，则需要能够打印A3尺寸纸张甚至更大尺寸纸张的打印机。

4. 打印耗材

打印耗材是用户购买打印机以后需要付出的潜在成本。打印耗材包括色带、墨粉、打印纸和打印机配件等。将打印耗材的成本分摊到打印的页数上，就可得到通常所说的单张打印成本。在选购打印耗材时，如果想要降低成本，用户可以选择可循环使用或市面上存量较多的类型。

10.1.3 连接并安装打印机

在安装打印机前，应先将打印机连接到计算机上并装上打印纸。常见的打印机一般都采用USB接口，只需将其与计算机主机的USB接口相连，然后接好电源并打开打印机开关即可使用。

(1) 使用USB连接线将打印机与计算机USB接口相连，并装入打印纸，如图10-4所示。

(2) 调整打印机中打印纸的位置，使其位于打印机纸屉的中央，如图10-5所示。

图10-4 装入打印纸

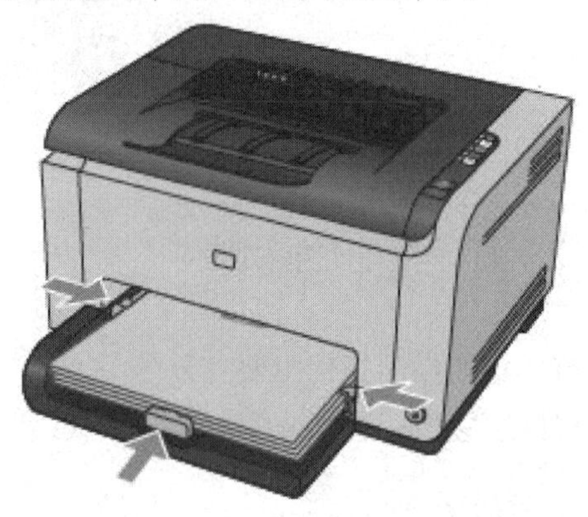

图10-5 调整打印纸的位置

(3) 连接打印机电源，如图10-6所示。

(4) 最后，打开打印机开关，如图10-7所示。

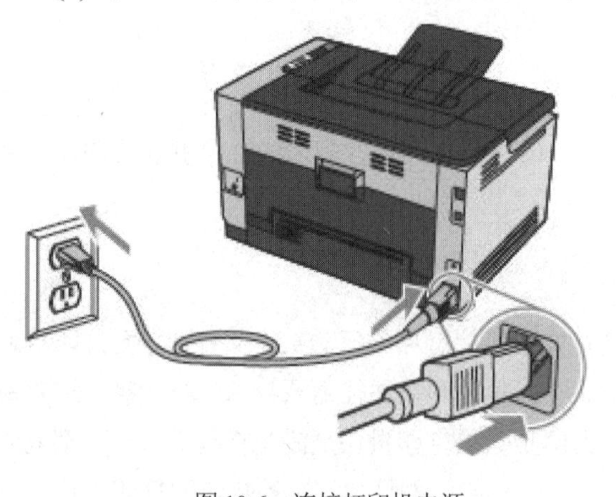

图10-6 连接打印机电源

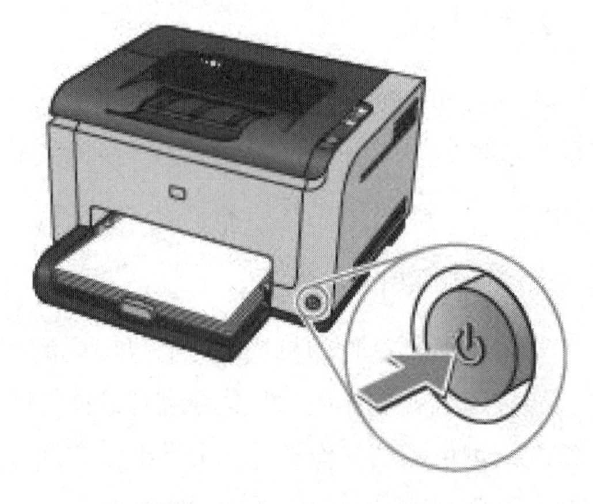

图10-7 打开打印机开关

(5) 如果用户使用网络打印机，首先打开【控制面板】窗口，单击【查看设备和打印机】链接，如图10-8所示。

(6) 打开【设备和打印机】窗口，单击【添加打印机】按钮，如图 10-9 所示。

图 10-8　单击【查看设备和打印机】链接

图 10-9　单击【添加打印机】按钮

(7) 选择局域网中有打印机的计算机(如“QHWK”)，单击【选择】按钮，如图 10-10 所示。

(8) 选择该打印机，单击【选择】按钮，如图 10-11 所示。

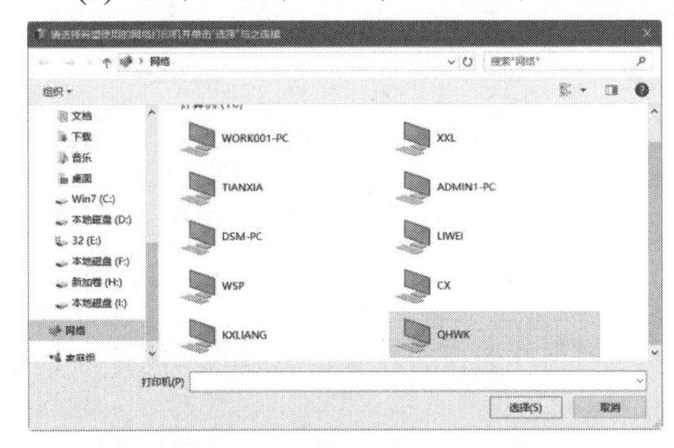

图 10-10　选择网络中的计算机

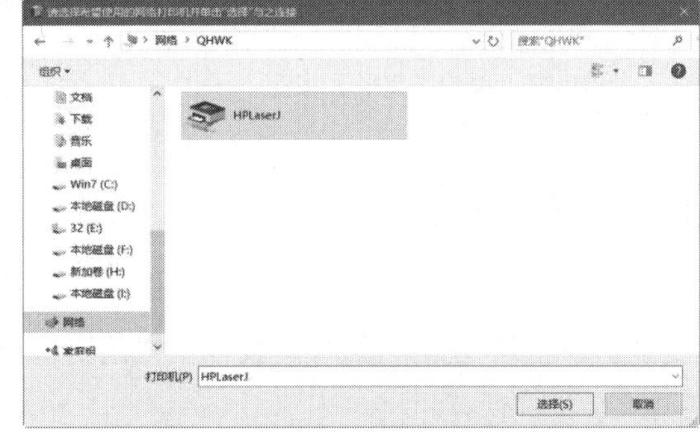

图 10-11　选择打印机

(9) 在打开的对话框中单击【下一步】按钮，如图 10-12 所示。

(10) 安装打印机程序后，单击【下一步】按钮，如图 10-13 所示。

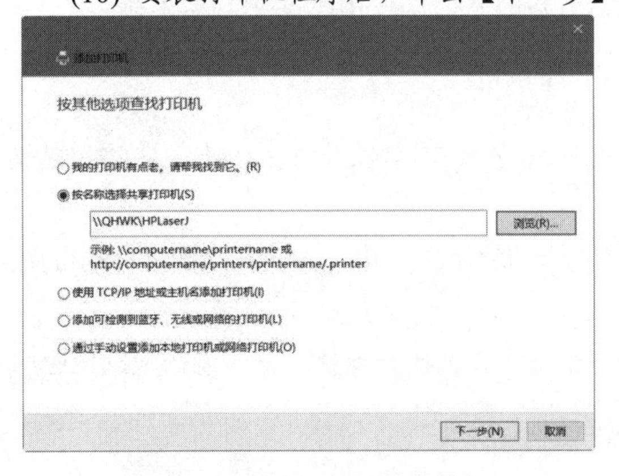

图 10-12　单击【下一步】按钮

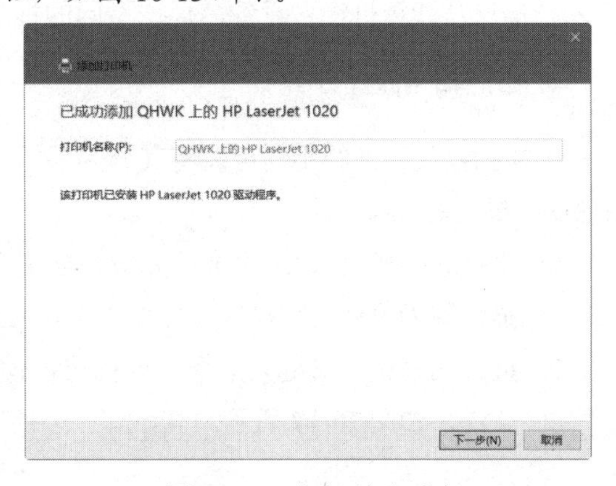

图 10-13　成功添加打印机

(11) 添加打印机成功后单击【完成】按钮，如图 10-14 所示。

(12) 此时，在【设备和打印机】窗口中可以看到新添加的打印机，如图 10-15 所示。

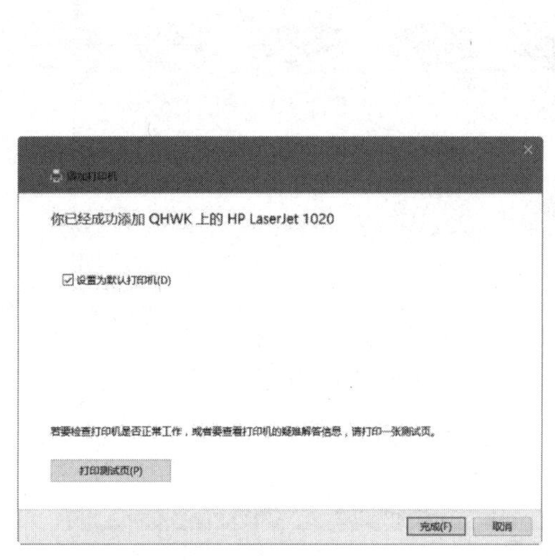

图 10-14　单击【完成】按钮

图 10-15　显示添加的打印机

10.2　扫描仪

扫描仪可以将图片、照片、胶片及文稿资料等纸质材料或实物的外观扫描后输入计算机中并以图片文件格式保存。

10.2.1　扫描仪的类型

扫描仪是计算机输入设备，根据不同的标准，可以按扫描原理、用途对其进行分类。

1. 按照扫描原理分类

根据扫描仪原理的不同可以将其分为手持式扫描仪、鼓式扫描仪、笔式扫描仪、实物扫描仪和 3D 扫描仪等几类。

- 手持式扫描仪：通过手推动完成扫描工作(也有个别产品采用电动方式在纸面上移动)的扫描仪称为手持式扫描仪，如图 10-16 所示。
- 鼓式扫描仪：又称为滚筒式扫描仪，使用电倍增管作为感光器件，在印刷排版领域应用广泛，如图 10-17 所示。

图 10-16　手持式扫描仪

图 10-17　鼓式扫描仪

- 笔式扫描仪：又称为扫描笔，其外形与普通的笔相似。使用时将扫描仪贴在纸上逐行扫描文字，如图 10-18 所示。
- 实物扫描仪：实物扫描仪类似数码相机，一般配置支架和扫描平台，用于扫描静态的纸张或物体，如图 10-19 所示。

图 10-18　笔式扫描仪

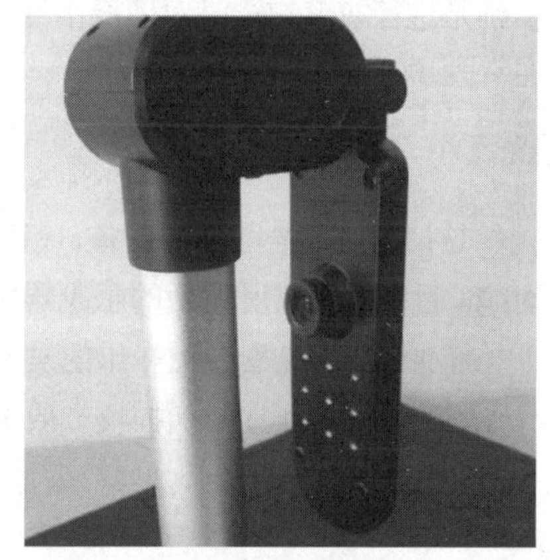

图 10-19　实物扫描仪

- 3D 扫描仪：一种可以通过扫描生成精确描述物体三维结构的扫描仪。由于此类扫描仪只记录物体的外形，因此无彩色和黑白之分。

2. 按照用途分类

按照扫描仪的用途可分为家用扫描仪和工业扫描仪两种，其各自的特点如下。

- 家用扫描仪：一般采用平板式的外形，使用方式类似于复印机，用户可将需要扫描的图片、照片和文稿等放在扫描仪的扫描板上，通过配套软件即可快速进行扫描。
- 工业扫描仪：体积通常较大，一般采用滚筒式或平台式，能很轻易地处理篇幅较大的文稿和照片。

扫描文件需要软件支持，一些常用的办公软件或图形图像软件都支持使用扫描仪，例如 Microsoft Office 工具的 Microsoft Office Document Imaging 程序。

10.2.2 扫描仪的性能指标

扫描仪的性能指标有分辨率、色彩深度、灰度值、感光元件、光源和扫描速度等。用户在选购扫描仪时可参考这些指标。

1. 分辨率

分辨率是扫描仪最重要的性能指标之一，直接决定了扫描仪扫描图像的清晰程度。普通扫描仪的分辨率为 300×600dpi，扫描质量好一些的扫描仪的分辨率通常为 600×1200dpi。

2. 色彩深度和灰度值

扫描仪的色彩深度一般有24bit、30bit、32bit 和36bit 几种，较高的色彩深度位数可保证扫描仪保存的图像色彩与实物的真实色彩相近，且图像色彩更加丰富。通常分辨率为300×600dpi 的扫描仪，其色彩深度为24bit 或30bit，而分辨率为600×1200dpi 的扫描仪的色彩深度为36bit 或48bit。

灰度值则是进行灰度扫描时对图像由纯黑到纯白整个色彩区域进行划分的级数，常见扫描仪的灰度值通常为10bit(最高可达12bit)。

3. 感光元件

感光元件是扫描仪扫描图像的设备，相当于人的眼睛，对于靠光线工作的扫描仪来说，其重要性不言而喻。目前扫描仪所使用的感光器件有 3 种，即光电倍增管、电荷耦合器和接触式感光器件。目前电荷耦合器感光器经过多年的发展已经比较成熟，是目前大多数扫描仪主要采用的感光元件；而市场上价格较便宜的扫描仪一般采用接触式感光器件作为感光元件，选购时用户要注意分辨。

4. 光源

对于扫描仪而言，光源是其非常重要的一项性能指标。扫描仪内部使用的光源类型主要有 3 种：冷阴极荧光灯、RGB 三色发光二极管和卤素灯光源(其中卤素灯光源使用的较少)。

5. 扫描速度

扫描速度是指扫描仪从预览开始到图像扫描完成后光头移动的时间。

10.3 投影仪

随着科学技术的发展，投影技术也不断成熟。投影仪在各种公共场所发挥着重要的作用，许多的学校和企业使用投影仪取代传统的黑板和显示屏。

10.3.1　投影仪的类型

按照投影仪成像原理的不同，可分为 CRT(阴极射线管)投影仪、LCD(液晶)投影仪和 DLP(数字光处理)投影仪 3 类，其各自的特点分别如下。

- CRT 投影仪：采用的技术和 CRT 显示器类似，是最早的投影技术。CRT 投影仪使用寿命较长，显示的图像色彩丰富、还原性好，并具有丰富的几何失真调整能力。由于受到技术的制约，无法在提高分辨率的同时提高流明，直接影响 CRT 投影仪的亮度值，再加上体积较大和操作复杂，已逐渐被淘汰。
- LCD 投影仪：采用成熟的透射式投影技术，投影画面色彩还原真实鲜艳，色彩饱和度高。目前市场上高流明的投影仪主要以 LCD 投影仪为主，如图 10-20 所示。
- DLP 投影仪：采用反射式投影技术的 DLP 投影仪的投影图像灰度等级和图像信号噪声相比其他类型的投影仪有大幅度提高，其投影画面质量细腻稳定。目前 DLP 投影仪一般采用单芯片设计，在图像颜色的还原上比 LCD 投影仪稍差，如图 10-21 所示。

图 10-20　LCD 投影仪

图 10-21　DLP 投影仪

10.3.2　投影仪的性能指标

投影仪的性能指标主要有以下几个。

1. 分辨率

投影仪的分辨率关系到投影仪所能显示的图像清晰程度，是由投影机内部的核心成像部件决定的，目前投影仪的分辨率通常为 SVGA(800×600dpi)、XGA(1024×768dpi)和 SXGA(1280×1024dpi)3 种。

2. 对比度

投影仪的对比度是指成像的画面中黑与白的比值，也就是从黑到白的渐变层次，比值越大，从黑到白的渐变层次就越多，色彩表现越丰富。对比度对视觉效果的影响非常关键，一般来说对比度越大，图像越清晰，色彩也越鲜明、艳丽；反之，则会让整个画面都显得灰蒙蒙的。在一些黑白反差较大的文本显示、CAD 显示和黑白照片显示等方面，高对比度投影仪在黑白反差、清晰度和完整性等方面都具有优势。

3. 亮度

亮度的高低直接关系着在明亮的环境中是否能够看清楚投影的内容。一般来说，亮度较高的投影仪，画面效果也更好一些。

4. 灯泡

灯泡是投影仪的主要照明设备，但其使用寿命较短。由于灯泡的价格较贵，并且不同品牌的投影仪灯泡一般也不能通用，因此在选购投影仪时，应了解其所使用灯泡的寿命和价格。

5. 梯形校正

在使用投影仪时，其位置应尽可能与投影屏幕成直角才能保证投影效果，如果无法保证两者垂直，画面就会产生梯形。如果投影仪不是吊装而是摆在桌面上，一般很难通过调整位置来保证垂直，此时可使用投影仪的“梯形校正”功能来进行校正，保证画面成标准的矩形。目前，几乎所有的投影仪厂商都采用了数码梯形校正技术，并且采用数码梯形校正的绝大多数投影仪都支持垂直梯形校正功能，即投影仪在垂直方向可调节自身的高度。通过投影仪进行垂直方向的梯形校正，可将投影画面调整成矩形，从而获得更好的投影效果。

6. 噪声

投影仪的噪声主要是由投影仪的风扇旋转时产生的，由于投影仪的灯泡发热量较大，必须依靠机内风扇散热，在散热的同时会产生一些噪声。如果风扇噪声过大，会影响用户使用。因此用户在选购投影仪时最好对其风扇的噪声进行测试。

7. 投影距离

投影距离是指投影仪镜头与屏幕之间的距离，一般以米为单位。普通的投影仪为标准镜头，适合大多数用户使用。而在实际的应用中，如果在狭小的空间内要获取大画面，需要选用配有广角镜头的投影仪，这样可以在很短的投影距离内获得较大的投影画面尺寸

8. 色彩数

色彩数是投影屏幕上可以显示的颜色种类的总数。与显示器一样，投影仪投影出的画面能够显示的色彩数越丰富，投影效果就越好(目前市场上大部分投影仪都支持 24 位真彩色)。

10.4　其他输入和输出设备

除了前面介绍的常见设备，计算机还可以配套使用一些其他设备，如指纹读取器、手写板和摄像头等。

10.4.1　指纹读取器

指纹读取器是一种特殊的输入设备，主要用于鉴别指纹。它通过光学传感器将手指上的指纹成像，然后传输至计算机数据库中，和数据库中存储的信息进行比对，以识别指纹所有者的身份，如图 10-22 所示。

10.4.2　手写板

手写板也是一种输入设备，其作用和键盘类似，对于不习惯使用键盘的用户来说非常方便，只需通过手写笔在手写板上滑动便可实现文字输入等功能，如图 10-23 所示。手写板还可以用于精确制图，例如用于电路设计、CAD 设计、图形设计，以及文本和数据的输入等。选购手写板时需要注意以下性能指标。

- 压感计数：电磁式感应板分为有压感和无压感两种，其中有压感的输入板可以感应到手写笔在手写板上的力度，以实现更多的功能。目前主流的电磁式感应板的压感已经达到了 512 级(压感级数越高越好)。
- 分辨率：手写板的分辨率是指手写板在单位长度上分布的感应点数，其精度越高对手写的反应越灵敏。
- 最高读取速度：最高读取速度越高，手写板的反应速度越快，输入速度也就越快。
- 最大有效尺寸：表示手写板有效的手写区域，手写区域越大，手写的回旋余地就越大，运笔也就更加灵活、方便。

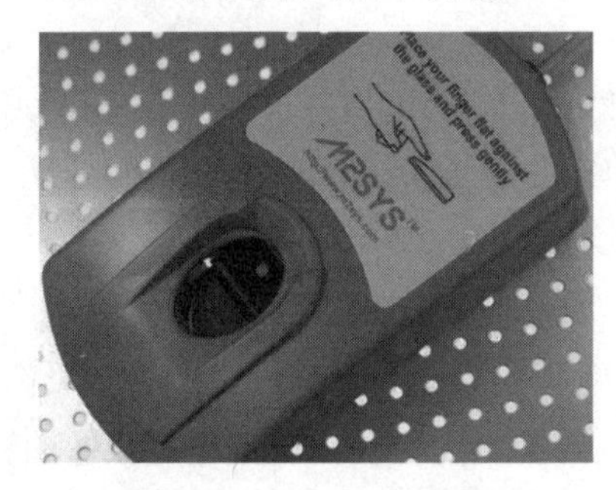

图 10-22　指纹读取器

图 10-23　手写板

10.4.3　摄像头

摄像头是目前计算机最常用的视频交流设备，使用它可以通过网络聊天工具(例如腾讯 QQ 和视频电话等)进行视频聊天。还可以通过摄像头对现场进行实时拍摄，然后通过电缆连接到电视机或计算机上，从而可以对现场进行实时监控，如图 10-24 所示。

图 10-24　摄像头

摄像头有别于其他硬件，它的任何性能指标都关系到成像效果。

- 像素：摄像头的像素大小直接决定着摄像效果的清晰程度。由于大多数用户都是使用摄像头进行视频交流，因此在选择摄像头时，一定要关注拍摄动态画面的像素值，而不要被静态拍摄时的高像素所误导。
- 分辨率：分辨率是摄像头解析辨别图像的能力，在实际使用时 640×480dpi 的分辨率就已经可以满足普通用户的日常应用需求了。有些摄像头所标识的高分辨率是利用软件实现的，和硬件分辨率有一定的差距，购买时一定要注意。
- 调焦功能：调焦功能也是摄像头一项比较重要的性能指标，一般质量较好的摄像头都具备手动调焦功能，以得到清晰的图像。
- 感光元件：摄像头的感光元件主要有 CCD(电荷耦合)和 CMOS(互补金属氧化物导体)两种，相比较之下，采用 CCD 感光元件的摄像头的成像更清晰，但价格较高。对普通用户而言，选择 CMOS 感光元件的摄像头就足够了。
- 成像距离：摄像头的成像距离是指摄像头可以相对清晰成像的最近距离到无限远这一范围。还有一个概念就是超焦距，它是指对焦以后能清晰成像的距离，摄像头一般都是利用了超焦距的原理，即短焦镜头可以让一定距离之外的景物都能比较清晰地成像的特点，省去对焦功能。

10.4.4　传真机

传真机在日常办公事务中发挥着非常重要的作用，因其可以不受地域限制发送信号，且具有传送速度快、接收的副本质量好、准确性高等特点，已成为众多企业传递信息的重要工具。

传真机通常具有普通电话的功能，但其操作比电话机复杂一些。传真机的外观与结构各不相同，但一般都包括操作面板、显示屏、话筒、纸张入口和纸张出口等组成部分，如图 10-25 所示。其中，操作面板是传真机最为重要的部分，它包括数字键、免提键、应答键和重拨/暂停键等，另外还包括“自动/手动”键、功能键和设置键等按键，以及一些工作状态指示灯。

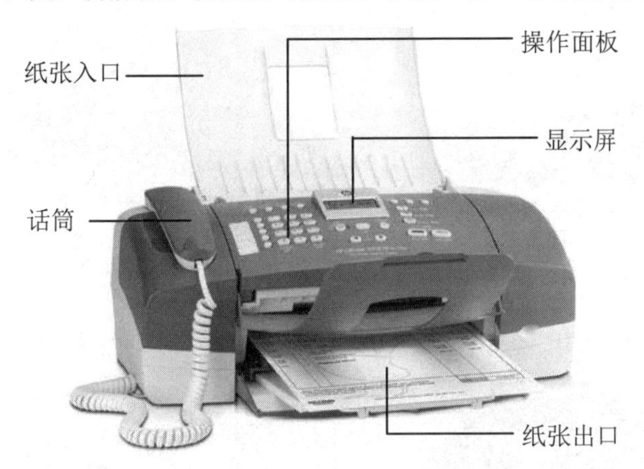

图 10-25　传真机

在连接好传真机之后，就可以使用传真机传递信息了。首先将传真机的导纸器调整到需要发送的文件的宽度，再将要发送的文件的正面朝下放入纸张入口中，在发送时应把先发送的文件放置在最下面，然后拨打接收方的传真号码，要求对方传输一个信号，当听到从接受方传真机传来的传输信号(一般是“嘟”声)时，按开始键即可进行文件的传输。

接收传真的方式有两种：自动接收和手动接收。

- 设置传真机为自动接收模式时，用户无法通过传真机进行通话，当传真机检查到其他用户发来的传真信号后，便会开始自动接收。
- 设置传真机为手动接收模式时，传真的来电铃声和电话铃声一样，用户需手动操作来接收传真。手动接收传真的方法为：当听到传真机铃声响起时拿起话筒，根据对方要求按开始键接收信号。当对方发送传真数据后，传真机将自动接收传真文件。

10.4.5　移动存储设备

移动存储设备主要包括 U 盘、移动硬盘及各种存储卡，使用这些设备可以方便地将文件从一台计算机传递给其他计算机。

- U 盘：U 盘是 USB 盘的简称，是一种常见的移动存储设备。它的特点是体型小巧、价格低廉、存储容量大和价格便宜。目前常见 U 盘的容量为 32GB 以上，如图 10-26 所示。
- 移动硬盘：移动硬盘是以硬盘为存储介质并注重便携性的存储产品。相对于 U 盘来说，它的存储容量更大，存取速度更快，但是价格相对昂贵一些。目前常见移动硬盘的容量为 500GB 到 2TB，如图 10-27 所示。
- 存储卡：SD 卡和 TF 卡都属于存储卡但又有所区别。从外形上来区分，SD 卡比 TF 卡要大；从使用环境上分，SD 卡常用于数码相机等设备中，而 TF 卡常用于手机中，如图 10-28 所示。

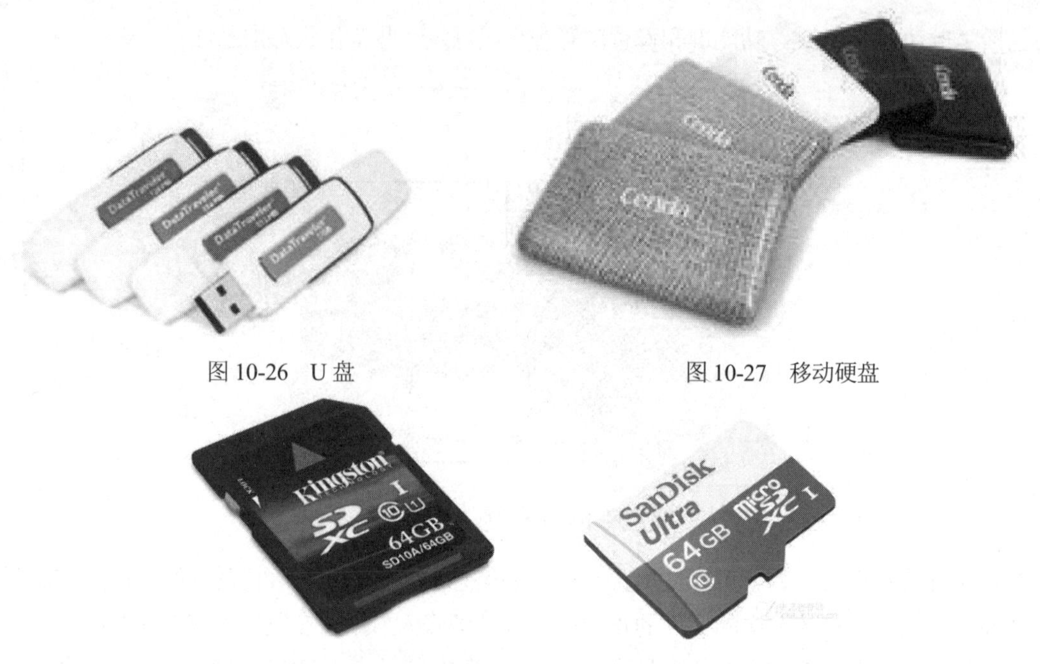

图 10-26　U 盘　　　　图 10-27　移动硬盘

图 10-28　SD 卡和 TF 卡

U 盘和移动硬盘与计算机主要通过 USB 接口进行连接。记忆卡则由读卡器装载后，通过读卡器上的 USB 接口连接计算机。

(1) 将 U 盘与计算机主机的 USB 接口连接后，在任务栏的通知区域中会显示 USB 设备图标，右击该图标，在弹出的快捷菜单中选择【打开设备和打印机】命令，如图 10-29 所示。

(2) 在打开的【设备和打印机】窗口中右击【TransMemory】图标，然后在弹出的菜单中选择【浏览文件】| USB DISK(此处为“TOSHIBA(J:)”)命令，如图 10-30 所示。

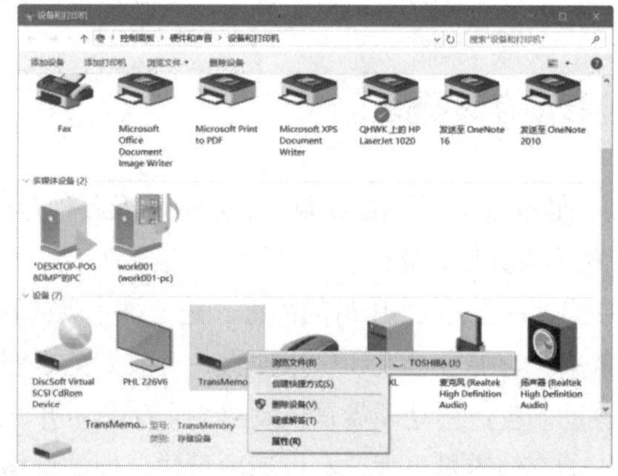

图 10-29　选择【打开设备和打印机】命令　　　　图 10-30　选择命令

(3) 在打开的窗口中，将显示 U 盘中的文件列表，用户可以在该窗口中对 U 盘中保存的文件执行复制、粘贴、删除等操作，如图 10-31 所示。U 盘使用完后，右击任务栏通知区域中的 USB 设备图标，在弹出的快捷菜单中选择【弹出 USB DISK】命令即可从计算机中取出 U 盘。

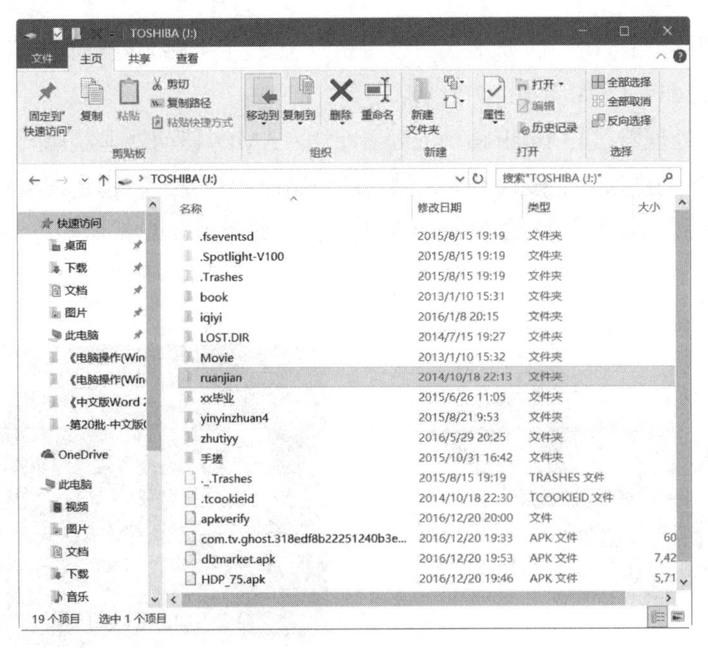

图 10-31　打开 U 盘窗口

10.5　笔记本电脑

随着芯片技术的快速发展，越来越多的笔记本电脑在性能体验上并不比台式机差，而其便携性远超台式机，所以越来越多的用户倾向于选择笔记本电脑。市场上常见的笔记本电脑品牌有华为、戴尔、ThinkPad、微软、苹果、惠普、Alienware、华硕、联想、神舟、Acer、小米和雷神等。

10.5.1　笔记本电脑的配置

面向不同的消费群体，笔记本电脑被细分为多种类型：轻薄型、商务型、家庭娱乐型、游戏影音型、平板电脑和特种笔记本电脑等。

笔记本电脑的组成结构和台式机十分相似，包括显示器、主板、CPU、显卡、硬盘、内存、键盘、鼠标、电池及电源适配器等。

1. CPU

笔记本电脑的处理器(Mobile CPU)与台式机的 CPU 有较大区别，它除了追求性能，也追求低热量和低耗电。专门为笔记本电脑设计的 Mobile CPU 由于其内部集成台式机 CPU 中不具备的电源管理技术，因此其制造工艺往往比同时代的台式机 CPU 更加先进。下面分别针对 Intel 公司和 AMD 公司的移动处理器进行介绍。

- Intel 移动处理器：市场上 Intel 公司在移动处理器占有率方面具有绝对优势。2023 年已经推出第 14 代酷睿移动处理器。无论哪一代处理器，针对不同的应用场景和使用群体都有许多产品线(通俗地讲，i3 属于入门级 CPU，i5 属于中端 CPU，i7 属于发烧级 CPU，i9 属于旗舰级 CPU)，如图 10-32 所示。

- AMD 移动处理器：与 Intel 移动处理器相比，AMD 移动处理器最大的优势就是核显，AMD APU 一直为追求极致性价比的入门级用户所钟爱，特别是在 AMD 的 Zen 构架诞生之后，锐龙核心与最新的 Vega GPU 搭配，既能满足日常所需，还能运行一些 Intel 核显所带不动的游戏程序。目前，AMD 公司针对笔记本电脑生产的处理器主要有锐龙和速龙系列处理器，如图 10-33 所示。

图 10-32　Intel 移动处理器

图 10-33　AMD 移动处理器

2. 主板

笔记本电脑的主板是其组成部分中体积最大的核心部件，也是 CPU、内存和显卡等各种配件的载体。笔记本电脑的主板与台式机主板有很大区别，主要是由于笔记本电脑追求轻薄、便携等特性。主板上绝大部分元件都是贴片式设计，电路的密集程度和集成度非常高，其目的就是最大限度地减小体积和重量。图 10-34 所示是笔记本电脑的主板实物外形，由于笔记本电脑的主板设计并没有统一标准，不同笔记本电脑因其内部结构和实际理念不同，导致主板外形多种多样。

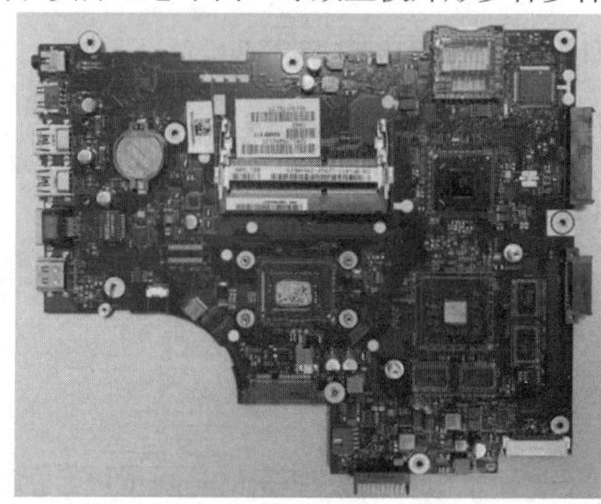

图 10-34　笔记本电脑的主板

3. 内存

笔记本电脑的内存与台式机内存相比在外形上有很大区别。它体积小巧、集成度高、数据传输路径短、稳定性高、散热性佳、功耗低并采用先进的工艺进行制造，如图 10-35 所示。目前，笔记本电脑的内存传输类型主要有 DDR2、DDR3 和 DDR4 三种。

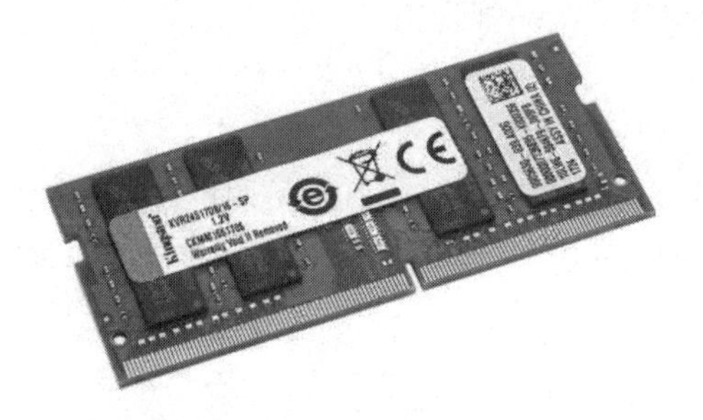

图 10-35　笔记本电脑的内存

4. 硬盘

笔记本电脑主要有 2.5in 硬盘和固态硬盘两种硬盘。2.5in 规格的硬盘是专为笔记本电脑所设计的，它与 3.5in 台式机硬盘在技术上一脉相承，但由于所应用的环境及物理结构的不同，导致两者在体积、转速、发热量和抗振指标等参数方面具有一些差异，如图 10-36 所示。在容量方面，笔记本电脑的硬盘通常小于台式机硬盘，常见的笔记本电脑硬盘容量有 500GB、1TB 和 2TB 等。在笔记本电脑硬盘接口方面，主要有 SATA 2.0 和 SATA 3.0，其接口速度有 3GB/s 和 6GB/s 两种。在转速方面，笔记本电脑硬盘的转速一般为 5400r/min 或 7200r/min。

固态硬盘具备更快的速度、优良的稳定性，不仅延长了笔记本电脑的使用寿命，还大幅提升了笔记本电脑的性能。从开机到打开应用程序，固态硬盘极大地缩短了等待时间。固态硬盘没有活动部件，防震抗摔，即便处于最严苛的环境中也能维持优异的稳定性。M.2 接口是 Intel 公司推出的一种新的接口规范，相对于 SATA 接口的固态硬盘，M.2 接口的固态硬盘最大的优势在于体积更小巧，且支持更高的传输速率，如图 10-37 所示。

图 10-36　2.5in 硬盘

图 10-37　M.2 接口固态硬盘

5. 显卡

笔记本电脑的显卡可以分为集成显卡和独立显卡两大类。集成显卡一种内置于处理器的 GPU(图形处理器)，由于是内置于处理器中的，因此集成显卡的功耗通常更低，从而延长了电池续航时间。独立显卡有自己的专用内存，不与 CPU 共享。通俗地讲，独立显卡的性能高于集成显卡。笔记本电脑的显卡主要以 Intel、NVIDIA 和 AMD 三个品牌为主。

6. 显示器

按屏幕长宽比例不同，笔记本电脑的显示器可以分为 16∶9 或 16∶10；按照屏幕尺寸划分，一般有18.4in、17.3in、15.4in、14in、13.3in、12.5in、11.6in 等尺寸；按屏幕分辨率划分，主要有超高清屏、全高清屏、普通屏等。

7. 电池和电源适配器

笔记本电脑的电池是可充电电池，有了充电电池的电量支持，笔记本电脑才能充分体现出可移动的特性。常见笔记本电脑电池如图 10-38 所示。根据使用材料的不同，笔记本电脑的电池可以分为镍镉电池、镍氢电池、锂离子电池和锂聚合物电池 4 种类型。目前，绝大多数笔记本电脑采用的是锂离子电池，整块电池中采用多个电池芯通过串联或并联的堆叠方式来达到笔记本电脑所需的电池容量。通常所说的 4 芯锂电池、6 芯锂电池和 9 芯锂电池指的是电池内部电池芯的数量，电池芯数量多则电池容量大，供电时间自然较长。

笔记本电脑的电源适配器的主要作用有两个，一是为笔记本电池充电，二是在无电池供电情况下获取电能，其常见外观如图 10-39 所示。一般来说，为了适应不同地区的电压差异，笔记本电脑的电源适配器均采用宽幅电压输入(100～240V)，具有一定的稳压作用，电流通过电源适配器后电压则降低为 20V，为笔记本电脑提供稳定的电能。

图 10-38　笔记本电脑的电池

图 10-39　笔记本电脑的电源适配器

10.5.2　苹果笔记本电脑

MacBook 是苹果(Apple)公司所开发的笔记本型麦金塔计算机(Macintosh，Mac)。目前，市面上主流的苹果笔记本电脑分为 MacBook Air 和 MacBook Pro 两种， MacBook Air 侧重于轻薄便携，如图 10-40 所示。MacBook Pro 配置更高、性能出色，适用于专业用户，如图 10-41 所示。

图 10-40　MacBook Air

图 10-41　MacBook Pro

MacBook Air 搭载了 Apple M2 芯片的中央处理器，图形及处理器提速显著。MacBook Pro 系列有 13in 和 16in 两大类，其中 13in 的机型配备 Apple M2 芯片，16in 的机型配备 Intel 酷睿处理器。16in MacBook Pro 将笔记本电脑的性能提升到更高等级，更先进的散热设计，使最高可达 8 核及 16 个线程的 Intel Core i9 处理器可以更长时间保持更强表现，无论是处理音轨、特效、渲染三维模型，还是编译代码均能轻松进行。

在节约能耗方面，MacBook 的硬盘在空闲时能自动减速运行，采用 LED 背光的显示屏比传统 LCD 省电 30%。

10.5.3　笔记本电脑选购知识

一台轻巧、稳定而又强大的笔记本电脑是移动办公用户的必备产品。对于普通用户而言，购买笔记本电脑是一个需要仔细考虑的问题。在选购笔记本电脑之前，用户应该充分考虑需求、挑选品牌，了解售后等知识，切忌操之过急。

1. 明确需求

在购买笔记本电脑之前，用户应首先明确自己购买后的主要需求，要清楚自己买笔记本电脑有什么用途，比如用于取代家里的台式机，只放在家里使用。移动需求不大的用户，可以选择一些 15 英寸以上的笔记本电脑(如家庭娱乐机型)；如果需要经常出差外出使用，应该选择相对轻便的 12 英寸或 13 英寸笔记本电脑；如果是学生，平时住宿舍只是周末才需要把笔记本电脑带回家使用，可以选择性价比较高的 14 英寸笔记本电脑。确定好自己需要什么尺寸的笔记本电脑后，再根据自己对性能的要求来选择笔记本电脑的配置。如果经常出差，注重电池续航能力，应该选择集成显卡等功耗低的笔记本电脑；如果是家庭娱乐用，就需要大屏幕、音响效果好的笔记本电脑；如果一般只是上网、炒股、进行一些简单应用，只需要一款普通、基本配置的笔记本电脑就已经足够了；而如果是一些专业的图形设计人员、“骨灰级”玩家，就应该需要性能强大的笔记本电脑。

2. 挑选品牌

每个笔记本电脑厂商都会根据不同的销售对象，把自己旗下的产品分成数个子品牌。这种分类方式也许方便了厂商自己，但却容易使消费者有眼花缭乱的感觉，所以选购前要对自己购买的机型有比较全面的了解，不要一味听信商家的推荐。此外，不要盲目追求笔记本电脑品牌，各个品牌都有各自的优缺点，不能一概而论。目前主流笔记本电脑厂商品牌主要有 IBM、苹果、戴尔、索尼、三星、联想、神州等。

3. 了解质保和售后服务

质保与售后服务对于笔记本电脑而言是非常重要的。用户在购买笔记本电脑之前，应将质保与售后服务作为是否购买一款笔记本电脑的必要条件来考虑。

由于笔记本电脑是一种集成度很高的电子产品，普通用户不能对其进行拆装和修理，并且由于笔记本电脑自身就是一个移动性很强的办公平台，因此异地保修、跨国联保都是非常必要的售后服务条款，而质保条约中关于质保时限和服务的内容也是不能忽视的方面。

一般情况下，对于不同品牌和型号的笔记本电脑，其生产厂商都会提供不同的质保时限，而且不同时限中服务的内容也有所不同。用户购买笔记本电脑时，应仔细与笔记本电脑销售商确认一系列细节问题，最重要的是应主动向商家索要正规发票作为购买凭据。虽然有一些品牌的笔记本电脑在质保服务时不需要出示发票，只需要产品序列号就可以通过审查，免费维修，但这并不代表所有的笔记本电脑生产商都是如此。用户在购买笔记本电脑时仍需要小心为上。

4. 检测购买的笔记本电脑

在购买一款笔记本电脑之后，用户应检测买到的笔记本电脑的性能，确认自己买到的产品不存在质量问题。检测笔记本电脑有以下几种常用方法。

- 检查外观：外观是购买一台笔记本电脑时要进行的最基本的检查，不仅包括笔记本电脑机身，还包括其外层的包装。通常新机开封处都会有一张原厂贴纸，用户如果想要买台新机，最好检查原厂贴纸有没有破损、重贴，或改贴经销商自己的胶带贴纸。此外，外盒底部也可以检查是否有重贴的痕迹。如果外盒检查后没问题，产品本身出问题的概率就小得多，不过机身每个按键是否功能正常，外盖有没有刮伤等，还是应该在购买时测试一下。
- 检验赠品配件：如果在旗舰店买笔记本电脑，那么多要赠品或配件是除杀价外最实惠的事。有些经销商会利用这些赠品配件给消费者加价，甚至以同样价格卖给消费者没有附配件赠品的笔记本电脑。虽然这种经销商毕竟是少数，不过还是要小心，原厂如果有随机配件或赠品，通常会公布在网络或其他媒体上，如果能稍微花点时间找出应该有的赠品配件，购买时便能多一层保障。
- 检验序列号：序列号一般在机身、电池、外包装箱、说明书、联保凭证等地方标明。电池、外包装箱、说明书、联保凭证等地方的序列号比较明显，而机身上的序列号一般都在笔记本电脑机身的底座上。如 ThinkPad 笔记本电脑，机器底部有产品型号和序列号，其产品型号的最后一位是以 C 为结尾。在检查序列号是否一致的同时，还要检查其是否有被涂改、重贴过的痕迹。

- 查看产品说明书、软件和恢复光盘：在验机时，产品说明书、软件和恢复光盘是比较容易忽视的一点。对于随机的说明书、保修单等一定要核对清楚，否则很可能会对以后的使用带来麻烦。
- 检测接口和硬件：外观检查完确认没有问题之后，可以开机进行笔记本电脑的各项专门检测，这些检测需要用到一些专业检测软件，因此购买之前就把这些软件准备好，存到 U 盘上一起带来。把 U 盘逐一插在笔记本电脑的每个 USB 接口上，看系统是否能读出里面的数据，确认每个 USB 接口工作是否正常。检查其他接口：检查音频输出接口，只需要带上耳塞，听有没有声音就可以了；检查麦克风接口，插上一个外置麦克风就可以检查；S 端子、1394 接口、VGA 接口、读卡器等，可以使用相应的连接线和存储卡进行检查。

10.6 实例演练

本章的实例演练主要练习使用 U 盘备份数据。

【例 10-1】 使用 U 盘备份计算机中的数据。

(1) 将 U 盘插入计算机主机的 USB 接口中，在桌面任务栏右下角的通知区域中将显示连接 USB 设备的图标，双击【此电脑】图标在打开的窗口中新添加的 F 盘即为 U 盘，如图 10-42 所示。

图 10-42 显示 U 盘盘符

(2) 双击【本地磁盘(C:)】图标，进入 C 盘根目录。选中【我的资料】文件夹，按 Ctrl+C 快捷键复制该文件夹，如图 10-43 所示。

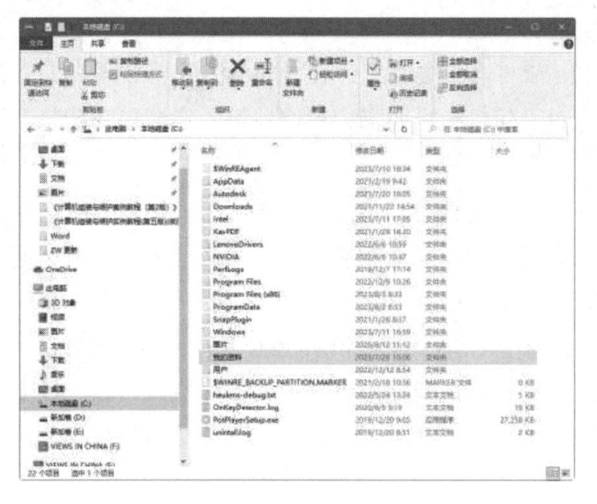

图 10-43　复制文件夹

(3) 打开 F 盘窗口，按 Ctrl+V 快捷键，执行【粘贴】命令粘贴文件夹，如图 10-44 所示。

(4) 单击任务栏右边的图标，在弹出的快捷菜单中选择【弹出 Disk 2.0】命令，如图 10-45 所示。当桌面的右下角出现【安全地移除硬件】提示框时即可将 U 盘从计算机主机上拔下。

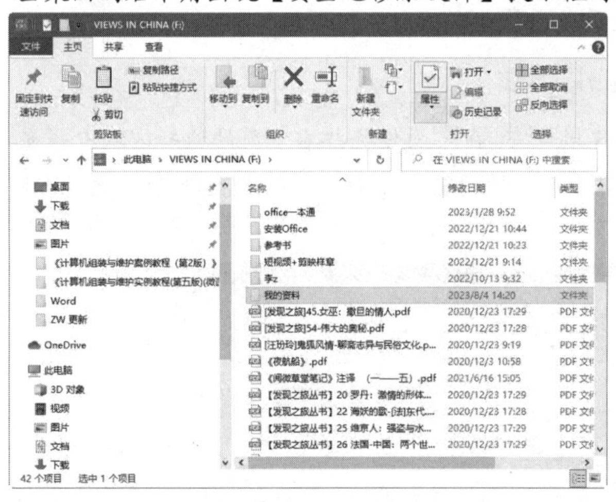

图 10-44　粘贴文件夹

图 10-45　选择【弹出 Disk 2.0】命令

10.7　习题

1. 简述打印机、扫描仪、投影仪的作用。
2. 如何在局域网络中连接打印机？
3. 将一个视频文件复制到移动硬盘中。

第11章

维护计算机安全

在使用计算机的过程中，若能养成良好的使用习惯并能对计算机进行定期维护，不但可以大大延长计算机硬件的工作寿命，还能提高计算机的运行效率，降低计算机发生故障的概率。本章将详细介绍计算机安全与维护方面的常用操作。

本章重点

- 维护计算机硬件设备
- 维护计算机操作系统
- 使用 360 杀毒软件
- 使用 360 安全卫士查杀木马

二维码教学视频

【例 11-1】 启动 Windows 防火墙
【例 11-2】 关闭与启动自动更新
【例 11-3】 设置自动更新
【例 11-4】 禁用注册表
【例 11-5】 创建还原点
【例 11-6】 还原系统
【例 11-7】 使用 360 杀毒软件
【例 11-8】 禁用控制面板

11.1 计算机日常维护

在介绍维护计算机的方法前，用户应先掌握一些计算机维护基础知识，包括计算机的使用环境、养成良好的计算机使用习惯等。

11.1.1 计算机适宜的使用环境

要想使计算机保持健康，首先应该在良好的使用环境下操作计算机。有关计算机的使用环境，需要注意的事项有以下几点。

- 环境温度：计算机正常运行的理想环境温度是 5~35℃，其安放位置最好远离热源并避免阳光直射，如图 11-1 所示。
- 环境湿度：适宜的湿度范围是 30%~80%，湿度太高可能会使计算机受潮而引起内部短路，烧毁硬件；湿度太低，则容易产生静电。
- 清洁的环境：计算机要放在比较清洁的环境中，以免大量的灰尘进入计算机而引起故障，如图 11-2 所示。

图 11-1　温度合适的机房

图 11-2　清洁的环境

- 远离磁场干扰：强磁场会对计算机的性能产生很坏的影响，如导致硬盘数据丢失、显示器产生花斑和抖动等。强磁场干扰主要来自一些大功率电器和音响设备。因此，计算机要尽量远离这些设备。
- 电源电压：计算机的正常运行需要有稳定的电压。如果家里电压不够稳定，一定要使用带有保险丝的插座，或者为计算机配置 UPS 电源。

11.1.2 计算机的正确使用习惯

在日常工作中，正确使用计算机并养成好习惯，可以使计算机的使用寿命延长、运行状况更加稳定。关于正确的计算机使用习惯，主要有以下几点。

- 计算机的大多数故障都是软件的问题，而病毒又是经常造成软件故障的原因。在日常使用计算机的过程中，做好防范计算机病毒的查毒工作十分必要。图 11-3 所示为使用杀毒软件防范病毒。

- 在计算机中插拔硬件或在连接打印机、扫描仪、Modem、音响等外设时，应先确保切断电源以免引起主机或外设的硬件烧毁，如图 11-4 所示。

图 11-3　防范病毒

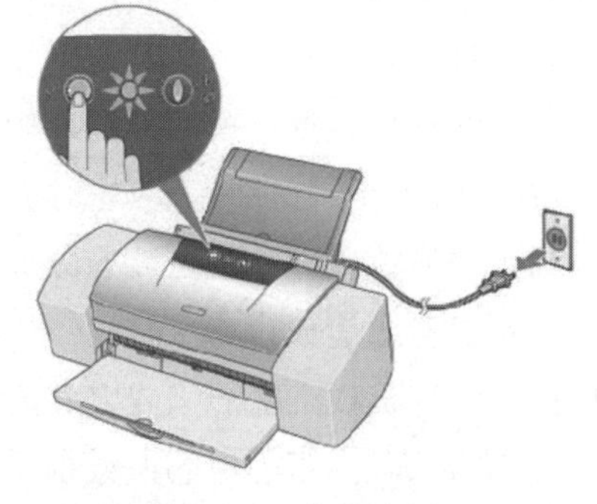

图 11-4　切断电源

- 应避免频繁开关计算机，因为给计算机组件供电的电源是开关电源，要求至少关闭电源半分钟后才可再次开启电源。若市电供电线路电压不稳定，偏差太大(大于20%)，或者供电线路接触不良(观察电压表指针，会发现抖动幅度较大)，则可以考虑配置 UPS 或净化电源，以免造成计算机组件的迅速老化或损坏，如图 11-5 所示。
- 定期清洁计算机(包括显示器、键盘、鼠标及机箱散热器等)，使计算机处于良好的工作状态，如图 11-6 所示。

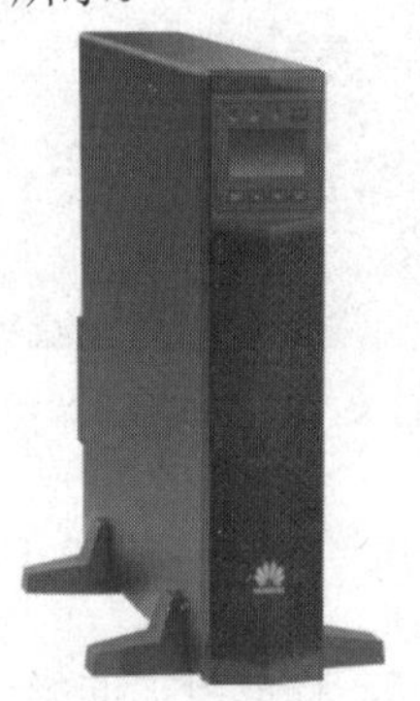

图 11-5　UPS 电源

图 11-6　清洁计算机

- 计算机在与音响设备连接时，供电电源要与其他电器分开，避免与其他电器共用一个电源插板，且信号线要与电源线分开连接，不要相互交错或缠绕在一起。

11.2　维护计算机硬件设备

对计算机硬件部分的维护是整个维护工作的重点。用户在对计算机硬件维护的过程中，除了要检查硬件的连接状态，还应注意保持各部分硬件的清洁。

11.2.1　硬件维护注意事项

在维护计算机硬件的过程中，用户应注意以下事项。

- 有些原装机和品牌机不允许用户自己打开机箱。如果用户擅自打开机箱，可能会失去一些由厂商提供的保修权利，用户应特别注意，如图 11-7 所示。
- 各部件要轻拿轻放，尤其是硬盘，防止损坏零件。
- 拆卸时注意各插接线的方位，如硬盘线、电源线等，以便正确还原。
- 用螺丝固定各部件时，应先对准部件的位置，然后上紧螺丝，如图 11-8 所示。尤其是主板，略有位置偏差就可能导致插卡接触不良；主板安装不平可能导致内存条、适配卡接触不良甚至造成短路，时间一长甚至可能会发生变形，从而导致故障发生。
- 由于计算机板卡上的集成电路器件多采用 MOS 技术制造，这种半导体器件对静电高压相当敏感。当带静电的人或物触及这些器件后，就会产生静电释放，而释放的静电高压将损坏这些器件。因此，维护计算机时要特别注意静电防护。

图 11-7　不要擅自打开机箱

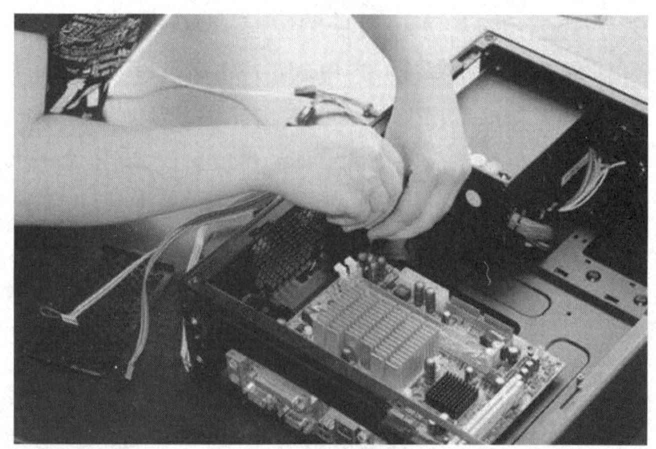

图 11-8　用螺丝固定各部件

在拆卸计算机之前还必须注意以下事项。

- 断开所有电源。
- 在打开机箱之前，双手应该触摸一下地面或墙壁，释放身上的静电。拿主板和插卡时，应尽量拿卡的边缘，不要用手接触板卡的集成电路。
- 不要穿容易与地板、地毯摩擦产生静电的胶鞋在各类地毯上行走。脚上穿金属鞋能很好地释放人身上的静电，有条件的工作场所应采用防静电地板。

11.2.2　维护主要硬件设备

计算机的主要硬件设备除了显示器、鼠标与键盘，几乎都存放在机箱中。本节将详细介绍维护计算机主要硬件设备的方法与注意事项。

1. 维护与保养 CPU

计算机内部绝大部分数据的处理和运算都是通过 CPU 处理的。因此，CPU 的发热量很大，对 CPU 的维护和保养主要是做好相应的散热工作。

- CPU 散热性能的高低关键在于散热风扇与导热硅脂工作的好坏。若采用风冷式 CPU 散热，为了保证 CPU 的散热能力，应定期清理 CPU 散热风扇上的灰尘，如图 11-9 所示。
- 当发现 CPU 的温度一直过高时，就需要在 CPU 表面重新涂抹 CPU 导热硅脂，如图 11-10 所示。

图 11-9　CPU 散热风扇容易吸纳灰尘

图 11-10　重新涂抹导热硅脂

- 若 CPU 采用水冷散热器，在日常使用过程中，还需要注意观察水冷设备的工作情况，包括水冷头、水管和散热器等，如图 11-11 和图 11-12 所示。

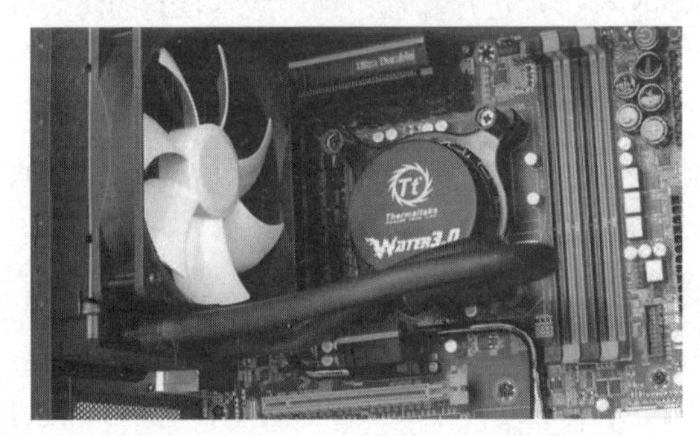

图 11-11　CPU 水冷头和水管

图 11-12　水冷散热器

2. 维护与保养硬盘

随着硬盘技术的改进，其可靠性已大大提高，但如果不注意使用方法，也会引起故障。因此，对硬盘进行维护十分必要，具体方法如下。

- 环境温度和清洁条件：由于硬盘主轴电机是高速运转的部件，再加上硬盘是密封的，因此周围温度如果太高，热量散不出来，会导致硬盘产生故障；但如果温度太低，又会影响硬盘的读写效果。因此，硬盘工作的温度最好是在 20~30℃范围内。
- 防静电：硬盘电路中有些大规模集成电路是使用 MOS 工艺制成的，MOS 电路对静电特别敏感，易受静电感应而被击穿损坏，因此要注意防静电问题。由于人体常带静电，在安装或拆卸、维修硬盘时，不要用手触摸印制电路板上的焊点，如图 11-13 所示。当需要拆卸硬盘以便存储或运输时，一定要将其装入抗静电塑料袋。

▽ 经常备份数据：由于硬盘中保存了很多重要的数据，因此要对硬盘上的数据进行保护。每隔一定时间对重要数据做一次备份，备份硬盘系统信息区以及 CMOS 设置，如图 11-14 所示。

图 11-13 防静电

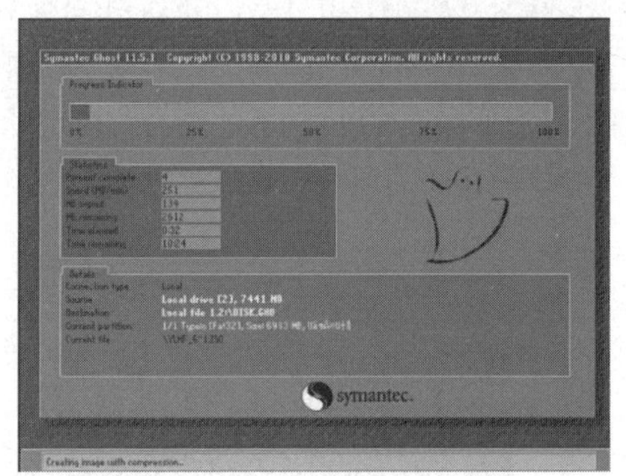

图 11-14 经常备份数据

▽ 防磁场干扰：硬盘是通过对盘片表面磁层进行磁化来记录数据信息的，如果硬盘靠近强磁场，将有可能破坏磁记录，导致记录的数据遭受破坏。因此，必须注意防磁，以免丢失重要数据。在防磁的方法中，主要是避免靠近音箱、喇叭、电视机这类带有强磁场的物体。

▽ 整理碎片，预防病毒：定期对硬盘中的文件碎片进行整理；利用版本较新的防病毒软件对硬盘进行定期的病毒检测；从外来 U 盘中将信息复制到硬盘时，应先对 U 盘进行病毒检查，防止硬盘感染病毒。

计算机中的主要数据都保存在硬盘中，硬盘一旦损坏，会给用户造成很大的损失。硬盘安装在机箱的内部，一般不会随意移动，在拆卸时要注意以下几点。

▽ 在拆卸硬盘时，尽量在正常关机并等待磁盘停止转动后(听到硬盘的声音逐渐变小并消失)再进行移动。

▽ 在移动硬盘时，应用手捏住硬盘的两侧，尽量避免手与硬盘背面的印制电路板直接接触。注意轻拿轻放，尽量不要磕碰或者与其他坚硬物体相撞，如图 11-15 所示。

▽ 硬盘内部的结构比较脆弱，应避免擅自拆卸硬盘的外壳，如图 11-16 所示。

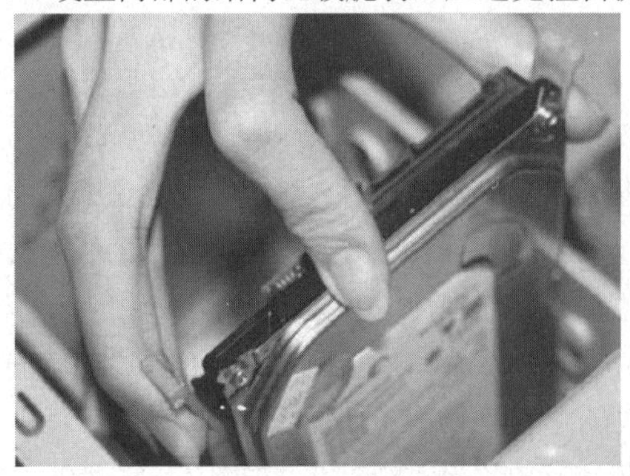
图 11-15 移动硬盘

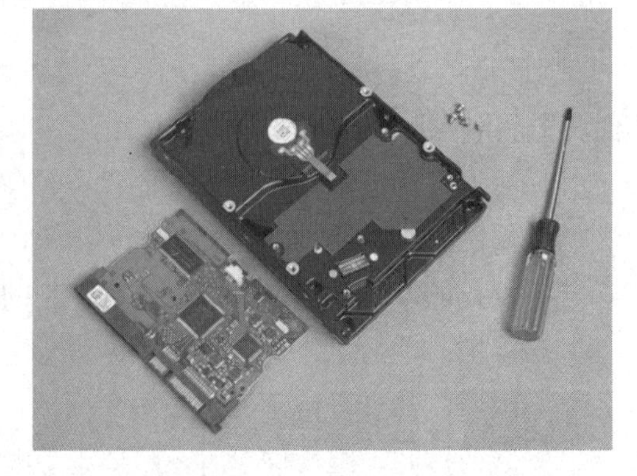
图 11-16 避免擅自拆卸硬盘的外壳

3. 维护与保养各种适配卡

主板和各种适配卡是机箱内部的重要配件，如内存、显卡、网卡等。这些配件由于都是电子元件，没有机械设备，因此在使用过程中几乎不存在机械磨损，维护起来也相对简单。对适配卡的维护主要涉及下面几项工作。

- 只有完全插入正确的插槽，才不会造成接触不良。如果扩展卡固定不牢(例如与机箱固定的螺丝松动)，在使用计算机的过程中碰撞了机箱，就有可能造成扩展卡发生故障。出现这种问题后，只要打开机箱，重新安装一遍就可以解决问题。有时扩展卡的接触不良是因为插槽内积有过多灰尘，这时需要把扩展卡拆下来，然后用软毛刷擦掉插槽内的灰尘，如图 11-17 所示，重新安装即可。
- 如果使用时间比较长，扩展卡的接头会因为与空气接触而产生氧化，这时候需要把扩展卡拆下来，然后用软橡皮轻轻擦拭接头部位，将氧化物去除。在擦拭的时候应当非常小心，不要损坏接头部位，如图 11-18 所示。

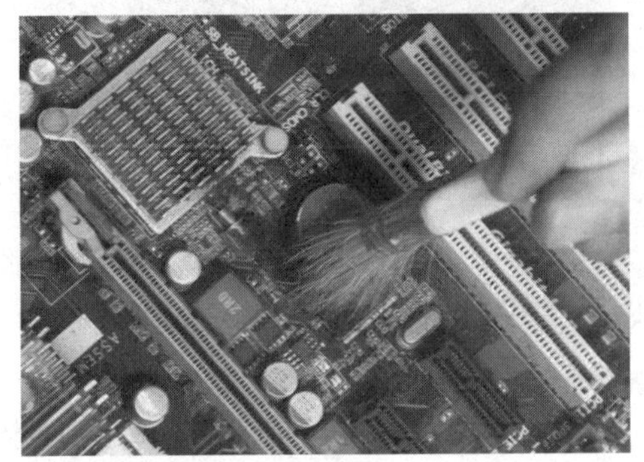

图 11-17　清理灰尘

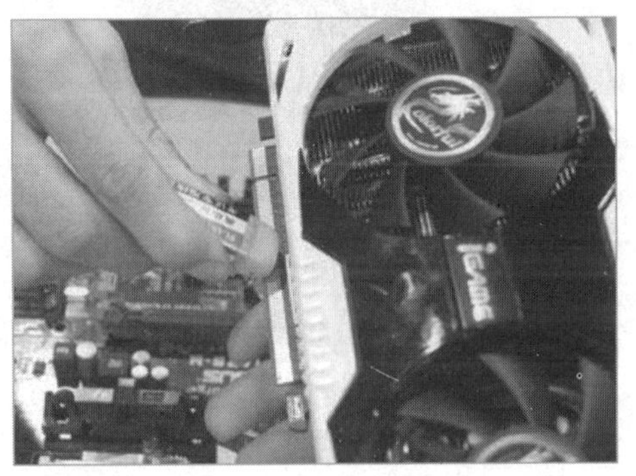

图 11-18　擦拭接头部位

- 主板上的插槽有时会松动，造成扩展卡接触不良，这时候可以将扩展卡更换到其他同类型插槽上，如图 11-19 所示，继续使用。这种情况一般较少出现，也可以找经销商进行主板维修。
- 在主板的硬件维护工作中，如果每次开机都发现时间不正确，调整以后下次开机又不准了，这就说明主板的电池快没电了，这时就需要更换主板的电池。如果不及时更换主板的电池，电池电量全部用完后，CMOS 信息就会丢失。更换主板电池的方法比较简单，只要找到电池的位置，然后用一块新的纽扣电池替换原来的电池即可，如图 11-20 所示。

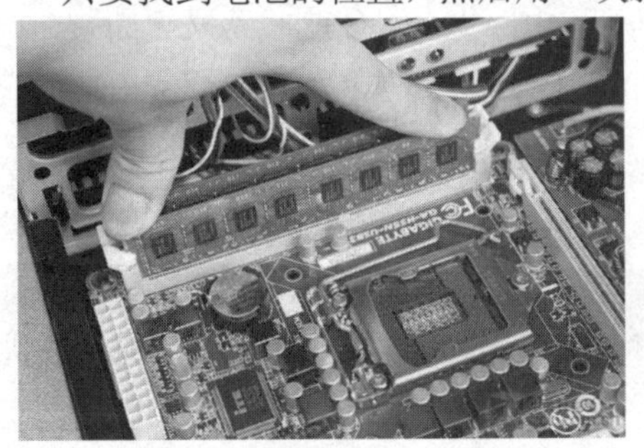

图 11-19　更换插槽

图 11-20　更换主板电池

4. 维护与保养显示器

显示器是比较容易损耗的器件，在使用时要注意以下几点。

- 避免屏幕内部烧坏：如果长时间不用，一定要关闭显示器，或者降低显示器的亮度，避免内部部件烧坏或老化。这种损坏一旦发生就是永久性的，无法挽回。
- 注意防潮：如果长时间不用显示器，可以定期通电工作一段时间，让显示器工作时产生的热量将机内的潮气蒸发掉。另外，不要让任何湿气进入显示器。发现有雾气，要用软布将其轻轻擦去，然后才能打开电源。
- 正确清洁显示器屏幕：如果发现显示屏的表面有污迹，可使用清洁液(或清水)喷洒在显示器表面，然后用软布轻轻地将其擦去(如图 11-21 和图 11-22 所示)。

图 11-21　清洁显示器

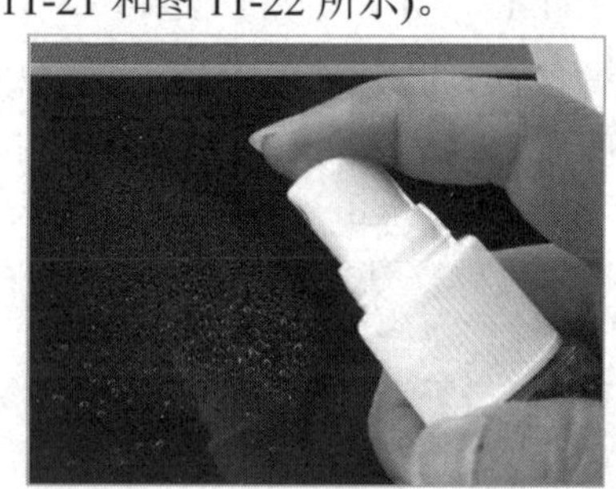

图 11-22　使用清洁液

- 避免冲击屏幕：显示器屏幕十分脆弱，所以要避免强烈的冲击和振动，还要注意不要对显示器表面施加压力。
- 切勿拆卸：一般用户尽量不要拆卸显示器。即使在关闭了很长时间以后，背景照明组件中的 CFL 换流器依旧可能带有大约 1000V 的高压，能够导致严重的人身伤害。

5. 维护与保养键盘

键盘是计算机最基本的部件之一，因此其使用频率较高。按键用力过大、金属物掉入键盘以及茶水溅入键盘内，都会造成键盘内部微型开关弹片变形或被灰尘油污锈蚀，出现按键不灵的现象。键盘的日常维护主要从以下几个方面考虑。

- 电容式键盘因结构特殊，易出现计算机在开机时自检正常，但纵向、横向多个键同时不起作用，或局部多键同时失灵的故障。此时，应拆开键盘外壳，仔细观察失灵按键是否在同一行(或列)电路上。若失灵按键在同一行(列)电路上，且印制线路又无断裂，则是连接的金属线条接触不良所致。拆开键盘内部的电路板及薄膜基片，把两者连接的金属印制线条擦净，之后将两者吻合好，装好压条，压紧即可，如图 11-23 所示。
- 机械式键盘按键失灵，大多是金属触点接触不良，或因弹簧弹性减弱而出现重复。应重点检查键盘的金属触点和内部触点弹簧。
- 键盘内过多的尘土会妨碍电路正常工作，有时甚至会造成误操作。键盘的维护主要就是定期清洁表面的污垢，一般清洁可以用柔软干净的湿布擦拭键盘；对于顽固的污垢，可以先用中性的清洁剂擦除，再用湿布进行擦洗，如图 11-24 所示。

图 11-23　键盘的键位　　　　图 11-24　清洗键盘表面

- 大多数键盘没有防水装置，一旦有液体流进，便会使键盘受到损害，造成接触不良、腐蚀电路和短路等故障。当大量液体进入键盘时，应当尽快关机，将键盘接口拔下，打开键盘用干净吸水的软布擦干内部的积水，最后在通风处自然晾干即可。
- 大多数主板都提供了键盘开机功能。要正确使用这一功能，组装计算机时必须选用工作电流大的电源和工作电流小的键盘，否则容易导致故障。

6. 维护与保养鼠标

鼠标的维护是计算机外部设备维护工作中经常做的工作。使用光电鼠标时，要特别注意保持感光板的清洁和感光状态良好，避免污垢附着在发光二极管或光敏三极管上，遮挡光线的接收。鼠标能够灵活操作的一个条件是鼠标具有一定的悬垂度。长期使用后，随着鼠标底座四角的小垫层被磨低，导致鼠标悬垂度随之降低，鼠标的灵活性会有所下降。这时将鼠标底座四角垫高一些，通常就能解决问题。垫高的材料可以采用办公用的透明胶纸等，一层不行可以垫两层或更多层，直到感觉鼠标已经完全恢复灵活性为止，鼠标底座如图 11-25 所示。

图 11-25　鼠标

7. 维护与保养电源

电源是容易被忽略但却非常重要的设备，它负责供应整台计算机所需的能量，一旦电源出现问题，整个系统都会瘫痪。电源的日常保养与维护主要就是除尘，可以使用吹气球一类的辅助工具从电源后部的散热口处清理电源的内部灰尘，如图 11-26 所示。为了防止因为突然断电对计算机电源造成损伤，还可以为电源配置 UPS(不间断电源)，如图 11-27 所示。这样即使断电，通过

UPS 供电，用户仍可正常关闭计算机电源。

图 11-26　清理电源中的灰尘

图 11-27　UPS

11.2.3　维护常用外设

随着计算机技术的不断发展，计算机的外接设备(简称外设)也越来越丰富，常用的外接设备包括打印机、U 盘和移动硬盘等。本节将介绍如何保养与维护这些计算机外接设备。

1. 维护与保养打印机

在打印机的使用过程中，经常对打印机进行维护，可以延长打印机的使用寿命，提高打印机的打印质量。对于针式打印机的保养与维护应注意以下几个方面的问题。

- 打印机必须放在平稳、干净、防潮、无酸碱腐蚀的工作环境中，并且应远离热源和日光的直接照晒，如图 11-28 所示。
- 保持清洁，定期用小刷子或吸尘器清扫打印机内的灰尘和纸屑，经常用在稀释的中性洗涤剂中浸泡过的软布擦拭打印机机壳，以保持良好的清洁度，如图 11-29 所示。

图 11-28　放置打印机

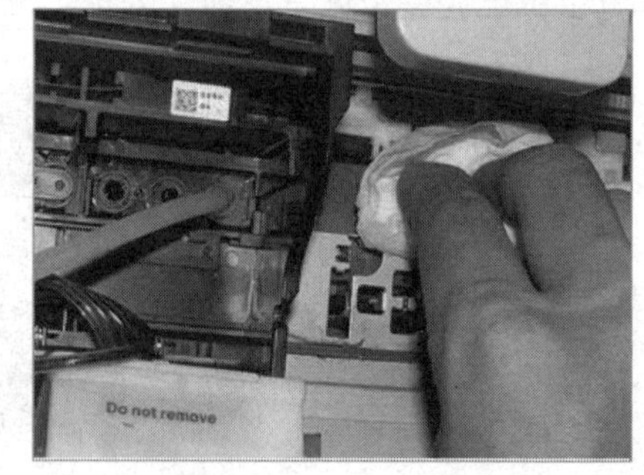

图 11-29　清洁打印机

- 在通电情况下，不要插拔打印机电缆，以免烧坏打印机与主机接口元件。插拔前一定要关掉主机和打印机电源。
- 正确使用操作面板上的进纸、退纸、跳行、跳页等按钮，尽量不要用手旋转手柄。
- 经常检查打印机的机械部分有无螺钉松动或脱落，检查打印机的电源和接口连接电线有无接触不良的现象。
- 电源线要有良好的接地装置，以防止静电积累和雷击烧坏打印通信接口等。

- 应选择高质量的色带。色带是由带基和油墨制成的，高质量色带的带基没有明显的接痕，连接处是用超声波焊接工艺处理过的，油墨均匀；而低质量色带的带基则有明显的双层接头，油墨质量很差。
- 应尽量减少打印机空转，最好在需要打印时才打开打印机。
- 要尽量避免打印蜡纸。因为蜡纸上的石蜡会与打印机胶辊上的橡胶发生化学反应，使橡胶膨胀变形。

目前使用最为普遍的打印机类型为喷墨打印机与激光打印机两种。其中喷墨打印机的日常维护主要有以下几方面的内容。

- 内部除尘：喷墨打印机内部除尘时应注意不要擦拭齿轮，不要擦拭打印头和墨盒附近的区域；一般情况下不要移动打印头，特别是有些打印机的打印头处于机械锁定状态，用手无法移动打印头，如果强行用力移动打印头，将造成打印机机械部分损坏；不能用纸制品清洁打印机内部，以免打印机内残留纸屑；不能使用挥发性液体清洁打印机，以免损坏打印机表面。
- 更换墨盒：更换墨盒时应注意不能用手触摸墨水盒出口处，以防杂质混入墨水盒，如图 11-30 所示。

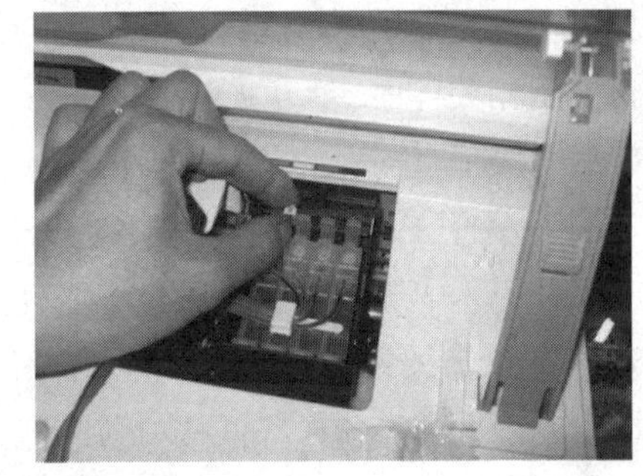

图 11-30　更换打印机墨盒

- 清洗打印头：大多数喷墨打印机开机即会自动清洗打印头，并设有按钮对打印头进行清洗(具体清洗操作可参照喷墨打印机操作手册提供的步骤)。

激光打印机也需要定期清洁维护，特别是在打印纸上沾有残余墨粉时，必须清洁打印机内部。如果长期不对打印机进行维护，则会使打印机内污染严重。例如，电晕电极吸附残留墨粉、光学部件脏污、输纸部件积存纸尘而运转不灵等。这些严重污染不仅会影响打印质量，还会造成打印机故障。对激光打印机的清洁维护有如下方法。

- 内部除尘的主要对象有齿轮、导电端子、扫描器窗口和墨粉传感器等，如图 11-31 所示。在对这些设备进行除尘时可用柔软的干布进行擦拭。
- 外部除尘时可使用拧干的湿布擦拭，如果外表面较脏，可使用中性清洁剂；但不能使用挥发性液体清洁打印机，以免损坏打印机表面。
- 在对感光鼓及墨粉盒用油漆刷除尘时，应注意不能用坚硬的毛刷清扫感光鼓表面，以免损坏感光鼓表面膜，如图 11-32 所示。

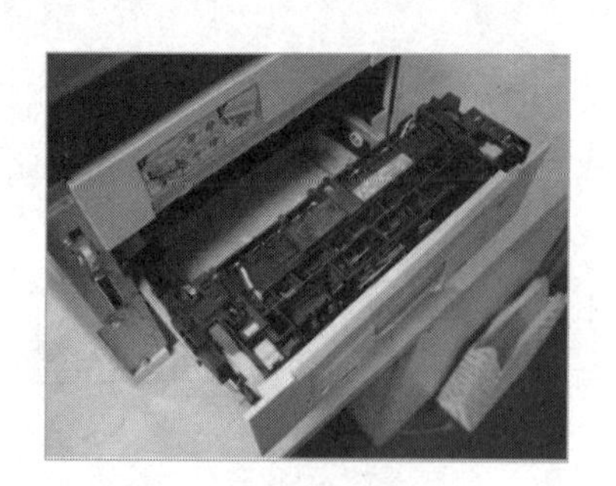

图 11-31　打印机内部

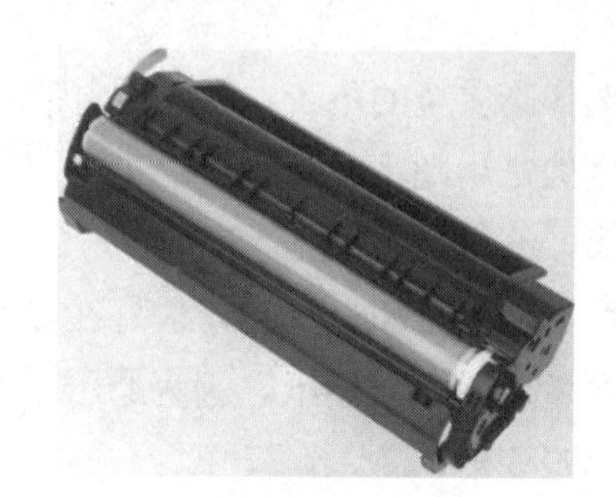

图 11-32　感光鼓

2. 维护与保养 U 盘和移动硬盘

目前主要的计算机移动存储设备包括 U 盘与移动硬盘，掌握维护与保养这些移动存储设备的方法，不仅可以提高这些设备的使用可靠性，还能延长设备的使用寿命。

在日常使用 U 盘的过程中，用户应注意以下几点。

- 不要在 U 盘指示灯闪烁时拔出 U 盘，因为这时 U 盘正在读取或写入数据，拔出可能会造成硬件和数据的损坏，如图 11-33 所示。
- 不要在文件备份完毕后立即关闭相关的程序，因为此时 U 盘上的指示灯还在闪烁，说明程序还没完全结束，这时拔出 U 盘会影响备份。在将文件备份到 U 盘后，应过一段时间再关闭相关程序。
- U 盘一般都有写保护开关，使用时应在 U 盘插入计算机接口之前打开写保护开关，不要在 U 盘处于工作状态时打开写保护开关，如图 11-34 所示。
- 在系统提示“无法停止”时也不要轻易拔出 U 盘，这样也会造成 U 盘中数据丢失。
- 注意将 U 盘放置在干燥的环境中，不要让 U 盘接口长时间暴露在空气中，否则容易造成 U 盘表面金属氧化，降低接口敏感性。
- 不要将长时间不用的 U 盘插在计算机主机的 USB 接口上，这样做一方面容易引起 USB 接口老化，另一方面对 U 盘也会造成损耗。
- U 盘的存储原理和硬盘有很大的不同，不要使用软件整理 U 盘的磁盘碎片，否则影响 U 盘的使用寿命。
- U 盘里可能会有病毒程序，将其插入计算机时最好进行杀毒。

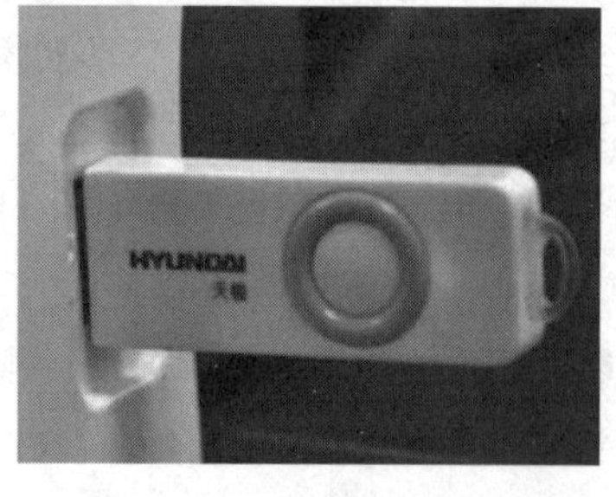

图 11-33　U 盘指示灯

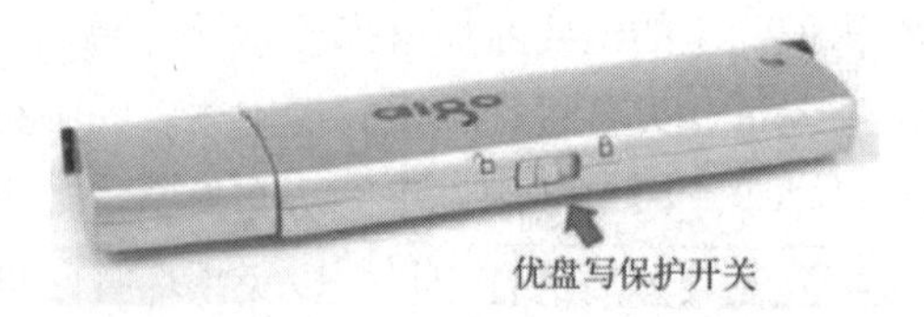

图 11-34　写保护开关

在日常使用移动硬盘的过程中，用户应注意以下几点。

- 移动硬盘在工作时尽量保持水平，无抖动，如图 11-35 所示。
- 使用完毕后应及时移除移动硬盘，如图 11-36 所示。不少用户为了图省事，无论是否使用移动硬盘，都将其连接在计算机上。这样计算机一旦感染病毒，那么病毒就可能通过计算机的 USB 接口感染移动硬盘。

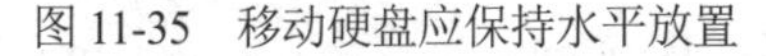

图 11-35　移动硬盘应保持水平放置

图 11-36　移除移动硬盘

- 尽量使用主板自带的USB接口连接移动硬盘，因为有些机箱的前置USB接口和主板USB接针的连接很差，这会造成 USB 接口出现问题。
- 拔下移动硬盘前一定要先停止设备，复制完文件就立刻直接拔下 USB 移动硬盘很容易引起文件复制错误，下次使用时就会发现文件复制不全或损坏。如果遇到无法停止设备的情况，可以先关闭计算机再拔下移动硬盘。
- 使用移动硬盘时应把皮套之类的影响散热的外壳取下来。
- 为了供电稳定，移动硬盘上的双头线应尽量都插上。
- 定期对移动硬盘进行磁盘碎片整理。
- 平时存放移动硬盘时注意防水(潮)、防磁、防摔。

11.3　维护计算机系统

操作系统是计算机系统运行的软件平台，计算机系统的稳定直接影响计算机的操作。下面主要介绍计算机系统的日常维护，包括启动 Windows 防火墙、设置系统自动更新、禁用注册表等。

11.3.1　启动 Windows 防火墙

Windows 防火墙能够有效地阻止来自 Internet 中的网络攻击和恶意程序，维护操作系统的安全。Windows 10 防火墙具备监控应用程序入站和出战规则的双向管理功能，同时配合 Windows 10 网络配置的文件，它可以保护不同网络环境下的计算机安全。

【例 11-1】 启动 Windows 10 系统的防火墙。 视频

(1) 右击任务栏左侧的【开始】按钮(或按下 Win+X 键)，在弹出的快捷菜单中选择【控制面板】命令，在打开的【控制面板】窗口中选择【系统和安全】选项，如图 11-37 所示。

(2) 打开【系统和安全】窗口，选择【Windows 防火墙】选项，如图 11-38 所示。

图 11-37　选择【系统和安全】选项

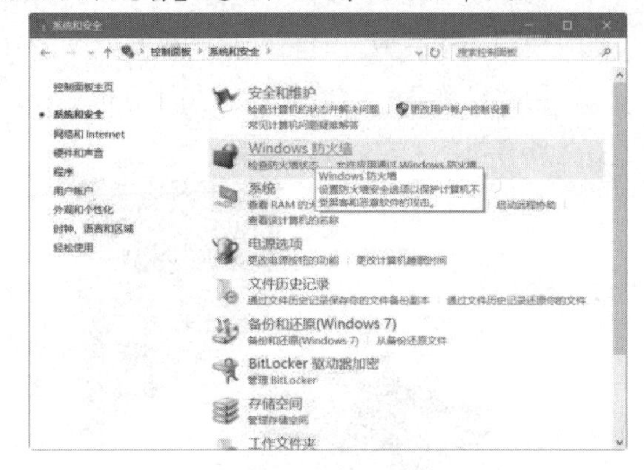

图 11-38　选择【Windows 防火墙】选项

(3) 打开【Windows 防火墙】窗口(一般情况下，Windows 防火墙是默认打开的)，如果用户需要关闭防火墙，可以选择窗口左侧的【启用或关闭 Windows 防火墙】选项，如图 11-39 所示。

(4) 打开【自定义设置】窗口，用户可以设置在公用网络和专用网络上启动或关闭 Windows 防火墙(选择相应的单选按钮即可)，然后单击【确定】按钮，如图 11-40 所示。

图 11-39　选择【启用或关闭 Windows 防火墙】选项

图 11-40　【自定义设置】窗口

11.3.2　设置系统自动更新

Windows 操作系统提供了自动更新功能，开启自动更新后系统可随时下载并安装最新的官方补丁程序，从而有效预防病毒和木马程序的入侵，维护操作系统的正常运行。

1. 关闭与启动自动更新

一般 Windows 10 操作系统的自动更新功能都是开启的，如果关闭了，用户也可以手动将其开启。

【例 11-2】 在 Windows 10 系统中关闭与启动自动更新功能。 视频

(1) 右击任务栏左侧的【开始】按钮(或按下 Win+X 键)，在弹出的快捷菜单中选择【运行】

命令，打开【运行】对话框，在【打开】文本框中输入“services.msc”后按回车键，如图 11-41 所示。

(2) 打开【服务】窗口，找到并双击 Windows Update 选项，在打开的对话框中显示 Windows 自动更新的状态，单击【停止】按钮，可以关闭自动更新，如图 11-42 所示。自动更新关闭后，单击【启动】按钮，则可以重新启动更新。

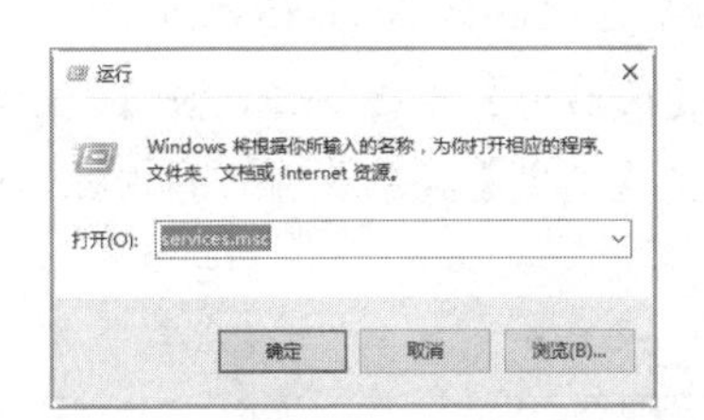
图 11-41　【运行】对话框

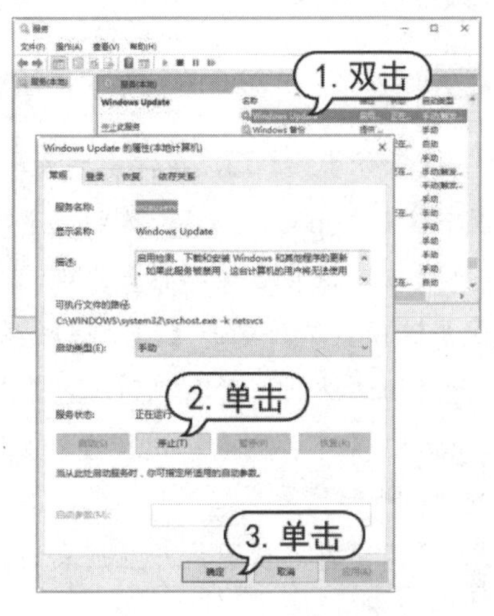

图 11-42　关闭自动更新

2. 设置自动更新

用户可对自动更新进行自定义，例如设置自动更新的频率、设置哪些用户可以进行自动更新等。

【例 11-3】 设置自动更新的时间段为 18 点至 23 点。 视频

(1) 右击任务栏左侧的【开始】按钮(或按下 Win+X 键)，在弹出的快捷菜单中选择【设置】选项，在打开的【Windows 设置】窗口中单击【更新和安全】按钮，如图 11-43 所示。

(2) 打开【设置】窗口，选择【Windows 更新】选项，然后在窗口右侧的选项区域中单击【更改使用时段】选项。打开【使用时段】对话框，设置开始时间和结束时间后，单击【保存】按钮，如图 11-44 所示。

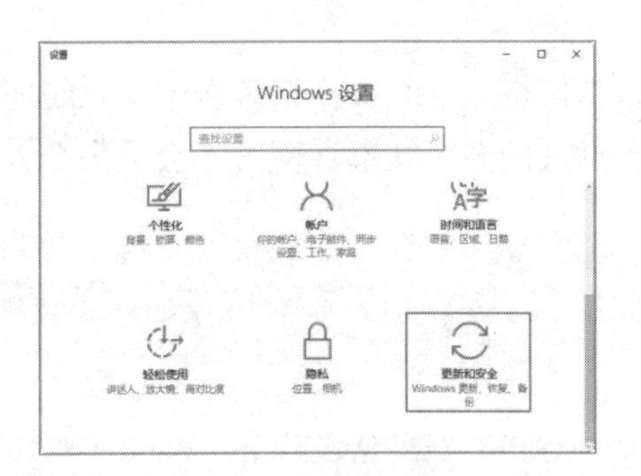

图 11-43　单击【更新和安全】按钮

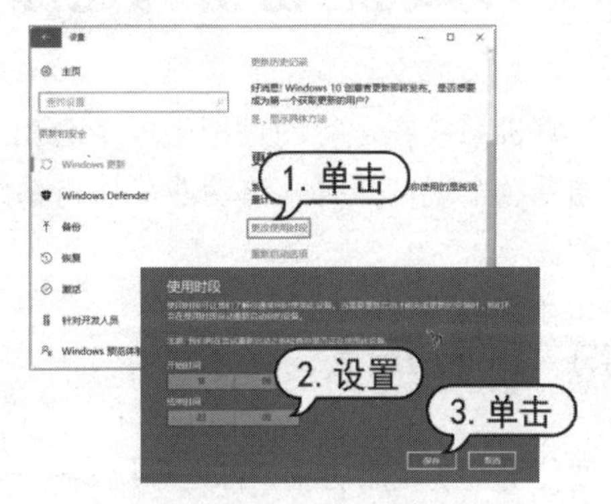

图 11-44　更改自动更新时间

计算机基础与实训教材系列

11.3.3　禁用注册表

注册表是操作系统的大脑，如果注册表被错误修改，将会发生一些不可预知的错误，甚至导致系统崩溃。为了防止注册表被他人随意修改，用户可将注册表禁用，禁用后将不能再对注册表进行修改操作。

【例 11-4】 禁用 Windows 10 中的注册表。 视频

(1) 右击【开始】按钮，在弹出的菜单中选择【运行】命令，打开【运行】对话框后在【打开】文本框中输入“gpedit.msc”，然后按下回车键。

(2) 打开【本地组策略编辑器】窗口，在窗口左侧的列表中依次展开【用户配置】|【管理模板】|【系统】选项。然后双击【阻止访问注册表编辑工具】选项，如图 11-45 所示。

(3) 打开【阻止访问注册表编辑工具】对话框，选中【已启用】单选按钮，在【是否禁用无提示运行 regedit？】下拉列表中选择【是】选项，然后单击【确定】按钮，即可禁用注册表编辑器，如图 11-46 所示。

(4) 此时，用户再次试图打开注册表时，系统将提示注册表已被禁用。

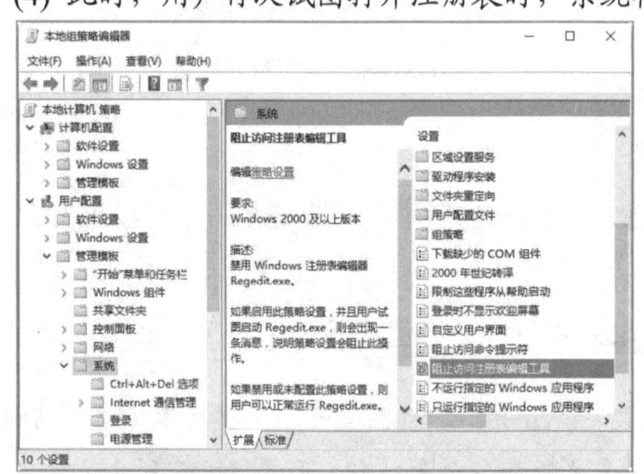

图 11-45　双击【阻止访问注册表编辑工具】选项

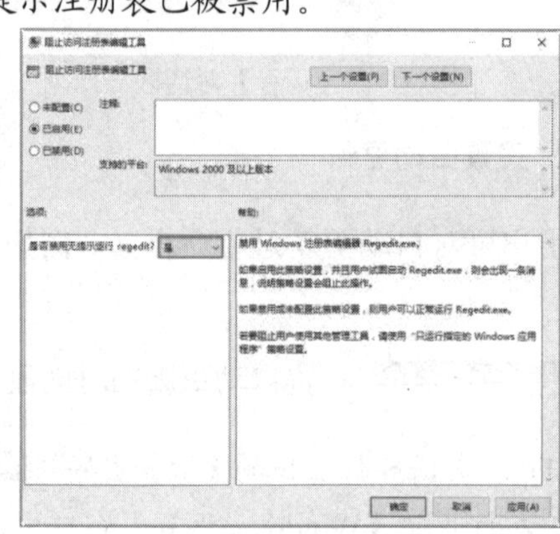

图 11-46　设置禁用注册表编辑器

11.4　系统的备份和还原

计算机系统在运行的过程中难免会出现故障，Windows 10 操作系统自带了系统还原功能，当系统出现问题时，该功能可以将系统还原到过去的某个状态，同时不会丢失个人的数据文件。

11.4.1　创建还原点

要使用系统还原功能，首先系统要有一个可靠的还原点。在默认设置下，Windows 10 系统每天都会自动创建还原点，用户也可以手动创建还原点。

【例 11-5】 在 Windows 10 系统中手动创建还原点。视频

(1) 在系统桌面右击【此电脑】图标，从弹出的快捷菜单中选择【属性】命令，打开【系统】窗口，在窗口左侧的列表中选择【系统保护】选项，如图 11-47 所示。

(2) 打开【系统属性】对话框，选择【系统保护】选项卡，在【保护设置】列表框中选择要创建系统还原点的磁盘分区(如 C 盘)，然后单击【配置】按钮，如图 11-48 所示。

图 11-47　选择【系统保护】选项

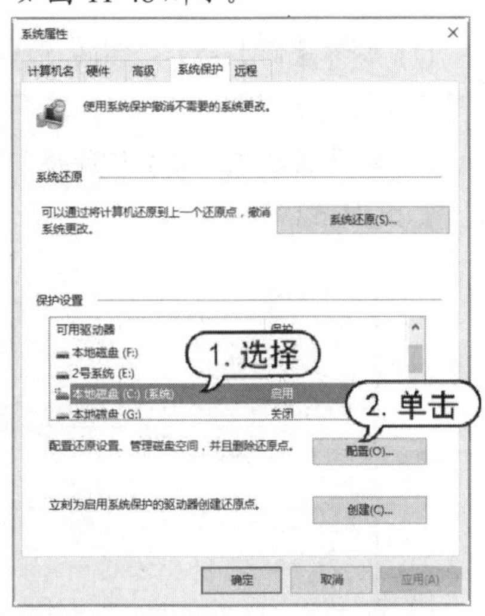

图 11-48　单击【配置】按钮

(3) 在打开的对话框中选中【启用系统保护】单选按钮，然后单击【确定】按钮，如图 11-49 所示。

(4) 返回【系统属性】对话框，单击【创建】按钮，打开【系统保护】对话框，在对话框中的文本框内输入系统还原点的名称后，单击【创建】按钮，如图 11-50 所示。此时，系统将创建一个还原点。

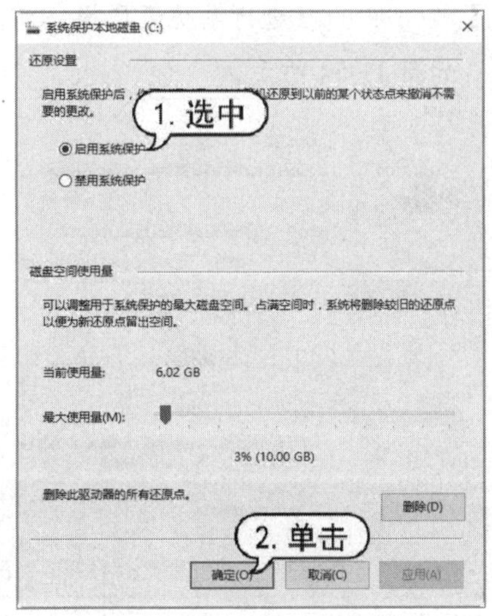

图 11-49　启用系统保护

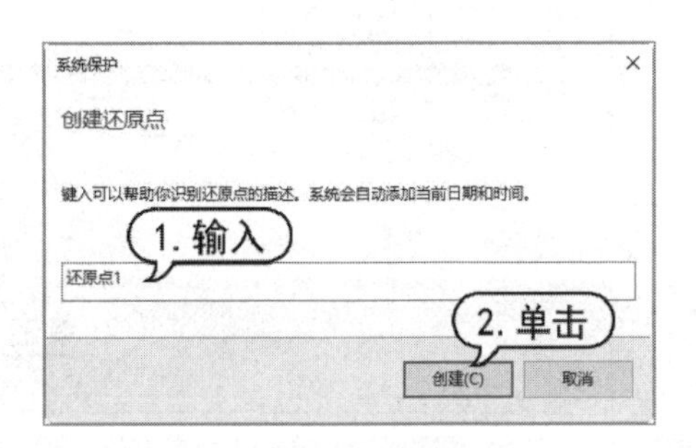

图 11-50　【系统保护】对话框

11.4.2 还原系统

有了系统还原点后，当系统出现故障时，就可以利用 Windows 的系统还原功能，将系统恢复到还原点的状态(该操作仅恢复系统的基本设置，而不会删除用户存放在非系统盘中的资料)。

【例 11-6】 使用系统还原点还原 Windows 系统。 视频

(1) 参考【例 11-5】介绍的方法打开【系统属性】对话框，选择【系统保护】选项卡后，单击【系统还原】按钮，如图 11-51 所示。

(2) 打开【系统还原】对话框，选中【选择另一还原点】单选按钮，然后单击【下一步】按钮，如图 11-52 所示。

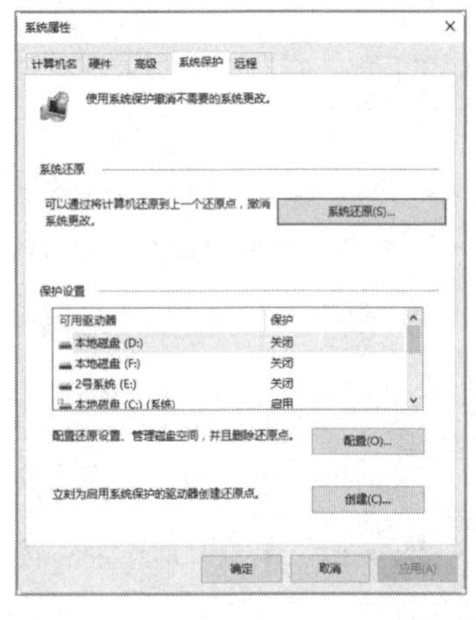

图 11-51 单击【系统还原】按钮

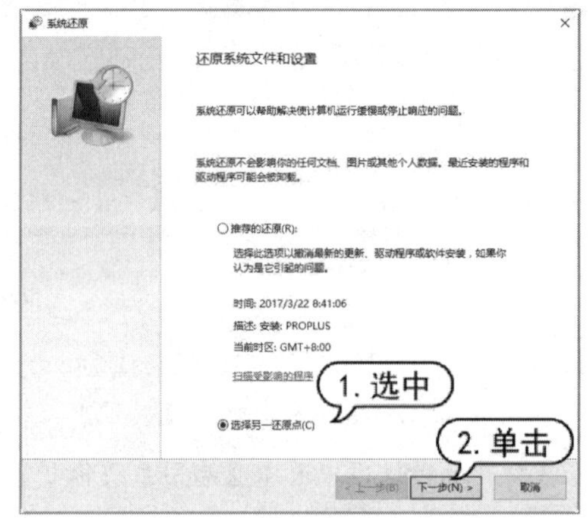

图 11-52 【系统还原】对话框

(3) 在打开的对话框的【日期和时间】列表框中选择【例 11-5】创建的系统还原点，然后单击【下一步】按钮，如图 11-53 所示。

(4) 打开【确认还原点】对话框，单击【完成】按钮即可(在进行系统还原操作前，务必要保存正在进行的工作，以免因系统重启而丢失文件)，如图 11-54 所示。

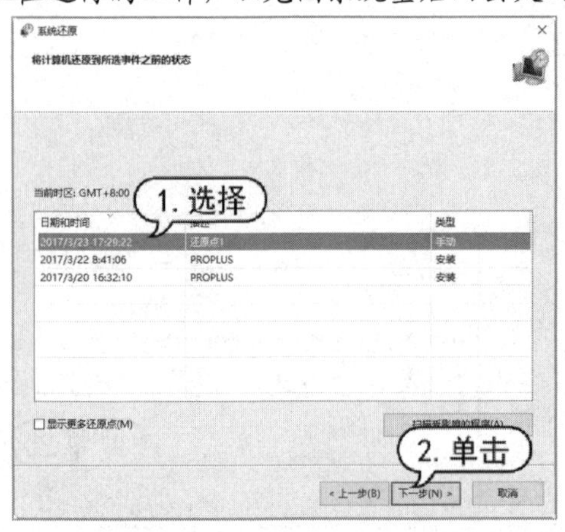

图 11-53 选择系统还原点

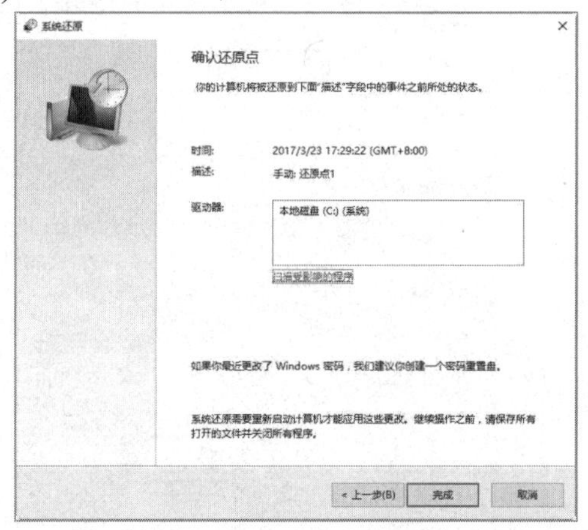

图 11-54 单击【完成】按钮

11.5　防范计算机病毒和木马

目前，计算机病毒和木马已对计算机系统和计算机网络构成了严重的威胁。用户需要预防计算机病毒和木马，并利用各种安全工具软件对其进行删除和处理。

11.5.1　认识和预防计算机病毒

所谓计算机病毒在技术上来说，是一种会自我复制的可执行程序。对计算机病毒的定义可以分为以下两种：一种定义是通过磁盘、磁带和网络等作为媒介传播扩散，会“传染”其他程序的程序；另一种是能够实现自身复制且借助一定的载体存在的具有潜伏性、传染性和破坏性的程序。

计算机病毒可以通过某些途径潜伏在其他可执行程序中，一旦环境达到病毒发作的时候，便会影响计算机的正常运行，严重的甚至会造成系统瘫痪。Internet 中虽然存在着数不胜数的病毒，分类也不统一，但是其特征可以分为以下几种。

- 繁殖性：计算机病毒可以像生物病毒一样进行繁殖。当正常程序运行的时候，它也进行自身复制。是否具有繁殖、感染的特征是判断某段程序是否为计算机病毒的首要条件。
- 破坏性：计算机感染病毒后，可能会导致正常的程序无法运行，将计算机内的文件删除或进行不同程度的损坏(通常表现为：增、删、改、移)。
- 传染性：计算机病毒不但本身具有破坏性，还具有传染性，一旦病毒被复制或产生变种，其传染速度之快往往令人难以预防。传染性是病毒的基本特征。
- 潜伏性：有些病毒像定时炸弹一样，它什么时间发作是预先设计好的。比如“黑色星期五”病毒不到预定时间一点都觉察不出来，等到条件具备的时候一下子就爆炸开来，对系统进行破坏。
- 隐蔽性：计算机病毒具有很强的隐蔽性，有的可以通过病毒软件检查出来，有的根本就查不出来。还有一些病毒时隐时现、变化无常，这类病毒处理起来通常很困难。
- 可触发性：病毒因某个事件或数值的出现，诱使病毒实施感染或进行攻击的特性称为可触发性。为了隐蔽，病毒必须潜伏，少做动作。如果完全不动，一直潜伏的话，病毒既不能感染也不能进行破坏，便失去了杀伤力。

1. 计算机感染病毒后的“症状”

如果计算机感染了病毒，用户如何才能得知呢？一般来说感染病毒的计算机会有以下几种“症状”。

- 程序载入的时间变长。
- 可执行文件的大小变得不正常。
- 对于某个简单的操作，可能会花费比平时更多的时间。
- 硬盘指示灯无缘无故地持续处于点亮状态。
- 开机出现错误的提示信息。

- 系统可用内存突然大幅减少，或者硬盘的可用磁盘空间突然减小。
- 文件的名称或扩展名、日期、属性被系统自动更改。
- 文件无故丢失或不能正常打开。

如果计算机出现了以上几种“症状”，那就很有可能是计算机感染了病毒。

2. 预防计算机病毒

在使用计算机的过程中，如果用户能够掌握一些预防计算机病毒的技巧，就可以有效地降低计算机感染病毒的概率。这些技巧主要包含以下几个方面。

- 禁止可移动磁盘和光盘的自动运行功能，因为很多病毒会通过可移动存储设备传播。
- 不要通过一些不知名的网站下载软件，这样很有可能病毒会随着软件一同被下载到计算机上。
- 尽量使用正版杀毒软件。
- 经常从所使用的软件供应商网站下载并安装安全补丁。
- 对于游戏爱好者，尽量不要登录一些外挂类的网站，很有可能在用户登录的过程中，病毒已经悄悄地侵入了计算机系统。
- 使用较为复杂的密码，尽量使密码难以猜测，以防止钓鱼网站盗取密码。不同的账号应使用不同的密码。
- 如果病毒已经侵入计算机，应该及时将其清除，防止其进一步扩散。
- 共享文件要设置密码，共享结束后应及时关闭。
- 对重要文件应形成习惯性的备份，以防遭遇病毒的破坏，造成意外损失。

11.5.2 认识木马种类

木马(Trojan)这个名字来源于古希腊传说。“木马”程序是目前比较流行的病毒文件，与一般的病毒不同，它不会自我繁殖，也并不“刻意”地去感染其他文件。它通过将自身伪装吸引用户下载，向施种木马者提供打开被种主机的门户，使施种者可以任意毁坏、窃取被种者的文件，甚至远程操控被种主机。木马病毒的产生严重危害着现代网络的安全运行。

1. 木马的种类

常见的木马程序有以下几类。

- 网游木马：网络游戏木马通常采用记录用户键盘输入、Hook 游戏进程 API 函数等方法获取用户的密码和账号。窃取到的信息一般通过发送电子邮件或向远程脚本程序提交的方式发送给木马作者。
- 网银木马：是针对网上交易系统编写的木马病毒，其目的是盗取用户的卡号、密码，甚至安全证书。此类木马的种类虽然不如网游木马多，但它的危害更加直接，受害用户的损失更加惨重。

- 下载类木马：此类木马程序的功能是从网络上下载其他病毒程序或安装广告软件。由于体积很小，下载类木马更容易传播，传播速度也更快。通常功能强大、体积也很大的后门类病毒，如“灰鸽子”“黑洞”等，传播时都单独编写一个小巧的下载型木马，用户中毒后会把后门主程序下载到本机运行。
- 代理类木马：用户感染代理类木马后，会在本机开启 HTTP、SOCKS 等代理服务功能。黑客把受感染计算机作为跳板，以被感染用户的身份进行黑客活动，达到隐藏自己的目的。
- FTP 型木马：FTP 型木马打开被控制计算机的 21 号端口(FTP 所使用的默认端口)，使每一个人都可以用一个 FTP 客户端程序不用密码连接到受控制计算机，并且可以进行最高权限的上传和下载，窃取受害者的机密文件。
- 发送消息类木马：此类木马病毒通过即时通信软件自动发送含有恶意网址的消息。其目的在于让收到消息的用户点击网址感染病毒，用户感染病毒后又会向更多好友发送病毒消息。
- 即时通信盗号型木马：此类木马主要目标是盗取即时通信软件的登录账号和密码。此类木马的原理和网游木马类似。盗取他人账号后，可以偷窥用户聊天记录或隐私内容。
- 网页点击类木马：恶意模拟用户点击广告等动作，在短时间内可以产生数以万计的点击量。病毒作者的编写目的一般是赚取高额的广告推广费用。

2. 木马的伪装

鉴于木马病毒的危害性，很多人对木马的知识还是有一定了解的，这对木马的传播起了一定的抑制作用。因此，木马设计者开发了多种功能来伪装木马，以达到降低用户警觉，欺骗用户的目的。

- 修改图标：木马可以将木马服务端程序的图标改成 HTML、TXT、ZIP 等各种文件的图标。
- 捆绑文件：将木马捆绑到安装程序上，当安装程序运行时，木马在用户毫无察觉的情况下，偷偷地进入系统。
- 出错显示：有一定木马知识的人都知道，如果用户在打开一个文件时没有任何反应，这个文件很可能就是个木马程序。木马的设计者也意识到了这个缺陷，所以有些木马提供了一个叫作出错显示的功能。当服务端用户打开木马程序时，会打开一个假的错误提示框，当用户信以为真时，木马就已经进入了系统。
- 定制端口：老式的木马端口都是固定的，只要查一下特定的端口就知道感染了什么木马，所以现在很多新式的木马都加入了定制端口的功能，控制端用户可以在 1 024~65 535 任选一个端口作为木马端口，这样就给判断所感染的木马类型带来了麻烦。
- 自我销毁：当服务端用户打开含有木马的文件后，木马会将自己复制到 Windows 的系统文件夹中，原木马文件和系统文件夹中的木马文件的大小是一样的，那么中了木马的用户只要在近来收到的信件和下载的软件中找到原木马文件，然后根据原木马文件的大小去系统文件夹找相同大小的文件，判断一下哪个是木马就行了。而木马的自我销毁功能是指安装完木马后，原木马文件将自动销毁，这样服务端用户就很难找到木马的来源，在没有查杀木马工具的帮助下，就很难删除木马。

- 木马更名：安装到系统文件夹中的木马的文件名一般是固定的，只要在系统文件夹查找特定的文件，就可以断定中了什么木马。现在有很多木马都允许控制端用户自由定制安装后的木马文件名，这样就很难判断所感染的木马类型了。

11.5.3 使用 360 杀毒软件

360 杀毒软件是一款著名的国产杀毒软件，是专门针对目前流行的网络病毒研制开发的产品，是保护计算机系统安全的常用工具软件。

【例 11-7】 使用 360 杀毒软件查杀病毒。视频

(1) 打开 360 杀毒软件后单击【快速扫描】按钮，如图 11-55 所示。

(2) 软件将对系统设置、常用软件、内存及关键系统等进行病毒查杀，如图 11-56 所示。

图 11-55 单击【快速扫描】按钮

图 11-56 查杀病毒

(3) 如果发现安全威胁，选中威胁对象前对应的复选框并单击【立即处理】按钮，360 杀毒软件将自动处理病毒文件，如图 11-57 所示。

(4) 处理完成后单击【确认】按钮，完成本次病毒查杀，如图 11-58 所示。

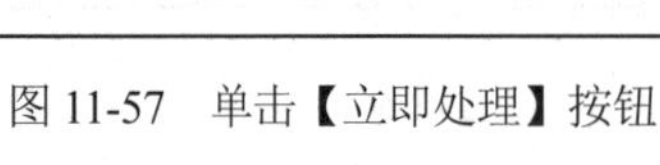
图 11-57 单击【立即处理】按钮

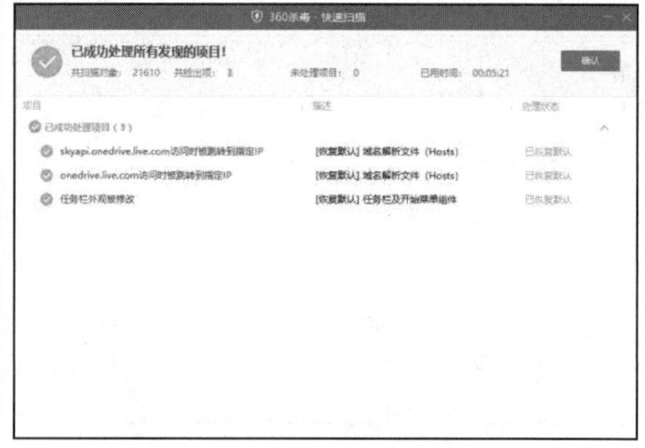

图 11-58 单击【确认】按钮

11.5.4　使用 360 安全卫士查杀木马

360 安全卫士是目前最受欢迎的免费安全软件之一。360 安全卫士拥有查杀木马、清理插件、修复漏洞、计算机体检、计算机救援、保护隐私、清理垃圾、清理痕迹多种功能。

启动 360 安全卫士软件后，在软件主界面顶部选择【木马查杀】选项卡，在显示的界面中单击【快速查杀】按钮(或【全盘查杀】按钮)，如图 11-59 所示。此时，软件将自动检查计算机系统中的各项设置和组件，并显示其安全状态，如图 11-60 所示。完成扫描后，在打开的界面中单击【一键处理】按钮即可。

图 11-59　单击【快速查杀】按钮

图 11-60　开始扫描

系统本身的漏洞是重大隐患之一，用户必须要及时修复系统的漏洞。使用 360 安全卫士也可以修补系统漏洞。启动 360 安全卫士软件后，在软件主界面顶部选择【系统修复】选项卡，在显示的界面中单击【全面修复】按钮，如图 11-61 所示。扫描完成后，单击【一键修复】按钮，此时，软件进入修复过程，自行执行漏洞补丁下载及安装操作，如图 11-62 所示。系统漏洞修复完成后，会提示重启计算机，单击【立即重启】按钮重启计算机，完成系统漏洞修复。

图 11-61　单击【全面修复】按钮

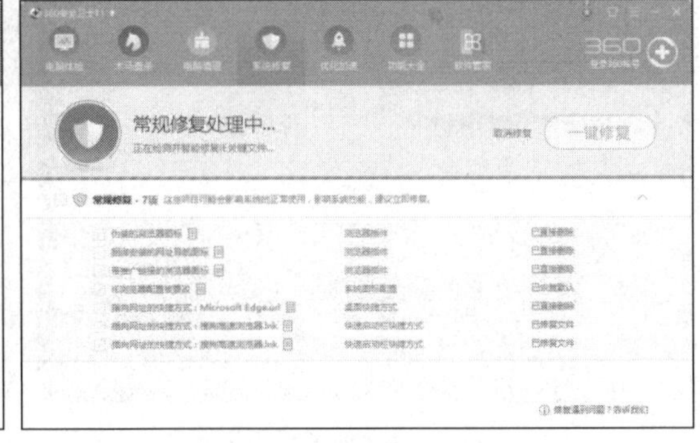

图 11-62　进入修复过程

11.5.5　使用 Windows Defender

Windows Defender 是 Windows 10 系统中自带的防病毒软件，不仅能够扫描系统，而且可以对系统进行实时监控、清除程序和使用的历史记录。

单击【开始】按钮，在弹出的菜单中选择【Windows 系统】|【Windows Defender】命令，打开【Windows Defender】程序。在打开的【Windows Defender】程序界面中，单击【设置】按钮，打开【设置】窗口，将【实时保护】功能设置为【开】即可启用实时保护，如图 11-63 所示。

Windows Defender 主要提供【快速】【完全】【自定义】三种扫描方式，用户可以根据需要选择系统扫描方式。这里选中【快速】单选按钮，并单击【立即扫描】按钮，软件即开始对计算机进行扫描，如图 11-64 所示。

图 11-63　启用实时保护

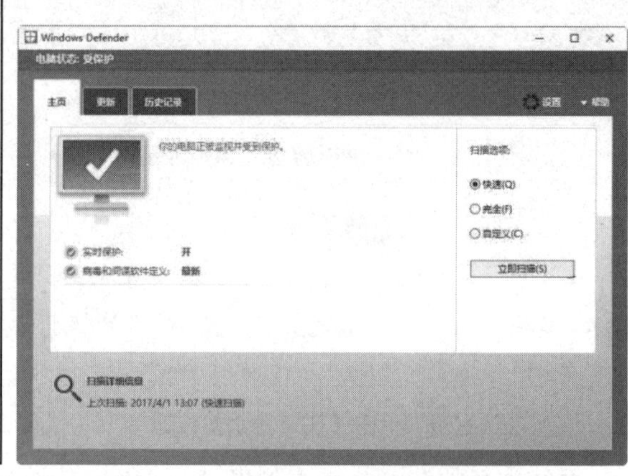

图 11-64　快速扫描

在扫描过程中单击【取消扫描】按钮将停止当前系统扫描，如图 11-65 所示。扫描完成后，可以看到计算机系统的检测情况，如图 11-66 所示。

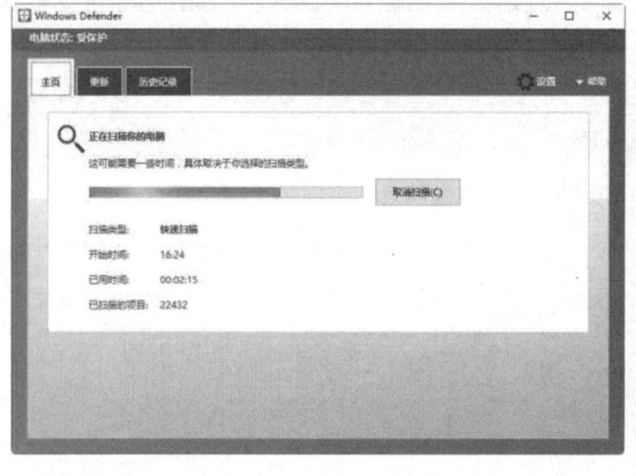

图 11-65　单击【取消扫描】按钮

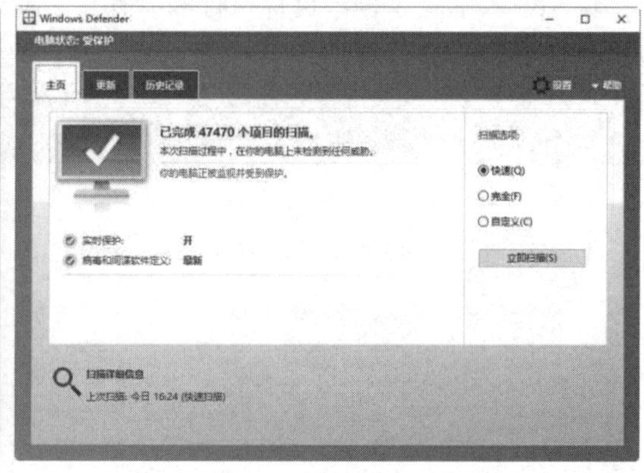

图 11-66　扫描完毕

在使用 Windows Defender 时，用户可以对病毒库和软件版本等进行更新。打开【Windows Defender】程序，选择【更新】选项卡并单击【更新定义】按钮，即可从 Microsoft 服务器上查找并下载最新的病毒库和版本内容，如图 11-67 所示。

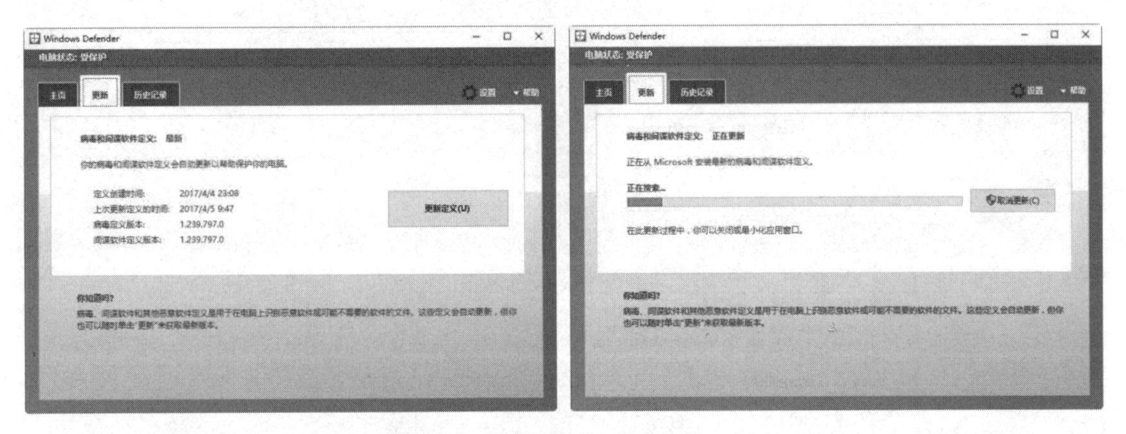

图 11-67　更新 Windows Defender

11.6　实例演练

本章的实例演练为设置禁用控制面板，帮助用户更好地掌握计算机安全防护的相关知识与应用方法。

【例 11-8】 禁用控制面板。 视频

(1) 右击【开始】按钮，在弹出的快捷菜单中选择【运行】命令，打开【运行】对话框，在【打开】文本框中输入"gpedit.msc"后单击【确定】按钮，如图 11-68 所示。

(2) 打开【本地组策略编辑器】窗口，在窗口左侧的列表中依次展开【用户配置】|【管理模板】|【控制面板】选项，然后双击【禁止访问"控制面板"和 PC 设置】选项，如图 11-69 所示。

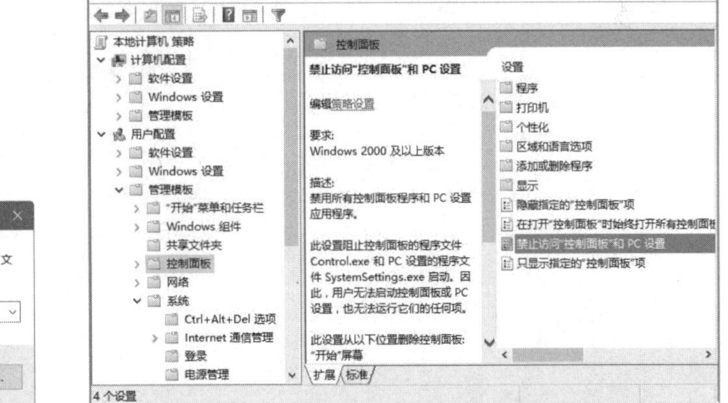

图 11-68　输入"gpedit.msc"　　　　图 11-69　设置禁止访问控制面板和 PC 设置

(3) 打开【禁止访问"控制面板"和 PC 设置】对话框，选中【已启用】单选按钮，如图 11-70 所示，然后单击【确定】按钮。

(4) 此后，打开【控制面板】窗口时系统将会打开【限制】对话框，显示如图 11-71 所示的提示信息。

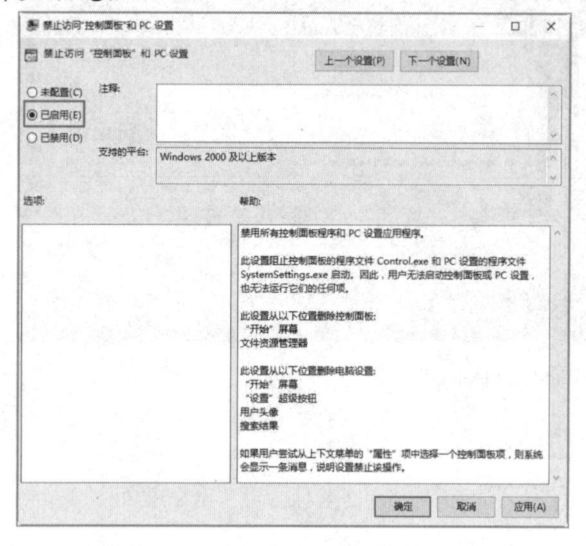

图 11-70　选中【已启用】单选按钮

图 11-71　【限制】对话框

11.7　习题

1. 简述计算机的正确使用习惯。
2. 如何维护和保养打印机？
3. 如何备份和还原系统？

第12章

处理常见计算机故障

在使用计算机的过程中，偶尔会因为硬件自身问题或操作不当等原因出现或多或少的故障。用户如果能迅速找出产生故障的具体位置，并妥善解决故障，就可以延长计算机的使用寿命。本章将介绍计算机的常见故障以及解决故障的方法和技巧。

本章重点

- 常见计算机故障现象
- 处理计算机的软件故障
- 处理计算机的系统故障
- 处理计算机的硬件故障

12.1 常见的计算机故障

认识计算机的故障现象既是正确判断计算机故障位置的第一步，也是分析计算机故障原因的前提。因此，用户在学习计算机维修之前，应首先了解计算机常见故障现象和故障表现状态。

12.1.1 常见计算机故障现象

计算机在出现故障时通常出现花屏、蓝屏、黑屏、死机、自动重启、自检报错、启动缓慢、关闭缓慢、软件运行缓慢和无法开机等现象，具体如下。

- 花屏：计算机花屏现象一般在启动和运行软件时出现，表现为显示器显示图像错乱，如图 12-1 所示。
- 蓝屏：计算机显示器出现蓝屏现象，并且在蓝色屏幕上显示英文提示。蓝屏故障通常发生在计算机启动、关闭或运行某个软件时，并且常常伴随着死机现象出现，如图 12-2 所示。

图 12-1 花屏故障

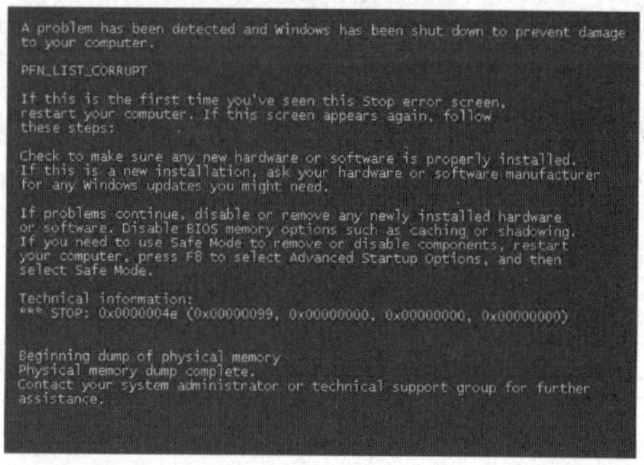

图 12-2 蓝屏故障

- 黑屏：计算机黑屏现象通常表现为计算机显示器突然关闭，或在正常工作状态下显示关闭状态(不显示任何画面)。
- 死机：计算机死机是最常见的计算机故障现象之一，主要表现为计算机锁死，使用键盘、鼠标或其他设备对计算机进行操作时，计算机没有任何回应。
- 自动重启：计算机自动重启故障通常在运行软件时发生，一般表现为在执行某项操作时，计算机突然出现非正常提示(或没有提示)，然后自动重新启动。
- 自检报错：启动计算机时主板 BIOS 报警，一般表现为笛声提示。例如，计算机启动时长时间不断地鸣叫，或者反复长声鸣叫等。
- 启动缓慢：计算机启动时等待时间过长，启动后系统软件和应用软件运行缓慢。
- 关闭缓慢：计算机关闭时等待时间过长。
- 软件运行缓慢：计算机在运行某个应用软件时，软件工作状态异常缓慢。
- 无法开机：计算机无法开机故障主要表现为在按下计算机启动开关后，计算机无法加电启动。

12.1.2　常见计算机故障处理原则

当计算机出现故障后不要着急，应首先通过一些检测操作与使用经验来判断故障发生的原因。在判断故障原因时，用户应首先明确两点：第一不要怕；第二要理性地处理故障。

- 不要怕就是要敢于动手排除故障，很多用户认为计算机是电子设备，不能随便拆卸，以免触电。其实计算机输入电源只有 220 V 的交流电，而计算机电源输出的用于给其他各部件供电的直流电源最高仅为 12V。因此，除在修理计算机电源时应小心谨慎防止触电外，拆卸计算机主机内部其他设备是不会对人体造成任何伤害的，相反，人体带有的静电却有可能把计算机主板和芯片击穿并造成损坏。
- 所谓理性地处理故障就是要尽量避免随意地拆卸计算机。正确解决计算机故障的方法是：首先，根据故障特点和工作原理进行分析、判断；然后逐个排除怀疑有故障的计算机设备或部件(操作的要点是：在排除怀疑对象的过程中，要留意原来的计算机结构和状态，即使故障暂时无法排除，也要确保计算机能够恢复原来状态，尽量避免故障范围的扩大)。

计算机故障的具体排除原则有以下 4 条。

- 先软件后硬件的原则：当计算机出现故障时，首先应检查并排除计算机软件故障，然后通过检测手段逐步分析计算机硬件部分可能导致故障的原因。例如，计算机不能正常启动，要首先根据故障现象或计算机的报错信息判断计算机是启动到什么状态才死机的。然后分析导致死机的原因是系统软件的问题、主机(CPU、内存等)硬件的问题，还是显示系统的问题，如图 12-3 和图 12-4 所示。

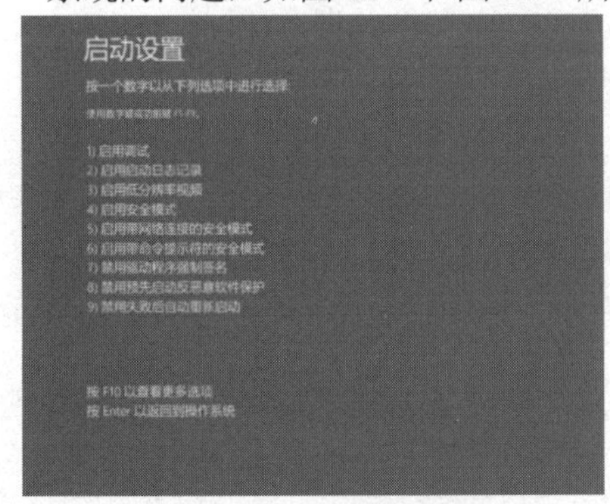

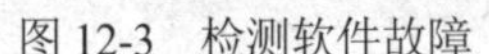
图 12-3　检测软件故障

图 12-4　检测硬件故障

- 先外设后主机的原则：如果计算机系统的故障表现在某种外设上，例如，当用户遇到计算机不能打印文件、不能上网等故障时，应遵循先外设后主机的故障处理原则。先利用外部设备本身提供的自检功能或计算机系统内安装的设备检测软件检查外设本身是否工作正常，然后检查外设与计算机的连接以及相关的驱动程序是否正常，最后检查计算机本身相关的接口或主机内的各种板卡设备，如图 12-5 所示。
- 先电源后负载的原则：计算机电源是机箱内部各部件(如主板、硬盘、光驱等)的动力来源，电源的输出电压正常与否直接影响到相关设备的正常运行。因此，当出现上述设备工作不正常时，应首先检查电源是否工作正常(如图 12-6 所示)，然后检查设备本身。

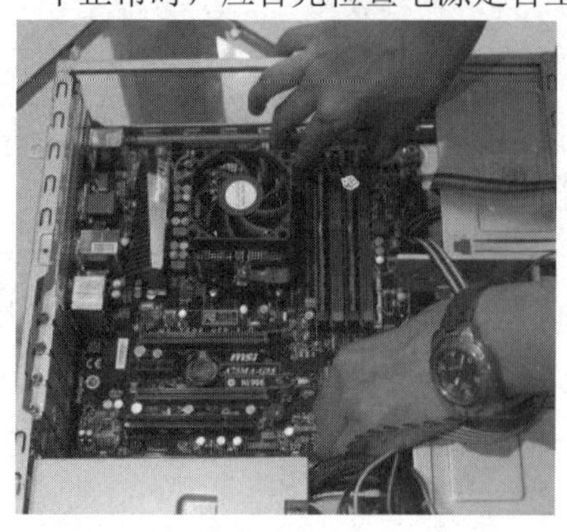

图 12-5　检查计算机本身相关的接口

图 12-6　检查计算机电源

- 先简单后复杂的原则：所谓先简单后复杂的原则，指的是用户在处理计算机故障时应先解决简单容易的故障，后解决难度较大的故障。这样做是因为，在解决简单故障的过程中，难度大的故障往往也可能变得容易解决，在排除简易故障时也容易得到难处理故障的解决线索。

12.2　处理计算机的系统故障

虽然如今的 Windows 系列操作系统在运行时相对较稳定，但在使用过程中还是会碰到一些系统故障，影响用户的正常使用。本节将介绍一些常见系统故障的处理方法。此外，在处理系统故障时应掌握举一反三的技巧，这样当遇到一些类似故障时也能轻松解决。

12.2.1　诊断系统故障的方法

下面先分析导致 Windows 系统出现故障的一些具体原因，帮助用户理顺诊断系统故障的思路。

1. 软件导致的故障

有些软件的程序编写不完善，在安装或卸载时会修改 Windows 系统设置，或者误将正常的系统文件删除，导致 Windows 系统出现问题。

软件与 Windows 系统、软件与软件之间也易发生兼容性问题。若发生软件冲突、与系统兼容的问题，只要将其中一个软件退出或卸载即可；若杀毒软件导致系统无法正常运行，可以试试关闭杀毒软件的监控功能。此外，用户应该熟悉自己安装的常用工具的设置，避免无谓的“假故障”。

2. 病毒、恶意程序入侵导致故障

有很多恶意程序、病毒、木马会通过网页、捆绑安装软件的方式强行或秘密入侵用户的计算

机，然后强行修改用户的浏览器主页、软件自动启动选项、安全选项等设置，并且强行弹出广告，或者做出其他干扰用户操作、大量占用系统资源的行为，导致 Windows 系统发生各种各样的错误和问题。例如，无法上网、无法进入系统、频繁重启、程序打不开等。

要避免这些情况的发生，用户最好安装 360 安全卫士，再加上网络防火墙和病毒防护软件。如果计算机已经被感染，则使用杀毒软件进行查杀。

3. 过分优化 Windows 系统

如果用户对系统不熟悉，最好不要随便修改 Windows 系统的设置。使用优化软件前，要备份系统设置，再进行系统优化，如图 12-7 所示。

4. 使用了修改过的 Windows 系统

网络中流传着大量民间修改过的精简版 Windows 系统、GHOST 版 Windows 系统，如图 12-8 所示。这类被精简修改过的 Windows 系统普遍删除了一些系统文件，精简了一些功能，有些甚至还集成了木马、病毒，为病毒入侵留有系统后门。如果安装了这样的 Windows 系统，安全性是得不到保障的，建议用户安装原版 Windows 系统和补丁。

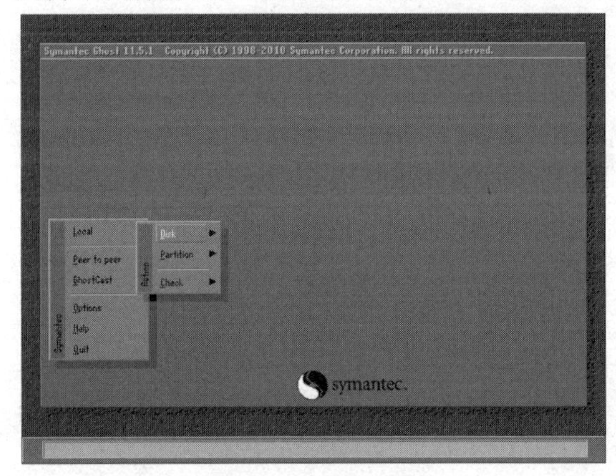

图 12-7　备份系统设置

图 12-8　修改过的 Windows 系统

5. 硬件驱动有问题

如果安装的硬件驱动没有经过微软 WHQL 认证或者驱动编写不完善，也会造成 Windows 系统故障，如蓝屏、无法进入系统，CPU 占用率高达 100%等。如果因为驱动的问题进不了系统，可以进入安全模式将驱动卸载，然后重装正确的驱动。

12.2.2　Windows 系统使用故障

本节将介绍在使用 Windows 系列操作系统时，可能会遇到的一些常见软件故障以及故障的处理方法。

1. 不显示音量图标

- 故障现象：每次启动系统后，系统托盘里总是不显示音量图标。需要进入控制面板的【声音和音频设备属性】对话框，将已经选中的【将音量图标放入任务栏】复选框取消选中后再重新选中，音量图标才会出现。
- 故障原因：曾用软件删除过启动项目，不小心删除了音量图标的启动。
- 解决方法：打开注册表编辑器，依次展开 HKEY_LOCAL_MACHINE\SOFTWARE\Microsoft\Windows\CurrentVersion\Run 项。然后在窗口右侧区域中右击，新建一个名为 Systray 的字符串值，然后双击该键值，将其编辑为 C:\windows\system32\Systray.exe，并重启计算机，让系统在启动的时候自动加载 systray.exe 文件。

2. 不显示【安全删除硬件】图标

- 故障现象：以前在计算机主机上插入移动硬盘、U 盘等 USB 设备时，系统托盘里会显示【安全删除硬件】图标。现在插入 USB 设备后，不显示【安全删除硬件】图标。
- 故障原因：系统中与 USB 端口有关的系统文件受损，或者 USB 端口的驱动程序受到破坏。
- 解决方法：删除 USB 设备的驱动后，重新安装。

3. 不显示系统桌面

- 故障现象：启动 Windows 操作系统后，桌面上没有任何图标。
- 故障原因：大多数情况下，桌面图标无法显示是由于系统启动时无法加载 explorer.exe 文件，或者 explorer.exe 文件被病毒、广告破坏。
- 解决方法：手动加载 explorer.exe 文件，打开注册表编辑器，展开 HKEY_ LOCAL_MACHINE\SOFTWARE\Microsoft\WindowsNT\CurrentVersion\Winlogon\Shell 项，如果没有 explorer.exe，可以按照这个路径在 Shell 项后新建 explorer.exe。从其他计算机上复制 explorer.exe 文件到本机，然后重启计算机即可。

4. 关闭计算机时自动重新启动

- 故障现象：在 Windows 系统中关闭计算机时，计算机会自动重新启动。
- 故障原因：产生此类故障一般是由于用户在不经意间或利用一些设置系统的软件时，使用了 Windows 操作系统的快速关机功能。
- 解决方法：按 Win+R 组合键打开【运行】对话框，输入“gpedit.msc”后按 Enter 键，打开【本地组策略编辑器】窗口，依次展开【计算机配置】|【管理模板】|【系统】|【关机选项】选项，双击【关闭会阻止或取消关机的应用程序的自动终止功能】选项，打开【关闭会阻止或取消关机的应用程序的自动终止功能】对话框，选中【已启用】单选按钮，单击【确定】按钮即可。

5. 无法打开磁盘分区

- 故障现象：双击磁盘盘符打不开，只有右击磁盘盘符，在弹出的菜单中选择【打开】命令才能打开。
- 故障原因：打不开磁盘分区可主要从以下两方面分析——有可能硬盘感染病毒，如果没有感染病毒，则可能是 explorer.exe 文件出错，需要重新编辑。
- 解决方法：更新杀毒软件的病毒库到最新，然后重新启动计算机进入安全模式查杀病毒。接着在各磁盘分区的根目录中查看是否有 autorun.ini 文件，如果有便将其手动删除。

12.3　处理软件故障

计算机的软件多种多样，如果某个软件发生故障，用户应首先了解故障的原因，然后使用工具查找软件故障，并将故障排除。

12.3.1　常见办公软件故障

常用的办公软件为微软公司开发的 Office 系列软件，其中主要包括 Word、Excel 和 PowerPoint 等软件。下面介绍一些常见的办公软件故障和解决故障的具体方法。

1. Word 文件打开缓慢

- 故障现象：打开一个较大的 Word 文档时，程序反应速度较慢，需要很长时间才能打开文档。
- 故障原因：造成此类故障的原因通常是由 Word 软件的【拼写语法检查】功能引起的。因为在打开文件时，Word 软件的【拼写语法检查】功能会自动从头到尾对文档依次进行语法检查。如果打开的文档很大，Word 软件就需要用很长的时间检查，同时占用大量的系统资源，造成文档打开速度相对较慢。
- 解决方法：用户可以通过关闭 Word 软件的【拼写语法检查】功能来解决此类故障。要关闭【拼写语法检查】功能，可以在启动 Word 软件后，选择【文件】|【选项】命令，打开【Word 选项】对话框，然后选择【校对】选项卡，取消【键入时检查拼写】【键入时标记语法错误】和【随拼写检查语法】复选框的选中状态，然后单击【确定】按钮，如图 12-9 所示。

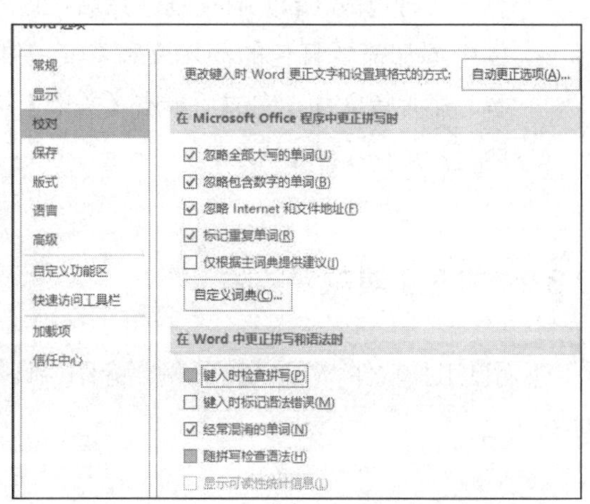

图 12-9　【Word 选项】对话框

2. Word 文件打不开

- 故障现象：打开 Word 文档时，软件无响应。
- 故障原因：Word 软件打开一个文档时，将同时生成一个以“~$+原文件名”为名称的临时文件，并将这个文件保存在与原文件相同路径的文件夹中。若原文档所在的磁盘空间已满，将无法存放该临时文件，从而造成 Word 在打开文档时无响应。
- 解决方法：用户可以通过将 Word 文档移至其他磁盘空间更大的驱动器上，然后打开的方法来解决此类故障。

3. Excel 文件打开故障

- 故障现象：双击文件扩展名为.xls 的文件，系统提示需要指定打开的程序，并且使用其他软件无法打开该文件。
- 故障原因：文件扩展名为.xls 的文件是使用 Excel 软件制作的表格文件，安装 Office 后无法打开此类文件的原因可能是没有完整安装 Office 中的 Excel 软件。
- 解决方法：要解决此类故障，用户可以启动 Office 卸载程序，然后重新安装或修复 Excel 软件。

4. PowerPoint 无法播放声音

- 故障现象：用 PowerPoint 软件制作幻灯片，将做好的幻灯片移至其他计算机上，无法播放制作时导入的声音文件。
- 故障原因：造成此类故障的原因是，PowerPoint 导入的声音文件和影片文件都是以绝对路径的形式链接到演示文稿中的，更换了计算机后，就相当于文件的位置发生了变化，因此 PowerPoint 无法找到声音文件的源文件。
- 解决方法：用户可以利用 PowerPoint 软件的【打包】功能来解决此类故障。选择【文件】|【导出】|【将演示文稿打包成 CD】命令，打开【打包成 CD】对话框，然后在该对话框中添加需要打包的演示文稿和链接的声音、影片等文件，完成后单击【关闭】按钮即可，如图 12-10 所示。

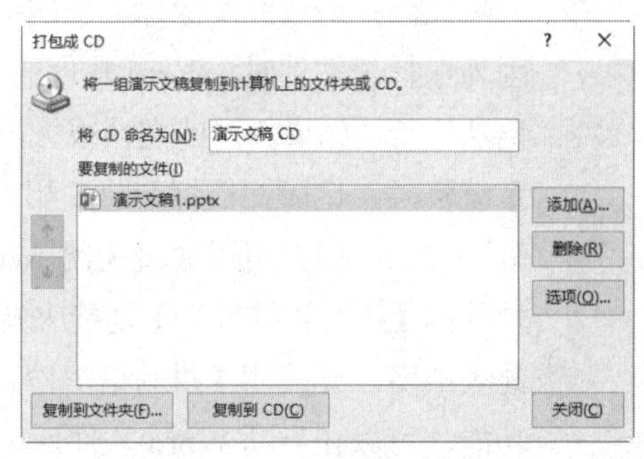

图 12-10 【打包成 CD】对话框

12.3.2 常见工具软件故障

下面以工具软件 WinRAR 为例，介绍当计算机中安装的工具软件出现故障时，解决问题的方法。

1. 解压缩软件故障

- 故障现象：解压由 WinZip 压缩的文件时，系统提示："WinZip Self-Extractor header corrupt cause: bad disk or file transfer error"。
- 故障原因：出现此类故障，表明解压的文件为 WinZip 自解压文件，并且文件名被修改过。
- 解决方法：将解压文件的文件名由.exe 改为.zip 即可解决此类故障。

2. 压缩包出现故障

- 故障现象：解压从网络上下载的 RAR 文件时，系统打开一个提示框，警告"CRC 失败于加密文件(口令错误？)"。
- 故障原因：如果是密码输入错误导致无法解压文件，但压缩文件内有多个文件，并且有一部分文件已经被解压缩，那么应该是 RAR 压缩包循环冗余校验码(CRC)出错而不是密码输入错误。
- 解决方法：要想修复 CRC，压缩文件中必须有恢复记录，而 WinRAR 压缩时默认是不放置恢复记录的，因此用户无法自行修复 CRC 错误，只能与文件提供者联系。

12.4　处理计算机的硬件故障

计算机硬件故障包括主板故障、内存故障、CPU 故障、硬盘故障等计算机硬件设备出现的各种故障。下面将介绍硬件故障的常见分类、检测方法和解决方法。

12.4.1　硬件故障的常见分类

硬件故障是指因计算机硬件中的元器件损坏或性能不稳定而引起的计算机故障。造成硬件故障的原因包括元器件故障、机械故障和存储器故障 3 种，具体如下。

- 元器件故障：元器件故障主要是由板卡上的元器件、接插件和印制电路板等引起的，如图 12-11 所示。例如，主板上的电阻、电容、芯片等发生损坏即为元器件故障；PCI 插槽、AGP 插槽、内存条插槽和显卡接口等发生损坏即为接插件故障；印制电路板发生损坏即为印制电路板故障。如果元器件和接插件出了问题，可以通过更换的方法排除故障，但需要专用工具。如果是印制电路板的问题，维修起来相对困难。
- 机械故障：机械故障不难理解。例如，硬盘使用时产生共振，硬盘的磁头发生偏转或者人为的物理破坏等。
- 存储器故障：存储器故障是指由于使用频繁等原因使外存储器磁道损坏，或因为电压过高造成的存储芯片烧掉等，这类故障通常也发生在硬盘及一些板卡上，如图 12-12 所示。

图 12-11　元器件故障

图 12-12　存储器故障

12.4.2　硬件故障的检测方法

1. 直觉法

直觉法就是通过人的感觉器官(如手、眼、耳、鼻等)来判断产生故障的原因，在检测计算机硬件故障时，直觉法是一种十分简单而有效的方法。

- 计算机上一般器件发热的正常温度在器件外壳上都不会很高，若用手触摸感觉太烫手，那么元器件可能就会有问题，如图 12-13 所示。
- 通过眼睛来观察印制电路板上是否有断线或残留杂物，用眼睛可以看出明显的短路现象，可以看出芯片的明显断针，可以通过观察一些元器件的表面是否有焦黄色、裂痕和烧焦的颜色，从而诊断出计算机故障，如图 12-14 所示。

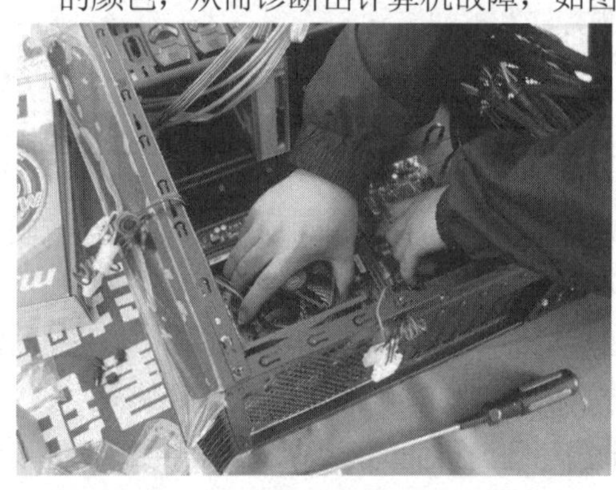
图 12-13　用手触摸

图 12-14　通过眼睛来观察

- 通过耳朵可以听出计算机报警声，从报警声诊断出计算机故障。在计算机启动时如果检测到故障，计算机主板会发出报警声，通过分析这种声音的长短可以判断计算机硬件故障的位置(主板不同，报警声也有一些小的差别，用户可以查看主板 BIOS 各自的报警声说明来判断主板报警声所代表的提示含义)。
- 通过鼻子可以判断计算机硬件故障的位置。若内存条、主板、CPU 等设备由于电压过高或温度过高之类的问题被烧毁，用鼻子闻一下计算机主机内部可以快速诊断出被烧毁硬件的具体位置。

2. 对换法

对换法指的是如果怀疑计算机中的某个部件(如 CPU、内存和显卡)有问题，可以从其他工作正常的计算机中取出相同的部件与之互换，然后通过开机后的状态判断该部件是否存在故障。具体方法是：在断电情况下，从故障计算机中拆除怀疑存在故障的部件，然后与另一台正常计算机上的同类部件对换，在开机后如果故障计算机恢复正常工作，就证明被替换的部件存在问题。

3. 手压法

手压法是指利用手掌轻轻敲击或压紧可能出现故障的计算机插件或板卡，通过重新启动后的计算机状态来判断故障所在的位置。应用手压法可以检测显示器、鼠标、键盘、内存、显卡等设备导致的计算机硬件故障，如图 12-15 所示。例如，计算机在使用过程中突然出现黑屏故障，重启后恢复正常，这时用手把显示器接口和显卡接口压紧，则有可能排除故障。

4. 软件检测法

软件诊断法指的是通过故障诊断软件来检测计算机硬件故障，主要有两种方式：一种是通过 ROM 开机自检程序检测(例如，从 BIOS 参数中可检测硬盘、CPU、主板等信息)或在计算机开机过程中观察内存、CPU、硬盘等设备的信息，判断计算机硬件故障。另一种诊断方式则是使用计算机软件故障诊断程序进行检测(这种方式要求计算机能够正常启动)，如图 12-16 所示。

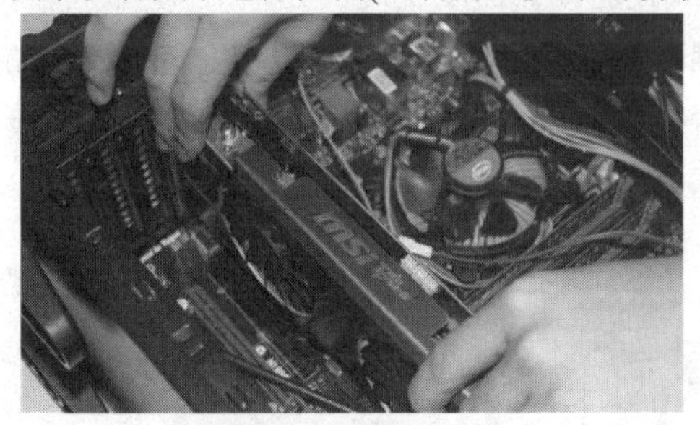

图 12-15　压紧显卡接口

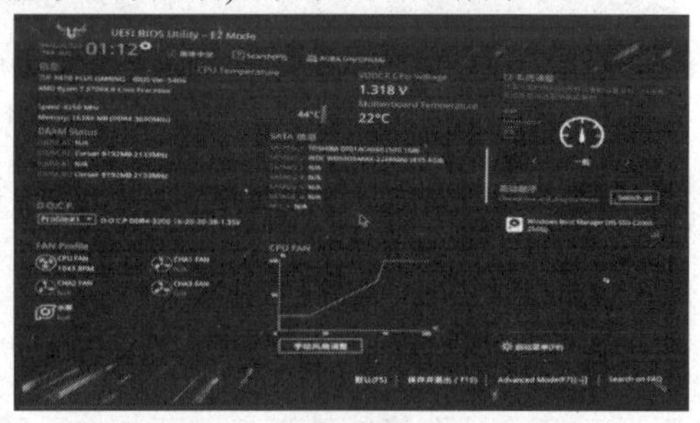

图 12-16　系统诊断

12.4.3　解决常见的主板故障

在计算机的所有配件中，主板是决定计算机整体性能的一个关键部件，好的主板可以让计算机更稳定地发挥系统性能，反之，系统则会变得不稳定。下面就以主板故障现象分类，介绍排除主板故障的方法。

1. 主板常见故障——接口损坏

- 故障现象：主板 COM 接口或并行接口、IDE 接口损坏，如图 12-17 所示。
- 故障原因：出现此类故障一般是由于用户带电插拔相关硬件造成的。
- 解决方法：用户可以用多功能卡代替主板上的 COM 和并行接口，如图 12-18 所示。但要注意在代替之前必须先在 BIOS 设置中关闭主板上预设的 COM 口与并行口(有的主板连

IDE 接口也要禁止才能正常使用多功能卡)。

图 12-17　主板接口

图 12-18　多功能卡

2. 主板常见故障——BIOS 电池失效

- 故障现象：BIOS 设置不能保存。
- 故障原因：此类故障一般是由主板 BIOS 电池电压不足造成的。
- 解决方法：将 BIOS 电池更换即可。若更换 BIOS 电池后仍然不能解决问题，则有以下两种可能。主板电路问题，需要主板生产厂商的专业维修人员维修；主板 CMOS 跳线问题，或因为设置错误，将主板上的 BIOS 跳线设为清除选项，使得 BIOS 数据无法保存。

3. 主板常见故障——驱动兼容问题

- 故障现象：安装主板驱动程序后出现死机或光驱读盘速度变慢。
- 故障原因：若用户的计算机使用的是非品牌主板，则可能出现此类现象(将主板驱动程序安装完之后，重新启动计算机不能以正常模式进入 Windows 系统的桌面，而且主板驱动程序在 Windows 系统中不能卸载，用户不得不重新安装系统)。
- 解决方法：更换主板。

4. 主板常见故障——设置 BIOS 时死机

- 故障现象：计算机频繁死机，即使在设置 BIOS 时也会出现死机现象。
- 故障原因：在 BIOS 设置界面中出现死机故障，原因一般为主板或 CPU 存在问题。
- 解决方法：更换主板、CPU、CPU 散热器，如图 12-19 所示(或者在 BIOS 设置中将 CACHE 选项禁用)。

图 12-19　更换配件

12.4.4　解决常见的 CPU 故障

CPU 是计算机的核心设备，当 CPU 出现故障时计算机将会出现黑屏、死机、软件运行缓慢等现象。用户在处理 CPU 故障时可以参考下面介绍的故障原因进行分析和维修。

1. CPU 温度问题

- 故障现象：CPU 温度过高导致的故障(死机、软件运行速度慢或黑屏等)。
- 故障原因：随着工作频率的提高，CPU 产生的热量也越来越高。CPU 是计算机中发热量最大的配件，如果 CPU 散热器的散热能力不强，产生的热量不能及时散发掉，CPU 就会长时间工作在高温状态下，由半导体材料制成的 CPU，如果核心工作温度过高，就会产生电子迁移现象，同时也会造成计算机运行不稳定、运算出错或死机等现象。长期在过高的温度下工作还会造成 CPU 永久性损坏。CPU 的工作温度一般可通过主板监控功能获得，而且一般情况下 CPU 的工作温度比环境温度高 40℃以内都属于正常范围，但要注意的是准确度并不是很高，在 BIOS 中查看到的 CPU 温度只能供参考。CPU 核心的准确温度一般无法测量。
- 解决方法：更换 CPU 风扇，如图 12-20 所示，或利用软件(如“CPU 降温圣手”)降低 CPU 的工作温度。

图 12-20　更换风扇

2. CPU 超频问题

- 故障现象：CPU 超频导致的故障(计算机不能启动或频繁自动重启)。
- 故障原因：CPU 超频会导致 CPU 的使用寿命缩短，因为 CPU 超频会产生大量的热量，使 CPU 温度升高，从而导致“电子迁移”效应(为了超频，很多用户通常会提高 CPU 的工作电压，这样 CPU 在工作时产生的热量会更大)。并不是热量直接伤害 CPU，而是由于过热导致的“电子迁移”效应会损坏 CPU 内部的芯片。
- 解决方法：更换大功率的 CPU 风扇或对 CPU 进行降频处理。

3. CPU 引脚氧化

- 故障现象：平日使用一直正常，有一天突然无法开机，屏幕提示无显示信号输出。

- 故障原因：使用对换法检测硬件发现显卡和显示器没有问题，怀疑是 CPU 出现问题。拔下插在主板上的 CPU，仔细观察并无烧毁痕迹，但是无法点亮机器。后来发现 CPU 的针脚均发黑、发绿，有氧化的痕迹和锈迹。
- 解决方法：使用牙刷和镊子等工具对 CPU 针脚进行修复工作。

4. CPU 降频问题

- 故障现象：开机后发现 CPU 频率降低了，显示信息为“Defaults CMOS Setup Loaded”，并且重新设置 CPU 频率后，该故障还时有发生。
- 故障原因：这是由于主板电池出了问题，CPU 电压过低。
- 解决方法：关闭计算机电源，更换主板电池，然后在开机后重新在 BIOS 中设置 CPU 参数。

5. CPU 松动问题

- 故障现象：检测不到 CPU 而无法启动计算机。
- 故障原因：检查 CPU 是否插入到位，特别是采用 Slot 插槽的 CPU 在安装时不容易到位。
- 解决方法：重新安装 CPU，并检查 CPU 插座的固定杆是否完全固定。

12.4.5 解决常见的内存故障

内存作为计算机的主要配件之一，性能的好坏直接关系到计算机是否能够正常稳定地工作。本节将总结一些在实际操作中常见的内存故障及故障解决方法，为用户在实际维修工作中提供参考。

1. 内存条接触不良

- 故障现象：有时打开计算机电源后显示器无显示，并且听到持续的蜂鸣声。有的计算机会表现为不断重启。
- 故障原因：此类故障一般是由于内存条和主板内存槽接触不良引起的。
- 解决方法：拆下内存条，用橡皮擦来回擦拭金手指部位，然后重新插到主板上。如果多次擦拭内存条上的金手指并更换了内存槽，故障仍不能排除，则可能是内存条损坏，此时可以更换内存条来试试，或者将本机上的内存条换到其他计算机上进行测试，以便找出问题所在，如图 12-21 所示。

2. 内存条的金手指老化

- 故障现象：内存条的金手指出现老化、生锈现象。
- 故障原因：内存条的金手指镀金工艺不佳或经常拔插内存，导致金手指在使用过程中因为接触空气而出现氧化生锈现象，从而导致内存条与主板上的内存插槽接触不良，造成计算机在开机时不启动并发出主板报警的故障。

- 解决方法：用橡皮把金手指上面的锈斑擦去即可，如图 12-22 所示。

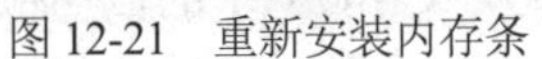
图 12-21　重新安装内存条

图 12-22　擦去锈斑

3. 内存条的金手指烧毁

- 故障现象：内存条的金手指发黑，无法正常使用内存，如图 12-23 所示。
- 故障原因：一般情况下，造成内存条的金手指被烧毁的原因多数都是用户在故障排除过程中，因为没有将内存条完全插入主板插槽就启动计算机或带电拔插内存条，造成内存条的金手指因为局部电流过强而烧毁。
- 解决方法：更换内存。

4. 内存插槽损坏

- 故障现象：无法将内存条正常插入内存插槽。
- 故障原因：内存插槽内的弹簧片因非正常安装而出现脱落、变形、烧灼等现象，容易造成内存条接触不良，如图 12-24 所示。
- 解决方法：使用其他正常内存插槽或更换计算机主板。

图 12-23　金手指烧毁

图 12-24　内存插槽损坏

5. 内存条温度过高

- 故障现象：正常运行计算机时突然出现提示“内存不可读”，并且在天气较热的时候出现该故障的概率较大。
- 故障原因：由于天气热时出现该故障的概率较大，因此可判断一般是由于内存条过热而导致工作不稳定造成的。
- 解决方法：自己加装机箱风扇，加强机箱内部的空气流通，还可以为内存条安装铝制或铜制散热片。

12.4.6 解决常见的硬盘故障

硬盘是计算机的主要部件，了解硬盘的常见故障有助于避免硬盘中重要的数据丢失。本节总结一些在实际操作中常见的硬盘故障及故障解决方法，为用户在实际维修工作中提供参考。

1. 硬盘连接线故障

- 故障现象：系统不识别硬盘(系统从硬盘无法启动，使用 CMOS 中的自动检测功能也无法检测到硬盘)。
- 故障原因：这类故障大多出在硬盘连接电缆或数据线端口上，硬盘本身发生故障的可能性不大，用户可以通过重新插接硬盘电源线或改换数据线检测该故障的具体位置(如果计算机上新安装的硬盘出现该故障，最常见的故障原因就是硬盘上的主从跳线设置错误)。
- 解决方法：在确认硬盘上的主从跳线没有问题的情况下，用户可以通过更换硬盘电源线或数据线解决此类故障。

2. 硬盘无法启动故障

- 故障现象：硬盘无法启动。
- 故障原因：造成这类故障的原因通常有主引导程序损坏、分区表损坏、分区有效位错误或 DOS 引导文件损坏。
- 解决方法：在通过修复硬盘引导文件无法解决问题时，可以通过软件(如 Partition Magic 或 FDISK 等)修复损坏的硬盘分区来排除此类故障。

3. 硬盘老化

- 故障现象：硬盘出现坏道。
- 故障原因：硬盘老化或受损是造成该故障的主要原因。
- 解决方法：更换硬盘。

4. 硬盘病毒破坏

- 故障现象：无论使用什么设备都不能正常引导系统。
- 故障原因：这种故障一般是由于硬盘被病毒的“逻辑锁”锁住造成的，硬盘逻辑锁是一种很常见的病毒恶作剧手段。中了逻辑锁之后，无论使用什么设备都不能正常引导系统(甚至通过光驱、挂双硬盘都无法引导计算机启动)。
- 解决方法：利用专用软件解开逻辑锁后，查杀计算机病毒。

5. 硬盘主扇区损坏

- 故障现象：开机时硬盘无法自检启动，启动画面提示无法找到硬盘。
- 故障原因：具体表现为硬盘主引导标志或分区标志丢失。产生这种故障的主要原因往往是病毒将错误的数据覆盖到了主引导扇区中。

- 解决方法：利用专用软件修复硬盘。

12.5 实例演练

本章的实例演练总结实际操作中显示器、键盘、鼠标及声卡等硬件设备的常见故障及故障解决方法，为用户在实际维修工作中提供参考。

1. 显示器显示偏红

- 故障现象：显示器无论是启动还是运行都偏红。
- 故障原因：计算机附近有磁性物品，或者显示屏与主板的数据线松动。
- 解决方法：检查并更换显示器信号线。

2. 显示器显示模糊

- 故障现象：显示器显示模糊，尤其是显示汉字时不清晰。
- 故障原因：由于显示器只能支持“真实分辨率”，而且只有在这种真实分辨率下才能显现最佳影像。当设置为真实分辨率以外的分辨率时，屏幕会显示不清晰甚至产生黑屏故障。
- 解决方法：调整显示分辨率为显示器的“真实分辨率”。

3. 键盘自检报错

- 故障现象：键盘自检出错，屏幕提示“Keyboard Error Press F1 Resume”出错信息。
- 故障原因：造成故障的可能原因包括键盘接口接触不良、键盘硬件故障、键盘软件故障、信号线脱焊、病毒破坏和主板故障等。
- 解决方法：当出现自检错误时，可关机后拔插键盘与主机接口的插头，并检查信号线是否虚焊，检查是否接触良好后再重新启动系统。如果故障仍然存在，可用对换法换用正常的键盘与主机相连，再开机试验。若故障消失，则说明键盘自身存在硬件问题，可对其进行检修；若故障依旧，则说明是主板接口问题，必须检修或更换主板。

4. 声卡没有声音

- 故障现象：计算机无法发出声音。
- 故障原因：可能是由于耳机或音箱没有连接正确的音频输出接口。若连接正确，则检查是否打开了音箱或耳机开关。
- 解决方法：重新连接正确的音频输出接口，并打开音箱或耳机开关。

5. 无法上网

- 故障现象：无法上网，任务栏中没有显示网络连接图标。
- 故障原因：这是由于没有安装网卡驱动程序造成的。
- 解决方法：安装网卡驱动程序。

6. 显示不正常

- 故障现象：显示器显示颜色不正常。
- 故障原因：显卡与显示器信号线接触不良，显示器故障，显卡损坏，显示器被磁化(此类现象一般是与有磁性的物体距离过近所致，磁化后还可能会引起显示画面偏转的现象)。
- 解决方法：重新连接显示器信号线，更换显示器进行测试。

12.6 习题

1. 简述操作系统故障的诊断方法。
2. 简述计算机内存的常见故障及解决方法。
3. 计算机硬件故障的检测方法有哪几种？

丛书书目

本套教材涵盖了计算机各个应用领域，包括计算机硬件知识、操作系统、数据库、编程语言、文字录入和排版、办公软件、计算机网络、图形图像、三维动画、网页制作及多媒体制作等。众多的图书品种可以满足各类院校相关课程设置的需要，已出版的图书书目如下表所示。

图 书 书 名	图 书 书 号
《计算机基础实例教程(Windows 10+Office 2016 版)(微课版)》	9787302595496
《多媒体技术及应用(第二版)(微课版)》	9787302603429
《电脑办公自动化实例教程(第四版)(微课版)》	9787302536581
《计算机基础实例教程(第四版)(微课版)》	9787302536604
《计算机组装与维护实例教程(第四版)(微课版)》	9787302535454
《计算机常用工具软件实例教程(微课版)》	9787302538196
《Office 2019 实例教程(微课版)》	9787302568292
《Word 2019 文档处理实例教程(微课版)》	9787302565505
《Excel 2019 电子表格实例教程(微课版)》	9787302560944
《PowerPoint 2019 幻灯片制作实例教程(微课版)》	9787302563549
《Access 2019 数据库开发实例教程(微课版)》	9787302578246
《Project 2019 项目管理实例教程(微课版)》	9787302588252
《Photoshop 2020 图像处理实例教程(微课版)》	9787302591269
《Dreamweaver 2020 网页制作实例教程(微课版)》	9787302596509
《Animate 2020 动画制作实例教程(微课版)》	9787302589549
《Illustrator 2020 平面设计实例教程(微课版)》	9787302603504
《3ds Max 2020 三维动画创作实例教程(微课版)》	9787302595816
《CorelDRAW 2022 平面设计实例教程(微课版)》	9787302618744
《Premiere Pro 2020 视频编辑剪辑制作实例教程》	9787302618201
《After Effects 2020 影视特效实例教程(微课版)》	9787302591276
《AutoCAD 2022 中文版基础教程(微课版)》	9787302618751
《Mastercam 2020 实例教程(微课版)》	9787302569251
《Photoshop 2022 图像处理基础教程(微课版)》	9787302623922
《AutoCAD 2020 中文版实例教程(微课版)》	9787302551713
《Office 2016 办公软件实例教程(微课版)》	9787302577645

(续表)

图书书名	图书书号
《中文版 Office 2016 实用教程》	9787302471134
《中文版 Word 2016 文档处理实用教程》	9787302471097
《中文版 Excel 2016 电子表格实用教程》	9787302473411
《中文版 PowerPoint 2016 幻灯片制作实用教程》	9787302475392
《中文版 Access 2016 数据库应用实用教程》	9787302471141
《中文版 Project 2016 项目管理实用教程》	9787302477358
《Photoshop CC 2019 图像处理实例教程(微课版)》	9787302541578
《Dreamweaver CC 2019 网页制作实例教程(微课版)》	9787302540885
《Animate CC 2019 动画制作实例教程(微课版)》	9787302541585
《中文版 AutoCAD 2019 实用教程》	9787302514459
《HTML5+CSS3 网页设计实例教程》	9787302525004
《Excel 财务会计实战应用(第五版)》	9787302498179
《Photoshop 2020 图像处理基础教程(微课版)》	9787302557463
《AutoCAD 2019 中文版基础教程》	9787302529286
《Office 2010 办公软件实例教程(微课版)》	9787302554349
《中文版 Photoshop CC 2018 图像处理实用教程》	9787302497844
《中文版 Dreamweaver CC 2018 网页制作实用教程》	9787302502791
《中文版 Animate CC 2018 动画制作实用教程》	9787302497868
《中文版 Illustrator CC 2018 平面设计实用教程》	9787302499053
《中文版 InDesign CC 2018 实用教程》	9787302501350
《中文版 Premiere Pro CC 2018 视频编辑实例教程》	9787302517498
《中文版 After Effects CC 2018 影视特效实用教程》	9787302527589
《中文版 AutoCAD 2018 实用教程》	9787302494515